住房和城乡建设部"十四五"规划教材

 "十三五"江苏省高等学校重点教材（编号：2020-1-057）

课书房
新/形/态/教/材

高等学校土木工程学科专业指导委员会规划教材

高等学校土木工程本科指导性专业规范配套系列教材

钢结构基本原理（第3版）

GANGJIEGOU JIBEN YUANLI

U0241304

主　编　董　军

副主编　唐柏鉴

参　编　王治均　黄炳生
　　　　郑廷银　彭　洋

主　审　曹平周

重庆大学出版社

内 容 提 要

本书为《高等学校土木工程本科指导性专业规范配套系列教材》之一。全书共 9 章,分别为绪论、钢结构的材料、钢结构的连接、轴心受力构件、受弯构件、拉弯及压弯构件、钢结构节点、整体结构中的钢构件以及钢结构脆性断裂与疲劳破坏。内容安排考虑钢结构课程的内在逻辑规律,遵循以学生为本、简明适用、可读性强的编写原则,突出原理,注重分析问题、解决问题的思路。为便于学生学习和复习巩固,每章开始设导读、简要介绍一个典型钢结构工程,章末附总结框图,并列出了较多的思考题、问题导向讨论题以及习题。同时还通过二维码链接了丰富的数字资源。

本书可供土木工程本科学生作为教材使用,也可供相关工程技术人员学习参考。

图书在版编目(CIP)数据

钢结构基本原理 / 董军主编. -- 3 版. -- 重庆:
重庆大学出版社,2021.9(2024.1 重印)
高等学校土木工程本科指导性专业规范配套系列教材
ISBN 978-7-5624-6250-7

Ⅰ.①钢… Ⅱ.①董… Ⅲ.①钢结构—高等学校—教材 Ⅳ.①TU391

中国版本图书馆 CIP 数据核字(2021)第 199507 号

高等学校土木工程本科指导性专业规范配套系列教材
钢结构基本原理
(第 3 版)
主 编 董 军
副主编 唐柏鉴
主 审 曹平周
责任编辑:林青山　版式设计:莫　西
责任校对:关德强　责任印制:赵　晟

*

重庆大学出版社出版发行
出版人:陈晓阳
社址:重庆市沙坪坝区大学城西路 21 号
邮编:401331
电话:(023) 88617190　88617185(中小学)
传真:(023) 88617186　88617166
网址:http://www.cqup.com.cn
邮箱:fxk@ cqup.com.cn(营销中心)
全国新华书店经销
重庆升光电力印务有限公司印刷

*

开本:889mm×1194mm　1/16　印张:19.25　字数:612 千
2011 年 11 月第 1 版　2021 年 9 月第 3 版　2024 年 1 月第 9 次印刷
印数:20 001—22 000
ISBN 978-7-5624-6250-7　定价:49.00 元

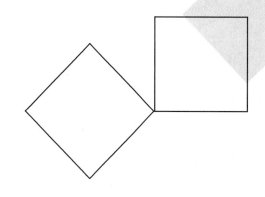

编委会名单

总 主 编： 何若全

副总主编： 杜彦良　　邹超英　　桂国庆　　刘汉龙

编　　委（以姓氏笔画为序）：

卜建清	王广俊	王连俊	王社良
王建廷	王雪松	王慧东	仇文革
文国治	龙天渝	代国忠	华建民
向中富	刘凡	刘建	刘东燕
刘尧军	刘俊卿	刘新荣	刘曙光
许金良	孙俊	苏小卒	李宇峙
李建林	汪仁和	宋宗宇	张川
张忠苗	范存新	易思蓉	罗强
周志祥	郑廷银	孟丽军	柳炳康
段树金	施惠生	姜玉松	姚刚
袁建新	高亮	黄林青	崔艳梅
梁波	梁兴文	董军	覃辉
樊江	魏庆朝		

总　序

进入 21 世纪的第二个十年,土木工程专业教育的背景发生了很大的变化。"国家中长期教育改革和发展规划纲要"正式启动,中国工程院和国家教育部倡导的"卓越工程师教育培养计划"开始实施,这些都为高等工程教育的改革指明了方向。截至 2010 年底,我国已有 300 多所大学开设土木工程专业,在校生达 30 多万人,这无疑是世界上该专业在校大学生最多的国家。如何培养面向产业、面向世界、面向未来的合格工程师,是土木工程界一直在思考的问题。

由住房和城乡建设部土建学科教学指导委员会下达的重点课题"高等学校土木工程本科指导性专业规范"的研制,是落实国家工程教育改革战略的一次尝试。"专业规范"为土木工程本科教育提供了一个重要的指导性文件。

由"高等学校土木工程本科指导性专业规范"研制项目负责人何若全教授担任总主编,重庆大学出版社出版的《高等学校土木工程本科指导性专业规范配套系列教材》力求体现"专业规范"的原则和主要精神,按照土木工程专业本科期间有关知识、能力、素质的要求设计了各教材的内容,同时对大学生增强工程意识、提高实践能力和培养创新精神做了许多有意义的尝试。这套教材的主要特色体现在以下方面:

(1)系列教材的内容覆盖了"专业规范"要求的所有核心知识点,并且教材之间尽量避免了知识的重复;

(2)系列教材更加贴近工程实际,满足培养应用型人才对知识和动手能力的要求,符合工程教育改革的方向;

(3)教材主编们大多具有较为丰富的工程实践能力,他们力图通过教材这个重要手段实现"基于问题、基于项目、基于案例"的研究型学习方式。

据悉,本系列教材编委会的部分成员参加了"专业规范"的研究工作,而大部分成员曾为"专业规范"的研制提供了丰富的背景资料。我相信,这套教材的出版将为"专业规范"的推广实施,为土木工程教育事业的健康发展起到积极的作用!

中国工程院院士　哈尔滨工业大学教授

沈世钊

前　言

（第 3 版）

　　本书是重庆大学出版社和高等学校土木工程专业指导委员会共同组织编写的《高等学校土木工程本科指导性专业规范配套系列教材》之一,全书遵循《高等学校土木工程本科指导性专业规范》的精神和原则,结合作者多年从事钢结构基本原理教学的经验编写,可供土木工程本科学生作为教材使用,也可供相关工程技术人员学习参考。自 2011 年 11 月出版第 1 版、2017 年 8 月出版第 2 版以来,在多个高校用作土木工程专业教材,是南京工业大学首批国家一流线下课程《钢结构设计原理》的配套教材,入选"江苏省重点立项建设教材"和住建部"十四五规划教材",受到了同行和学生的广泛好评。

　　全书共 9 章,第 1 章绪论,简要介绍钢结构的特点、应用及发展、主要结构形式、破坏特征以及钢结构设计的基本方法;第 2 章钢结构的材料,介绍钢材的性能、钢结构对材料的要求、影响钢材性能的主要因素,以及钢材的种类、规格和选用原则;第 3 章钢结构的连接,介绍钢结构的连接方法、焊缝连接的构造与计算、焊接残余应力与变形、普通螺栓连接的构造与计算、高强度螺栓连接的构造与计算;第 4 章轴心受力构件,介绍轴心受力构件强度与刚度计算、轴心受压构件的整体稳定和局部稳定、轴心受压构件的设计;第 5 章受弯构件,介绍梁的强度、刚度、扭转、整体稳定、局部稳定和加劲肋设计、型钢梁及组合梁的设计;第 6 章拉弯及压弯构件,介绍拉弯及压弯构件强度及刚度、整体稳定、局部稳定、截面设计和构造要求;第 7 章钢结构节点,介绍钢结构节点设计原则、梁节点设计、柱节点设计、梁柱节点设计;第 8 章整体结构中的钢构件,介绍钢结构整体设计原则和思路、钢桁架中杆件计算长度、钢框架稳定及框架柱计算长度;第 9 章钢结构的脆性断裂与疲劳破坏,介绍钢结构脆性破坏概念和特征、钢结构脆性破坏、钢结构疲劳破坏。

　　本书内容安排是作者根据多年的教学实践经过集体深入讨论确定的,主要考虑钢结构课程的内在逻辑规律,遵循以学生为本、简明适用、可读性强的编写原则,突出原理,注重分析问题、解决问题的思路;淡化规范具体条文,避免简单介绍规范条文的现象。为便于学生学习和复习巩固,每章开始设导读,简要介绍一个典型钢结构工程,章末附总结框图,并列出了较多的思考题、思维导向讨论题、习题。

　　第 3 版修订保留了第 2 版的框架结构,以一流课程建设标准和高等工程教育专业认证"学生中心、成果导向、持续改进"理念为引领,夯实立德树人根本要求,无缝融入课程思政内容,落实前沿性、高阶性、挑战度一流课程"两性一度"要求,有机集成了作者在一流课程建设和教学实践中积累的视频、动画、总结思维导图、小组考核工作方案、课程实验实录等数字电子资源,以实现传统教材向新形态教材的升级。

　　本次修订由主编董军教授全面负责完成修订初稿(彭洋副教授协助并提供第 9 章修订草稿),分工审核完善修订初稿,具体分工为:南京工业大学董军教授、彭洋副教授负责第 1、3、6 章,苏州科技大学唐柏鉴教授和江苏科技大学王治均副教授负责第 2、7、8 章,苏州科技大学唐柏鉴教授、南京工业大学彭洋副教授负责第 9 章,南京工业大学黄炳生教授负责第 4 章,南京工业大学郑廷银教授、彭洋副教授负责第 5 章。全书由主编董军教授统稿。

　　虽然修订过程中我们已经尽力,但由于学识和能力所限,一定还有诸多值得商榷、改进之处,诚挚希望读者诸君不吝赐教,不胜感谢! 联系邮箱:dongjun@ njtech.edu.cn。

2021 年 8 月 20 日于南京工业大学学府苑

目　录

CONTENTS

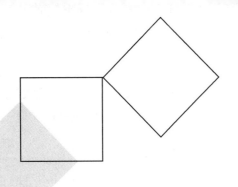

1

绪 论

本章导读：
- **内容及要求**　介绍钢结构的主要特点、应用及发展、主要结构形式、主要破坏形式、设计过程及基本方法，以及本课程主要内容和特点。通过本章学习，应对钢结构有初步了解，包括其特点及应用范围、发展现状及趋势、基本设计方法，并由此激发学习钢结构的兴趣。
- **重点**　钢结构的特点、结构形式、破坏形式。
- **难点**　钢结构的破坏形式。

典型工程简介：

巴黎艾菲尔铁塔

　　艾菲尔铁塔建于 1889 年，高度320 m，原为举办万国博览会而建，是较早应用钢结构的建筑物。艾菲尔铁塔得名于它的设计师居斯塔夫·艾菲尔。铁塔设计造型独特，采用拉压杆为主的空间桁架体系，结构性能优越，是世界建筑史上的杰作，成为世界艺术之都巴黎乃至法国的标志性建筑。

《科技2020-
钢构天地》(上)

《科技2020-
钢构天地》(下)

当前中国建筑业正处于工业化、数字化、智能化转型升级的关键时期,中国正从基建大国迈向基建强国,钢结构作为工业化程度最高的土木工程结构形式,实现设计、制作、安装、运维全过程数字化、智能化升级,对建筑业高质量发展至关重要。

钢结构是以钢材为主要材料制成的结构,是土木工程的主要结构形式之一。要建成一项钢结构工程,包括设计、制作、安装三个主要阶段,需要解决大量的专门技术问题。本课程的基本目的正是为解决钢结构设计、制作、安装技术问题奠定坚实的基础。

要成为一名合格的钢结构设计工程师,在掌握丰富的钢结构专业知识的同时,还需要牢固树立环境友好和可持续发展的理念,具备良好的人文社会科学素养、社会责任感;能够在工程实践中理解并遵守土木工程职业道德和规范,理解并掌握工程管理原理与经济决策方法;具有良好的团队协作精神和沟通交流能力,能够基于相关背景知识合理分析、评价所设计的钢结构工程对社会、健康、安全、法律以及文化的影响,并理解应承担的责任。

1.1 钢结构的特点、应用及发展

1.1.1 钢结构的特点

与混凝土结构相比,钢结构具有如下突出优点:

①强度高,自重轻。虽然钢材的容重明显大于混凝土的容重,但其强重比(强度与容重之比)要远高于混凝土,在相同承载力要求下,钢构件截面积小、质量轻。例如,在跨度和荷载相同的条件下,钢屋架质量仅为钢筋混凝土屋架的 1/4~1/3。

②材质均匀,可靠性高。钢材由钢厂生产,质量控制严格,材质均匀性好,且有良好的塑性和韧性,比较符合理想的各向同性弹塑性材料假设,目前已有的分析设计理论能够较好地反映钢结构的实际工作性能,因而钢结构的安全可靠性高。

③工业化程度高,工期短,环境影响小。钢结构制作以工厂为主,工业化程度高,精度高,质量好,现场安装工期短,对环境影响小。

④连接方便,改造容易,重复利用率高。钢结构安装、拆卸方便,便于结构改造,有很好的适应性。钢结构报废拆除后,绝大部分钢材可以再次利用,对减少环境损害、节约资源有重要意义,钢材是公认的符合可持续发展要求的绿色建材。

⑤抗震性能好。钢结构由于自重轻,受到的地震作用较小。钢材具有较高的强度和较好的塑性和韧性,合理设计的钢结构具有很好的延性、很强的抗倒塌能力。国内外历次地震中,钢结构损坏相对较轻。

⑥密封性好。钢结构采用焊接连接后可以做到安全密封,能够满足高压气柜、油罐、管道等对气密性和水密性的要求。

钢结构也存在以下主要缺点:

①耐腐蚀性差。普通钢材容易锈蚀,必须采用防腐涂料等表面防护措施,一般还需定期维护,导致维护费用较高。

②耐火性差。钢结构耐热性能好,但耐火性较差。温度在 200 ℃以内时,钢材性质变化很小;当温度达到 300 ℃以上时,强度逐渐下降;温度达到 600 ℃左右时,强度几乎为零。而火灾中未加防护的钢结构温度可高达 800 ℃以上,一般只能维持 20 min 左右。因此在有防火要求时,必须采取防火措施,如在钢结构外面包混凝土或其他防火材料,或在构件表面喷涂防火涂料等,这不仅会增加造价,也会影响外观和施工。

③稳定问题较突出。由于钢材强度高,一般钢结构构件截面小、壁厚薄,因而在压力和弯矩等作用下

存在构件甚至整个结构的稳定问题,必须在设计施工中给予足够重视。

④价格相对较贵。由于钢材相对于混凝土材料价格较高,采用钢结构一次性结构造价会略有增加,在我国往往影响业主的选择。但上部结构造价占工程总投资的比例不大,如果综合考虑各种因素,尤其是工期优势,则钢结构具有良好的综合效益。

1.1.2 钢结构的应用

钢结构优点突出,应用很广泛,普通钢结构在土木工程中主要应用在以下几方面:

1) 重型工业厂房

例如大型冶金企业、火力发电厂和重型机械制造厂等的一些车间,由于厂房跨度和柱距大、高度高,设有工作繁忙和起重量大的起重运输设备及有较大振动的生产设备,并需兼顾厂房改建扩建要求,常采用由钢柱、钢屋架和钢吊车梁等组成的全钢结构。

2) 高层及超高层房屋

房屋越高,所受侧向水平作用如风荷载及地震作用的影响也越大。采用钢结构可减小柱截面,减小结构质量,增大建筑物的使用面积,提高房屋抗震性能。

3) 大跨度结构

由于受弯构件在均布荷载下的弯矩与跨度的平方成正比,当跨度增大到一定程度时,为减轻结构重量,采用自重较轻的钢结构具有突出的优势。

4) 高耸结构

电视塔、输电线塔等高耸结构采用钢结构,可大大减少地基处理费用,降低运输费用,当施工现场场地受限时,亦便于施工组织。

5) 密闭结构

密闭性要求较高的高压容器、煤气柜、储油罐、高炉和高压输水管等,适合采用钢板壳结构。

6) 临时结构

需经常装拆和移动的结构,如各类钢脚手架、塔式起重机和采油井架等。

此外,大跨桥梁结构、水工结构中的闸门、各种工业设备的支架如锅炉支架等,也常采用钢结构。随着我国钢年产量超过 4 亿 t,除了上述传统采用钢结构的领域外,钢结构在高速公路、铁路、物流业乃至游乐设施等越来越多的领域得到了越来越广泛的应用。

1.1.3 钢结构的发展

钢结构是一门既古老又年轻的学科,人类对于钢结构的理论研究和实际应用已经有了很长的历史。然而,钢结构又是一门很有生命力的学科,随着冶炼轧制技术的发展,各种高效钢材的大量开发和新型结构的不断涌现,计算技术和试验手段的现代化,钢结构也随着更新和发展,有关钢结构的标准和规范也在不断修订和完善。

1) 我国钢结构发展的简要历史

我国是世界上最早使用金属材料建造土木工程的国家,早在公元前 200 多年的秦始皇时代,就开始用铁建造桥墩和铁链悬桥。在近代,1927 年建成沈阳皇姑屯机车厂钢结构厂房,1931 年建成广州中山纪念堂钢结构圆屋顶,1937 年建成钱塘江大铁桥。中华人民共和国成立后,钢结构应用日益广泛,20 世纪

50 年代后,钢结构的设计、制造、安装水平有了很大提高,建成了大量钢结构工程,有些在规模和技术上已达到世界先进水平,如采用大跨度网架结构的首都体育馆、上海体育馆、深圳体育馆,大跨度三角拱形形式的西安秦始皇陵兵马俑陈列馆,悬索结构的北京工人体育馆、浙江体育馆,高耸结构中的 200 m 高广州广播电视塔、210 m 高上海广播电视塔、194 m 高南京跨江线路塔、325 m 高北京气象桅杆、有效容积达 54 000 m³ 的湿式储气柜等。

20 世纪 80 年代以后,随着我国实施积极用钢政策,钢结构得到了快速发展。北京、深圳、上海等地陆续兴建了一批高层钢结构,图 1.1 为上海金贸大厦,高 365 m;高耸钢结构向更高高度发展,图 1.2 为 500 kV 江阴长江大跨越塔,高 346.5 m,为世界最高输电塔;建成了大量大跨空间结构,图 1.3 为南通体育中心体育场,是我国第一例大型开合屋盖钢结构工程,主拱钢桁架最大跨度 262 m;轻型钢结构方面,轻型门式刚架钢结构厂房成为开发区、保税区、高新区采用最多的结构形式之一;桥梁钢结构形式和跨度均有新的突破,图 1.4 为润扬长江大桥,主跨跨度 1 490 m。

图 1.1 金贸大厦

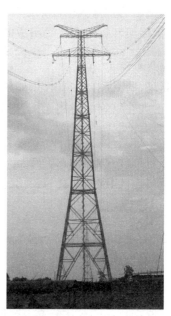

图 1.2 500 kV 江阴长江大跨越塔

图 1.3 南通体育中心体育场

2)当前钢结构发展的主要趋势

当前我国钢结构发展的主要趋势,主要体现在以下几个方面:

(1)开发高性能钢材

①高强度钢材。钢材的发展是钢结构发展的关键因素,应用高强度钢材,对大跨重型结构非常有利,可以有效减轻结构自重。我国《钢结构设计标准》(GB 50017)将 Q420、Q460 钢列为推荐钢种,Q460 钢已

图 1.4 润扬长江大桥

在国家体育场等工程成功应用。从发展趋势来看,强度更高的结构用钢将会不断出现。

②冷成型钢。冷成型钢是指用薄钢板经冷轧形成各种截面形式的型钢。由于其壁薄,材料离形心轴较普通型钢远,因此能有效地利用材料,节约钢材。冷成型钢的生产,近年来在我国已形成了一定规模,壁厚不断增加,截面形式也越来越多样化。冷成型钢用于轻钢结构住宅,并形成产业化,将会使我国的住宅建筑出现新面貌。

③耐火钢和耐候钢。随着钢结构广泛应用于各种领域,对钢材各种性能的要求也不断提高,包括耐腐蚀和耐火性能等。我国目前对这两种钢材的开发有了很大进步。宝钢等公司生产的耐火钢,在600 ℃时屈服强度下降幅度不大于其常温标准值的1/3,同国外的耐火钢相当。

（2）开发新的结构形式

①轻钢结构。轻钢结构可以减轻结构自重,充分发挥材料特性,降低工程造价。门式刚架钢结构已在工业厂房、超市等得到广泛应用,但仍有待于定型化、产业化;采用冷成型钢和压型钢板等高效经济截面钢材的轻钢结构,将广泛用于轻钢结构住宅建筑中;彩板拱形波纹屋面由于经济价值显著,也应大力发展。

②预应力钢结构。采用高强度钢材,对钢结构施加适当的预应力,可增加结构的承载能力,减少钢材用量和减轻结构重量。预应力钢结构是发展的重要方向。

③组合结构。钢与混凝土组合结构是将两种不同性能的材料组合起来,共同受力并发挥各自的长处,从而达到提高承载力和节约材料的目的。压型钢板组合楼盖已经在高层建筑中得到大量应用,压型钢板可以充当模板和受拉钢筋,不仅减小楼板厚度,还方便施工,缩短工期;钢与混凝土组合梁可以节约钢材,减小梁高,节省空间;钢管混凝土柱具有很好的塑性和韧性,抗震性能好,而且其耐火性能优于钢柱,具有很好的发展前景。

④大跨空间结构。大跨空间结构在我国得到了较大发展,我国已兴建了大量各种类型的钢网架结构,属于空间结构体系,节约了大量钢材。今后除了改进设计方法外,还应积极研究开发更加省钢的新型空间结构,如将网架、悬索、拱等几种不同的结构结合在一起的杂交结构,是一种在建筑形式上新颖别致、受力非常合理的结构形式,是钢结构形式创新的重要方向。

（3）改进设计方法

我国现行的《钢结构设计标准》（GB 50017）采用以概率理论为基础的极限状态设计方法,并对上一轮的规范进行了较大改进。如对轴心受压构件稳定计算增加了一条柱子曲线;对单轴对称截面绕对称轴失稳,改用换算长细比 λ_{yz} 代替 λ_y 来进行弯扭屈曲承载力计算;对承受静荷载的工字形截面组合梁,按考虑腹板屈曲后强度来计算梁的抗剪和抗弯承载力。在钢结构设计中的某些问题上仍有待于进一步的改进和提高,如:目前的设计方法考虑了结构构件可靠度的一致性,但对整个结构体系的性能研究则需要进行更多的工作;对疲劳计算仍然采用容许应力法,等等。

(4)提高钢结构制造业的工业化水平

钢结构制造业正在趋向于设计—制作—安装一体化,国外发达国家已通过相关的软件和设备初步实现了上述目标,我国钢结构产业在这方面差距明显,必须加大力度,迎头赶上。

1.2 钢结构的主要形式

普通钢结构主要由梁柱等基本构件组成。根据受力特点,构件可分为轴心受力构件、受弯构件、拉弯及压弯构件三大类。钢构件还可与混凝土组合在一起形成组合构件,如钢-混凝土组合梁、钢管混凝土、型钢混凝土构件等。基本构件的结合,可形成丰富多彩的结构形式。

1.2.1 钢框架结构

钢框架是由竖向钢柱和横向钢梁构成的框格式结构体系。广义框架结构可包括平面框架结构、空间框架结构、支撑-框架结构。图1.5所示为典型单层工业厂房结构形式,由一系列横向平面承重框架和纵向支撑框架组成空间体系,竖向荷载和横向水平荷载主要由横向平面框架承担,纵向水平荷载主要由支撑承受和传递。平面承重结构又可采用多种形式,最常见的为横梁与柱刚接的刚架和横梁或桁架与柱铰接的排架。图1.6为多高层建筑常用的结构形式。

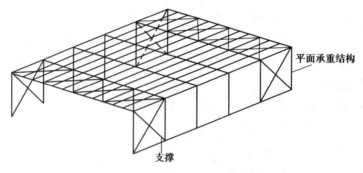

图1.5 单层厂房常用结构形式

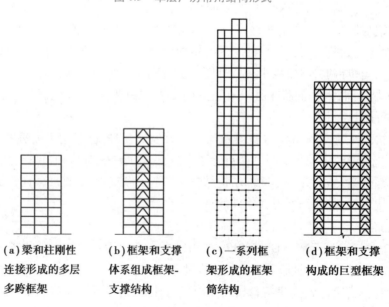

(a)梁和柱刚性连接形成的多层多跨框架　(b)框架和支撑体系组成框架-支撑结构　(c)一系列框架形成的框架筒结构　(d)框架和支撑构成的巨型框架

图1.6 多层、高层及超高层建筑的结构形式

1.2.2 钢桁架及钢网架结构

桁架是主要由轴心受力构件构成的单向格构式梁,分平面桁架和空间桁架两种。图 1.7 所示为房屋常用的平面桁架形式,图 1.8 为空间桁架式塔架,图 1.9 为桥梁常用桁架形式。网架是主要由轴心受力构件构成的空间格构式平板结构,如形成曲面格构式壳结构则称为网壳。图 1.10 为两种典型平板网架:(a)由轴心受力杆件形成的倒置四角锥组成,(b)由三个方向交叉桁架组成。图 1.11 为常用的几种网壳结构形式:(a)为筒状网壳,可以是单层或双层的,双层时一般由倒置四角锥组成;(b)、(c)为球状网壳,无论是单层(b)还是双层(c),其网格都可以有多种分格方式。

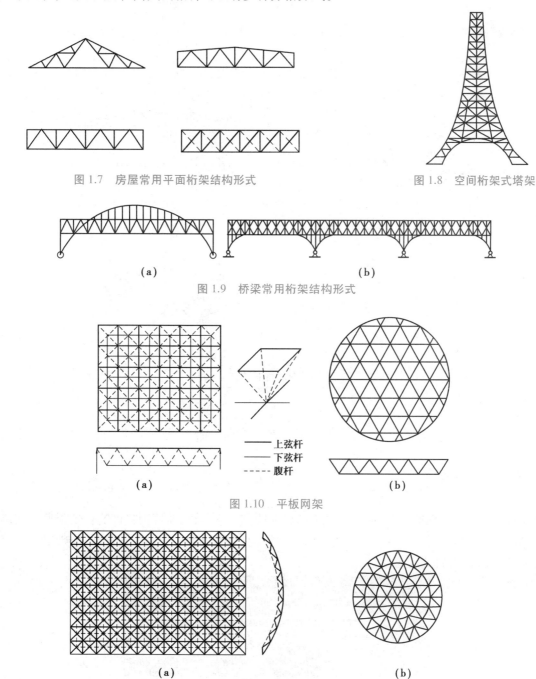

图 1.7 房屋常用平面桁架结构形式

图 1.8 空间桁架式塔架

(a)

(b)

图 1.9 桥梁常用桁架结构形式

—— 上弦杆
—— 下弦杆
---- 腹杆

(a)

(b)

图 1.10 平板网架

(a)

(b)

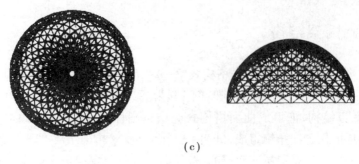

(c)

图 1.11　网壳

1.2.3　悬索结构

悬索结构是主要由受拉柔索构成的结构,主要用于跨越较大的横向空间。图 1.12 为几种常见悬索结构:(a)和(b)为预应力双层悬索屋盖体系,(c)和(d)为预应力鞍形索网体系,(e)为悬索桥结构。

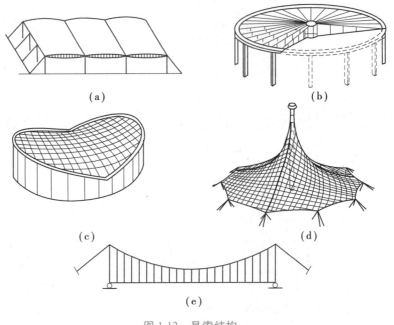

图 1.12　悬索结构

1.2.4　预应力钢结构

预应力钢结构通过施加一定预应力以改善结构性能,更加有效地发挥钢材性能。各类普通钢结构均可通过施加预应力改进其性能。如图 1.12 所示悬索结构一般需施加一定的预应力,是典型的预应力钢结构;图 1.13 为预应力斜拉结构。

图 1.13　某图书馆斜拉屋盖结构

1.3　钢结构破坏的主要形式

为保证钢结构安全,必须清楚钢结构可能破坏的主要形式,才能采取有效的措施加以预防。钢结构破坏的主要形式包括强度破坏、失稳破坏、脆性断裂破坏。

1.3.1　钢结构强度破坏

随着荷载的不断增加,钢构件截面上的内力达到截面的极限承载力时,将丧失承载能力而发生强度破坏。由于钢材塑性变形能力强,正常情况下强度破坏有明显的变形,属于塑性破坏,如图1.14所示。

图1.14　节点板因面外弯曲太大发生塑性拉裂

图1.15　支撑压杆整体弯曲失稳

1.3.2　钢结构失稳破坏

失稳破坏是结构不能维持已有的平衡状态而发生的突然破坏。与一般强度破坏特征不同,失稳破坏具有突然性,属于脆性破坏范畴。失稳破坏又可分为整体失稳破坏和局部失稳破坏,根本原因是结构中存在受压部分。

钢构件的整体失稳因截面形式和受力状态不同可以分为多种形式。对于轴心受压构件,可以有图1.15所示的弯曲失稳、扭转失稳和弯扭失稳;对于受弯构件为弯扭失稳;对于单向压弯构件,在弯矩平面内为弯曲失稳,在弯矩作用平面外为弯扭失稳。为防止整体失稳破坏,钢结构整体布置时必须考虑整个体系及其组成部分的稳定性要求。钢构件局部失稳是指组成构件的板件发生了平面外的鼓曲破坏,如图1.16所示。

(a)某钢铁厂上料系统钢桁架上弦角钢局部失稳

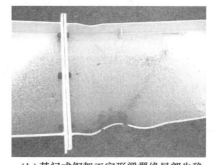

(b)某门式钢架工字形梁翼缘局部失稳

图1.16　钢构件板件局部失稳

1.3.3 钢结构脆性断裂破坏

钢结构脆性断裂破坏是在低于正常强度极限所能承受的荷载作用下发生的突然断裂破坏,破坏前结构通常没有明显征兆,属于脆性破坏范畴。一般在静力荷载作用下脆性断裂破坏简称脆性断裂,而在往复荷载作用下发生的脆性断裂破坏称为疲劳断裂。

图 1.17　某广告牌支架角钢受风荷载作用而疲劳破坏

钢结构发生脆性断裂时荷载可能很小,甚至没有外荷载作用。脆性断裂一般突然发生,瞬间破坏,来不及补救,结构破坏的危险性大。

钢结构在连续往复荷载作用下发生疲劳破坏,主要分为裂纹扩展和最后断裂两个阶段。裂纹扩展一般很缓慢,而最后发生断裂是裂纹扩展到一定尺寸时失去稳定而瞬间发生的。在裂纹扩展部分,断口因往复荷载频繁作用的磨合而光滑,但瞬间断裂部分则粗糙并呈颗粒状,如图 1.17 所示。

1.4 钢结构设计制作安装过程及设计基本方法

1.4.1 钢结构设计制作安装过程

实际钢结构工程设计、制作、安装包括多个环节,分别如图 1.18、图 1.19、图 1.20 所示。本课程的基本目的是为解决钢结构设计、制作、安装的技术问题奠定基础。

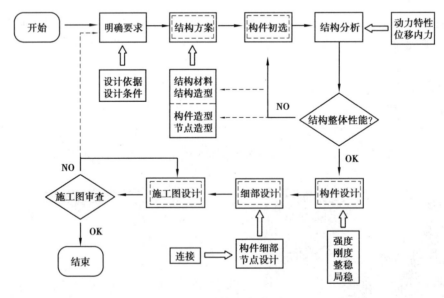

图 1.18　钢结构设计过程框图

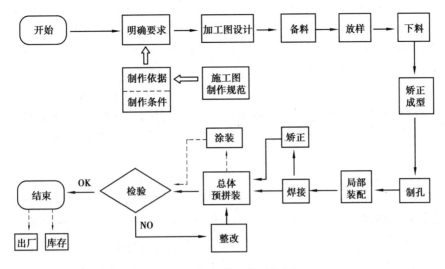

图 1.19 钢结构制作过程框图

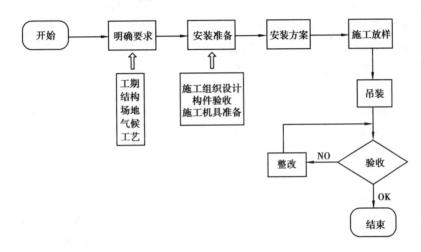

图 1.20 钢结构安装过程框图

1.4.2 钢结构设计基本方法

1)钢结构设计目的

钢结构设计的目的是使所建造的结构能满足各种预定的功能要求,并做到技术先进、经济合理、安全适用和确保质量。结构功能要求如下:

①安全性。结构能承受在正常施工和正常使用时可能出现的各种作用(指直接施加在结构上的各种荷载和基础沉降、温度变化及地震等对结构的外加变形),以及在设计规定的偶然事件发生时和发生后,结构仍能保持必需的整体稳定性。

②适用性。在正常使用荷载情况下,结构具有良好的工作性能,满足正常的使用要求,如不发生影响正常使用的过大变形等。

③耐久性。在正常维护下,结构具有足够的耐久性能,如不发生严重的锈蚀而影响结构的使用寿命等。

2)概率极限状态设计法

概率极限状态设计法是我国目前工程结构设计的基本方法,也是钢结构设计的基本方法。

若结构超过某一特定状态就不能满足设计规定的某一功能要求,此特定状态即称为该功能的极限状态。和其他建筑结构一样,钢结构的极限状态分为承载能力极限状态和正常使用极限状态。

①承载能力极限状态:指当结构或构件达到最大承载能力,或出现不适于继续承载的变形时的极限状态,包括倾覆、强度破坏、丧失稳定、疲劳破坏、结构变为机动体系或出现过度的塑性变形。

②正常使用极限状态:指结构或构件达到正常使用或耐久性能的某项规定限值时的极限状态。当达到此限值时,虽然结构或构件仍具有继续承载的能力,但在正常荷载作用下产生的变形已使结构或构件不适于继续使用,包括静力荷载作用下产生过大的变形和局部损坏,或在动力荷载作用下产生剧烈的振动等。

③耐久性极限状态。对应于结构或结构构件在环境影响下出现的劣化(材料性能随时间逐渐衰减)达到耐久性能的某项规定限值或标志的状态,包括影响承载能力和正常使用的材料性能劣化及影响耐久性能的裂缝、变形、缺口、外观、材料削弱等。对于钢结构,构件出现锈蚀迹象、防腐涂层丧失作用、构件出现应力腐蚀裂纹及特殊防腐保护措施失去作用,作为结构或构件达到耐久性极限状态的标志。

设结构或构件的抗力用 R 表示,作用对结构构件产生的效应用 S 表示,$Z = R - S = 0$ 代表极限状态。因为 R 和 S 受到许多随机性因素的影响而具有不确定性,是随机变量,应该用概率理论来进行分析。

结构设计要解决的根本问题是在结构的可靠和经济之间选择一种最佳的平衡,使由最经济的途径建成的结构,能以适当的可靠度满足各种预定的功能要求。结构的可靠性理论近年来得到了迅速发展,结构设计已经从传统的定值设计方法,进入以概率理论为基础的极限状态设计方法,简称概率极限状态设计法。

概率极限状态设计法将影响结构功能的诸因素作为随机设计变量,因而对所设计的结构的预定功能也只能实现一定的概率保证,即认为任何设计都不能保证绝对安全,而是存在着一定风险。但是,只要其失效概率小到人们可以接受的程度,便可认为所设计的结构是安全的。

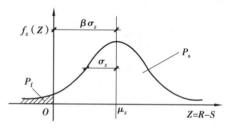

图 1.21 失效概率与可靠指标的关系

度量结构的可靠性可以采用完成预定功能的概率——可靠概率 P_s,或不能完成预定功能的概率——失效概率 P_f 表示,但现在一般采用可靠指标 β 来具体度量结构可靠性。如图 1.21 所示,以 μ_z 代表 Z 的平均值,以 σ_z 代表标准差,图中阴影部分面积即为 P_f,无阴影部分面积为 P_s,$P_s = 1 - P_f$。若令 Z 的平均值 μ_z 等于 $\beta\sigma_z$,显然,β 与 P_f 存在着对应关系,若 β 增大,则 P_f 减小,即结构可靠概率增加,反之减小。

β 是反映结构可靠性的数值指标,需选取一个最优值以达到结构可靠和经济的最佳平衡,作为设计依据。理论上,β 应根据各种结构构件的重要性、破坏性质(脆性或延性)及失效后果以优化方法分析确定。但是目前限于条件,一时还难以这样处理。因此,目前各个国家在确定目标可靠指标时大多采用校准法。校准法是通过对各种结构的以往规范的可靠度的反演计算和综合分析,找出校准点,以确定今后设计所采用的可靠指标。这种方法确定的 β 可保持原有的可靠度水准,且比较稳妥,有着长期工程实践的基础。

根据校准结果,《建筑结构可靠度设计统一标准》(以下简称《统一标准》)规定的各类构件按承载能力极限状态设计时的可靠指标见表 1.1。《统一标准》规定,按承载能力极限状态、安全等级为二级的延性破坏的构件取 $\beta = 3.2$,即一般钢结构构件取 $\beta = 3.2$。

表 1.1 可靠指标

破坏类型	安全等级		
	一级	二级	三级
延性破坏	3.7	3.2	2.7
脆性破坏	4.2	3.7	3.2

考虑到直接应用结构可靠度或结构失效概率运算比较复杂,为了方便工程设计,故将概率极限状态设计法等效转化为工程技术人员长期习惯应用的形式,即采用基本变量标准值和分项系数形式的概率极限状态设计表达式。承载能力极限状态计算时应采用设计值,作用设计值应由作用标准值乘以分项系数得到。根据最新《工程结构通用规范》(GB 55001)规定,房屋建筑结构的作用分项系数取值为:永久作用对结构不利时不应小于 1.3,对结构有利时不应大于 1.0;预应力对结构不利时不应小于 1.3,对结构有利时不应大于 1.0;标准值大于 4 kN/m^2 的工业建筑楼面活荷载对结构不利时不应小于 1.4,对结构有利时应取 0;其他可变作用,对结构不利时不应小于 1.5,对结构有利时应取 0。其他工程结构的作用分项系数取值可根据相关规范确定。抗力设计值应由抗力标准值除以抗力分项系数得到,常用结构钢材的强度设计值见附表 1。

对于正常使用条件下的极限状态,结构构件应根据不同的设计要求采用荷载效应的标准组合、频遇组合和准永久值组合进行设计,使其变形值等不超过容许值。根据多年来的经验,钢结构只考虑标准组合,且用荷载的标准值计算,使结构或构件的变形值不超过其容许变形值。

结构的耐久性极限状态设计,应使结构构件出现耐久性极限状态标志或限值的年限不小于其设计使用年限。结构构件的耐久性极限状态设计,采用经验的方法、半定量的方法或定量控制耐久性失效概率的方法,应包括保证构件质量的预防性处理措施、减小侵蚀作用的局部环境改善措施、延缓构件出现损伤的表面防护措施和延缓材料性能劣化速度的保护措施。

3)允许应力法

虽然概率极限状态设计法从理论角度具有明显的先进性,但由于问题的特点和研究工作的不足,目前还不能在所有钢结构设计领域全部采用,如对疲劳断裂问题仍然采用基于安全系数的允许应力设计法。

1.5 本课程的主要内容及特点

本课程围绕钢结构基本原理展开,主要目标是为土木工程专业本科学生从事钢结构方面一般技术工作和进一步学习各类具体结构设计奠定较坚实的基础,其主要内容如下:

全书思维导图.pdf

全书思维导图.emmx

①钢结构概况、设计过程与基本方法。
②钢结构材料特性及选择。
③钢结构连接、节点分析与设计。
④基本构件分析与设计,包括轴心受力构件、受弯构件、拉弯及压弯构件。
⑤钢结构疲劳与断裂。
⑥整体结构中的钢构件设计计算。

其中重点内容为钢结构连接和基本构件分析设计原理。**钢结构连接**需解决的主要问题是连接强度标准和分析设计思路,它以材料力学为主要基础,难度不高,但连接形式多样,初学者感到头绪多,不易掌握要点,主要特点是"**繁而不难**",只要及时复习材料力学有关内容,切实加强归纳总结便可起到事半功倍的效果。**基本构件分析设计原理**的核心内容是稳定分析,包括整体稳定和局部稳定,首先必须明确失稳的形态和特征,然后考虑合适的分析思路。稳定分析相对而言难度较高,虽然材料力学、结构力学已涉及结构稳定分析的概念和方法,但还远远不能满足钢结构基本原理的需要,所以多数同学会感到理论性强,理解存在一定困难,具有"**难而不繁**"的特点,薄腹梁局部稳定分析及加劲肋设计原理等部分甚至是"**既难又繁**"。对难度较大的部分,主要应采取"明确概念、理清思路、抓住要点、对照实际"的策略,重在理解和领会物理概念、本质特征和解决问题的思路,而不受个别数学理论较难的干扰。对较繁的部分应加强归纳总结,注重挖掘内在联系,做到提纲挈领,抓住要害。

钢结构设计
方法论

本章小结

　　钢结构历史悠久,人类对钢结构的理论研究和实际应用已经有了很长历史。钢结构又是一门很有生命力的学科,随着冶炼轧制技术的发展,各种高效钢材的大量开发和新型结构的不断涌现,计算技术和试验手段的现代化,钢结构也随着更新和发展,有关钢结构的标准和规范也在不断修订和完善。本章简要介绍了钢结构的特点、应用、发展现状及趋势,钢结构的主要结构形式,钢结构的主要破坏形式,钢结构的设计过程和基本方法,以及课程主要内容和特点。通过本章学习,应掌握钢结构的特点及应用范围、发展现状及趋势,熟悉钢结构的基本设计方法。在此基础上,应激发学生对钢结构的浓厚兴趣,积极主动地制订科学的学习计划,切实有效地学好本课程相关内容,为投身我国蓬勃发展的钢结构工程建设事业奠定坚实的基础。

钢结构设计
原理–说课视频

思考题

1.1　钢结构有哪些特点?能否举例说明这些特点?

1.2　我国钢结构发展的趋势如何?

1.3　钢结构主要有哪些结构形式?钢结构的基本构件有哪几种类型?

1.4　钢结构主要破坏形式有哪些?有何特征?

1.5　结构设计的目的是什么?怎样才能实现?

1.6　钢结构设计的基本方法是什么?

1.7　本课程有哪些基本内容?有何特点?

1.8　根据本课程的特点,你准备采取什么样的学习策略?

1.9　你对我国钢结构取得的辉煌成就有何认识?

1.10　根据钢结构的特点和发展趋势,你认为钢结构在中国建造成为世界名片中能发挥什么作用?

问题导向讨论题

问题:钢结构具有突出的优点,但在我国的发展并不令人满意,主要原因和解决途径有哪些?

分组讨论要求:每组 4~6 人,设组长 1 名,负责明确分工和协作要求,并指定人员代表小组发言交流。

钢结构设计
原理课程实验
指导书

钢结构设计
原理课程试验
试件设计图

钢结构设计
原理课程实验
讲解动员会

螺栓抗拉实验

轴压柱整体
失稳实验

薄腹梁腹板
局部屈曲实验

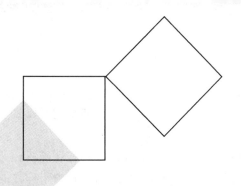

2 钢结构的材料

本章导读：

● **内容及要求**　钢材的工作性能，钢结构对材料性能的要求，影响钢材性能的主要因素，钢材的种类、规格和选用原则。通过本章学习，应了解钢材的破坏形式，掌握钢材的力学性能，掌握影响钢材性能的各种因素，掌握钢材对材料性能的要求，了解疲劳的概念，掌握建筑常用钢材的种类、规格和选用原则。

● **重点**　钢结构对材料性能的要求，影响钢材性能的主要因素。

● **难点**　合理选用钢材。

典型工程简介：

广州新电视塔

广州新电视塔(别名：小蛮腰、海心塔)于 2009 年 9 月建成，2010 年 9 月 29 日正式对外开放。其中塔身主体 450 m，天线桅杆 150 m，总高度 600 m，已取代加拿大的 CN 电视塔成为世界第一高自立式电视塔。塔身为椭圆形的渐变网格结构，其造型和空间结构由两个向上旋转的椭圆形钢外壳变化生成，一个在基础平面，一个在假想的 450 m 高的平面上，两个椭圆彼此扭转 135°，并在腰部收缩变细。格子式结构底部比较疏松，向上到腰部则比较密集，腰部收紧固定，像编织的绳索，呈现"纤纤细腰"，再向上格子式结构放开，由逐渐变细的管状结构柱支撑。整个塔身从不同的方向看会出现不同的造型。顶部更开放的结构产生透明的效果，可供瞭望，建筑腰部较为密集的区段则可提供相对私密的体验。塔身整体网状的漏风空洞，可有效减少塔身的笨重感和风荷载。塔身采用特一级抗震设计，可抵御烈度 8 级的地震和 12 级台风，设计使用年限超过 100 年。广州新电视塔全部采用高强钢，总重不到 5 万 t，外筒大约 3 万 t。

钢材是建造钢结构的物质基础。要深入了解钢结构的特性，必须了解钢材的特性，掌握钢材在不同应力状态、不同生产过程和不同使用条件下的工作性能，从而选择合适的钢材，使结构不仅安全可靠和满足使用要求，而且能最大可能地节约钢材和降低造价。

钢材在各种荷载作用下会发生两种性质完全不同的破坏形式，即塑性破坏和脆性破坏。

塑性破坏断口呈纤维状，色泽发暗，有较大的塑性变形和明显的颈缩现象，它是由于构件的应力达到材料的极限强度而产生的。由于破坏前有明显预兆，且变形持续时间长，容易及时发现并采取有效补救措施。

脆性破坏是在塑性变形很小，甚至没有塑性变形的情况下突然发生的，即破坏前没有明显预兆。没有破坏时构件的计算应力可能小于钢材的屈服点，断裂从应力集中处开始，破坏断口平齐并呈有光泽的晶粒状。由于脆性破坏没有明显预兆，故无法及时察觉和补救。

2.1 钢材的工作性能

2.1.1 钢材静力单向均匀拉伸时的性能

低碳钢标准
拉伸试验

钢材的主要强度指标和变形性能是根据常温（20±5）℃、静载条件下标准试件一次拉伸试验确定的。

在常温静载条件下，图 2.1 所示低碳钢标准试件单向一次拉伸试验得到的简化光滑应力-应变曲线如图 2.2 所示，从图中可见，钢材历经 5 个阶段。

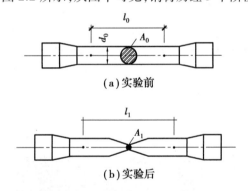

图 2.1 静力拉伸试验的标准试件

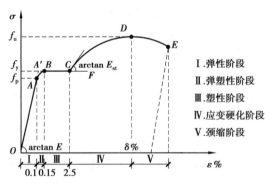

图 2.2 钢材一次单向拉伸简化应力-应变曲线

1）阶段 I：弹性阶段（OA 段）

比例极限 f_p：σ 与 ε 呈线性关系，其直线的斜率称为弹性模量 E（在钢结构设计标准中，统一取 $E = 2.06 \times 10^5$ N/mm²），A 点对应应力 f_p 称为比例极限，对应的应变约为 0.1%。因弹性极限 f_e 与比例极限 f_p 极其接近，所以通常略去弹性极限的点，而把 f_p 看作弹性极限。当应力 σ 不超过 f_p 时，卸除荷载后试件的变形将完全恢复。

2）阶段 II：弹塑性阶段（AB 段）

σ 与 ε 呈非线性关系，应力增加时，相应增加的应变除弹性应变外还有塑性应变。卸载时，其中塑性应变不能恢复，称为残余应变。B 点对应应力 f_y 称为屈服点（又称屈服强度），对应的应变约为 0.15%。

3）阶段 III：塑性阶段（BC 段，也称屈服阶段）

屈服点 f_y：应力达到屈服点 f_y 后，应力-应变关系呈水平线段 BC，称为屈服平台，钢材表现为完全塑性,整个屈服平台对应的应变幅称为流幅(为0.15%~2.5%),流幅越大,钢材的塑性越好。

实际上,由于加载速度及试件状况等试验条件的不同,屈服开始时总是形成曲线上下波动,波动最高点称为上屈服点,最低点称为下屈服点。下屈服点对试验条件不敏感,所以计算时取下屈服点作为钢材的屈服强度f_y。

4)阶段Ⅳ:应变硬化阶段(CD段,也称强化阶段)

抗拉强度f_u:经过屈服阶段后,钢材内部组织重新排列并建立了新的平衡,产生了继续承受增大荷载的能力,此阶段的应力-应变为上升的非线性关系,直至应力达到最大值,称为抗拉强度f_u。

5)阶段Ⅴ:颈缩阶段(DE段)

在承载力最弱的截面处,横截面急剧收缩——颈缩,变形也随之剧增,承载力下降,直至断裂。

对于没有缺陷和残余应力影响的试件,比例极限与屈服点比较接近,且屈服前的应变很小,低碳钢约为0.15%。因此钢材在屈服前接近理想的弹性体,而屈服后的流变现象接近理想的塑性体,且流幅的范围很大,通常为0.15%~2.5%。为简化计算,可将比例极限与屈服点归并成一个屈服点,可认为钢材是图2.3所示理想弹-塑性体,经历两个阶段,即假定钢材应力小于f_y时是完全弹性的,应力超过f_y后则是完全塑性的。钢材的应力到达屈服强度后,应变急剧增长,使结构的变形也迅速增加以致不能正常使用,因此,设计时,取f_y作为强度限值,而取f_u作为材料的强度储备。

高强度钢材没有明显屈服点和屈服平台,这类钢的屈服点是根据试验分析结果人为规定的,称为条件屈服点,用$f_{0.2}$表示,定义为试件卸载后其残余应变为0.2%对应的应力,如图2.4所示。

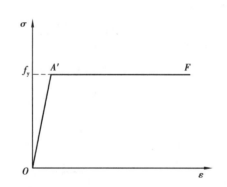

图2.3 理想弹-塑性体的应力-应变曲线图

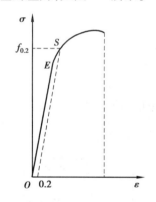

图2.4 高强度钢的应力-应变曲线

2.1.2 反复荷载作用下钢材的性能

钢材在连续反复动力荷载作用下,有两种不同于单向静力荷载作用的破坏现象。

一种是名义应力低于屈服点,材料处于弹性阶段,当荷载循环达到一定次数后,钢材会发生突然脆性断裂破坏,称为高周疲劳破坏,简称疲劳破坏,如吊车梁疲劳破坏。此处"高周"的含义是循环次数多的意思,疲劳计算方法详见第9章。另一种是反复应力高于屈服强度,材料处于弹塑性阶段,反复荷载会使钢材的残余应变逐渐增长,最后产生突然破坏,称为低周疲劳破坏,如地震作用下结构的破坏。此处"低周"的含义是循环次数少的意思,低周疲劳具有大应变的特征。

另外,钢材在受拉产生塑性变形后,卸载并反向加载使钢材受压,抗压屈服强度会降低,如图2.5所示,这种现象称为包辛格(Bauschinger)效应。应力-应变曲线形成滞回环(滞回曲线),滞回环所围面积代表荷载循环一次单位体积的钢材所吸收的能量。

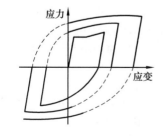

图2.5 钢材滞回曲线

2.1.3　复杂应力状态下钢材的性能

钢结构构件中经常存在孔洞、槽口、凹角、截面的尺寸突然改变及钢材的内部缺陷等。此时,构件中的应力分布变得很不均匀,在缺陷或截面变化处附近将产生局部高峰应力,其余部分应力较低,如图 2.6 所示,这种现象称为应力集中。分析表明:应力集中产生的高峰应力区附近总是存在平面或三维应力场,有使钢材变脆的趋势。

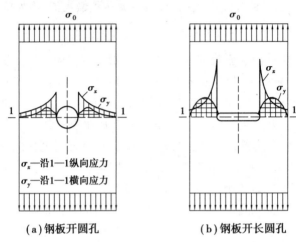

σ_x—沿1—1纵向应力

σ_y—沿1—1横向应力

(a) 钢板开圆孔　　　　　**(b) 钢板开长圆孔**

图 2.6　孔洞的应力集中

钢材在单向拉伸时,可借助于实验得到屈服条件,即当 $\sigma = f_y$ 时,材料开始屈服,进入塑性状态。实际钢结构中,钢材常在双向或三向复杂应力状态下工作,如图 2.7 所示,这时钢材的屈服并不取决于某一个方向的应力,因而不能用实验得到普遍适用的表达式,而是应利用材料力学强度理论的折算应力 σ_{eq} 和钢材在单向应力下的屈服点相比较来判别。研究表明,对均匀性和塑性较好的钢材,适合采用第四强度理论即能量强度理论,其折算应力 σ_{eq} 按计算如下:

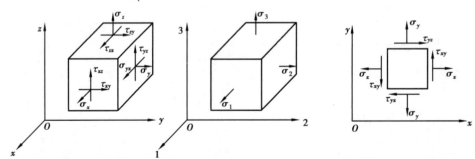

图 2.7　复杂应力状态

当用主应力表示时:

$$\sigma_{eq} = \sqrt{\frac{1}{2}\left[(\sigma_1 - \sigma_2)^2 + (\sigma_2 - \sigma_3)^2 + (\sigma_3 - \sigma_1)^2\right]} \tag{2.1}$$

当用应力分量表示时:

$$\sigma_{eq} = \sqrt{\sigma_x^2 + \sigma_y^2 + \sigma_z^2 - (\sigma_x\sigma_y + \sigma_x\sigma_z + \sigma_y\sigma_z) + 3(\tau_{xy}^2 + \tau_{xz}^2 + \tau_{yz}^2)} \tag{2.2}$$

当 $\sigma_{eq} < f_y$ 时,钢材处于弹性阶段;当 $\sigma_{eq} \geq f_y$ 时,钢材处于塑性阶段。

由式(2.1)、式(2.2)可见,当三个主应力 σ_1、σ_2、σ_3 同号且差值很小时,即使各自都远超 f_y,折算应力仍小于 f_y,说明材料很难进入塑性状态。因而,不论是脆性或塑性材料,在三轴拉应力作用下,甚至直到破坏时也没有明显的塑性变形产生,破坏表现为脆性。但有一向为异号应力,且同号两个应力相差又较大时,材料比较容易进入塑性状态,破坏呈塑性特征。

当三向应力中有一向应力很小(如钢材厚度较薄时,厚度方向的应力可忽略不计)或等于零,则可简化为平面应力状态,式(2.1)、式(2.2)简化为:

$$\sigma_{eq} = \sqrt{\sigma_1^2 + \sigma_2^2 - \sigma_1\sigma_2} \qquad (2.3)$$

$$\sigma_{eq} = \sqrt{\sigma_x^2 + \sigma_y^2 - \sigma_x\sigma_y + 3\tau_{xy}^2} \qquad (2.4)$$

在普通梁中,一般只有正应力 σ 和剪应力 τ 作用,即 $\sigma_x = \sigma$、$\tau_{xy} = \tau$ 和 $\sigma_y = 0$,则式(2.4)可简化为:

$$\sigma_{eq} = \sqrt{\sigma^2 + 3\tau^2} \qquad (2.5)$$

当受纯剪时,$\sigma_x = \sigma_y = \sigma_z = \tau_{xz} = \tau_{yz} = 0$,$\tau_{xy} = \tau$,则:

$$\sigma_{eq} = \sqrt{3\tau^2} \qquad (2.6)$$

取 $\sigma_{eq} = f_y$ 可得:

$$\tau = \frac{f_y}{\sqrt{3}} \approx 0.58 f_y \qquad (2.7)$$

即剪应力达到 f_y 的 0.58 倍时,钢材进入塑性状态。因此钢结构设计标准确定钢材抗剪设计强度为抗拉设计强度的 0.58 倍。

2.2 钢结构对钢材性能的要求

随着钢结构使用要求和环境的不同,对钢材性能的具体要求也不同,但用作钢结构的钢材必须具有较高的强度、足够的变形能力、良好的加工性能等基本要求。结构用钢材的物理性能指标主要包括弹性模量、线膨胀系数、质量密度,不随钢材种类变化,可按附表2采用。

2.2.1 强度

屈服强度是衡量结构承载能力和确定强度设计值的重要指标。屈服点高可以减小截面,从而减轻自重,节约钢材,降低造价。抗拉强度是衡量钢材抵抗拉断的性能指标,抗拉强度高,可以增加结构的安全保障。屈强比 f_y/f_u 是钢材强度储备的系数,屈强比越低,安全储备越大。

2.2.2 变形能力

1) 塑性

塑性是材料承受达到屈服点的应力后,能够产生显著的变形而不立即断裂的性能。衡量钢材塑性性能的指标是伸长率 δ 和断面收缩率 ψ,它们都是通过标准试件的拉伸试验决定的。伸长率 δ 等于试件拉断后原标距的塑性变形即伸长值和原标距的比值,用百分数表示:

$$\delta = \frac{l_1 - l_0}{l_0} \times 100\% \qquad (2.8)$$

式中 l_0——试件原标距长度,如图 2.1(a)所示;

l_1——试件拉断后的标距长度,如图 2.1(b)所示。

取圆形试件直径 d 的 5 倍或 10 倍为标定长度,其相应的伸长率用 δ_5 或 δ_{10} 表示。

截面收缩率 ψ 等于颈缩断口处截面面积的缩减值与原截面面积的比值,用百分数表示:

$$\psi = \frac{A_0 - A_1}{A_0} \times 100\% \qquad (2.9)$$

式中 A_0——试件原截面面积；

A_1——颈缩断口处截面面积。

δ 和 ψ 数值越大，表明钢材塑性越好。塑性好则结构破坏前变形比较明显，从而可避免脆性破坏的危险，并且塑性变形还能调整局部高峰应力，使之趋于平缓。

屈服点、抗拉强度和伸长率是钢材的三个重要力学性能指标。钢结构中所采用的钢材都应满足钢结构设计标准对这三项力学性能指标的要求。

2）冲击韧性

钢材的冲击韧性用冲击试验确定，它是指钢材在冲击荷载作用下断裂时吸收机械能的能力，是衡量钢材在冲击荷载作用下抵抗脆性破坏能力的指标。在实际结构中，脆性断裂常发生在结构中的裂纹和缺口等应力集中和三向受拉应力处。如图 2.8 所示，目前钢材最有代表性的冲击韧性试验采用 V 形缺口的标准试件，在冲击试验机上冲击使试件断裂，测量相应的冲击功 A_{kv}（单位 J），作为反映冲击韧性的指标。A_{kv} 越大，钢材在断裂时吸收的能量越多，其韧性越好，脆性破坏的危险越小。

冲击韧性与温度特别是负温有关。当达到一定负温时，冲击韧性急剧降低。因此，在寒冷地区建造的直接承受动力荷载的钢结构，除应有常温（+20 ℃）冲击韧性指标外，还应依据钢材类别，使其具有负温（0 ℃、-20 ℃或-40 ℃）的冲击韧性指标，以保证结构具有足够的抗脆性破坏能力。

3）冷弯性能

冷弯性能由冷弯试验确定。试验时按规定的弯心直径在试验机上用冲头对试件加压，使其弯成180°，如图 2.9 所示。如试件外表面不出现裂纹和分层即为合格。冷弯试验不仅能直接检验钢材的弯曲变形能力或塑性性能，还能揭示出钢材的内部冶金缺陷，如硫、磷的偏析及硫化物与氧化物的掺杂情况。因此，冷弯性能是判别钢材塑性变形能力及冶金质量的综合指标。

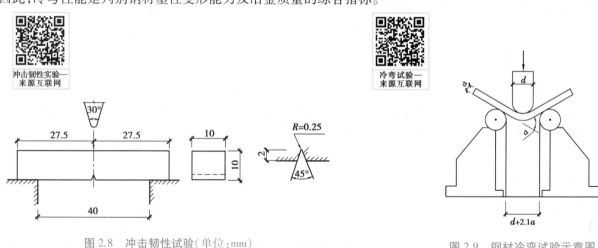

图 2.8   冲击韧性试验（单位：mm）   图 2.9   钢材冷弯试验示意图

2.2.3   加工性能

钢材应具有良好的冷、热加工性能，不因制作加工而对强度、塑性及韧性带来较大的有害影响，同时还应具有良好的可焊性。

可焊性是指采用一般焊接工艺就可形成合格焊缝的性能。钢材的可焊性受含碳量和合金元素含量的影响，含碳量在 0.12%~0.20% 的碳素钢可焊性良好。含碳量再提高会使焊缝和热影响区变脆，从而降低可焊性。提高钢材强度的合金元素也对可焊性有不利影响。可焊性与焊接材料、焊接方法、焊接工艺参数及工艺措施都有一定关系。可焊性的基本要求是焊接后焊缝金属及附近的热影响区金属不产生裂纹，并且焊缝的力学性能不低于母材的力学性能。

2.3 影响钢材性能的主要因素

2.3.1 化学成分的影响

钢是含碳量小于2%的铁碳合金,碳大于2%时则为铸铁。钢结构所用的钢材主要为碳素钢中的低碳钢和普通低合金钢。

碳素结构钢由纯铁、碳及杂质元素组成,其中纯铁约占99%,碳及杂质元素约占1%。低合金结构钢中,除上述元素外还加入少量合金元素,后者总量通常不超过3%。碳及其他元素虽然所占比重不大,但对钢材性能却有重要影响。

1) 基本元素

①铁(Fe):铁是钢材中最基本的元素,钢中铁元素含量一般超过97%。对于碳素钢而言,其铁素体的晶粒越细,钢的性能越好。

②碳(C):碳是形成钢材强度的主要成分,是仅次于铁的主要元素。碳的含量提高,则钢材强度提高,但同时钢材的塑性、韧性、冷弯性能、可焊性及抗锈蚀能力下降。按碳的含量区分,小于0.25%的为低碳钢,大于0.25%而小于0.6%的为中碳钢,大于0.6%的为高碳钢。钢结构用钢的含碳量一般不大于0.22%,焊接结构为了有良好的可焊性,含碳量应不大于0.2%。所以,建筑钢结构用的钢材基本上都是低碳钢。

2) 有益元素

①锰(Mn):锰能显著提高钢材的强度而不过多地降低塑性和冲击韧性。锰有脱氧作用,是弱脱氧剂。锰还能消除硫对钢材的热脆影响。碳素钢中锰是有益的杂质,在低合金钢中它是合金元素。我国碳素钢中锰的含量在0.3%~0.8%,低合金钢在1.0%~1.7%。但锰会使钢材的可焊性降低,故应限制其含量。

②硅(Si):硅有比锰更强的脱氧作用,是强脱氧剂。硅能使钢材的粒度变细,适量控制可提高强度而不显著影响塑性、韧性、冷弯性及可焊性。硅的含量在碳素镇静钢中为0.12%~0.3%,低合金钢中为0.2%~0.55%,过量时则会恶化可焊性及抗锈蚀性。

③钒(V)、铌(Nb)、钛(Ti):钒、铌、钛都能使钢材晶粒细化。我国的低合金钢都含有这三种元素,作为锰以外的合金元素,既可提高钢材强度,又能保持良好的塑性、韧性。

④铝(Al)、铬(Cr)、镍(Ni):铝是强脱氧剂,用铝进行补充脱氧,不仅能进一步减少钢材中的有害氧化物,而且能细化晶粒。低合金钢的C、D及E级都规定铝含量不低于0.015%,以保证必要的低温韧性。铬和镍是提高钢材强度的合金元素,用于Q390钢和Q420钢。

3) 有害元素

①硫(S):硫属于杂质,能生成易于熔化的硫化铁,当热加工及焊接使温度达800~1 000 ℃时,可能出现裂纹,称为热脆。硫还能降低钢的冲击韧性,同时影响疲劳性能与抗锈蚀性能。因此,对硫的含量必须严加控制,一般不得超过0.045%~0.05%,有特殊要求时,更要严格控制。

②磷(P):磷既是有害元素也是能利用的合金元素。它在低温下使钢变脆,这种现象称为冷脆。在高温时也能使钢塑性降低。其含量一般控制在0.045%以内,质量等级较高的钢则含量更少。磷能提高钢的强度和抗锈蚀能力。

③氧(O)和氮(N):氧能使钢热脆,其作用比硫剧烈,一般要求其含量小于0.05%。氮能使钢冷脆,与磷作用类似,一般要求其含量小于0.08%。

2.3.2 冶炼和轧制过程的影响

1）冶炼

钢材的冶炼方法主要有氧气顶吹转炉炼钢及电炉炼钢。其中氧气顶吹转炉钢具有投资少、生产率高、原料适应性大等特点，目前已成为主流炼钢方法。在建筑钢结构中，主要使用氧气顶吹转炉生产的钢材。

冶炼过程中形成钢的化学成分与含量，并在很大程度上决定钢的金相组织结构，从而确定其钢号及相应的力学性能。

2）浇铸

冶炼好的钢水出炉后，注入模具，浇铸成钢锭或钢坯。浇铸和脱氧同时进行，因脱氧程度不同，分为镇静钢和沸腾钢。镇静钢在浇铸时加入强脱氧剂，如硅、铝或钛，保温时间加长，氧等杂质少且晶粒较细，偏析等缺陷不严重，所以钢材性能比沸腾钢好。如果向钢水中加入弱脱氧剂锰，脱氧不充分，氧、氮和一氧化碳等气体从钢水中逸出，形成钢水沸腾现象，称为沸腾钢。沸腾钢缺陷较多，塑性、韧性和可焊性均较差。

钢在冶炼及浇铸过程中不可避免地会产生冶金缺陷。常见的冶金缺陷有偏析、非金属夹杂、气孔及裂纹等。偏析是金属结晶后化学成分分布不均匀；非金属夹杂是钢中含有硫化物与氧化物等杂质；气泡是浇铸时由 FeO 与 C 作用生成的 CO 气体不能充分逸出而滞留在钢锭内形成的微小空洞。这些缺陷都将影响钢材的力学性能。

3）轧制

钢的轧制是在 1 200~1 300 ℃高温下进行的。钢材轧制能使金属的晶粒变细，也能使气泡、裂纹等焊合，消除显微组织缺陷，因而改善了钢材的力学性能。薄板因辊轧次数多，其强度比厚板略高。浇铸时的非金属夹杂物在轧制后能造成钢材的分层，所以分层是钢材，尤其是厚板的一种缺陷。设计时应尽量避免拉力垂直于板面的情况，以防止层间撕裂。

2.3.3 制作加工、安装和使用过程的影响

1）热处理的影响

一般钢材热轧后即可交货，而不经过热处理，但某些高强度钢材则在轧制后经过热处理才出厂。热处理的目的在于取得高强度的同时能够保持良好的塑性和韧性。热处理常采用下列方式：

①正火：正火属于最简单的热处理，把钢材加热至 850~900 ℃并保持一段时间后，在空气中自然冷却，可改善组织，细化颗粒。如果钢材在终止轧制时温度正好控制在上述温度范围，即可得到正火的效果，称为控轧。

②回火：回火是将钢材重新加热至 650 ℃并保温一段时间，然后在空气中自然冷却，可减小脆性，提高钢的综合性能。

③淬火：淬火是把钢材加热至 900 ℃以上，保温一段时间，然后放入水或油中快速冷却。淬火及回火也称调质处理，强度很高的钢材，包括高强度螺栓的材料都要经过调质处理。

2）钢材硬化的影响

硬化有时效硬化、冷作硬化和应变时效三种。

①时效硬化：钢材随存放时间延长，其化学成分中的氮和碳逐渐析出，形成了自由的氮化物和碳化

物,它们能起到阻止纯铁体晶粒间的滑移,约束塑性发展,从而提高钢材的强度,降低塑性和韧性,这种现象称为时效硬化,也称老化,如图 2.10(a)所示。

②冷作硬化(应变硬化):冷作硬化是指当钢材冷加工(剪、冲、拉、弯等)超过其弹性极限后卸载,出现残余塑性变形,再次加载时弹性极限或屈服点提高的现象,如图 2.10(a)所示。冷作硬化降低了钢材的塑性和冲击韧性,增加了出现脆性破坏的可能性,这对直接承受动力荷载的结构尤其不利。因此,钢结构一般不利用冷作硬化所提高的强度,且为消除冷作硬化的影响,对重要结构用材需刨边将冷作硬化的板边去掉。

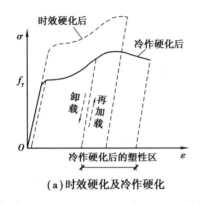
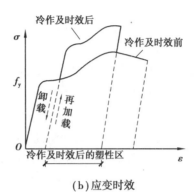

图 2.10　硬化对钢材性能的影响

③应变时效:在钢材产生一定量的塑性变形后,晶体中的固溶氮和碳更容易析出,从而使已经冷作硬化的钢材又发生时效硬化的现象,称为应变时效,如图 2.10(b)所示。产生时效硬化的过程一般较长,为了加速时效硬化进程,人工加载让钢材先产生 10%左右的塑性变形,然后加热至 250 ℃,并保温 1 h 后自然冷却,称为人工时效。

3) 温度影响

钢的内部晶体组织对温度很敏感,温度升高与降低都会使钢材性能发生变化。以 0 ℃为界,分为正温范围和负温范围。

(1)正温范围

当温度逐渐升高时,钢材的强度、弹性模量会不断降低,变形则不断增大。温度约 200 ℃ 以内时,钢材性能没有很大变化;在 250 ℃ 左右,钢材抗拉强度略有提高,韧性和塑性降低,材料有转脆倾向,钢材表面氧化膜呈现蓝色,称为蓝脆。钢材应避免在蓝脆温度范围内进行加工。当温度在 260~320 ℃ 时钢材将产生徐变现象;当温度超过 300 ℃ 时,其强度和弹性模量开始显著下降,而塑性变形开始显著增大;当温度超过 400 ℃ 时,其强度和弹性模量急剧降低;达到 600 ℃ 时,强度和弹性模量通常不到常温的 1/3,几乎丧失承载能力。对于超过 150 ℃ 条件下使用的钢结构,表面需加设隔热保护层。

(2)负温范围

随着温度下降,钢材强度略有提高,但塑性、韧性降低,钢材的脆性倾向增加,对冲击韧性的影响十分突出。A_{kv} 随温度变化的规律如图 2.11 所示。在右侧高能部分与左侧低能部分,曲线比较平缓,温度引起的变化较小;而中间部分曲线较陡,破坏时吸收的能量随温度改变急剧变化,这部分对应的温度界限用 T_1、T_2 表示,T_1 与 T_2 之间称为转变温度区,材料由塑性破坏转变为脆性破坏是在这一区间内完成的。曲线最陡点所对应的温度 T_0,称

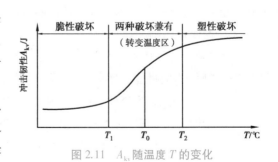

图 2.11　A_{kv} 随温度 T 的变化

为该种钢材的转变温度,T_1、T_2 要根据实践经验由大量试验统计数据来确定。在结构设计中要求避免完全脆性破坏,所以结构所处温度应大于 T_1,而不要求一定大于 T_2,因为那样虽然安全,但要求过严会造成浪费。

2.4 钢材的种类、规格和选用原则

2.4.1 钢材的种类

1)碳素结构钢

我国目前生产的碳素结构钢的牌号有：Q195、Q215A、Q215B、Q235A、Q235B、Q235C、Q235D 以及 Q275。含碳量越多，屈服点越高，塑性越低。Q235 的含碳量低于 0.22%，属于低碳钢，其强度适中，塑性、韧性和可焊性较好，是建筑钢结构常用的钢材品种之一。碳素结构钢牌号中 Q 代表"屈服点"（该拼音的首字母），其他符号含义如图 2.12 所示。

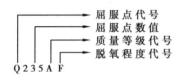

图 2.12　碳素结构钢牌号中符号含义

脱氧方法符号为 F、Z 和 TZ，分别表示沸腾钢、镇静钢和特殊镇静钢，反映钢材在浇铸过程中的不同脱氧程度。对 Q235 钢来说，A、B 两级的脱氧方法可以是 Z 或 F，C 级只能是 Z，D 级只能是 TZ，因而 Z 和 TZ 可省略。如 Q235B 表示屈服强度为 235 N/mm² 的 B 级镇静钢，Q235C 表示屈服强度为 235 N/mm² 的 C 级镇静钢。

钢号中质量等级有 A、B、C 和 D，表示质量由低到高。质量高低主要是按冲击韧性要求区分的，对冷弯试验的要求也有所区别。A 级钢冲击韧性不作为要求条件，对冷弯试验只在需方有要求时才进行；而 B、C、D 各级则都要求 A_{kv} 值不小于 27 J，不过三者的试验温度有所不同，B 级要求常温（20 ±5）℃，C、D 级则分别要求 0 ℃、-20 ℃。B、C、D 级也都要求冷弯试验合格。为了满足以上性能要求，不同等级 Q235 钢的化学元素含量略有区别。

2)低合金高强度结构钢

低合金高强度结构钢是在钢的冶炼过程中加入少量合金元素，其含量通常低于 3%，但钢的强度明显提高，故称为低合金高强度结构钢。其牌号按屈服点由小到大排列，有 Q295、Q355、Q390、Q420 和 Q460 共 5 种，牌号意义和碳素结构钢相同。不同的是，低合金高强度结构钢的质量等级分为 A、B、C、D、E 5 级。A 级对冲击韧性无要求；B、C、D 级要求对应温度 20 ℃、0 ℃、-20 ℃ 的冲击功≥34 J；E 级要求 -40 ℃ 的冲击功≥27 J。

低合金高强度结构钢的 A、B 级属于镇静钢，C、D、E 级属于特殊镇静钢。

3)耐大气腐蚀钢(耐候钢)

在钢的冶炼过程中，加入少量特定的合金元素，一般是铜(Cu)、铬(Cr)、镍(Ni)等，使之在金属基体表面形成保护层，提高钢材耐大气腐蚀性能，这类钢统称为耐大气腐蚀钢或耐候钢。我国目前生产的耐候钢分为高耐候结构钢和焊接结构用耐候钢两类。

①高耐候结构钢：其耐候性能比焊接结构用耐候钢好，故称为高耐候结构钢。其牌号表示方法是由分别代表"屈服点"的拼音首字母 Q、屈服点的数值和"高耐候"拼音字母 GNH 及质量等级(A、B、C、D、E)顺序组成。例如，Q355GNHC 表示屈服点为 355 N/mm²、质量等级为 C 级的高耐候钢。

②焊接结构用耐候钢：这类钢能保持良好的可焊性，厚度可达 100 mm。其表示方法是由分别代表"屈服点"的拼音首字母 Q、屈服点的数值和"耐候"的拼音字母 NH 以及质量等级(C、D、E)顺序组成。耐候钢的化学成分、力学性能等参数可查阅国家标准《桥梁用结构钢》(GB/T 4171—2015)和《焊接结构用耐候钢》(GB/T 4172)。

4）桥梁用结构钢

由于桥梁所受荷载性质特殊，桥梁用钢的力学性能、焊接性能等技术要求一般都严于房屋建筑用钢，其牌号表达方式与其他钢材一样，由屈服点拼音首字母 Q、屈服点数值、桥梁钢拼音字母 q 和质量等级（C、D、E）4 部分顺序组成，如 Q235qC。桥梁钢的化学成分、力学性能等参数可查阅国家标准《桥梁用结构钢》（GB/T 714—2015）。

5）Z 向钢

由于轧制工艺的原因，厚钢板沿厚度方向（Z 向）的力学性能最差。当结构局部构造形成有板厚方向的拉力作用时，很容易沿平行于钢板表面层间出现层状撕裂。因此，对于重要焊接构件的钢板，还要求厚度方向有良好的抗层间撕裂性能。

钢板的抗层间撕裂性能采用厚度方向拉伸试验时的断面收缩率来评定，并以此分为 Z15、Z25、Z35 三个级别，分别代表钢板的厚度方向断面收缩率 Y_z 不小于 15%、25% 和 35%。Z 向钢常用于船舶、海上采油平台、压力容器等重要焊接结构。

6）建筑结构用钢板

在高层建筑结构、大跨度结构及其他重要建筑结构中用的热轧钢板一般采用高性能优质钢材，其性能高于碳素结构钢和低合金高强度结构钢，要求满足《建筑结构用钢板》GB/T 19879—2015 的要求。高性能建筑结构用钢的牌号由代表屈服强度的字母（Q）、最小下屈服强度数值、代表高性能建筑结构用钢的汉语拼音字母（GJ）、质量等级符号（B、C、D、E）等 4 个部分按顺序组成。例如：Q345GJC 表示最小下屈服强度 $f_y = 345 \text{ N/mm}^2$ 的高性能建筑结构用 C 级钢。

2.4.2 钢材的规格

钢结构中采用的钢材品种主要为热轧钢板、钢带和型钢，以及冷轧钢板、钢带和冷弯薄壁型钢及压型钢板。

1）钢板

热轧钢板分厚钢板和薄钢板两种。厚钢板的厚度为 4.5～60 mm，用于制作焊接组合截面构件，如焊接工字形截面梁翼缘板、腹板等；薄钢板的厚度为 0.35～4 mm，用于制作冷弯薄壁型钢。

钢板的表示方法为"—厚度×宽度×长度"，如"— 12 × 400 × 800"，尺寸单位为 mm。

2）热轧型钢

常用热轧型钢有角钢、槽钢、工字钢、H 型钢、T 型钢和钢管等，截面如图 2.13 所示。常用型钢规格和截面特性见附表 3.1～3.8。

(a)等边角钢 (b)不等边角钢　(c)钢管　　(d)槽钢　　(e)工字钢　(f)H 型钢　(g)T 型钢

图 2.13　热轧型钢截面形式

①角钢。角钢分等边角钢和不等边角钢。等边角钢表示为"∟边宽×厚度"，如∟100×8；不等边角钢的表示方法为"∟长边宽×短边宽×厚度"，如"∟100×80×8"。尺寸单位均为 mm。

②槽钢。槽钢有普通槽钢和轻型槽钢。普通槽钢截面用符号"["和截面高度(单位:cm)表示,高度在20 cm以上的槽钢,还用字母a、b、c表示不同的腹板厚度。如[32b,表示截面外轮廓高度32 cm、腹板中等厚度的槽钢。轻型槽钢表示方法如:[25Q表示截面外轮廓高度25 cm,Q是"轻"的意思。号数相同的轻型槽钢与普通槽钢相比,板件较薄。

③工字钢。工字钢有普通工字钢和轻型工字钢。用截面符号"I"和截面高度(单位:cm)表示,高度在20以上的普通工字钢,用字母a、b、c表示不同的腹板厚度。如I32c,表示截面外轮廓高度32 cm、腹板厚度为c类工字钢;I32Q,表示截面外轮廓高度32 cm的轻型工字钢。

④H型钢和剖分T型钢。H型钢是目前广泛使用的热轧型钢,与普通工字钢相比,其特点是:翼缘较宽,故两个主轴方向的惯性矩相差较小;翼缘内外两侧平行,便于与其他构件相连。为满足不同需要,H型钢有宽翼缘H型钢、中翼缘H型钢和窄翼缘H型钢,分别用标记HW、HM和HN表示。各种H型钢均可剖分为T型钢,相应标记用TW、TM、TN表示。H型钢和剖分T型钢的表示方法是:标记符号、高度×宽度×腹板厚度×翼缘厚度。例如,HM244×175×7×11,其剖分T型钢是TM122×175×7×11,尺寸单位为mm。

⑤钢管。钢管分无缝钢管和焊接钢管两种,表示方法为"ϕ 外径×壁厚",如ϕ180×4,尺寸单位为mm。

3)冷弯薄壁型钢

薄壁型钢由薄钢板经冷弯或模压而成,其截面形式如图2.14所示。薄壁型钢的壁厚一般为1.5~6 mm,用于承重结构时其壁厚不宜小于2 mm,用于轻型屋面及墙面的压型钢板板厚为0.4~2.0 mm。薄壁型钢能充分利用钢材的强度,节约钢材,已在我国广泛使用。

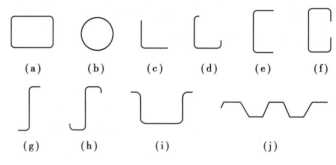

图2.14 薄壁型钢的截面形式

4)钢索

用高强钢丝组成的平行钢丝束、钢绞线或钢丝绳统称为钢索。

平行钢丝束通常由7根、19根、37根或61根直径为4 mm或5 mm的钢丝组成,其截面如图2.15(a)、(b)、(d)所示。

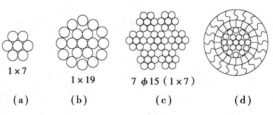

图2.15 钢索截面

钢绞线一般由7根钢丝捻成,1根在中心,其余6根在外层同一方向缠绕,标记为1×7[见图2.15(c)],也有由3层、4层钢丝组成的1×19、1×37。由于钢绞线中各钢丝的受力不均匀,钢绞线的抗拉强度要比单根钢丝低10%~20%,弹性模量也有所降低。

钢丝绳通常是由7股钢绞线捻成,以一股钢绞线作为核心,外层的6股钢绞线沿同一方向缠绕。由7股(1+6)的钢绞线捻成的钢丝绳,其标记为绳7(7),股(1+6)。还有一种钢丝绳是由7股(1+6+12)的钢绞线捻成的,其标记为绳 7(19),股(1+6+12)。钢丝绳中每股钢绞线的捻向可以相反,也可以相同。钢丝绳的强度和弹性模量略低于钢绞线,其优点是比较柔软,适用于需要弯曲曲率较大的构件。

2.4.3 钢材选用原则

钢材选用原则是既要保证结构安全可靠,又要做到用料经济合理。为此,在选择钢材时应考虑如下主要因素:

①结构重要性。对于重要结构,如重型工业建筑结构、大跨度结构、高层或超高层建筑结构或构筑物等,应选用质量高的钢材。对于一般工业与民用建筑结构,可根据工作性质分别选用普通质量的钢材。

②荷载性质。对承受动力荷载的结构应选用塑性、冲击韧性好的钢材,如 Q235C 或 Q355C;对承受静力荷载的结构,可选用一般质量的钢材,如 Q235BF。

③连接方法。焊接结构由于在焊接过程中不可避免地会出现焊接应力、焊接变形和焊接缺陷。因此,应选择碳、硫、磷含量较低,塑性、韧性和可焊性都较好的钢材。对于非焊接结构,这些要求可以放宽。

④结构工作环境。结构所处的环境,如温度变化、腐蚀作用等对钢材可能产生很大影响。在低温下工作的结构,尤其是焊接结构,应选用具有良好抵抗低温脆断性能的镇静钢,结构可能出现的最低温应高于钢材的冷脆转变温度。当周围有腐蚀介质时,应对钢材的抗锈蚀性提出相应要求。

⑤钢材厚度。厚度大的钢材不但强度低,而且塑性、冲击韧性和可焊性也较差,因此厚度大的焊接结构应采用质量较好的钢材。

在钢种的选用方面,对重要承重结构推荐采用 Q235、Q355、Q390、Q420、Q460 和 Q345GJ 钢。承重结构钢材应具有抗拉强度、伸长率、屈服强度保证(通称三项保证)和硫、磷含量的合格保证;焊接结构还应有碳含量合格保证,冷弯、冲击韧性等要求;有疲劳验算和抗震要求的结构钢材,要求有冲击韧性的合格保证。

在钢材规格的选用方面,宜优先选用型钢,如对于承受荷载不大的钢梁,宜选用窄翼缘 H 型钢,钢柱宜选用宽翼缘 H 型钢。

本章总结框图

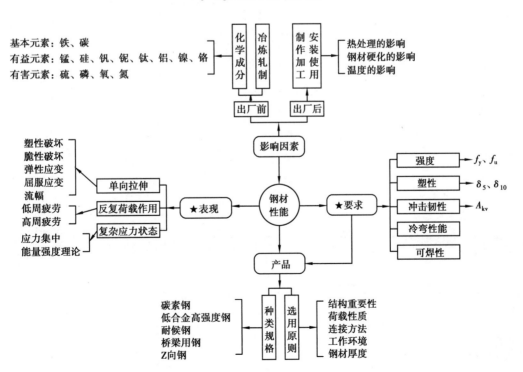

思考题

2.1 钢材有哪两种主要破坏形式？各有何特征？

2.2 钢材主要力学性能指标有哪些？怎样得到？

2.3 影响钢材性能的主要化学成分有哪些？碳、硫、磷对钢材性能有何影响？

2.4 何谓钢材的可焊性？影响钢材焊接性能的因素有哪些？

2.5 钢材在高温下力学性能有何变化？为何普通钢材耐热不耐火？

2.6 下列术语分别用于表达钢材的什么物理特性？

①低温冷脆；②韧性；③冷作硬化；④应变时效。

2.7 如何合理选用钢材？

2.8 钢材的力学性能为何要按厚度分类？

2.9 下列符号各有何含义？

①Q235AF；②Q390E；③Q355D；④Q235D。

2.10 钢材是可重复利用的工程材料，对实现碳中和有何作用？

2.11 为实现人与自然和谐共生，选用工程材料时应考虑哪些主要因素？

问题导向讨论题

问题：中国、美国、欧洲及日本对结构用钢性能要求及常用产品规格有哪些不同？对钢结构设计有什么影响？

分组讨论要求：每组 6~8 人，设组长 1 名，负责明确分工和协作要求，并指定人员代表小组发言交流。

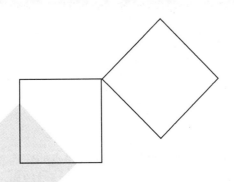

3

钢结构的连接

本章导读：

● **内容及要求**　钢结构的连接方法，焊接连接的特性，对接焊缝的构造和计算，角焊缝的构造和计算，焊接残余应力和焊接残余变形，普通螺栓连接的构造和计算以及高强度螺栓连接的构造及计算。通过本章学习，应该了解焊缝连接形式和焊缝形式，焊缝缺陷及质量检验，焊缝表示方法；熟悉焊条的选用，减少焊接残余应力和残余变形的方法，高强度螺栓预拉力的施加方法和摩擦面的处理方法；掌握钢结构对连接的要求及连接方法，焊接连接的特性、构造和计算，焊接残余应力和焊接残余变形的成因和影响，普通螺栓连接的构造和计算，高强度螺栓连接的性能和计算。

● **重点**　角焊缝的计算，普通螺栓和高强度螺栓连接的计算。

● **难点**　角焊缝计算的基本公式，焊接残余应力产生的原因，普通螺栓及高强度螺栓同时承受拉力和剪力的计算。

典型工程简介：

同济大学土木学院新大楼

　　同济大学土木学院新大楼建成于 2006 年，总建筑面积 14 920 m²，建筑层数 8 层(半地下 1 层)，建筑高度 31.9 m。大楼采用全钢结构形式，外墙采用挂板，整体表现出现代先进结构的优越性。该建筑是同济大学内第一幢真正意义上的全钢结构建筑，设计和建设都考虑了充分展示钢结构的各种特征，可方便地观察到各种钢结构构件、焊接和螺栓连接等钢结构主要连接方式。

3.1 钢结构的连接方法及特点

钢结构与混凝土结构相比的突出特点之一是连接灵活多样,钢结构由钢构件或部件连接而成,钢构件可直接采用型钢,也可由钢板等原材料经过连接形成。因此,连接是钢结构的重要内容,也是凸显钢结构特点的部分。目前钢结构的主要连接方法是焊接连接和螺栓连接,历史上铆钉连接曾经是重要的连接方法之一,但铆钉连接构造复杂、费工费料,现已很少采用。

焊接是通过高温使连接处的钢材融化,然后冷却从而连成一体的方法。焊接连接构造简单、加工方便、用料经济、易于采用自动化操作,是工厂加工的主要连接方法。但由于焊接需要使局部钢材经过高达熔化的高温和随后的快速降温过程,一般会引起较明显的残余应力与变形,并使钢材性能劣化,同时现场焊接质量不易保证,在直接动力荷载作用和环境温度较低情况下,容易出现疲劳破坏和断裂破坏。

螺栓连接是通过预先在被连接件上开设螺栓孔,然后用螺栓紧固件紧固连接的方法。螺栓连接拆装方便,有利于提高现场连接质量,是现场连接和需要拆装情况下的主要连接方法。螺栓连接需要在连接部件上制孔,对连接件有削弱,并需要额外增加螺栓紧固件。

"步步高"全尺寸钢结构教学模型

铆钉连接

为什么飞机用铆钉不用焊接

3.1.1 焊接连接

1)焊接方法

最常用的焊接方法为电弧焊,分为手工电弧焊、自动和半自动埋弧焊、气体保护焊等。

图 3.1 所示为手工电弧焊,通电后在涂有焊药的焊条和焊件之间产生电弧,由电弧提供热源,使焊条熔化,滴落在焊件上被电弧所吹成的小凹槽熔池中,与焊件熔化部分凝结成焊缝。焊条外涂有药皮,当焊条熔化时,药皮形成的熔渣和惰性气体覆盖熔池,防止空气中的氧、氮等有害气体与熔化的液体金属接触而形成脆性易裂的化合物。手工焊的焊缝质量取决于焊工的技术水平。手工电弧焊的焊条应与焊件钢材强度相适应,如 Q235 钢采用 E43 型焊条,Q355、Q390 和 Q345GJ 钢采用 E50、E55 型焊条,Q420、Q460 钢采用 E55、E60 型焊条,具体规定详见国家标准《碳钢焊条》(GB/T 5117)和《低合金钢焊条》(GB/T 5118)。当不同钢种的钢材相连接时,宜采用与较低强度钢材相适应的焊条。

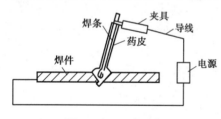

图 3.1 手工电弧焊

图 3.2 所示为自动埋弧焊,焊丝埋在焊剂层下,自动电焊机沿轨道按一定的速度移动。当通电引弧后,由电弧的作用使焊丝和焊剂熔化,熔化后的焊剂浮在熔化金属表面,保护熔化金属不与外界空气接触。随着电焊机的移动,焊剂不断地从焊剂漏斗漏下,绕在转盘上的焊丝边熔化边下降,电弧完全被埋在焊剂之内,故称自动埋弧焊。自动埋弧焊的焊缝质量高,塑性、韧性好,焊件变形小。半自动埋弧焊由人工操作前进,过程与自动焊相同,焊缝质量介于自动埋弧焊和手工焊之间。埋弧焊所采用的焊丝和焊剂应与焊件钢材强度相适应,如 Q235 钢采用 H08A 焊丝,Q355 钢采用 H08A、H08MnA 等焊丝,Q390 钢采用 H08MnA、H10Mn2 等焊丝,具体规定详见国家标准《熔化焊用钢丝》(GB/T 14957)、《埋弧焊用碳钢焊丝和焊剂》(GB/T 5293)和《低合金钢埋弧焊用焊剂》(GB/T 12470)。

气体保护焊是以二氧化碳气体或其他惰性气体作为保护介质,使被熔化的金属不与空气接触,电弧加热集中,焊接速度快,焊件熔深大,焊缝强度比手工电弧焊高,塑性好。二氧化碳气体保护焊采用高锰高硅型焊丝,具有较强的抗锈能力。

冷弯薄壁型钢的焊接常采用图 3.3 所示的电阻焊。电阻焊利用电流通过焊件接触点表面的电阻所产生的热量熔化金属,再通过压力使其焊合,适用于板叠厚度不超过12 mm的焊接。

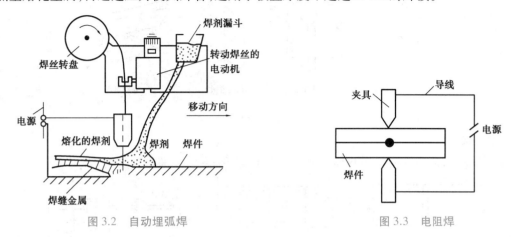

图 3.2　自动埋弧焊　　　　　　　　　　　图 3.3　电阻焊

2)焊缝形式及焊接连接形式

(1)焊缝形式

焊缝按特性分为对接焊缝和贴角焊缝(简称角焊缝)。按受力和焊缝方向的关系,对接焊缝又可分为正对接焊缝和斜对接焊缝;角焊缝又分为正面角焊缝和侧面角焊缝,分别简称为正缝和侧缝,如图 3.4 所示。

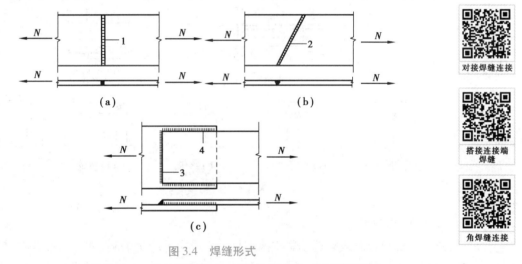

对接焊缝连接

搭接连接端焊缝

角焊缝连接

图 3.4　焊缝形式

1—正对接焊缝;2—斜对接焊缝;3—正面角焊缝;4—侧面角焊缝

角焊缝沿长度方向可有连续和断续两种形式,如图 3.5 所示。连续角焊缝受力性能较好,为主要的角焊缝形式。断续角焊缝的起、灭弧处容易引起应力集中,重要结构中应避免采用,只能用于一些次要构件或次要焊缝连接中。断续角焊缝焊段的长度不得小于 $10h_f$ 或 50 mm,以防焊缝长度太短不够可靠,h_f 为焊脚尺寸。断续角焊缝间断距离不宜太长,以免连接不紧密,潮气侵入引起锈蚀。对受压构件间断距离 L 不应大于 $15t$,对受拉构件不应大于 $30t$,t 为较薄焊件的厚度。

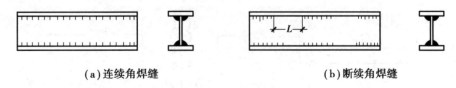

(a)连续角焊缝　　　　　　　　　　　(b)断续角焊缝

图 3.5　连续角焊缝与断续角焊缝

焊缝按施焊位置分为俯焊(也称平焊)、立焊、横焊及仰焊,如图 3.6 所示。俯焊的施焊最方便,质量最易保证。立焊和横焊的质量及生产效率比俯焊差一些。仰焊的操作条件最差,焊缝质量不易保证,应尽量避免采用。

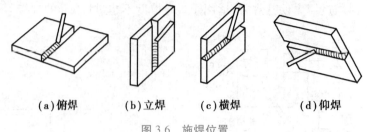

(a)俯焊　　(b)立焊　　(c)横焊　　　(d)仰焊

图 3.6　施焊位置

（2）焊接连接

焊接连接形式按被连接构件间的相对位置分为平接、搭接、T 形连接和角接,如图 3.7 所示。

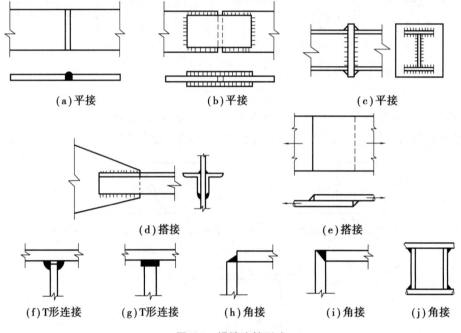

(a)平接　　　　　(b)平接　　　　　(c)平接

(d)搭接　　　　　　(e)搭接

(f)T形连接　　(g)T形连接　　(h)角接　　(i)角接　　(j)角接

图 3.7　焊缝连接形式

3）焊接缺陷和质量检测

焊接可能导致焊缝金属或附近热影响区钢材表面或内部产生缺陷,常见的有裂纹、气孔、烧穿、夹渣、咬边、焊瘤、未焊透等缺陷,如图 3.8 所示。

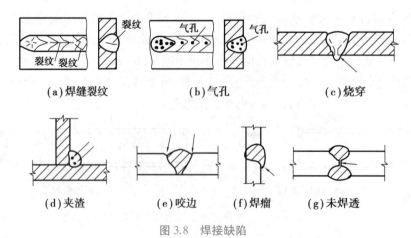

(a)焊缝裂纹　　　　(b)气孔　　　　　(c)烧穿

(d)夹渣　　　(e)咬边　　　(f)焊瘤　　　(g)未焊透

图 3.8　焊接缺陷

裂纹是最危险的缺陷。在焊接过程中,少量金属的快速熔化和由于周围金属的散热造成快速冷却,容易在焊缝和周围热影响区内出现热裂纹和冷裂纹。热裂纹在焊接时产生,冷裂纹在焊缝冷却过程中产生。裂纹产生常与钢材的化学成分不当,未采用合适的电流、电压、施焊速度、施焊次序等有关。若采用合理的施焊次序,可减少焊接应力,避免出现裂纹;进行预热、缓慢冷却或焊后热处理,可以减少裂纹形成。

焊接缺陷将减少焊接连接的截面面积或降低焊缝的强度,特别是在缺陷处易出现应力集中,裂缝往往先从那里开始,并扩展开裂,成为连接破坏的根源,对结构十分不利。

为保证焊接质量,必须进行相应的质量检验。《钢结构设计标准》(GB 50017)规定,焊缝必须满足的质量等级根据结构的重要性、荷载特征、焊缝形式、工作环境和应力状态等情况确定。焊缝的质量等级分为三级,每级质量检查都要按照《钢结构工程施工质量验收标准》(GB 50205)进行。其中第三级焊缝只要求对全部焊缝作外观检查且符合第三级质量标准,即检查焊缝外形尺寸偏差是否超过允许值,弧坑裂纹、咬边尺寸是否超过允许值等。一级、二级焊缝的外观检查质量标准均高于三级。一级最高,不允许有任何缺陷,二级要求略低一些。除此之外,一、二级焊缝还要进行无损检验。如一、二级焊缝都要进行超声波探伤,探伤比例分别为每条焊缝长度的100%和20%。当超声波探伤不能对缺陷作出判断时,还应进行射线探伤。

4)焊缝表示方法

在钢结构施工图上应该按照制图规定用图例标明焊缝形式、尺寸和辅助要求。《焊缝符号表示法》(GB/T 324)规定,焊缝符号由基本符号和指引线组成,必要时还可以加上辅助符号、补充符号和焊缝尺寸符号。

基本符号是表示焊缝横截面形状的符号,如角焊缝用△表示,V形焊缝用∨表示。辅助符号是表示焊缝表面形状特征的符号,如要求通过加工使焊缝表面齐平时,应在基本符号上加一短横线。补充符号是为了补充说明焊缝的某些特征而采用的符号,如 [表示三面围焊符号,▶表示现场安装焊缝。一些基本符号、辅助符号和补充符号如表3.1所示。

表3.1　焊缝表示方法

名　称	焊缝示意图	符　号	示　例
基本符号 I形焊缝		‖	
V形焊缝		∨	
单边V形焊缝		⩗	
带钝边V形焊缝		Y	
带钝边U形焊缝		⋃	

续表

名　称	焊缝示意图	符　号	示　例
基本符号 角焊缝		◺	
封底焊缝		◡	
点焊缝		○	
塞焊缝与槽焊缝		⊓	
辅助符号 平面符号		—	
凹面符号		◡	
补充符号 三面围焊符号		⊏	
周边围焊符号		○	
现场焊符号		▶	或
焊缝底部有垫板的符号			
尾部符号		﹤	

指引线由箭头线和两条基准线(一条为实线,另一条为虚线)两部分组成。基准线一般应与图样的底边相平行,但在特殊情况下亦可与底边相垂直。当箭头指向焊缝所在的一面时,则将焊缝符号标在基准线的实线侧;当箭头指向对应焊缝所在的另一面时,则将焊缝符号标在基准线的虚线侧;标对称焊缝及双面焊缝时,可不加虚线,如图3.9所示。

焊缝尺寸和角焊缝的焊脚尺寸 h_f 等一律标在焊缝基本符号的左侧。

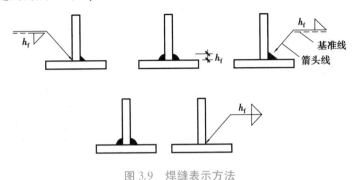

图3.9 焊缝表示方法

3.1.2 螺栓连接

1)螺栓连接的分类

螺栓连接根据螺栓强度和工作性能的差别,分为普通螺栓连接和高强度螺栓连接。

(1)普通螺栓连接

普通螺栓按加工精度分为 A 级、B 级和 C 级。

A、B 级螺栓是由毛坯在车床上经过切削加工精制而成,精度高且尺寸准确,也称为精制螺栓,它们要求 I 类孔(先钻小孔,待组装后再铰孔或铣孔至设计孔径,直径允许偏差0.18~0.25 mm),螺栓孔径仅比螺栓杆径大0.3~0.5 mm。此种螺栓受剪性能好,但制作和安装要求高。

C 级螺栓由未经加工的圆钢压制而成,表面不经特别加工,不仅粗糙且尺寸误差大,也称为粗制螺栓,它只要求 II 类孔(在单个零件上一次冲成或不用钻模钻成,直径允许偏差0~1.0 mm),螺栓孔径比螺栓杆径大1.5~3 mm。由于螺栓杆与螺栓孔之间有较大的间隙,受剪力作用时,将会产生较大的剪切滑移,变形较大。但在沿其杆轴方向的受拉性能较好,可广泛用于承受拉力的连接,次要结构的抗剪连接或安装时的临时固定。

普通螺栓采用手动或者电动扳手拧紧施工。

(2)高强度螺栓连接

高强度螺栓连接分为摩擦型连接和承压型连接。高强度螺栓的螺母和垫圈用45号钢或35号钢制成。高强度螺栓采用钻成孔,摩擦型连接的孔径比螺栓公称直径 d 大1.5~2.0 mm,承压型连接的孔径比螺栓公称直径 d 大1.0~1.5 mm。摩擦型连接耐疲劳,塑性和韧性好,适用于承受动荷载的结构。承压型连接的承载力高于摩擦型连接,但只适用于承受静荷载的结构。高强度螺栓需要采用扭矩扳手或专用扳手拧紧施工,并按照相关标准或规范进行质量检查。

2)螺栓连接的表示方法

螺栓、孔、电焊铆钉的表示方法如表3.2所示。

表 3.2　螺栓、孔、电焊铆钉的表示方法

序　号	名　称	图　例	说　明
1	永久螺栓	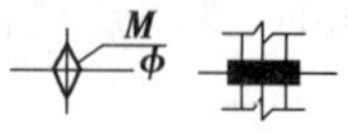	
2	高强螺栓	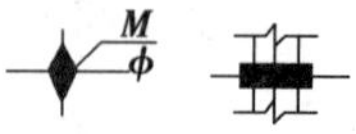	
3	安装螺栓	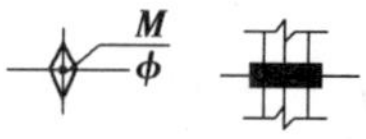	①细"+"线表示定位线；②M表示螺栓型号；③φ表示螺栓孔直径；④d表示膨胀螺栓、电焊铆钉直径；⑤采用引出线标注螺栓时,横线上标注螺栓规格,横线下标注螺栓孔直径
4	胀锚螺栓	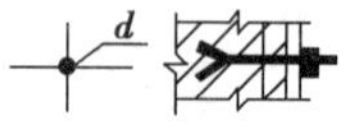	
5	圆形螺栓孔	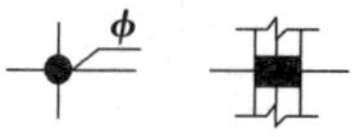	
6	长圆形螺栓孔	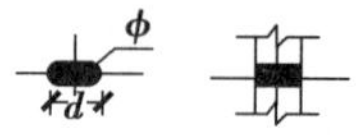	
7	电焊铆钉	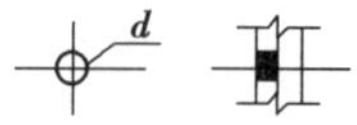	

3.2　对接焊缝连接的构造和计算

3.2.1　对接焊缝连接的性能和构造

1）对接焊缝的性能

如果对接焊缝中没有任何缺陷,焊缝金属的强度高于母材,但实际焊缝中存在气孔、夹渣等缺陷,理论分析和实验结果表明:当缺陷面积与焊件截面积之比超过5%时,对接焊缝的抗拉强度将明显下降,而抗剪和抗压强度影响不大。因此对接焊缝的抗压和抗剪强度均与母材相同;一、二级检验的对接焊缝的抗拉强度与母材相同;而三级检验的对接焊缝允许存在的缺陷较多,其抗拉强度为母材的85%。

2）对接焊缝构造要求

对接焊缝的主要构造要求为坡口形式,如图3.10所示。板件厚度越大,坡口形式越复杂,以便保证焊条运转的空间,保证在板件全厚度内焊透。坡口形式有Ｉ形缝（即不开坡口）、单边Ｖ形缝、双边Ｖ形缝、Ｕ形缝、Ｋ形缝和Ｘ形缝等。各种坡口中,沿板厚方向有一段不开坡口,称为钝边,焊接从钝边处（根部）开始,钝边有托住熔化金属的作用。

当焊件厚度 t 较小时（ $t \le 10$ mm）,可用Ｉ形缝,即不开坡口,只在板边间留适当的对接间隙即可;对于一般厚度的焊件（ $t = 10 \sim 20$ mm）,可采用有斜坡口的单边Ｖ形缝或双边Ｖ形缝;对于较厚的焊件（ $t > 20$ mm）,应采用Ｕ形缝、Ｋ形缝、Ｘ形缝,可比Ｖ形坡口减小焊缝体积,从而节约焊条和减小对焊件的温度影响。对于Ｖ形缝和Ｕ形缝,正面焊好后还需从背面清根补焊。对于没有条件清根补焊的,要事先在根部加垫板。若焊件可以随意翻转时,使用Ｋ形缝和Ｘ形缝较好。

在对接焊缝的拼接处,当两侧焊件的宽度不同或厚度相差4 mm以上时,为了减少应力集中,应分别在宽度方向或厚度方向从一侧或两侧做成坡度不大于1∶2.5的斜角,形成平缓过渡,如图3.11所示。当

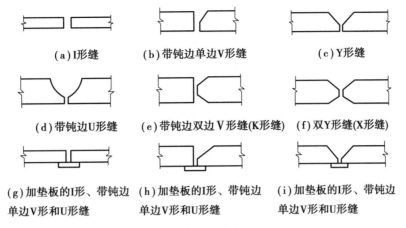

(a)I形缝　　　　(b)带钝边单边V形缝　　　　(c)Y形缝

(d)带钝边U形缝　(e)带钝边双边V形缝(K形缝)　(f)双Y形缝(X形缝)

(g)加垫板的I形、带钝边　(h)加垫板的I形、带钝边　(i)加垫板的I形、带钝边
单边V形和U形缝　　　单边V形和U形缝　　　单边V形和U形缝

图 3.10　对接焊缝坡口形式

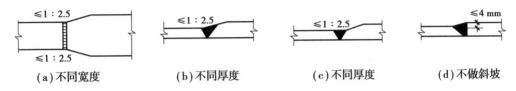

(a)不同宽度　　　　(b)不同厚度　　　　(c)不同厚度　　　　(d)不做斜坡

图 3.11　不同宽度或厚度的钢板拼接

厚度不同时,焊缝的坡口形式应根据较薄焊件厚度按有关规定选用。

在每条焊缝的两端常因焊接时起弧、灭弧的影响而出现弧坑、未熔透等缺陷,称为焊口,形成类裂纹并引起应力集中。因此有条件时应在两端设置如图 3.12 所示的引弧板,焊后将其切除,并修磨平整。

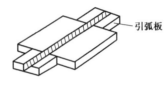

引弧板

对接连接引弧板

图 3.12　引弧板

3.2.2　对接焊缝的计算

对接焊缝中的应力分布情况基本上与焊件原来的情况相同,计算方法与构件的强度计算相同。在加引弧板施焊的情况下,由于一、二级检验的焊缝与母材强度相等,只有三级检验的焊缝才需进行强度验算。

1)轴心力作用

对图 3.13 所示轴心力作用的正对接焊缝按式(3.1)计算:

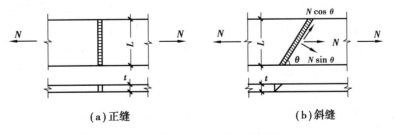

(a)正缝　　　　　　　　(b)斜缝

图 3.13　轴心受力的对接焊缝连接

$$\sigma = \frac{N}{l_{\mathrm{w}}t} \leqslant f_{\mathrm{t}}^{\mathrm{w}} \text{或} f_{\mathrm{c}}^{\mathrm{w}} \tag{3.1}$$

式中　N——轴心拉力或轴心压力的设计值;

l_w——焊缝的计算长度,当采用引弧板时,取焊缝实际长度;当未采用引弧板时,每条焊缝取实际

长度减去 $2t$;

t——在对接连接中为连接件的较小厚度,在 T 形连接中为腹板厚度;

f_t^w, f_c^w——对接焊缝的抗拉、抗压强度设计值,见附表 4。

当正焊缝连接不能满足强度要求时,可采用斜焊缝[见图 3.13(b)]。当焊缝与作用力间的夹角 θ 满足 $\tan\theta \le 1.5$ 时,斜焊缝的强度不低于母材强度,可不必验算。

2)弯矩和剪力共同作用

工字形截面的对接焊缝,在弯矩和剪力共同作用下,正应力和剪应力的分布如图 3.14 所示,其最大值应分别满足强度条件:

$$\sigma = \frac{M}{W_w} \le f_t^w \tag{3.2}$$

$$\tau = \frac{VS_w}{I_w t} \le f_v^w \tag{3.3}$$

式中　W_w——焊缝计算截面的截面模量;

I_w——焊缝计算截面对其中和轴的惯性矩;

S_w——焊缝计算截面在计算剪应力处以上部分对中和轴的面积矩;

f_v^w——对接焊缝的抗剪强度设计值,见附表 4。

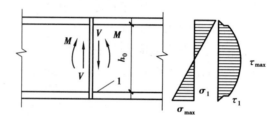

图 3.14　弯矩和剪力共同作用的工形截面对接焊缝

在腹板和翼缘相交处,焊缝截面同时受有较大的正应力 σ_1 和较大的剪应力 τ_1。对于此类截面,除应分别计算焊缝截面的最大正应力和剪应力外,还要按式(3.4)计算折算应力:

$$\sqrt{\sigma_1^2 + 3\tau_1^2} \le 1.1 f_t^w \tag{3.4}$$

式中　σ_1, τ_1——计算点处(如翼缘和腹板的交接处)的焊缝正应力和剪应力。考虑到最大折算应力只在局部出现,将强度设计值提高 1.1 倍。

3)轴心力、弯矩和剪力共同作用

在轴心力、弯矩和剪力共同作用下,对接焊缝的正应力为轴心力和弯矩引起的应力之和,按式(3.1)和式(3.2)计算并求和;剪应力按式(3.3)计算;折算应力按式(3.4)计算。

【例题 3.1】　试验算图 3.15 所示钢板的对接焊缝的强度。钢板宽度为 200 mm,板厚为 14 mm,轴心拉力设计值为 $N = 490$ kN,钢材为 Q235,手工焊,焊条为 E43 型,焊缝质量标准为三级,施焊时不加引弧板。

【解】　本题已知为轴心受力对接焊缝连接设计,要求验算强度是否满足。

图 3.15(a)所示正缝,焊缝计算长度 $l_w = 200$ mm $- 2 \times 14$ mm $= 172$ mm

焊缝正应力为:

$$\sigma = \frac{490 \times 10^3}{172 \times 14} \text{ N/mm}^2 = 203.5 \text{ N/mm}^2 > f_t^w = 185 \text{ N/mm}^2,\text{不满足要求。}$$

图 3.15(b)所示斜缝,倾角 $\theta = 56°$, $\tan 56° = 1.48 < 1.50$,焊缝强度能够保证,可不必验算。

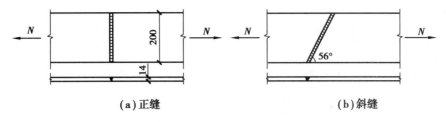

（a）正缝　　　　　　　　（b）斜缝

图 3.15　例题 3.1 图

如希望验算，可先计算焊缝长度为：

$$l'_w = \frac{200}{\sin 56°} \text{ mm} - 2 \times 14 \text{ mm} = 213.2 \text{ mm}$$

此时焊缝正应力为：

$$\sigma = \frac{N \sin \theta}{l'_w t} = \frac{490 \times 10^3 \times \sin 56°}{213.2 \times 14} \text{ N/mm}^2 = 136.1 \text{ N/mm}^2$$

剪应力为：

$$\tau = \frac{N \cos \theta}{l'_w t} = \frac{490 \times 10^3 \times \cos 56°}{213.2 \times 14} \text{ N/mm}^2 = 91.80 \text{ N/mm}^2$$

$$\sqrt{\sigma^2 + 3\tau^2} = \sqrt{136.1^2 + 3 \times 91.8^2} \text{ N/mm}^2 = 164.1 \text{ N/mm}^2 < f_t^w = 185 \text{ N/mm}^2 (\text{满足})$$

【例题 3.2】　计算图 3.16 所示 T 形截面牛腿与柱翼缘连接的对接焊缝。牛腿翼缘板宽 130 mm、厚 12 mm，腹板高 200 mm、厚 10 mm。牛腿承受竖向荷载设计值 $V = 100$ kN，力作用点到焊缝截面的距离 $e = 200$ mm。钢材为 Q355，焊条 E50 型，焊缝质量标准为三级，施焊时不加引弧板。

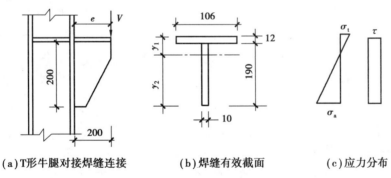

（a）T 形牛腿对接焊缝连接　　　（b）焊缝有效截面　　　（c）应力分布

图 3.16　例题 3.2 图

【解】　本题已知为同时受弯剪对接焊缝连接设计，要求验算强度是否满足。

将力 V 移到焊缝形心，可知焊缝受剪力 $V = 100$ kN，弯矩 $M = Ve = 100$ kN $\times 0.2$ m $= 20$ kN·m。

翼缘焊缝计算长度为：130 mm $- 2 \times 12$ mm $= 106$ mm

腹板焊缝计算长度为：200 mm $- 10$ mm $= 190$ mm

焊缝的有效截面如图 3.16(b) 所示，焊缝有效截面形心轴 x—x 的位置为：

$$y_1 = \frac{10.6 \times 1.2 \times 0.6 + 19 \times 1.0 \times (19/2 + 1.2)}{10.6 \times 1.2 + 19 \times 1.0} \text{ cm} = 6.65 \text{ cm}$$

$$y_2 = 19 \text{ cm} + 1.2 \text{ cm} - 6.65 \text{ cm} = 13.55 \text{ cm}$$

焊缝有效截面惯性矩为：

$$I_x = \frac{1}{12} \times 19^3 \text{ cm}^4 + 19 \times 1 \times 4.05^2 \text{ cm}^4 + 10.6 \times 1.2 \times 6.05^2 \text{ cm}^4 = 1\ 349 \text{ cm}^4$$

翼缘上边缘产生最大拉应力，其值为：

$$\sigma_t = \frac{My_1}{I_x} = \frac{20 \times 10^6 \times 6.65 \times 10}{1\ 349 \times 10^4} \text{ N/mm}^2 = 98.59 \text{ N/mm}^2 < f_t^w = 260 \text{ N/mm}^2 (\text{满足})$$

腹板下边缘压应力最大,其值为:

$$\sigma_a = \frac{My_2}{I_x} = \frac{20 \times 10^6 \times 13.55 \times 10}{1\ 349 \times 10^4}\ \text{N/mm}^2 = 200.89\ \text{N/mm}^2$$

为简化计算,考虑剪力由腹板焊缝承受,并沿焊缝均匀分布,剪应力为:

$$\tau = \frac{V}{A_w} = \frac{100 \times 10^3}{190 \times 10}\ \text{N/mm}^2 = 52.63\ \text{N/mm}^2$$

腹板下边缘正应力和剪应力都存在,该点折算应力为:

$$\sigma = \sqrt{\sigma_a^2 + 3\tau^2} = \sqrt{200.9^2 + 3 \times 52.63^2}\ \text{N/mm}^2 = 220.6\ \text{N/mm}^2$$

$$< 1.1f_t^w = 1.1 \times 260\ \text{N/mm}^2 = 286\ \text{N/mm}^2(\text{满足})$$

结论:牛腿与柱的对接焊缝强度满足要求。

3.3 角焊缝连接的构造和计算

3.3.1 角焊缝连接的性能和构造

1) 角焊缝的截面形式

角焊缝按截面形式可以分为直角角焊缝和斜角角焊缝,如图 3.17 所示。直角角焊缝两焊脚边的夹角为 90°,一般情况采用等边外凸截面。在直接承受动力荷载的结构中,为使传力较平顺和改善受力性能,正面角焊缝常采用长边顺内力方向的不等边外凸形式截面,侧面角焊缝则采用不等边内凹形截面。斜角角焊缝两焊脚边的夹角不等于 90°。夹角 $\alpha > 135°$ 或 $\alpha < 60°$ 的斜角角焊缝,除钢管结构外,不宜用作受力焊缝。各种角焊缝的焊脚尺寸 h_f 如图 3.17 所示,不等边角焊缝以较小尺寸为 h_f。下面主要讨论图 3.17(a) 所示等边外凸直角焊缝。

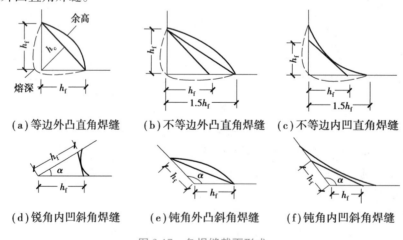

(a) 等边外凸直角焊缝　　(b) 不等边外凸直角焊缝　　(c) 不等边内凹直角焊缝

(d) 锐角内凹斜角焊缝　　(e) 钝角外凸斜角焊缝　　(f) 钝角内凹斜角焊缝

图 3.17　角焊缝截面形式

2) 角焊缝的结构性能

试验结果表明:侧面角焊缝主要承受剪力作用。如图 3.18 所示,在弹性阶段,剪应力沿焊缝长度方向分布不均匀,两端大中间小。这是因为传力线通过侧面角焊缝时产生弯折,焊缝越长越不均匀。但侧面角焊缝的塑性较好,当受力增大,两端出现塑性变形,产生应力重分布,在标准规定的长度范围内,剪应力分布可趋于均匀。

正面角焊缝连接中传力路线有较剧烈弯折,应力状态较复杂,如图 3.19 所示。截面中的各面(如两

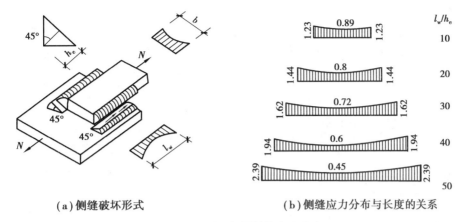

（a）侧缝破坏形式　　　　　　　　（b）侧缝应力分布与长度的关系

图 3.18　侧面角焊缝的应力分布

个焊脚截面 AB、BC 和 45° BD 面）均存在不均匀的正应力和剪应力，焊缝根部 B 处存在严重的应力集中。但焊缝截面中的应力沿焊缝长度分布比较均匀，两端应力略比中间的低一些。

试验证明：正面角焊缝的破坏强度高于侧面角焊缝，但塑性变形能力要差一些，如图 3.20 所示。斜向角焊缝的受力性能和强度介于正面角焊缝和侧面角焊缝之间。

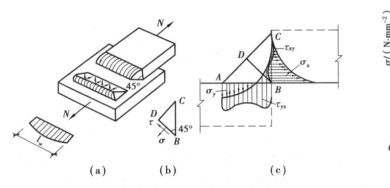

图 3.19　正面角焊缝应力分布

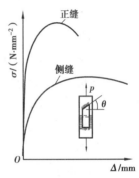

图 3.20　角焊缝应力-位移曲线

3）角焊缝的构造要求

角焊缝的主要构造要求是焊脚尺寸 h_f 和焊缝长度 l_w 应控制在一定范围。

（1）最小焊脚尺寸

角焊缝的焊脚尺寸不能过小，以保证焊缝的最小承载能力，并防止焊缝因冷却过快而产生裂纹。当焊脚尺寸太小时，焊缝产生的热量较小，焊缝冷却就快，并且焊件越厚，焊缝冷却速度就越快，容易产生裂纹。另外焊件厚时，其刚度就大，这将导致焊缝变脆，也易产生裂纹。因此标准规定，角焊缝的焊脚尺寸 h_f 不得小于表 3.3 中数据。承受动荷载时角焊缝焊脚尺寸不宜小于 5 mm。

表 3.3　角焊缝最小焊脚尺寸　　　　　　　　　　　　　　　　单位：mm

母材厚度 t	角焊缝最小焊脚尺寸 h_f
$t \leqslant 6$	3
$6 < t \leqslant 12$	5
$12 < t \leqslant 20$	6
$t > 20$	8

注：①采用不预热的非低氢焊接方法进行焊接时，t 等于焊接连接部位中较厚件厚度，宜采用单道焊缝；采用预热的非低氢焊接方法或低氢焊接方法进行焊接时，t 等于焊接连接部位中较薄件厚度。
②焊缝尺寸 h_f 不要求超过焊接连接部位中较薄件厚度的情况除外。

（2）最大焊脚尺寸

如图3.21（a）所示，角焊缝的焊脚尺寸不能过大，否则在施焊时会使焊缝区的金属过热，焊缝收缩时将产生较大的焊接残余应力和残余变形，并且使热影响区扩大，容易产生脆性断裂，甚至易使较薄焊件烧穿，角焊缝的焊脚尺寸不宜大于较薄焊件厚度的1.2倍（钢管结构除外）。

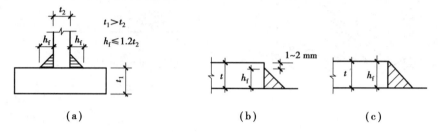

图3.21　角焊缝最大焊脚尺寸

当板件边缘的较大角焊缝与板件边缘等厚时，施焊易产生咬边现象。所以板件（厚度为t）边缘的角焊缝最大焊脚尺寸，尚应符合下列要求：

①当$t \leqslant 6$ mm时，$h_f \leqslant t$［见图3.21（c）］；

②当$t > 6$ mm时，$h_f \leqslant t - (1 \sim 2)$mm［见图3.21（b）］。

选择的焊脚尺寸应在上述最小、最大焊脚尺寸之间。

（3）最小焊缝长度

角焊缝的焊脚尺寸大而长度较小时，焊件的局部受热严重，焊缝起、灭弧造成的弧坑相距太近，加上其他可能产生的缺陷，使焊缝不够可靠。因此，侧面角焊缝或正面角焊缝的计算长度（减去缺陷后的有效长度）不得小于$8h_f$和40 mm。

（4）侧面角焊缝的最大计算长度

实验结果表明：侧面角焊缝的应力沿长度分布不均匀，两端大、中间小。侧面角焊缝的长度和焊脚尺寸之比越大，应力分布的不均匀性也越大。当此比值过大时，虽然因塑性变形可产生应力重分布，但局部高峰应力可能导致焊缝端部提前破坏，这时在焊缝长度中部的应力还较低。因此，侧面角焊缝的计算长度不宜大于$60h_f$，当大于上述数值时，其超出部分在计算中不予考虑。若内力沿侧面角焊缝全长分布时，如焊接梁、柱的翼缘与腹板的连接焊缝，其计算长度不受此限。角焊缝的搭接焊接接头中，当焊缝计算长度l_w超过$60h_f$时，焊缝的承载力设计值应乘以折减系数α_f，$\alpha_f = 1.5 - \dfrac{l_w}{120h_f}$ 并不小于0.5。

（5）搭接连接的构造要求

当板件仅用两条侧面角焊缝连接时，为了避免应力传递的过分弯折而使板件中应力过分不均匀，应使每条侧面角焊缝长度不宜小于两侧面角焊缝之间的距离，即$L_w \geqslant b$，如图3.22（a）所示。为了避免焊缝横向收缩时引起板件的拱曲太大，两侧面角焊缝之间的距离b不宜大于$16t$（当$t>12$ mm）或190 mm（当$t \leqslant 12$ mm），t为较薄焊件厚度。当宽度b超过此规定时，应加正面角焊缝，或加槽焊或塞焊，如图3.22（b）、（c）所示。

在搭接连接中，搭接长度不得小于焊件较小厚度的5倍，并不得小于25 mm，以减少收缩应力及因搭接偏心影响而产生的次应力。

杆件与节点板的连接焊缝可采用两面侧焊或三面围焊，对角钢杆件还可采用L形围焊，所有围焊的转角处必须连续施焊，如图3.23所示。围焊的转角处是连接的重要部位，如在此处熄火或起落弧会加剧应力集中，所以在转角处必须连续施焊。

为了避免起落弧发生在应力集中较大的转角处，当角焊缝的端部在构件转角处时，可连续作长度为$2h_f$的绕角焊，如图3.24所示，但转角处必须连续施焊，不能断弧。

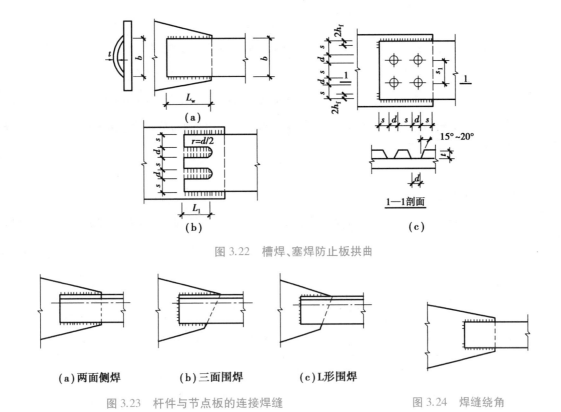

图 3.22　槽焊、塞焊防止板拱曲

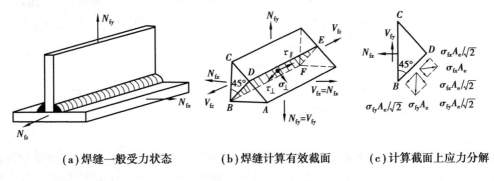

（a）两面侧焊　　　**（b）三面围焊**　　　**（c）L形围焊**

图 3.23　杆件与节点板的连接焊缝　　　　图 3.24　焊缝绕角

3.3.2　角焊缝连接的强度标准

1）计算截面

试验证明，角焊缝有多种可能破坏截面，且实际破坏截面很难完全是平面。根据试验结果统计分析，为方便计算同时又能保证安全，可不考虑外凸部分，而假定等边直角角焊缝的破坏截面在与焊脚边成45°的有效截面处，强度分析以有效截面为基准，如图3.25所示。考虑三向轴力作用的一般受力状态时，在焊缝有效截面上的应力状态可用三个互相垂直的应力分量表示，即垂直于有效截面的正应力 $\sigma_\perp$，垂直于焊缝长度方向的剪应力 $\tau_\perp$ 和平行于焊缝长度方向的剪应力 $\tau_{//}$。

（a）焊缝一般受力状态　　　**（b）焊缝计算有效截面**　　　**（c）计算截面上应力分解**

图 3.25　角焊缝计算截面及一般应力状态

2）强度标准

试验证明，角焊缝的强度条件与母材类似，在复杂应力作用下，可用第四强度理论即能量强度理论表示：

$$\sqrt{\sigma_{\perp}^2 + 3(\tau_{\perp}^2 + \tau_{//}^2)} \leqslant \sqrt{3} f_f^w \qquad (3.5)$$

式中 f_f^w——角焊缝的强度设计值,实质是剪切强度,因角焊缝剪切强度相对容易通过试验测得。

3)基本公式

为了便于计算,令 σ_{fx} 为垂直于焊脚 BC,σ_{fy} 为垂直于焊脚 AB 时按有效截面计算的应力;τ_{fz} 为沿焊缝长度方向按有效截面计算的剪应力。计算时不考虑各力的偏心,并认为有效截面上的应力都是均匀分布的。有效截面积为:

$$A_e = \sum l_w h_e \qquad (3.6)$$

式中 h_e——角焊缝的计算厚度,对于直角角焊缝等于 $0.7h_f$,h_f 为较小焊脚尺寸;

$\sum l_w$——连接一侧的角焊缝计算长度总和,对每条焊缝取其实际长度减去 $2h_f$,以考虑起落弧缺陷。

σ_{fx}、σ_{fy}、τ_{fz} 分别为:

$$\sigma_{fx} = \frac{N_{fx}}{A_e}, \quad \sigma_{fy} = \frac{N_{fy}}{A_e}, \quad \tau_{fz} = \frac{V_{fz}}{A_e} \qquad (3.7)$$

在有效截面上,σ_{fx} 和 σ_{fy} 既不是正应力,也不是剪应力。根据平衡条件:

$$\sigma_{\perp} = \frac{\sigma_{fx}}{\sqrt{2}} + \frac{\sigma_{fy}}{\sqrt{2}}, \quad \tau_{\perp} = \frac{\sigma_{fy}}{\sqrt{2}} - \frac{\sigma_{fx}}{\sqrt{2}}, \quad \tau_{//} = \tau_{fz} \qquad (3.8)$$

将式(3.8)代入式(3.5)可得:

$$\sqrt{\frac{2}{3}(\sigma_{fx}^2 + \sigma_{fy}^2 - \sigma_{fx}\sigma_{fy}) + \tau_{fz}^2} \leqslant f_f^w \qquad (3.9)$$

一般情况下,焊缝受力总可分解成垂直于焊缝长度且平行于一个焊脚边和平行于焊缝长度方向的两个力。不失一般性,考虑 $\sigma_{fy} = 0$ 时,即 $N_{fy} = 0$。改记垂直于焊缝长度方向的力在有效截面上产生的应力 σ_{fx} 为 σ_f,平行于焊缝长度方向的力在有效截面上产生的应力 τ_{fz} 为 τ_f,则式(3.9)简化为:

$$\sqrt{\left(\frac{\sigma_f}{\beta_f}\right)^2 + \tau_f^2} \leqslant f_f^w \qquad (3.10)$$

式中,$\beta_f = \sqrt{\dfrac{3}{2}} = 1.22$,称为正面角焊缝强度增大系数。

式(3.10)即为角焊缝强度计算的一般公式,注意式中 σ_f 并非计算截面上的正应力,而是与计算截面成 $45°$,与焊缝长度方向垂直且与某一焊脚边平行的斜应力。由式(3.10)进一步简化可得侧缝和正缝的计算公式如下:

侧缝仅有平行于焊缝长度方向的力作用,$\sigma_f = 0$,

$$\tau_f \leqslant f_f^w \qquad (3.11)$$

正缝仅有垂直于焊缝长度方向的力作用,$\tau_f = 0$,

$$\sigma_f \leqslant \beta_f f_f^w \qquad (3.12)$$

从式(3.11)可以看出,角焊缝强度 f_f^w 是抗剪强度。从式(3.12)可以明显看出,正缝强度比侧缝高,β_f 是正面角焊缝强度增大系数,直接推导得到的值为1.22,用于承受静力荷载和间接承受动力荷载的结构;对直接承受动力荷载的结构,考虑到正缝脆性较大,为保证安全取 $\beta_f = 1.0$。

3.3.3 轴心力、弯矩、扭矩单独作用下角焊缝连接计算

上节所述角焊缝强度标准和计算公式,具体有三个方面应用:

①已知连接设计和所受荷载,验算焊缝是否满足要求。应用时找出焊缝危险点,计算出有效截面上有关应力,带入强度计算公式即可判断焊缝是否满足要求。用于复核设计。

②已知连接设计,求能承受的荷载。应用时仍然需找出焊缝危险点,先假定荷载计算有效截面上有关应力,带入强度计算公式求出允许荷载值。可用于结构鉴定。

③已知设计要求,结合构造要求完成设计。用于焊缝设计。

以上三个方面应用中,应力计算均采用简单的材料力学方法,按线弹性考虑,较复杂时还可进一步简化。

1) 轴心力作用

(1) 拼接板连接

当焊件承受轴心力,且轴心力通过焊缝形心时,可以认为焊缝应力是均匀分布的。如图3.26所示,用拼接板将两焊件连成整体,轴心力 N 由左边焊件通过拼接板和焊件连接的左侧焊缝传给拼接板,再由拼接板和焊件连接的右侧焊缝传给右边焊件,达到平衡。连接设计时,需要计算拼接板和一侧(左侧或右侧)焊件连接的角焊缝。

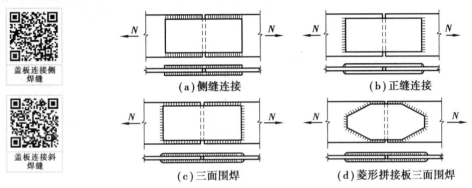

盖板连接侧焊缝

盖板连接斜焊缝

(a) 侧缝连接　　(b) 正缝连接

(c) 三面围焊　　(d) 菱形拼接板三面围焊

图 3.26　轴心力作用下的拼接板连接

当采用侧面角焊缝时,按式(3.11)计算,即 $\tau_f = \dfrac{N}{h_e \sum l_w} \leqslant f_f^w$;当采用正面角焊缝时,按式(3.12)计算,即 $\sigma_f = \dfrac{N}{h_e \sum l_w} \leqslant \beta_f f_f^w$;当采用三面围焊时,可先按式(3.12)计算正面角焊缝所承担的内力 $N' = \beta_f f_f^w h_e \sum l_{w1}$,再由 $(N-N')$ 计算侧面角焊缝的强度,即

$$\tau_f = \frac{N - N'}{h_e \sum l_{w2}} \leqslant f_f^w \tag{3.13}$$

式中　　$\sum l_{w1}$ ——连接一侧的正面角焊缝计算长度总和;

　　　　$\sum l_{w2}$ ——连接一侧的侧面角焊缝计算长度总和。

为了使传力线平缓过渡,减小矩形拼接板转角处的应力集中,可改用菱形拼接板。

(2) 角钢与节点板连接

在钢桁架中,角钢腹杆和节点板的连接一般采用两面侧焊,也可以采用三面围焊,特殊情况可采用 L 形围焊,如图 3.27 所示。腹杆受轴心力作用,焊缝所传递的合力的作用线应与角钢杆件的轴线重合。

当采用两面侧焊时,虽然轴力通过角钢的轴线,但肢背焊缝和肢尖焊缝到形心轴的距离 $e_1 \neq e_2$,受力大小就不相等。设 N_1 和 N_2 分别为角钢肢背与肢尖焊缝承担的内力,由平衡条件得:

$$N_1 + N_2 = N$$
$$N_1 e_1 = N_2 e_2$$

从而得到:

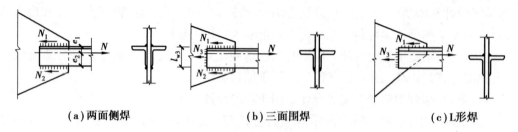

（a）两面侧焊　　　　　　　　（b）三面围焊　　　　　　　　（c）L形焊

图 3.27　角钢与节点板的连接

$$N_1 = \frac{e_2}{e_1 + e_2}N = k_1 N \tag{3.14}$$

$$N_2 = \frac{e_1}{e_1 + e_2}N = k_2 N \tag{3.15}$$

式中　k_1，k_2——角钢肢背、肢尖焊缝内力分配系数，如表 3.4 所示。

表 3.4　角钢上角焊缝的内力分配系数

角钢类型	连接形式	内力分配系数	
		肢背 k_1	肢尖 k_2
等肢角钢		0.7	0.3
不等肢角钢短肢连接		0.75	0.25
不等肢角钢长肢连接		0.65	0.35

在 N_1、N_2 作用下，肢背、肢尖角焊缝应满足式（3.11），即

$$\frac{N_1}{h_{e1}\sum l_{w1}} \leqslant f_f^w, \qquad \frac{N_2}{h_{e2}\sum l_{w2}} \leqslant f_f^w$$

式中　h_{e1}，h_{e2}——分别为肢背、肢尖焊缝的有效厚度；

　　$\sum l_{w1}$，$\sum l_{w2}$——分别为肢背、肢尖焊缝的计算长度之和。

当采用三面围焊时，可先选定正面角焊缝的焊脚尺寸 h_{f3}，求出正面角焊缝所分担的轴心力 N_3，即

$$N_3 = 0.7h_{f3}\sum l_{w3}\beta_f f_f^w$$

式中　h_{f3}——正面角焊缝的焊脚尺寸；

　　$\sum l_{w3}$——正面角焊缝的计算长度之和。

通过平衡条件可以解得肢背和肢尖侧焊缝受力为：

$$N_1 = k_1 N - \frac{1}{2}N_3 \tag{3.16a}$$

$$N_2 = k_2 N - \frac{1}{2}N_3 \tag{3.16b}$$

在 N_1、N_2 作用下，肢背、肢尖角焊缝的计算公式同样为式（3.11）。

当采用 L 形围焊时，不能先选定正面角焊缝焊脚，应先由式（3.16b）并令 $N_2 = 0$ 求出 N_3 为：

$$N_3 = 2k_2N \tag{3.17a}$$

正面角焊缝长度已确定,根据要求的承载力 N_3,可计算得到 h_{f3}。肢背承载力为:

$$N_1 = N - N_3 \tag{3.17b}$$

按式(3.11)计算肢背侧面角焊缝。

【例题 3.3】　图 3.28 是用双拼接盖板的角焊缝连接,钢板宽度为 240 mm、厚度为 12 mm,承受轴心力设计值 $N = 600$ kN。钢材为 Q235,采用 E43 型焊条。分别按仅用侧面角焊缝和采用三面围焊两种情况,确定盖板尺寸并设计此连接。

【解】　本题为设计题,已知设计要求,求拼接板及连接焊缝。

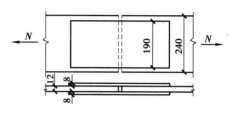

图 3.28　例题 3.3 图

根据拼接盖板和主板承载力相等的原则,确定盖板截面尺寸。和主板相同,盖板采用 Q235 钢,两块盖板截面面积之和应等于或大于钢板截面面积。因要在盖板两侧面施焊,取盖板宽度为 190 mm,则盖板厚度 $t = \dfrac{240 \times 12}{2 \times 190}$ mm $= 7.6$ mm,取 8 mm,则每块盖板的截面积为 190 mm $\times$ 8 mm。

角焊缝的焊脚尺寸 h_f 由盖板厚度确定。在盖板边缘施焊,盖板厚度 8 mm>6 mm,盖板厚度<主板厚度,则:

$$h_{fmax} = 8 \text{ mm} - (1 \sim 2)\text{mm} = 7 \sim 6 \text{ mm}$$
$$h_{fmin} = 5 \text{ mm}$$

取 $h_f = 6$ mm,$h_{fmin} < h_f \leqslant h_{fmax}$。

由附表 4 查得直角角焊缝的强度设计值 $f_f^w = 160$ N/mm²。

(1)仅用侧面角焊缝

连接一侧所需焊缝总计算长度为:

$$\sum l_w = \frac{N}{h_e f_f^w} = \frac{600 \times 10^3}{0.7 \times 6 \times 160} \text{ mm} = 893 \text{ mm}$$

因为有上、下两块拼接盖板,共有 4 条侧面角焊缝,每条焊缝所需长度为:

$$l_{w1} = \frac{\sum l_w}{4} = \frac{893}{4} \text{ mm} = 223 \text{ mm} < 60h_f = 60 \times 6 \text{ mm} = 360 \text{ mm(可以)}$$

考虑起落弧缺陷影响,每条焊缝实际所需的长度为:

$$l = l_{w1} + 2h_f = 223 \text{ mm} + 2 \times 6 \text{ mm} = 235 \text{ mm,取为 240 mm}。$$

两块被拼接钢板间留出 10 mm 间隙,所需拼接盖板长度:

$$L = 2l + 10 \text{ mm} = 2 \times 240 \text{ mm} + 10 \text{ mm} = 490 \text{ mm}$$

检查盖板宽度是否符合构造要求:盖板厚度为 8 mm<12 mm,宽度 $b = 190$ mm,且 $b < l = 240$ mm,满足要求。

(2)采用三面围焊

采用三面围焊可以减小两侧面角焊缝的长度,从而减小拼接盖板的尺寸。已知正面角焊缝的长度 $l_w' = 190$ mm,两条正面角焊缝所能承受的力为:

$$N' = 0.7h_f \sum l_w' \beta_f f_f^w = 0.7 \times 6 \text{ mm} \times 2 \times 190 \text{ mm} \times 1.22 \times 160 \text{ N/mm}^2 = 311.5 \text{ kN}$$

连接一侧所需焊缝总计算长度为:

$$\sum l_w = \frac{N - N'}{h_e f_f^w} = \frac{(600 - 311.5) \times 10^3}{0.7 \times 6 \times 160} \text{ mm} = 429 \text{ mm}$$

连接一侧共有 4 条侧面角焊缝,每条焊缝的实际长度为:

$$l = \frac{1}{4} \sum l_w + h_f = \frac{1}{4} \times 429 \text{ mm} + 6 \text{ mm} = 113.3 \text{ mm},采用 120 \text{ mm}。$$

所需拼接盖板的长度为：

$$L = 2l + 10 \text{ mm} = 2 \times 120 \text{ mm} + 10 \text{ mm} = 250 \text{ mm}$$

【例题 3.4】 试设计图 3.29 所示某桁架腹杆与节点板的连接。腹杆为 $2 \llcorner 110 \times 10$, 节点板厚度为 12 mm, 承受静荷载设计值 $N = 640$ kN, 钢材为 Q235, 焊条为 E43 型, 手工焊。

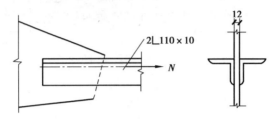

图 3.29 例题 3.4 图

【解】 本题为设计题, 已知设计要求, 求连接焊缝。

(1) 采用两边侧面角焊缝

按构造要求确定焊脚尺寸：

$h_{fmin} = 5$ mm, 肢尖焊脚尺寸 $h_{fmax} = 10$ mm $- (1 \sim 2)$ mm $= 9 \sim 8$ mm, 采用 $h_f = 8$ mm。肢背焊脚尺寸 $h_{fmax} = 1.2t = 1.2 \times 10$ mm $= 12$ mm, 同肢尖一样采用 $h_f = 8$ mm。

肢背、肢尖焊缝受力为：

$$N_1 = k_1 N = 0.7 \times 640 \text{ kN} = 448 \text{ kN}$$

$$N_2 = k_2 N = 0.3 \times 640 \text{ kN} = 192 \text{ kN}$$

肢背、肢尖所需焊缝计算长度为：

$$l_{w1} = \frac{N_1}{2h_e f_f^w} = \frac{448 \times 10^3}{2 \times 0.7 \times 8 \times 160} \text{ mm} = 250 \text{ mm} < 60h_f = 60 \times 8 \text{ mm} = 480 \text{ mm}$$

$$l_{w2} = \frac{N_2}{2h_e f_f^w} = \frac{192 \times 10^3}{2 \times 0.7 \times 8 \times 160} \text{ mm} = 107 \text{ mm}$$

考虑 $l_{wmin} = 8h_f = 64$ mm, $l_{wmax} = 60h_f = 480$ mm, 肢背、肢尖的实际焊缝长度为：

$$l_1 = l_{w1} + 2h_f = 250 \text{ mm} + 2 \times 8 \text{ mm} = 266 \text{ mm}, 取 270 \text{ mm}。$$

$$l_2 = l_{w2} + 2h_f = 107 \text{ mm} + 2 \times 8 \text{ mm} = 123 \text{ mm}, 取 130 \text{ mm}。$$

(2) 采用三面围焊

取 $h_{f3} = 8$ mm, 求正缝承载力：

$$N_3 = h_e \sum l_{w3} \beta_f f_f^w = 0.7 \times 8 \text{ mm} \times 2 \times 110 \text{ mm} \times 1.22 \times 160 \text{ N/mm}^2 = 240.5 \text{ kN}$$

此时肢背、肢尖焊缝受力：

$$N_1 = k_1 N - \frac{N_3}{2} = 448 \text{ kN} - \frac{240.5}{2} \text{ kN} = 327.8 \text{ kN}$$

$$N_2 = k_2 N - \frac{N_3}{2} = 192 \text{ kN} - \frac{240.5}{2} \text{ kN} = 71.8 \text{ kN}$$

则肢背、肢尖所需焊缝计算长度为：

$$l_{w1} = \frac{N_1}{2h_e f_f^w} = \frac{327.8 \times 10^3}{2 \times 0.7 \times 8 \times 160} \text{ mm} = 182.9 \text{ mm}$$

$$l_{w2} = \frac{N_2}{2h_e f_f^w} = \frac{71.8 \times 10^3}{2 \times 0.7 \times 8 \times 160} \text{ mm} = 40 \text{ mm}$$

肢背、肢尖的实际焊缝长度：

$$l_1 = l_{w1} + h_f = 182.9 \text{ mm} + 8 \text{ mm} = 190.9 \text{ mm}，取 200 \text{ mm}。$$

$$l_2 = l_{w2} + h_f = 64 \text{ mm} + 8 \text{ mm} = 72 \text{ mm}，取整为 75 \text{ mm}（l_{wmin} = 8h_f = 64 \text{ mm}）。$$

2）弯矩作用

如图 3.30 所示，在弯矩作用下，角焊缝有效截面上的应力呈三角形分布，属正面角焊缝性质，在焊缝有效截面边缘应力最大，计算公式为：

$$\sigma_f = \frac{M}{W_w} = \frac{6M}{l_w^2 \sum h_e} \leqslant \beta_f f_f^w \tag{3.18}$$

式中　W_w——角焊缝有效截面的截面模量。

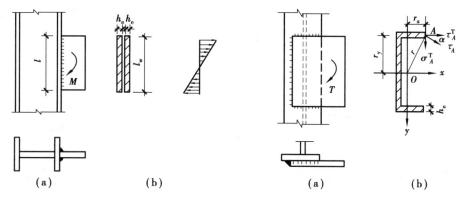

| (a) | (b) | (a) | (b) |

图 3.30　弯矩作用下角焊缝的应力　　　　图 3.31　扭矩作用下角焊缝的应力

3）扭矩作用

如图 3.31 所示为三面围焊的搭接连接承受扭矩 T 作用，计算时采用下述假定：

①被连接件是绝对刚性的，而角焊缝是弹性的；

②被连接件绕角焊缝有效截面形心 O 旋转，角焊缝上任一点的应力方向垂直该点与形心的连线，且应力的大小与连线长度 r 成正比。

因此，设计控制点是焊缝有效截面上距形心的最远点，此处应力最大，计算公式为：

$$\tau_A = \frac{Tr}{J} \tag{3.19}$$

式中　J——焊缝有效截面绕其形心 O 的极惯性矩，$J = I_x + I_y$。

将 τ_A 沿 x 轴和 y 轴分解得：

$$\tau_A^T = \tau_A \cos \alpha = \frac{Tr_y}{J} \text{（侧面角焊缝受力性质）}$$

$$\sigma_A^T = \tau_A \sin \alpha = \frac{Tr_x}{J} \text{（正面角焊缝受力性质）}$$

将 τ_A^T 和 σ_A^T 代入角焊缝计算基本公式(3.10)，得到扭矩作用下计算公式为：

$$\sqrt{\left(\frac{\sigma_A^T}{\beta_f}\right)^2 + (\tau_A^T)^2} \leqslant f_f^w \tag{3.20}$$

3.3.4　轴心力、弯矩、扭矩共同作用下角焊缝连接计算

在轴心力、弯矩、扭矩共同作用下，对焊缝危险点分别计算由轴心力、弯矩、扭矩引起的应力，然后分解为侧缝和正缝性质的应力并对应相加，带入角焊缝计算基本公式(3.10)，即可判断是否满足强度要求。

1）轴心力与弯矩共同作用

图 3.32 所示的 T 形连接受水平力 N 和竖向力 V 的作用。将竖向力 V 移到焊缝群形心，产生轴心剪力 V 和弯矩 $M = Ve$。在弯矩 M 作用下，焊缝有效截面上的应力为三角形分布，方向与焊缝长度方向垂直，最大值在两端，为：

$$\sigma^{\mathrm{M}} = \frac{M}{W_{\mathrm{w}}} = \frac{6M}{l_{\mathrm{w}}^2 \sum h_{\mathrm{e}}}$$

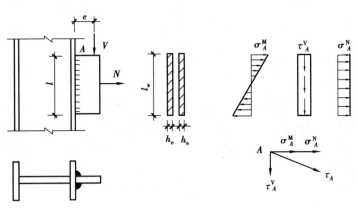

图 3.32　轴心力与弯矩共同作用下角焊缝应力

在轴力 N 作用下，焊缝有效截面上产生垂直于焊缝长度方向均匀分布的应力，其值为：

$$\sigma^{\mathrm{N}} = \frac{N}{l_{\mathrm{w}} \sum h_{\mathrm{e}}}$$

在剪力 V 作用下，焊缝有效截面上产生沿焊缝长度方向均匀分布的应力，其值为：

$$\tau^{\mathrm{V}} = \frac{V}{l_{\mathrm{w}} \sum h_{\mathrm{e}}}$$

将 M、N、V 单独作用下的应力分布图叠加可知，A 点应力最大，为焊缝危险点。其正面角焊缝的应力为：

$$\sigma_{\mathrm{f}} = \sigma_A^{\mathrm{M}} + \sigma_A^{\mathrm{N}} = \frac{6M}{l_{\mathrm{w}}^2 \sum h_{\mathrm{e}}} + \frac{N}{l_{\mathrm{w}} \sum h_{\mathrm{e}}}$$

其侧面角焊缝的应力为：

$$\tau_{\mathrm{f}} = \tau_A^{\mathrm{V}} = \frac{V}{l_{\mathrm{w}} \sum h_{\mathrm{e}}}$$

将 σ_{f} 和 τ_{f} 代入式（3.10），得焊缝强度计算公式为：

$$\sqrt{\left(\frac{\sigma_A^{\mathrm{M}} + \sigma_A^{\mathrm{N}}}{\beta_{\mathrm{f}}}\right)^2 + \left(\tau_A^{\mathrm{V}}\right)^2} \leqslant f_{\mathrm{f}}^{\mathrm{w}} \tag{3.21}$$

2）轴心力与扭矩共同作用

如图 3.33 所示的搭接连接，承受竖向力 V 和轴心力 N 的作用。竖向力移到焊缝群形心将产生剪力 V 和扭矩 $T = V(e+a)$。分析焊缝应力时，首先求出角焊缝有效截面形心 O，将连接所受外力 V 平移到形心 O，得到扭矩 T、剪力 V 和轴力 N。计算 T、V、N 单独作用下危险点 A 的应力，分别为：

$$\tau_A^{\mathrm{T}} = \frac{Tr_y}{J}, \quad \sigma_A^{\mathrm{T}} = \frac{Tr_x}{J}, \quad \sigma_A^{\mathrm{V}} = \frac{V}{h_{\mathrm{e}} \sum l_{\mathrm{w}}}, \quad \tau_A^{\mathrm{N}} = \frac{N}{h_{\mathrm{e}} \sum l_{\mathrm{w}}}$$

将这些应力代入式（3.10），得到焊缝强度计算公式为：

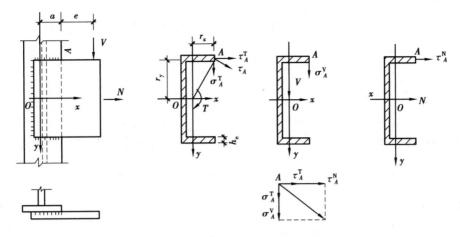

图 3.33 轴心力与扭矩共同作用下角焊缝应力

$$\sqrt{\left(\frac{\sigma_A^T + \sigma_A^V}{\beta_f}\right)^2 + \left(\tau_A^T + \tau_A^N\right)^2} \leqslant f_f^w \qquad (3.22)$$

【例题 3.5】 图 3.34 所示为牛腿与钢柱的连接,承受偏心荷载设计值 $V = 400$ kN,$e = 25$ cm,钢材为 Q235,焊条为 E43 型,手工焊,$h_f = 8$ mm,试验算角焊缝的强度。

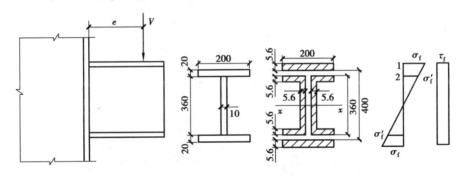

图 3.34 例题 3.5 图

【解】 本题为轴心力和弯矩共同作用角焊缝验算。

偏心荷载使焊缝承受剪力 $V = 400$ kN,弯矩 $M = Ve = 400$ kN $\times 0.25$ m $= 100$ kN·m。

设焊缝为周边围焊,转角处连续施焊,没有起落弧所引起的焊口缺陷,计算时忽略工字形翼缘端部绕角部分焊缝,假定剪力仅由牛腿腹板焊缝承受。

牛腿腹板上角焊缝的有效面积为:
$$A_w = 2 \times 0.7 \times 0.8 \text{ cm} \times 36 \text{ cm} = 40.32 \text{ cm}^2$$

全部焊缝对 x 轴的惯性矩为:
$$I_x = 2 \times 0.7 \times 0.8 \times 20 \times (20 + 0.28)^2 \text{cm}^4 + 4 \times 0.7 \times 0.8 \times (9.5 - 0.56) \times$$
$$(18 - 0.28)^2 \text{cm}^4 + 2 \times \frac{1}{12} \times 0.7 \times 0.8 \times 36^3 \text{ cm}^4 = 19\ 855.2 \text{ cm}^4$$

翼缘焊缝最外边缘的截面模量为:
$$W_{w1} = \frac{19\ 855.2}{20.56} \text{ cm}^3 = 965.7 \text{ cm}^3$$

翼缘和腹板连接处的截面模量为:
$$W_{w2} = \frac{19\ 855.2}{18} \text{ cm}^3 = 1\ 103 \text{ cm}^3$$

在弯矩作用下角焊缝最大应力在翼缘焊缝最外边缘,其数值为:

$$\sigma_f = \frac{M}{W_{w1}} = \frac{100 \times 10^6}{965.7 \times 10^3} \, \text{N/mm}^2 = 103.6 \, \text{N/mm}^2$$

$$< \beta_f f_f^w = 1.22 \times 160 \, \text{N/mm}^2 = 195.2 \, \text{N/mm}^2 (\text{满足})$$

由剪力引起的剪应力在腹板焊缝上均匀分布,其值为:

$$\tau_f = \frac{V}{A_w} = \frac{400 \times 10^3}{40.32 \times 10^2} \, \text{N/mm}^2 = 99.2 \, \text{N/mm}^2$$

在牛腿翼缘和腹板交界处,存在弯矩引起的正应力和剪力引起的剪应力,其正应力为:

$$\sigma_f' = \frac{M}{W_{w2}} = \frac{100 \times 10^6}{1\,103 \times 10^3} \, \text{N/mm}^2 = 90.66 \, \text{N/mm}^2$$

焊缝强度验算:

$$\sqrt{\left(\frac{\sigma_f'}{\beta_f}\right)^2 + \tau_f^2} = \sqrt{\left(\frac{90.66}{1.22}\right)^2 + 99.2^2} \, \text{N/mm}^2 = 123.9 \, \text{N/mm}^2$$

$$< f_f^w = 160 \, \text{N/mm}^2 (\text{满足})$$

结论:焊缝满足强度要求。

【例题 3.6】 如图 3.35 所示为牛腿板与柱翼缘的搭接连接,牛腿板厚 12 mm,柱翼缘板厚16 mm,荷载设计值 $V = 200$ kN,$e = 300$ mm,钢材为 Q235 钢,E43 型焊条,手工焊,试设计角焊缝连接。

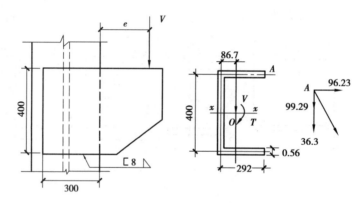

图 3.35 例题 3.6 图

【解】 本题为轴心力和扭矩共同作用下的焊缝设计。

设围焊焊脚尺寸 $h_f = 8$ mm,近似按板边搭接长度来计算角焊缝的有效截面。

角焊缝有效截面形心位置:

$$\bar{x} = \frac{2 \times 0.7 \times 0.8 \times \dfrac{(30 - 0.8)^2}{2}}{0.7 \times 0.8 \times [2 \times (30 - 0.8) + 40]} \, \text{cm} = 8.67 \, \text{cm}$$

角焊缝有效截面的极惯性矩:

$$I_x = 0.7 \times 0.8 \times \left[\frac{1}{12} \times 40^3 + 2 \times (30 - 0.8) \times 20^2\right] \text{cm}^4 = 16\,068 \, \text{cm}^4$$

$$I_y = 0.7 \times 0.8 \times \left[40 \times 8.67^2 + 2 \times \frac{1}{12} \times (30 - 0.8)^3 + 2 \times (30 - 0.8) \times \right.$$

$$\left. \left(\frac{30 - 0.8}{2} - 8.67\right)^2\right] \text{cm}^4 = 5\,158 \, \text{cm}^4$$

$$J = I_x + I_y = 16\,068 \, \text{cm}^4 + 5\,158 \, \text{cm}^4 = 21\,226 \, \text{cm}^4$$

偏心荷载使焊缝承受剪力 $V = 200$ kN,扭矩为:

$$T = 200 \, \text{kN} \times (30 + 30 - 8.67) \text{cm} = 10\,266 \, \text{kN} \cdot \text{m}$$

角焊缝有效截面上 A 点最危险,其应力为:

$$\tau_A^T = \frac{Tr_y}{J} = \frac{10\ 266 \times 10^4 \times 200}{21\ 226 \times 10^4}\ N/mm^2 = 96.73\ N/mm^2$$

$$\sigma_A^T = \frac{Tr_x}{J} = \frac{10\ 266 \times 10^4 \times (300 - 8 - 86.7)}{21\ 226 \times 10^4}\ N/mm^2 = 99.29\ N/mm^2$$

$$\sigma_A^V = \frac{V}{A_w} = \frac{200 \times 10^3}{0.7 \times 8 \times [400 + (300 - 8) \times 2]}\ N/mm^2 = 36.30\ N/mm^2$$

A 点应力应满足:

$$\sqrt{\left(\frac{\sigma_A^T + \sigma_A^V}{\beta_f}\right)^2 + (\tau_A^T)^2} = \sqrt{\left(\frac{99.29 + 36.3}{1.22}\right)^2 + 96.73^2}\ N/mm^2$$

$$= 147.3\ N/mm^2 < f_f^w = 160\ N/mm^2$$

结论:采用三面围焊,$h_f = 8$ mm 满足要求。

3.4 焊接残余应力与变形

由于焊接过程影响在焊件内引起的应力称为焊接残余应力,具有自平衡的特点。焊接过程影响导致焊件出现的变形称为焊接残余变形。焊接残余应力实际分布十分复杂,目前还难于快速准确检测,是钢结构领域需要深入研究的主要方向之一。相对而言,由于焊接残余变形容易观察,处理起来也相对容易。

3.4.1 焊接残余应力与变形的成因及分类

1)焊接残余应力与变形的成因

(1)基本成因

焊接过程使靠近焊缝的焊件局部区域受到剧烈的升温作用,形成不均匀的温度场,焊接过后伴随冷却过程,仍然形成不均匀的温度场。焊接过程引起残余应力和变形主要有两方面原因:一是升温过程和冷却过程温度场都不均匀,导致不同部分涨缩不一致,从而产生温度应力;二是焊接过程中温度变化幅度很大,产生的温度应力会达到钢材的屈服极限,导致局部出现不可逆的塑性变形,最后结果是焊接过程结束后,焊件存在无法完全消除的残余应力和变形。

(2)概念分析

采用如图 3.36 所示概念模型分析焊接残余应力和变形的成因。三块相同钢板在左端固定,右端与抗弯刚度无穷大的刚性杆相连,钢板间无热量交换,中间钢板经历 $0 \sim T$ ℃的升温过程和 $T \sim 0$ ℃的冷却过程,用于模拟焊接过程。如图 3.36(a)所示,当中间钢板升温时,如无约束自由伸长量为 $\Delta L + \Delta L'$,由于刚性杆的约束作用,实际三块钢板有一致的伸长量 ΔL,升温结束时两侧钢板受到拉伸作用,伸长量为 ΔL,中间钢板受到压缩作用,压缩量为 $\Delta L'$。当升温幅度较小时,钢板 ΔL、$\Delta L'$变形处于弹性范围,焊接结束后可回到初始状态。由于焊接过程需要达到使钢材熔化的温度,高温时钢材的屈服极限会明显下降,导致升温明显的部分很容易就进入弹塑性状态。为便于分析,将中间钢板压缩量 $\Delta L'$ 区分为弹性部分 $\Delta L_e'$ 和塑性部分 $\Delta L_p'$。升温过程结束后,中间钢板处于受压状态,两侧钢板处于受拉状态。升温结束后紧跟着是图 3.36(b)所示冷却过程,由于中间钢板在升温过程中产生了 $\Delta L_p'$ 的塑性变形,如无约束,中间钢板冷却结束时将比原长度缩短 $\Delta L_p'$。同样,由于端部刚性杆的约束,三块钢板有一致的收缩量 ΔC,冷却结束后中间钢板处于受拉状态,两侧钢板处于受压状态,三块钢板整体比原长缩短了 ΔC,这就是最终的残余应力和残余变形。

上述概念模型清晰地表明了温度改变导致产生残余应力和变形的过程。焊接过程形成的温度改变非

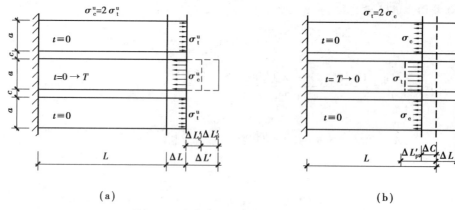

图 3.36　残余应力与变形概念分析模型

常复杂,导致焊接残余应力和变形也相当复杂,很难准确分析,但定性分析可参考此处概念分析的思路。

2)焊接残余应力分类

焊接残余应力一般可分为沿焊缝长度方向的纵向残余应力,垂直于焊缝长度方向且平行于构件表面的横向残余应力,和垂直于焊缝长度方向且垂直于构件表面的沿焊缝厚度方向的残余应力。

图 3.37 所示为焊接纵向残余应力,图 3.38 所示为焊接横向残余应力,图 3.39 所示为施焊方向不同产生的不同横向残余应力分布,图 3.40 所示为厚度方向残余应力。

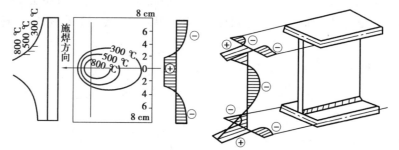

(a)焊接温度场　(b)焊接温度场　(c)钢板上纵向　　(d)焊接工字形截面纵向残余应力
　　　　　　　　　　　　　　　　　残余应力

图 3.37　焊接温度场和纵向残余应力

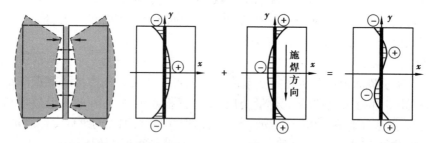

(a)焊缝纵向收缩　(b)焊缝纵向收缩产生　(c)焊缝横向收缩产生　(d)两种原因叠加
产生的变形趋势　　的横向残余应力　　　的横向残余应力　　　后的横向残余应力

图 3.38　横向残余应力

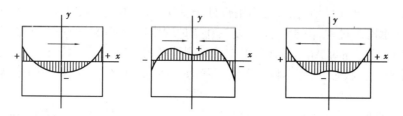

图 3.39　施焊方向不同产生的不同横向残余应力分布

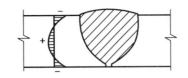

图 3.40　沿焊缝厚度方向的残余应力

3）焊接残余变形的基本形式

焊接残余变形主要有纵、横向缩短,弯曲变形,角变形,扭曲变形和波浪变形等形式,如图3.41所示。对于焊接残余变形要加以限制,要求在钢结构工程施工和验收标准所规定的允许限值内,超过时必须进行矫正,以保证构件的正常使用和承载能力。

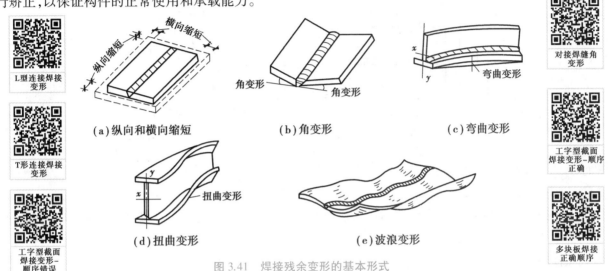

图 3.41　焊接残余变形的基本形式

3.4.2　焊接残余应力的影响

焊接残余应力是结构承受外荷载前已经存在的自相平衡的内应力,虽然焊接残余应力不像焊接残余变形能够直接观察到,但焊接残余应力的影响不容忽视,是钢结构必须慎重考虑的问题。

1）对静力强度的影响

对在常温下工作,没有严重的应力集中,且具有一定塑性的钢材,在静荷载作用下,残余应力不会影响结构的静力强度。例如轴心受拉构件,在受外荷之前截面上存在纵向焊接残余应力,如图 3.42 所示。在轴心力 N 作用下,截面上残余应力已达屈服强度 f_y 的部分应力不再增加,拉力 N 仅由弹性区承担,两侧受压区的应力由原来的受压逐渐变为受拉,最后也达到 f_y,即全截面的应力都达到 f_y。因为残余应力是自相平衡的应力,其合力为零,构件的总承载力 $N=Af_y$,这与没有残余应力时构件的承载力完全一样,因此残余应力不影响构件的静力强度。

2）对刚度的影响

焊接残余应力会降低结构的刚度,这里仍以有残余应力的轴心受拉构件为例来说明。如图 3.43 所示,中部塑性区 a 的拉应力已达到 f_y,刚度为零,构件在轴心力 N 作用下的应变增量 $\Delta\varepsilon=\dfrac{\Delta N}{mtE}$ 大于无残余应力时的应变增量 $\Delta\varepsilon'=\dfrac{\Delta N}{htE}$。随着荷载增大,塑性区 a 逐渐扩大,两侧的弹性区 m 逐渐减小,$\Delta\varepsilon$ 比 $\Delta\varepsilon'$ 越来越大,即表明焊接残余应力使构件的变形增大,刚度降低。

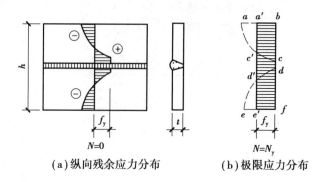

（a）纵向残余应力分布　　　（b）极限应力分布

图 3.42　残余应力对结构静力强度的影响

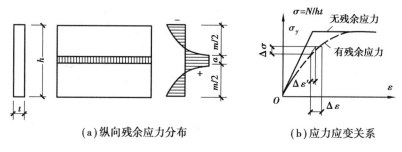

（a）纵向残余应力分布　　　（b）应力应变关系

图 3.43　残余应力对结构刚度的影响

3）对压杆稳定的影响

对于残余应力分布为图 3.44（a）所示的轴心受压构件，残余压应力使部分截面提前达到 f_y，这部分压应力区不能继续承担外荷载增量，且刚度降为零，只有弹性区 kb 这部分截面可以抵抗外力作用，构件的有效截面和有效惯性矩减小，从而降低了构件的稳定性，详见第 4 章。

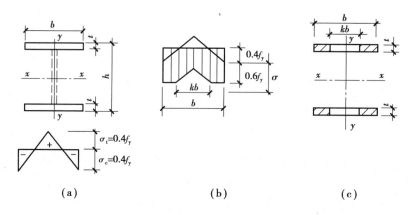

（a）　　　　　　　　（b）　　　　　　　　（c）

图 3.44　残余应力对压杆稳定性的影响

4）对低温冷脆的影响

在厚板和有三向交叉焊缝的情况下，将产生三向焊接拉应力，阻碍塑性变形的发展，使钢材变脆。如在低温下工作，将会变得更脆，使裂纹容易发生和发展，从而增加构件的脆断倾向。

5）对疲劳强度的影响

在焊缝及其附近主体金属的残余拉应力经常达到钢材的屈服强度，将加速疲劳裂纹的形成和扩展，从而降低结构构件和连接的疲劳强度。

3.4.3 减小或消除焊接残余应力与变形的措施

1)合理设计

①焊缝的位置要合理,焊缝应尽可能布置在结构的对称位置上,以减小焊接残余变形,如图3.45所示,(a)、(c)比(b)、(d)要好。

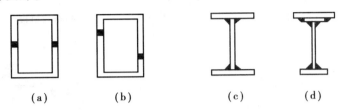

图 3.45 减小焊接残余应力和残余变形的设计

②焊缝的尺寸要适当,在允许的范围内,最好采用细长焊缝,不用短粗焊缝,以避免因焊脚尺寸过大而引起过大的焊接残余应力和施焊时过热、烧穿的危险。

③焊缝不宜过分集中,如图3.46(a)中a_2比a_1好。

④尽量避免三向焊缝相交,以防止在相交处形成三向拉应力,使钢材变脆。为此可使次要焊缝中断,让主要焊缝连续通过,如图3.46(b)所示。

⑤防止钢板分层破坏的发生,使拉力不垂直于板面传递,图3.46(c)中c_2比c_1好。

⑥要注意施焊方便,保证焊接作业所要求的最小间隙和合适的焊条角度,图3.46(d)中d_2比d_1好。

⑦避免仰焊,以保证焊缝质量。

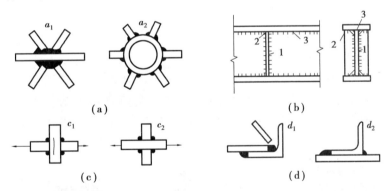

图 3.46 合理的焊缝设计

2)正确加工

①选择合理的施焊次序,如钢板对接时采用分段退焊,厚焊缝采用分层焊,钢板分块拼接,工字形截面采用对角跳焊等,如图3.47所示。

②施焊前给构件一个和残余变形相反的预变形,使构件在焊接后产生的焊接变形与预变形抵消,如图3.48(a)、(b)所示。

③对于小尺寸的焊件,可在施焊前预热,或施焊后回火加热到600 ℃左右,然后缓慢冷却,可消除焊接残余应力。

④当焊件的残余变形超过规定限值时,可采用局部加热法[见图3.48(c)]校直构件。

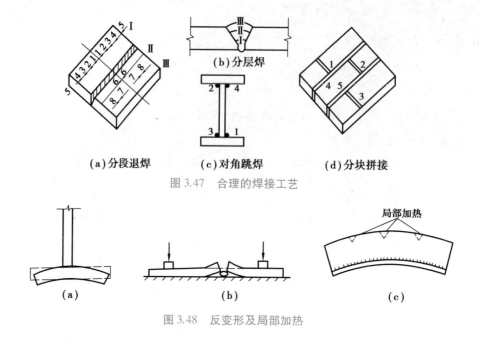

图 3.47 合理的焊接工艺

(a)分段退焊　(c)对角跳焊　(d)分块拼接

(b)分层焊

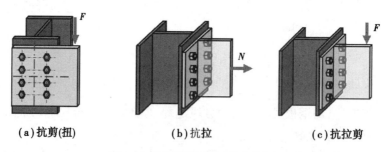

局部加热

(a)　(b)　(c)

图 3.48 反变形及局部加热

3.5 普通螺栓连接的构造和计算

3.5.1 普通螺栓连接的性能和构造

1)普通螺栓的性能和破坏形式

（1）普通螺栓受力特征

普通螺栓连接受力按螺栓传力方式可以分为抗剪、抗拉、抗拉剪三种形式,如图 3.49 所示。抗剪螺栓依靠螺栓杆的抗剪以及孔壁的承压传递垂直于螺栓杆方向的剪力,抗拉螺栓螺栓杆承受沿杆长方向的拉力,抗拉剪螺栓螺栓杆同时受剪和受拉,而且孔壁同时承压。注意普通螺栓无法传递栓杆长度方向的压力。

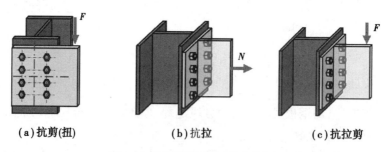

(a)抗剪(扭)　(b)抗拉　(c)抗拉剪

图 3.49 普通螺栓连接受力特征

普通螺栓抗剪破坏形式较多,抗拉破坏形式简单,一般就是栓杆拉断。下面重点讨论普通螺栓抗剪工作性能和破坏形式。抗拉剪时工作性能和破坏形式可由抗剪和抗拉组合得到。

（2）普通螺栓抗剪工作性能

如图 3.50 所示螺栓连接做抗剪试验,可得到板件上 a、b 两点相对位移 δ 和作用力 N 的关系曲线,该曲线清楚地揭示了抗剪螺栓受力的 4 个阶段,即:

①摩擦传力的弹性阶段(0—1 段):直线段——连接处于弹性状态。该阶段较短,摩擦力较小。

②滑移阶段(1—2 段):克服摩擦力后,板件间突然发生水平滑移,最大滑移量为栓孔和栓杆间的距

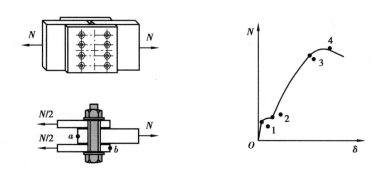

图 3.50　普通螺栓抗剪工作性能

离,表现在曲线上为水平段。

③栓杆传力的弹性阶段(2—3段):该阶段主要靠栓杆与孔壁的接触传力。栓杆受剪力、拉力、弯矩作用,孔壁受挤压。由于材料的弹性以及栓杆拉力增大所导致的板件间摩擦力的增大,N—δ 关系以曲线状态上升。

④弹塑性阶段(3—4段):达到"3"点后,即使给荷载以很小的增量,连接的剪切变形也迅速增大,直到连接破坏。"4"点(曲线的最高点)即为普通螺栓抗剪连接的极限承载力 N_u。

(3)普通螺栓抗剪破坏形式

如图 3.51 所示,普通螺栓抗剪连接有 5 种可能的破坏形式:(a)当螺栓直径较小,被连接的钢板厚度较大时,螺栓杆可能被剪断;(b)当螺栓直径较大,被连接的钢板较薄时,钢板可能被挤坏,因为螺栓杆和钢板之间的挤压是相互的,这种破坏称为螺栓承压破坏;(c)当构件开孔较多使截面削弱较大时,构件可能被拉断;(d)当螺栓孔距板端距离较小时,板端可能发生冲剪破坏;(e)当被连接的钢板太厚,而螺栓杆较细时,可能发生螺栓杆弯曲破坏。

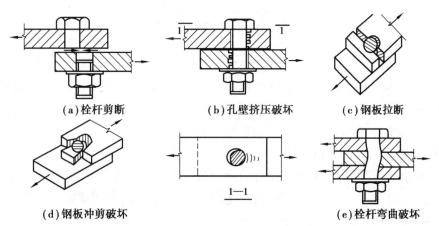

(a)栓杆剪断　　　　　(b)孔壁挤压破坏　　　　　(c)钢板拉断

(d)钢板冲剪破坏　　　　　　　　　　　　(e)栓杆弯曲破坏

图 3.51　普通螺栓抗剪破坏形式

对于(a)、(b)、(c)三种破坏形式可通过计算避免;(d)种破坏形式可通过构造要求避免;(e)种破坏可通过限制板叠厚度不超过 5 倍螺栓杆径来避免。

2)普通螺栓的构造要求

普通螺栓的构造要求主要包括排列方式和最大最小容许距离两方面。

(1)普通螺栓排列方式

螺栓排列方式主要有并列和错列两种,如图 3.52 所示。并列时螺栓布置紧凑,连接板尺寸小,但螺栓孔对截面的削弱较大;错列时螺栓布置松散,连接板尺寸大,但可减少螺栓孔对截面的削弱。

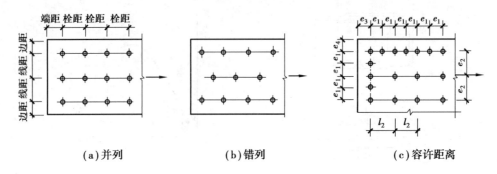

(a)并列　　　　　　(b)错列　　　　　　(c)容许距离

图 3.52　普通螺栓螺栓排列方式

（2）普通螺栓最大最小容许距离

普通螺栓最大最小容许距离主要根据三方面要求确定。

①受力要求:螺栓的端距不应小于 $2d_0$，d_0 为螺栓孔的直径。太小时,钢板端部有冲剪破坏的可能,如图 3.51（d）所示。对于受拉构件,各排螺栓的栓距和线距不能过小,以免使螺栓周围应力集中相互影响;并且对钢板的截面削弱过多,构件有沿折线或直线破坏的可能,如图 3.53 所示;两孔间的钢板也有被螺栓撕裂的可能。对于受压构件,沿作用力方向的栓距不能过大,否则在被连接的板件间容易发生压屈鼓肚现象。

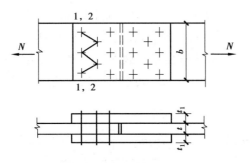

图 3.53　钢板沿直线 1—1 截面或折线 2—2 截面被拉断

②构造要求:当螺栓的栓距及线距过大时,被连接板件的接触就不够紧密,潮气就会侵入板件间的缝隙内,使钢材锈蚀。

③施工要求:要保证一定的空间,便于转动螺栓扳手。

根据以上要求,标准规定的钢板上螺栓的最大、最小容许距离如表 3.5 及图 3.52（c）所示,铆钉的要求与螺栓相同。在角钢、普通工字钢、槽钢上螺栓排列的线距应满足表 3.6—表 3.8 和图 3.54、图 3.55 的要求。H 型钢腹板上的 c 值可参考普通工字钢,翼缘上的 e 值或 e_1、e_2 值可根据其外伸宽度参照角钢。

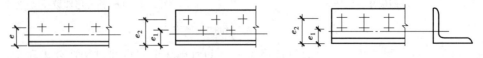

图 3.54　角钢上的螺栓排列

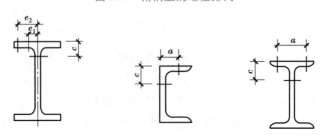

图 3.55　型钢上的螺栓排列

表 3.5　螺栓或铆钉的最大、最小容许距离

名　称	位置和方向			最大容许距离（取两者的较小值）	最小容许距离
中心间距	外排（垂直内力方向或顺内力方向）			$8d_0$ 或 $12t$	$3d_0$
	中间排	垂直内力方向		$16d_0$ 或 $24t$	
		顺内力方向	构件受压力	$12d_0$ 或 $18t$	
			构件受拉力	$16d_0$ 或 $24t$	
	沿对角线方向			—	
中心至构件边缘距离	顺内力方向			$4d_0$ 或 $8t$	$2d_0$
	垂直内力方向	剪切边或手工气割边			$1.5d_0$
		轧制边、自动气割或锯割边	高强度螺栓		
			其他螺栓或铆钉		$1.2d_0$

注：①d_0 为螺栓或铆钉的孔径，t 为外层较薄板件的厚度。
　②钢板边缘与刚性构件（如角钢、槽钢等）相连的螺栓或铆钉的最大间距，可按中间排的数值采用。

表 3.6　角钢上螺栓或铆钉线距表　　　　　　　　单位：mm

单行排列	角钢肢宽	40	45	50	56	63	70	75	80	90	100	110	125
	线距 e	25	25	30	30	35	40	40	45	50	55	60	70
	钉孔最大直径	11.5	13.5	13.5	15.5	17.5	20	22	22	24	24	26	26
双行错排	角钢肢宽	125	140	160	180	200	双行并列	角钢肢宽			160	180	200
	e_1	55	60	70	70	80		e_1			60	70	80
	e_2	90	100	120	140	160		e_2			130	140	160
	钉孔最大直径	24	24	26	26	26		钉孔最大直径			24	24	26

表 3.7　工字钢和槽钢腹板上的螺栓线距表　　　　　　　　单位：mm

工字钢型号	12	14	16	18	20	22	25	28	32	36	40	45	50	56	63
线距 c_{min}	40	45	45	45	50	50	55	60	60	65	70	75	75	75	75
槽钢型号	12	14	16	18	20	22	25	28	32	36	40	—	—	—	—
线距 c_{min}	40	45	50	50	55	55	55	60	65	70	75	—	—	—	—

表 3.8　工字钢和槽钢翼缘上的螺栓线距表　　　　　　　　单位：mm

工字钢型号	12	14	16	18	20	22	25	28	32	36	40	45	50	56	63
线距 c_{min}	40	40	50	55	60	65	65	70	75	80	80	85	90	95	95
槽钢型号	12	14	16	18	20	22	25	28	32	36	40	—	—	—	—
线距 c_{min}	30	35	35	40	40	45	45	45	50	56	60	—	—	—	—

3.5.2 普通螺栓连接的强度标准

普通螺栓连接与焊缝连接相比有如下特点:焊缝连接是连续传力体系,普通螺栓连接是集中传力体系;焊缝既可传递拉力,又可传递压力,但普通螺栓无法传递栓杆长度方向的压力。由于普通螺栓的特点,强度标准采用集中力的形式表达。

1)抗剪连接强度

普通螺栓连接的抗剪承载力要考虑螺栓杆受剪和孔壁承压两种破坏形式。假定螺栓杆受剪时,螺栓受剪面上的剪应力是均匀分布的,一个螺栓的抗剪承载力设计值为:

$$N_v^b = n_v \frac{\pi d^2}{4} f_v^b \tag{3.23}$$

式中　n_v——螺栓受剪面数目(见图3.56),单剪 $n_v = 1$,双剪 $n_v = 2$,四剪 $n_v = 4$;

　　　d——螺栓杆直径,对铆接取铆钉孔直径 d_0;

　　　f_v^b——螺栓的抗剪强度设计值,由附表4查得。

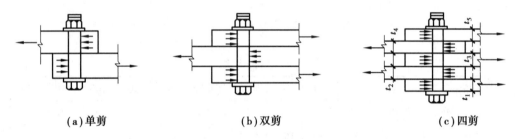

(a)单剪　　　　　**(b)双剪**　　　　　**(c)四剪**

图 3.56　螺栓抗剪面

为简化计算,假定螺栓承压发生在计算承压面上,并且假定该承压面上的应力均匀分布,合力相等,如图3.57所示。一个螺栓的承压承载力设计值为:

$$N_c^b = d \sum t \cdot f_c^b \tag{3.24}$$

式中　d——螺栓计算承压面宽度,即螺栓杆直径;

　　　$\sum t$——不同受力方向承压构件总厚度的较小值,对于如图

　　　　　　3.56(c)的四剪面,$\sum t$ 取 $(t_1+t_3+t_5)$ 和 (t_2+t_4) 的较

　　　　　　小值;

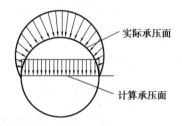

实际承压面

计算承压面

　　　f_c^b——螺栓的承压强度设计值,由附表4查得。

如抗剪螺栓承受的剪力为 N_v,抗剪强度标准为:

$$N_v \leqslant \min(N_v^b, N_c^b) \tag{3.25}$$

图 3.57　螺栓的承压面

2)抗拉连接强度

如图3.58所示为抗拉螺栓连接,外力趋向于将被连接构件拉开,而使螺栓受拉,最后螺栓杆被拉断而破坏。一个抗拉螺栓的承载力设计值为:

$$N_t^b = \frac{\pi d_e^2}{4} f_t^b \tag{3.26}$$

式中　d_e——螺栓或锚栓在螺纹处的有效直径,由附表5查得;

　　　f_t^b——螺栓或锚栓的抗拉强度设计值,由附表4查得。

在图3.58(a)所示的T形连接中,构件的拉力 $2N$ 先由抗剪螺栓传给两个拼接角钢,再由两个抗拉螺栓传递给另一构件。如果拼接角钢的刚度较小,受拉后,垂直于抗拉螺栓的角钢肢会发生较大变形,并起杠杆作用,在该肢外侧端部产生撬力 Q。根据平衡可以求得螺栓实际所受拉力为 $P_t = N + Q$。角钢的刚度越小,Q 越大。实际计算中确定 Q 力比较复杂,为了简化计算,标准通过降低普通螺栓强度设计值,以考虑由于撬力 Q 使螺栓负担加重的不利影响。标准规定的普通螺栓抗拉强度设计值 f_t^b 为钢材抗拉强度设计值 f 的 0.8 倍,即 $f_t^b = 0.8f$。此外,设计中可以采取构造措施来减小或消除 Q,例如加强被连接件的刚度,在角钢中设加劲肋[见图 3.58(b)],或增加角钢厚度。

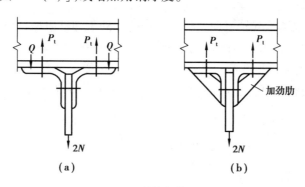

图 3.58 抗拉螺栓连接

如抗拉螺栓承受的拉力为 N_t,抗拉强度标准为:

$$N_t \leqslant N_t^b \tag{3.27}$$

3)抗拉剪连接强度

螺栓同时抗拉剪作用时,螺栓杆处于拉剪共同作用状态,需要用相关公式表示强度,同时孔壁承压强度也需计算,强度标准为:

$$\sqrt{\left(\frac{N_v}{N_v^b}\right)^2 + \left(\frac{N_t}{N_t^b}\right)^2} \leqslant 1 \tag{3.28}$$

$$N_v \leqslant N_c^b \tag{3.29}$$

3.5.3 轴心力、弯矩、扭矩单独作用下普通螺栓群连接计算

上节明确了普通螺栓的强度标准和焊接连接类似,应用螺栓强度标准可解决三类问题:

①已知连接设计和所受荷载,验算是否满足要求。应用时应明确起控制作用的螺栓,计算出螺栓的受力,带入对应的强度计算公式即可判断螺栓连接是否满足要求。可用于复核设计。

②已知连接设计,求能承受的荷载。应用时仍需找出起控制作用的螺栓,先假定荷载计算螺栓受力,带入强度计算公式求出荷载值。可用于结构鉴定。

③已知设计要求,结合构造要求完成设计。用于设计。

以上三个方面应用中,螺栓受力计算均采用简单的力学方法,按线弹性考虑,较复杂时还可进一步简化。

普通螺栓计算与焊接连接计算思路类似,但应注意普通螺栓连接与焊接连接的差别,主要差别有两方面:

①焊缝连接是连续传力体系,普通螺栓连接是集中传力体系,普通螺栓强度标准采用集中力的形式表达。

②焊缝既可传递拉力,又可传递压力,但普通螺栓无法传递栓杆长度方向的压力。

普通螺栓不同于焊接的特点,导致其计算中存在与焊接计算明显不同的三个方面:

①被连接件上必须开设螺栓孔,对被连接件强度有影响,需要进行计算。

②对轴心力必须区分是剪力还是拉力。

③由于普通螺栓不能传递压力,对存在弯矩作用的情况,计算时需要考虑合适的旋转中心。

1)轴心剪力作用

当普通螺栓群所受荷载通过栓群形心,螺栓杆只需要考虑抗剪强度时为轴心剪力作用,如图3.59所示。

(1)螺栓承载力折减系数

图3.59所示为普通螺栓群承受轴心剪力作用。当连接处于弹性阶段,螺栓群中各螺栓受力不等,两端大而中间小。当连接长度 $l_1 \leqslant 15d_0$ 时(d_0 为螺栓孔径),在连接进入弹塑性阶段后,内力发生重分布使各螺栓受力趋于均匀。但当连接长度 l_1 过大时,端部螺栓会因受力过大,往往首先破坏,随后将依次向内逐个破坏,即出现所谓"解纽扣现象"。因此标准规定,当 $15d_0 < l_1 < 60d_0$ 时,应将螺栓的承载力设计值乘以折减系数。折减系数为:

$$\beta = 1.1 - \frac{l_1}{150d_0} \tag{3.30}$$

当 l_1 大于 $60d_0$ 时,折减系数为:

$$\beta = 0.7 \tag{3.31}$$

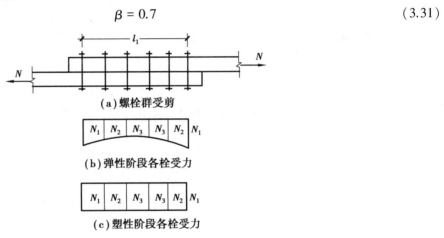

(a)螺栓群受剪

(b)弹性阶段各栓受力

(c)塑性阶段各栓受力

图3.59 螺栓群受剪时各螺栓受力

(2)螺栓群强度计算

考虑螺栓承载力折减后,轴心剪力作用下螺栓群中各螺栓可按均匀受力考虑,螺栓群强度按式(3.32)计算:

$$N_v = \frac{N}{n} \leqslant \beta \cdot \min(N_v^b, N_c^b) \tag{3.32}$$

式中　N——螺栓群承受的轴心力设计值;

n——当钢板为搭接时(见图3.59),为总的螺栓数目;当钢板为平接时(见图3.60),为拼接接头一边螺栓的数目。

设计时可根据式(3.32)计算所需螺栓个数。

(3)板件净截面强度计算

由于螺栓孔削弱了板件的截面,需要验算板件的净截面强度。计算公式如下:

$$\sigma_i = \frac{N_i}{A_{ni}} \leqslant f \tag{3.33}$$

式中　N_i——计算截面处板件受力;

A_{ni}——计算截面处板件的净截面面积;

f——板件钢材设计强度,由附表1确定。

图3.60(a)所示的螺栓连接中,左边板件所承担的力 N,通过左边9个螺栓传给两块拼接板,每个螺

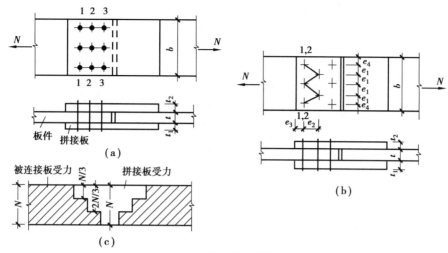

图 3.60 平接螺栓的传力

栓传递 $\dfrac{N}{9}$。再由两块拼接板通过右边的 9 个螺栓把力传给右边板件,这样左右板件的内力达到平衡。在力的传递过程中,左右板件和两块拼接板的各个截面受力的大小,如图3.60(c)所示。左边板件在 1—1 截面受力为 N,在 1—1 和 2—2 截面之间受力为 $\dfrac{2}{3}N$,因为第一列螺栓已将 $\dfrac{1}{3}N$ 传给拼接板。即板件 1—1 截面受力为 N,2—2 截面受力为 $N-\dfrac{n_1}{n}N$,3—3 截面受力为 $N-\dfrac{n_1+n_2}{n}N$,所以1—1 截面受力最大。其中 n_1、n_2 分别为截面 1—1、2—2 上的螺栓数。

因为螺栓是并列布置,各个截面的净截面面积相同,只需验算受力最大的 1—1 截面的净截面强度即可。由于设计时考虑拼接板截面不小于板件截面,板件净截面强度满足后一般可不计算拼接板净截面强度。

当螺栓采用图 3.60(b)错列布置且列距 e_2 较小时,板件可能沿 1—1 截面破坏,也可能沿齿状 2—2 截面破坏,应算出各种可能破坏的净截面面积 A_n 后,取其较小者代入式(3.33)计算。

【例题 3.7】 设计图 3.61 所示的角钢拼接节点,采用 C 级普通螺栓连接。角钢为 L 100×8,材料为 Q235 钢,承受轴心拉力设计值 $N=250$ kN。采用同型号角钢作拼接角钢,螺栓直径 $d=22$ mm,孔径 $d_0=23.5$ mm。

【解】 本题为轴心剪力作用的螺栓设计题。

由附表 5 查得 $f_v^b=140$ N/mm^2,$f_c^b=305$ N/mm^2。

(1)螺栓计算

一个螺栓的抗剪承载力设计值为:

$$N_v^b = n_v \frac{\pi d^2}{4} f_v^b = 1 \times \frac{\pi \times 22^2 \text{ mm}^2}{4} \times 140 \text{ N/mm}^2 = 53.22 \text{ kN}$$

一个螺栓的承压承载力设计值为:

$$N_c^b = d \sum t \cdot f_c^b = 22 \text{ mm} \times 8 \text{ mm} \times 305 \text{ N/mm}^2 = 53.68 \text{ kN}$$

螺栓抗剪承载力控制值为:

$$N_{\min}^b = 53.22 \text{ kN}$$

构件一侧所需的螺栓数为:

$$n = \frac{N}{N_{\min}^b} = \frac{250 \text{ kN}}{53.22 \text{ kN}} = 4.70, \text{取 } n = 5$$

每侧用 5 个螺栓,在角钢两肢上交错排列。

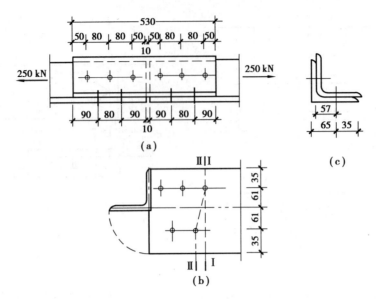

图 3.61　例题 3.7 图

（2）构件净截面强度计算

将角钢展开,角钢的毛截面面积为 15.6 cm²。

直线截面 Ⅰ—Ⅰ 的净面积为:

$$A_{n1} = A - n_1 d_0 t = 15.6 \text{ cm}^2 - 1 \times 2.35 \text{ cm} \times 0.8 \text{ cm} = 13.72 \text{ cm}^2$$

折线截面 Ⅱ—Ⅱ 的净面积为:

$$A_{n2} = t \left[2e_4 + (n_2 - 1) \sqrt{e_1^2 + e_2^2} - n_2 d_0 \right]$$

$$= 0.8 \text{ cm} \times \left[2 \times 3.5 + (2 - 1) \times \sqrt{12.2^2 + 4^2} - 2 \times 2.35 \right] \text{cm} = 12.11 \text{ cm}^2$$

折线截面 Ⅱ—Ⅱ 的净面积小于直线截面 Ⅰ—Ⅰ 的净面积,净截面强度要求为:

$$\sigma = \frac{N}{A_{\min}} = \frac{250 \times 10^3}{12.11 \times 10^2} \text{ N/mm}^2 = 206.4 \text{ N/mm}^2 < f = 215 \text{ N/mm}^2 (满足)$$

结论:每侧采用 5 个螺栓共 10 个螺栓,满足角钢拼接要求。

2）轴心拉力作用

当普通螺栓群所受荷载通过栓群形心,只需要考虑螺栓杆抗轴心拉力作用,如图 3.62 所示,各螺栓可按均匀受力考虑,螺栓群强度按式(3.34)计算:

$$N_t = \frac{N}{n} \leqslant N_t^b \tag{3.34}$$

式中　n——螺栓个数,设计时可根据式(3.34)计算所需螺栓个数。

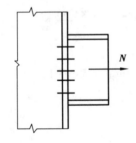

图 3.62　轴心拉力作用螺栓群

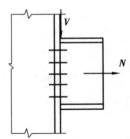

图 3.63　轴心拉剪作用螺栓群

3）轴心拉剪作用

当普通螺栓群所受荷载通过栓群形心，但既不垂直，也不平行于螺栓杆时，可分解为如图3.63所示轴心剪力和轴心拉力同时作用，需要考虑螺栓杆同时抗拉剪作用，各螺栓仍可按均匀受力考虑，单个螺栓剪力、拉力按式（3.35）计算：

$$N_v = \frac{V}{n}, \quad N_t = \frac{N}{n} \tag{3.35}$$

螺栓群强度按抗拉剪强度按式（3.28）、式（3.29）计算。

注意式（3.28）是栓杆强度要求，式（3.29）是板件孔壁承压强度要求。设计时一般先根据经验预估并布置螺栓，然后按以上三式验算。

4）扭矩作用

图3.64所示为普通螺栓群承受扭矩作用。在扭矩 T 的作用下，每个螺栓都受剪。计算时假定：

①被连接构件是刚性的，螺栓为弹性的；

②被连接构件绕螺栓群形心 O 旋转，每个螺栓所受剪力大小与该螺栓至形心 O 的距离 r_i 成正比，其方向与连线 r_i 垂直。

设每个螺栓在扭矩作用下的剪力为 N_i^T，根据力的平衡条件，各螺栓的剪力对形心 O 的力矩之和等于扭矩 T。即

$$T = N_1^T r_1 + N_2^T r_2 + \cdots + N_n^T r_n \tag{a}$$

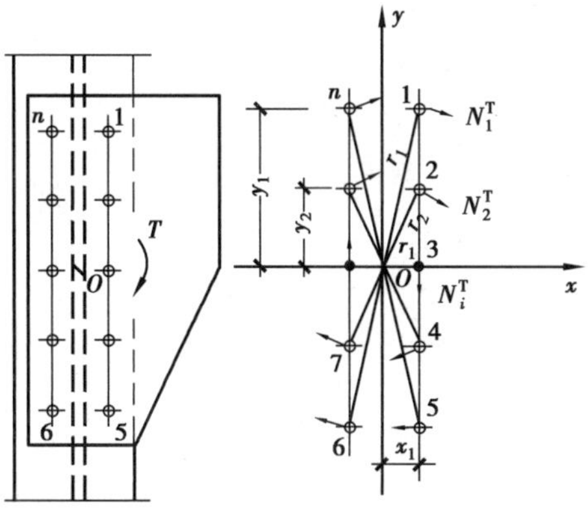

螺栓受力大小与其距形心 O 的距离成正比，即

(a)扭矩作用　　**(b)螺栓受力**

图 3.64　扭矩作用螺栓群

$$\frac{N_1^T}{r_1} = \frac{N_2^T}{r_2} = \cdots = \frac{N_n^T}{r_n}$$

则：

$$N_2^T = N_1^T \frac{r_2}{r_1}, \cdots, N_n^T = N_1^T \frac{r_n}{r_1} \tag{b}$$

将式（b）代入式（a）得：

$$T = \frac{N_1^T}{r_1}(r_1^2 + r_2^2 + \cdots + r_n^2) = \frac{N_1^T}{r_1} \sum r_i^2$$

显然，离螺栓群形心越远，螺栓受力越大，1号螺栓是起控制作用的螺栓，其受力为：

$$N_1^T = \frac{Tr_1}{\sum r_i^2} = \frac{Tr_1}{\sum x_i^2 + \sum y_i^2} \tag{3.36}$$

当螺栓群布置成一个狭长带，例如 $y_1 > 3x_1$ 时，与 $\sum y_i^2$ 相比，可以认为 $\sum x_i^2 = 0$，这时 r_1 趋近于 y_1，式（3.36）可简化为：

$$N_1^T = \frac{Ty_1}{\sum y_i^2} \tag{3.37}$$

同理，当 $x_1 > 3y_1$ 时，式（3.36）可简化为：

$$N_1^T = \frac{Tx_1}{\sum x_i^2} \tag{3.38}$$

螺栓群强度按式（3.39）计算：

$$N_1^T \leqslant \min(N_v^b, N_c^b) \tag{3.39}$$

设计时，通常根据构造要求先布置螺栓，再计算受力最大螺栓所承受的拉力 N_1^T，然后按上式验算。

5) 弯矩作用

图 3.65 所示为普通螺栓群承受弯矩 M 作用。试验表明,不同弯矩作用下螺栓群的中性轴是变化的,与螺栓群拉力相平衡的压力产生于中和轴以下的钢板受压区。因为钢板受压区是图 3.65(b) 所示宽度较大的实体矩形面积,与孤立的几个受拉螺栓相平衡的受压区高度 c 总是很小,中和轴通常在最下排螺栓之下的某个位置。计算时为偏于安全,假定中和轴位于 3.65(a) 所示最下排螺栓轴线上,同时和扭矩计算类似,假定:

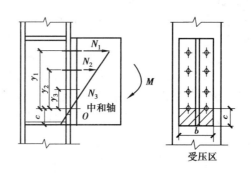

(a) 弯矩作用螺栓受力   (b) 受压区

图 3.65 弯矩作用螺栓群

①被连接构件是刚性的,螺栓为弹性的;

②被连接构件绕中和轴 O 旋转,每个螺栓所受拉力大小与该螺栓至中和轴 O 的距离 y_i 成正比,方向顺栓杆长度方向向外。

根据以上计算假定,各排螺栓受力满足如下关系:

$$\frac{N_1}{y_1} = \frac{N_2}{y_2} = \cdots = \frac{N_n}{y_n} \tag{a}$$

忽略力臂很小的钢板受压区压力所提供的力矩,由平衡要求可得:

$$M = m(N_1 y_1 + N_2 y_2 + \cdots + N_n y_n) \tag{b}$$

式中 m——螺栓排列的纵列数,图 3.65 中 $m = 2$。

显然,离中和轴越远的螺栓受力越大,1 号螺栓是起控制作用的螺栓,其受力为:

$$N_1 = \frac{M y_1}{m \sum y_i^2} \tag{3.40}$$

螺栓群强度按式(3.41)计算:

$$N_1 \leqslant N_t^b \tag{3.41}$$

设计时,通常根据构造要求先布置螺栓,再计算受力最大螺栓所承受的拉力 N_1,然后按上式验算。

3.5.4 轴心力、弯矩、扭矩共同作用下普通螺栓群连接计算

在轴心力、弯矩、扭矩共同作用下,起控制作用的螺栓的受力可根据上节的方法分别计算,然后合成,根据螺栓杆是受剪还是同时受拉剪,分别采用相应的强度标准计算。但应注意其中比较特殊的是轴心拉力和弯矩共同作用的情况,需要根据拉力和弯矩的相对关系判断中和轴的位置。

1) 剪扭作用

图 3.66 所示为螺栓群承受两个方向轴心剪力以及扭矩的共同作用,三者都使螺栓受剪。

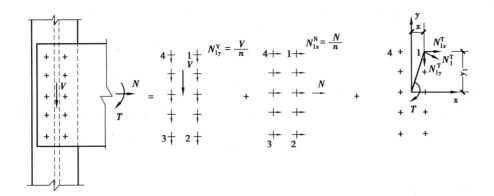

图 3.66　普通螺栓群受剪扭矩作用

在通过其形心的剪力 V 和 N 作用下，每个螺栓的受力相同，其值为：

$$N_{1y}^{V} = \frac{V}{n}, \quad N_{1x}^{N} = \frac{N}{n} \tag{3.42}$$

在扭矩 T 作用下，外围 4 个螺栓 1、2、3、4 受力最大，在 x、y 方向的分力为：

$$N_{1x}^{T} = N_{1}^{T} \frac{y_{1}}{r_{1}} = \frac{Ty_{1}}{\sum x_{i}^{2} + \sum y_{i}^{2}} \tag{3.43}$$

$$N_{1y}^{T} = N_{1}^{T} \frac{x_{1}}{r_{1}} = \frac{Tx_{1}}{\sum x_{i}^{2} + \sum y_{i}^{2}} \tag{3.44}$$

在 T、N、V 共同作用下，受力最大的螺栓 1 所受合力 N_{1} 应满足：

$$N_{1} = \sqrt{(N_{1x}^{T} + N_{1x}^{N})^{2} + (N_{1y}^{T} + N_{1y}^{V})^{2}} \leqslant N_{min}^{b} \tag{3.45}$$

2）剪弯作用

图 3.67 所示的牛腿，支托仅在安装时起临时支承作用，螺栓群同时承受剪力 V 和弯矩 $M = Ve$ 作用。在弯矩 M 作用下，中和轴取在最下排螺栓轴心，受力最大的最上排螺栓的拉力为：

$$N_{t} = N_{1}^{M} = \frac{My_{1}}{m \sum y_{i}^{2}}$$

在剪力 V 作用下，每个螺栓受力相等，其值为：

$$N_{v} = \frac{V}{n}$$

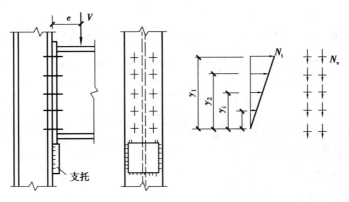

图 3.67　普通螺栓群受剪弯作用

受力最大的螺栓在拉力和剪力共同作用下应满足强度要求。N_t 引起螺栓杆受拉，N_v 引起螺栓杆受剪并受构件孔壁的挤压，强度要求按式(3.28)、式(3.29)计算。

3)拉弯作用

图 3.68 所示为普通螺栓群偏心受拉，将 N 移到螺栓群形心，则螺栓连接承受轴心拉力 N 和弯矩 M（弯矩值为 $M = Ne$）的共同作用。这时要考虑两种情况：当 M/N 较小时，为小偏心受拉；当 M/N 较大时，为大偏心受拉。

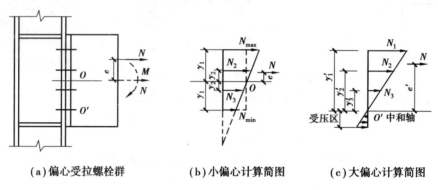

(a)偏心受拉螺栓群　　(b)小偏心计算简图　　(c)大偏心计算简图

图 3.68　普通螺栓群受拉弯作用

(1)小偏心受拉

如图 3.68(b)所示，假定弯矩 M 引起螺栓群绕其形心 O 转动，即中和轴在螺栓群形心 O 处，轴心力 N 由各螺栓均匀分担，这样，受力最大和最小螺栓分别是最上一排和最下一排螺栓，它们所受拉力分别为：

$$N_{\max} = \frac{N}{n} + \frac{My_1}{m \sum y_i^2} \tag{3.46}$$

$$N_{\min} = \frac{N}{n} - \frac{My_1}{m \sum y_i^2} \tag{3.47}$$

式中　y_i——第 i 个螺栓到螺栓群形心 O 点的距离；

　　　y_1——y_i 中的最大值；

　　　n——螺栓总数；

　　　m——螺栓列数。

当由式(3.47)算得的 $N_{\min} \geq 0$，说明无受压螺栓，为小偏心受拉情况，受力最大螺栓应满足：

$$N_{\max} \leq N_t^b \tag{3.48}$$

(2)大偏心受拉

当由式(3.47)算得的 $N_{\min} < 0$，螺栓受压，不合理，重新假定中和轴位于最下排螺栓轴心 O' 处，此时将 N 移到中和轴处产生弯矩 Ne'，最上排螺栓所受拉力最大，其最大拉力为：

$$N_{\max} = \frac{Ne'y_1'}{m \sum y_i'^2} \tag{3.49}$$

式中　e'——偏心拉力 N 到最下排螺栓 O' 的距离；

　　　y_i'——第 i 个螺栓到 O' 的距离；

　　　y_1'——y_i' 中的最大值。

强度要求仍然同式(3.48)。

4)拉弯剪作用

当普通螺栓群受拉弯剪共同作用时，剪力由各螺栓平均承担，拉弯剪引起的螺栓最大拉力按式

（3.46）或式（3.49）计算,强度标准和剪弯作用时一样,由式（3.28）和式（3.29）计算。

【**例题** 3.8】 设计双盖板拼接的普通螺栓连接,被拼接的钢板为 370 mm×14 mm,钢材为 Q235。承受设计值扭矩 $T=25$ kN·m,剪力 $V=300$ kN,$N=300$ kN。采用普通 C 级螺栓,螺栓直径 $d=20$ mm,孔径 $d_0=21.5$ mm。

【**解**】 本题为剪扭作用的普通螺栓群设计。

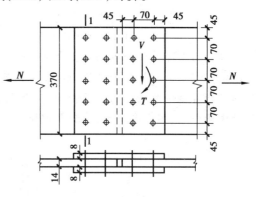

图 3.69 例题 3.8 图

盖板尺寸如图 3.69 所示,盖板截面积大于被拼接钢板截面积。

螺栓布置如图 3.69 所示,螺栓间距均在容许距离范围内。

一个抗剪螺栓的承载力设计值为:

$$N_v^b = n_v \frac{\pi d^2}{4} f_v^b$$

$$= 2 \times \frac{\pi \times 20^2 \ mm^2}{4} \times 140 \ N/mm^2 = 87.97 \ kN$$

$$N_c^b = d \sum t \cdot f_c^b$$

$$= 20 \ mm \times 14 \ mm \times 305 \ N/mm^2 = 85.4 \ kN$$

$$N_{min}^b = 85.4 \ kN$$

扭矩作用时,最外螺栓受剪力最大,其值为:

$$N_{1x}^T = \frac{Ty_1}{\sum x_i^2 + \sum y_i^2} = \frac{25 \times 10^6 \times 140}{10 \times 35^2 + 4 \times (70^2 + 140^2)} \ kN = 31.75 \ kN$$

$$N_{1y}^T = \frac{Tx_1}{\sum x_i^2 + \sum y_i^2} = \frac{25 \times 10^6 \times 35}{110 \ 250} \ kN = 7.94 \ kN$$

剪力 V、N 作用时,每个螺栓所受剪力相同,其值为:

$$N_{1x}^N = \frac{N}{n} = \frac{300}{10} \ kN = 30 \ kN$$

$$N_{1y}^V = \frac{V}{n} = \frac{300}{10} \ kN = 30 \ kN$$

受力最大螺栓所受的剪力合力为:

$$N_1 = \sqrt{(N_{1x}^T + N_{1x}^N)^2 + (N_{1y}^T + N_{1y}^V)^2} = \sqrt{(31.75 + 30)^2 + (7.94 + 30)^2} \ kN$$

$$= 72.47 \ kN < N_{min}^b = 85.4 \ kN$$

钢板净截面强度验算,首先计算 1—1 截面的几何性质:

$$A_n = (37 - 2.15 \times 5) \times 1.4 \ cm^2 = 36.75 \ cm^2$$

$$I_n = \frac{1.4 \times 37^3}{12} \ cm^2 - 2 \times 1.4 \times 2.15 \times (7^2 + 14^2) \ cm^2 = 4 \ 435 \ cm^2$$

$$W_n = \frac{4 \ 435}{18.5} \ cm^3 = 240 \ cm^3$$

$$S_n = \frac{1}{8} \times 1.4 \times 37^2 \ cm^3 - 1.4 \times 2.15 \times (14 + 7) \ cm^3 = 176.4 \ cm^3$$

钢板截面最外边缘正应力:

$$\sigma = \frac{T}{W_n} + \frac{N}{A_n} = \frac{25 \times 10^6}{240 \times 10^3} \ N/mm^2 + \frac{300 \times 10^3}{36.75 \times 10^2} \ N/mm^2 = 185.8 \ N/mm^2 < f = 215 \ N/mm^2$$

钢板截面形心处的剪应力：

$$\tau = \frac{300 \times 10^3 \times 176.4 \times 10^3}{4\,435 \times 10^4 \times 14}\ \text{N/mm}^2 = 85.23\ \text{N/mm}^2 < f_v = 125\ \text{N/mm}^2$$

螺栓受力及净截面强度均满足要求,设计满足要求。

【例题 3.9】 图 3.70 为牛腿与柱翼缘的连接,承受竖向力设计值 $V = 100$ kN,水平力 $N = 120$ kN。V 的作用点距柱翼缘表面距离 $e = 200$ mm。钢材为 Q235,普通 C 级螺栓 M20,排列如图 3.70 所示。支托只起临时支承作用,不承受剪力,请验算螺栓强度。

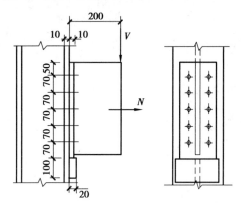

图 3.70　例题 3.9 图

【解】 本题为拉弯剪作用的普通螺栓群验算。V 作用下螺栓群受剪弯,N 作用下螺栓群受拉。

竖向力 V 引起的弯矩 $M = Ve = 100 \times 0.2\ \text{kN} \cdot \text{m} = 20\ \text{kN} \cdot \text{m}$

一个螺栓的承载力设计值为:

$$N_v^b = n_v \frac{\pi d^2}{4} f_v^b = 1 \times \frac{\pi \times 20^2\ \text{mm}^2}{4} \times 140\ \text{N/mm}^2 = 43.98\ \text{kN}$$

$$N_c^b = d \sum t \cdot f_c^b = 20\ \text{mm} \times 10\ \text{mm} \times 305\ \text{N/mm}^2 = 61\ \text{kN}$$

$$N_t^b = \frac{\pi d_e^2}{4} f_t^b = \frac{\pi \times 17.65^2\ \text{mm}^2}{4} \times 170\ \text{N/mm}^2 = 41.60\ \text{kN}$$

每个螺栓承担的剪力为:

$$N_v = \frac{V}{n} = \frac{100}{10}\ \text{kN} = 10\ \text{kN}$$

轴心拉力和弯矩作用下螺栓拉力计算需要区分大小偏心,先按小偏心受拉计算,假定牛腿绕螺栓群形心转动,受力最小螺栓的拉力为:

$$N_{\min} = \frac{N}{n} - \frac{My_1}{\sum y_i^2} = \frac{120}{10}\ \text{kN} - \frac{20 \times 10^3 \times 140}{4 \times (70^2 + 140^2)}\ \text{kN} = -16.57\ \text{kN} < 0$$

说明连接下部受压,连接为大偏心受拉,中和轴位于最下排螺栓处,受力最大的最上排螺栓所受拉力为:

$$N_{\max} = \frac{(M + Ne')y_1'}{m \sum y_i'^2} = \frac{(20 \times 10^3 + 120 \times 140) \times 280}{2(70^2 + 140^2 + 210^2 + 280^2)}\ \text{kN} = 35.05\ \text{kN}$$

拉力和剪力共同作用下强度要求为:

$$\sqrt{\left(\frac{N_v}{N_v^b}\right)^2 + \left(\frac{N_t}{N_t^b}\right)^2} = \sqrt{\left(\frac{10}{43.98}\right)^2 + \left(\frac{35.05}{41.6}\right)^2} = 0.873 < 1$$

$$N_v = 10\ \text{kN} < N_c^b = 61\ \text{kN}$$

螺栓强度满足要求。

3.6 高强度螺栓连接的构造和计算

与普通螺栓连接相比,高强度螺栓连接不仅强度较高,工作原理也有本质变化,最主要的是连接承受外荷载前已经存在明显预应力,螺栓杆有很大的预拉力,板件有很大的压紧力,应按照预应力结构考虑高强度螺栓连接的性能和计算。

3.6.1 高强度螺栓连接的分类、特点及构造要求

1)高强度螺栓连接的分类和特点

高强度螺栓用强度较高的钢材制作,施工时通过特制的扳手,以较大的扭矩拧紧螺帽,使螺栓杆产生很大的预拉力。螺栓杆内强大的预拉力把被连接的板件压得很紧,使被连接构件的接触面之间可以产生很大的摩擦力。当高强度螺栓连接承受剪力时,可依靠接触面之间的摩擦力来阻止其滑移并传递剪力。当只依靠摩擦阻力传力,并以剪力等于接触面摩擦力作为极限状态时,称为摩擦型连接;当允许接触面滑移,依靠螺栓杆受剪和孔壁承压传力时,称为承压型连接,其承载能力极限状态和普通螺栓基本相同。

高强度螺栓摩擦型连接始终保持板件接触面间作用的剪力小于摩阻力而不发生相对滑移,其整体性和刚度好、变形小、受力可靠、耐疲劳,在桥梁和工业与民用建筑钢结构中得到广泛应用。高强度螺栓承压型连接在受剪时,允许作用剪力大于摩擦力并发生板件间相对滑移,外力继续增加直至螺栓杆剪断,或孔壁承压的最终破坏为极限状态。因此承压型的承载能力高于摩擦型,可节约螺栓用量,但其变形比摩擦型连接大,动力性能差,只用于承受静力或间接承受动力荷载的结构中。

目前,高强度螺栓主要分为8.8级和10.9级两种,抗拉强度分别为800 N/mm^{2}和1 000 N/mm^2,屈强比分别为0.8和0.9。8.8级一般采用45号钢、35号钢和40B钢;10.9级一般采用35VB钢和20MnTiB钢。高强度螺栓的螺母和垫圈用45号钢或35号钢。40B和45号钢的碳含量高,做成的螺栓淬透性较差,在直径大于22 mm时不宜采用。高强度螺栓采用钻成孔,摩擦型连接的孔径比螺栓公称直径 d 大1.5~2.0 mm,承压型连接的孔径比螺栓公称直径 d 大1.0~1.5 mm。

2)高强度螺栓的构造要求

高强度螺栓的构造要求与普通螺栓基本相同,主要包括排列方式和最大最小容许距离两方面,具体数值可参见钢结构标准。

高强度螺栓承压型连接采用标准圆孔时,其孔径 d_0 可按表3.9采用。高强度螺栓摩擦型连接可采用标准孔、大圆孔和槽孔,孔型尺寸可按表3.9采用。采用扩大孔连接时,同一连接面只能在盖板和芯板其中之一的板上采用大圆孔或槽孔,其余仍采用标准孔。高强度螺栓摩擦型连接盖板按大圆孔、槽孔制孔时,应增大垫圈厚度或采用连续型垫板,其孔径与标准垫圈相同,厚度对M24及以下的螺栓,不宜小于8 mm;对M24以上的螺栓,不宜小于10 mm。

表3.9 高强度螺栓连接的孔型尺寸匹配 单位:mm

螺栓公称直径			M12	M16	M20	M22	M24	M27	M30
孔型	标准孔	直径	13.5	17.5	22	24	26	30	33
	大圆孔	直径	16	20	24	28	30	35	38
	槽孔	短向	13.5	17.5	22	24	26	30	33
		长向	22	30	37	40	45	50	55

3.6.2　高强度螺栓连接的性能和强度标准

1)高强度螺栓的预拉力

准确建立高强度螺栓栓杆的预拉力是保证高强度螺栓工作性能的基础。高强度螺栓分为图 3.71 所示大六角头型和扭剪型。高强度螺栓的预拉力都是通过扭紧螺帽实现的,只是两种高强度螺栓施加预拉力的控制方法不同。

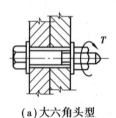
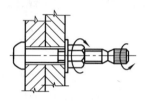

(a)大六角头型　　　　　(b)扭剪型

图 3.71　高强度螺栓型式

大六角头高强度螺栓施加预拉力,有两种控制方法:

①扭矩法:采用可直接显示扭矩的特制扳手,根据事先测定的扭矩与螺栓预拉力的对应关系施加扭矩,拧紧螺帽,使螺栓达到预定的预拉力。

②转角法:先用普通扳手进行初拧,使被连接构件相互紧密贴合;再以初拧位置为起点,根据按螺栓直径和板叠厚度所确定的终拧角度,用长扳手或风动扳手旋转螺母,拧至预定角度值时,螺栓的拉力即达到所需预拉力。

扭剪型高强度螺栓采用扭剪法施加预拉力。图 3.72 所示扭剪型高强度螺栓的尾部连有一个截面较小的沟槽和梅花头,安装时用特制的电动扳手。该扳手有两个套头,一个套住螺母,另一个套住梅花头。拧紧时,大套头正转施加紧固扭矩,小套头反转施加反扭矩,直到梅花头沿沟槽被拧掉,即可达到规定的预拉力值。

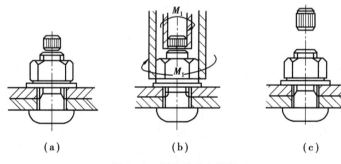

(a)　　　　　　(b)　　　　　　(c)

图 3.72　扭剪法施加预拉力

高强度螺栓预拉力值按式(3.50)计算:

$$P = \frac{0.9 \times 0.9 \times 0.9}{1.2} f_u A_e \tag{3.50}$$

式中　f_u——高强度螺栓杆最低抗拉强度,对 8.8 级取 $f_u = 830$ N/mm²,对 10.9 级取 $f_u = 1\,040$ N/mm²;

　　　A_e——高强度螺栓的有效截面面积,见附表 6;

　　　0.9——超张拉系数,考虑施工时为了补偿螺栓预拉力的松弛而对螺栓超张拉5%~10%;

　　　0.9——折减系数,考虑螺栓材料的不均匀性;

　　　0.9——附加安全系数,考虑计算以螺栓的抗拉强度为准;

　　　1.2——影响系数,考虑在拧紧螺栓时,扭矩使螺栓产生的剪应力会降低螺栓的承载力。

按式(3.50)计算预拉力值 P,按 5 kN 取整,即得表 3.10 的数值。

表 3.10　单个高强度螺栓的预拉力 P　　　　　　　　　单位:kN

螺栓的性能等级	螺栓公称直径/mm					
	M16	M20	M22	M24	M27	M30
8.8 级	80	125	150	175	230	280
10.9 级	100	155	190	225	290	355

2)高强度螺栓连接摩擦面抗滑移系数

高强度螺栓摩擦型连接构件的接触面(摩擦面)要经过特殊处理,使其洁净并粗糙,以提高其抗滑移系数。摩擦面抗滑移系数 μ 的大小与构件接触面的处理方法和构件的钢号有关。一般来说,钢材强度越高,μ 值越大。接触面常用的处理方法及对应的 μ 值如表 3.11 所示。承压型连接的构件接触面只要求清除油污及浮锈。

试验证明:摩擦面涂红丹防锈漆后,抗滑移系数 μ 很低(在 0.14 以下),经处理后仍然较低,故摩擦面应严格避免涂红丹。另外,连接在潮湿或淋雨状态下进行拼装,也会降低 μ 值,故应采取防潮措施并避免雨天施工。在高强度螺栓连接范围内,构件接触面的处理方法应在施工图中说明。

表 3.11　钢材摩擦面的抗滑移系数 μ

连接处构件接触面的处理方法	构件的钢材牌号		
	Q235 钢	Q355 钢、Q390 钢	Q420 钢、Q460 钢
喷硬质石英砂或铸钢棱角砂	0.45	0.45	0.45
抛丸(喷砂)	0.40	0.40	0.40
钢丝刷清除浮锈或未经处理的干净轧制面	0.30	0.35	—

注:①钢丝刷除锈方向应与受力方向垂直。

②当连接构件采用不同钢材牌号时,μ 按相应较低强度者取值。

③采用其他方法处理时,其处理工艺及抗滑移系数值均需经试验确定。

3)抗剪连接工作性能及强度计算

高强度螺栓连接抗剪时工作性能如图 3.73 所示,受力过程与普通螺栓相似,分为 4 个阶段:摩擦传力的弹性阶段、滑移阶段、栓杆传力的弹性阶段、弹塑性阶段。但比较两条 N-δ 曲线可知,由于高强度螺栓连接件间存在很大的摩擦力,故其第一阶段承载力远远大于普通螺栓。

当高强度螺栓控制在第一阶段即通过摩擦传递剪力时,为高强度螺栓摩擦型连接,如高强度螺栓利用摩擦被克服的栓杆抗剪传递剪力时,则为高强度螺栓承压型连接。

承压型连接抗剪强度要求计算方法与普通螺栓完全一致,采用式(3.23)—式(3.25),注意,其中螺栓强度值采用附表 5 高强度螺栓承压型连接强度值。

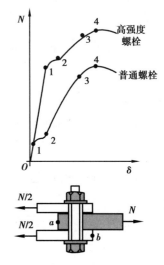

图 3.73　螺栓抗剪工作性能

高强度螺栓摩擦型连接受剪时的设计准则是外力不得超过摩擦力。一个螺栓产生的摩擦力的大小与螺栓所受预拉力、摩擦面的抗滑移系数和连接的传力摩擦面数有关。一个高强度螺栓的抗剪承载力设计值为:

$$N_v^b = 0.9kn_f\mu P \tag{3.51}$$

式中 k——孔型系数,标准孔取 1.0,大圆孔取 0.85,内力与槽孔长向垂直时取 0.7,内力与槽孔长向平行时取 0.6;

n_f——传力摩擦面数目,如图 3.73 中有两个摩擦面,$n_f = 2$;

μ——钢材摩擦面的抗滑移系数,按表 3.10 采用;

P——一个高强度螺栓的预拉力,按表 3.9 采用;

0.9——抗力分项系数的倒数。

4)抗拉连接工作性能及强度计算

如图 3.74(a)所示为高强度螺栓群轴心抗拉连接。图 3.74(b)所示为承受外荷载之前单个高强度螺栓的受力状态,栓杆受预拉力 P,钢板接触面上产生挤压力 C,挤压力 C 与预拉力 P 相平衡,即 $C=P$。在外力 N_t 作用下,螺栓拉力由 P 增加至 P_f,钢板接触面间的挤压力由 C 减为 C_f,由平衡条件得 $P_f = N_t + C_f$。

若螺栓和被连接构件保持弹性,螺栓承受外荷载后变形为:

$$
\begin{aligned}
\text{栓杆伸长} \quad \Delta_b &= \frac{(P_f - P)\delta}{EA_b} \\
\text{板件回弹} \quad \Delta_p &= \frac{(C - C_f)\delta}{EA_p}
\end{aligned}
\tag{3.52}
$$

式中 δ——板叠厚度;

A_b——螺栓杆截面面积;

A_p——螺栓周围板件均匀受压面积。

高强螺栓抗拉连接性能及承载力计算

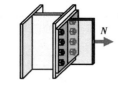 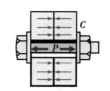 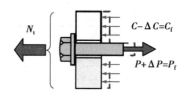

(a)高强度螺栓抗拉连接 (b)无外荷载作用状态 (c)外荷载作用下栓杆和板件间受力

图 3.74 螺栓抗拉工作性能

在外力作用下,螺栓杆的伸长量应等于构件的回弹量,即 $\Delta_b = \Delta_p$,可得:

$$P_f = P + \frac{N_t}{1 + A_p/A_b} \tag{3.53}$$

通常螺栓孔周围的挤压面积比螺栓杆截面面积大得多,取 $\dfrac{A_p}{A_b} = 10$,可得:

$$P_f = P + 0.091N_t \tag{3.54}$$

当构件刚好被拉开时,$P_f = N_t$,代入式(3.54)得:

$$P_f = 1.1P \tag{3.55}$$

当外力 N_t 刚好将连接构件拉开时,螺栓杆的拉力增量最多为其预拉力的 10%。高强螺栓超张拉试验表明,当外拉力 N_t 大于螺栓预拉力时,卸荷后螺栓将发生松弛现象,即螺栓杆中的预拉力将会变小;但当外拉力小于螺栓杆预拉力的 90% 时,无松弛现象发生。考虑一定的安全储备,标准规定,在螺栓杆轴方向受拉的高强度螺栓摩擦型连接中,每个高强度螺栓的抗拉承载力设计值为:

$$N_t^b = 0.8P \tag{3.56}$$

将 $N_t = 0.8P$ 代入式(3.54)中,得 $P_f = 1.07P$。即在标准规定的螺栓设计外拉力下,高强度螺栓杆内的拉力增加不大。

高强度螺栓承压型连接,在螺栓杆轴方向受拉的连接中,每个螺栓的承载力设计值 N_t^b 按普通螺栓那样计算,但 f_t^b 采用高强度螺栓承压型的强度设计值,见附表5。

同普通螺栓一样,对于刚度较小的 T 形连接件的翼缘,当受拉后翼缘发生弯曲变形,将起杠杆作用,在其端部产生撬力,降低螺栓抗拉能力,因此一般采取构造措施如设置加劲肋提高连接刚度,以避免产生这种撬力。

5)抗拉剪强度

(1)高强度螺栓摩擦型连接

在外拉力 N_t 的作用下,当 N_t 小于 $0.8P$ 时,螺栓杆中的拉力基本不变,但钢板接触面间的挤压力减小,每个螺栓的抗滑移承载力也随之减小。试验研究表明,接触面的抗滑移系数也随板件间挤压力的减小而降低。考虑到这些因素,为计算方便,当高强度螺栓摩擦型连接同时承受摩擦面间的剪力和螺栓杆轴方向的外拉力时,抗滑移系数 μ 仍用原值,每个螺栓的承载力采用如下公式计算:

$$\frac{N_v}{N_v^b} + \frac{N_t}{N_t^b} \leqslant 1 \tag{3.57}$$

式中 N_v,N_t——某个高强度螺栓所承受的剪力和拉力;

$\qquad N_v^b$,N_t^b——某个高强度螺栓的受剪、受拉承载力设计值。

注意式(3.57)比承压型连接拉剪强度相关公式(3.58)要求严格得多,主要是考虑受外力时抗滑移系数有所减小。

(2)高强度螺栓承压型连接

同时承受剪力和杆轴方向拉力的高强度螺栓承压型连接的计算方法与普通螺栓相同,应满足下列公式的要求:

$$\sqrt{\left(\frac{N_v}{N_v^b}\right)^2 + \left(\frac{N_t}{N_t^b}\right)^2} \leqslant 1 \tag{3.58}$$

$$N_v \leqslant \frac{N_c^b}{1.2} \tag{3.59}$$

式中 N_v,N_t——某个高强度螺栓所承受的剪力和拉力;

$\qquad N_v^b$,N_t^b,N_c^b——某个高强度螺栓的受剪、受拉和承压承载力设计值。

式(3.59)中除以系数 1.2 降低承压承载力,这是因为在只承受剪力的连接中,高强度螺栓对板叠有强大的压紧作用,使承压的板件孔前形成三向压应力场,使板的局部承压强度大大提高,因而其 N_c^b 比普通螺栓高得多。但当高强度螺栓承受外拉力时,板件间的挤压力随外拉力的增加而减小,因而其 N_c^b 也随之降低,并随外拉力的变化而变化。为了计算方便,标准规定只要有外拉力作用,就将承压强度设计值除以 1.2 予以降低,以考虑其影响。

3.6.3 高强度螺栓群计算

1)计算方法

高强度螺栓群在荷载作用下计算起控制作用螺栓受力的方法与普通螺栓相似,得到起控制作用的螺栓受力后,按上节给出的强度标准即可判断螺栓强度是否满足要求。但高强螺栓工作机理与普通螺栓有

差别,计算中有两点主要差别:

    ①由于高强度螺栓有很大的预拉力,弯矩作用下转动中心总是取在螺栓群形心;

    ②高强螺栓摩擦型连接由于通过板件间摩擦传力,净截面受力比普通螺栓小。

2)摩擦型连接净截面验算

如图 3.75 所示为高强度螺栓摩擦型连接承受轴心剪力作用,构件净截面强度计算与普通螺栓连接不同,摩擦型连接靠被连接板叠间的摩擦力传力,一般可以考虑摩擦力均匀分布于螺栓孔四周,其中一部分剪力由孔前接触面传递。根据试验结果,孔前传力系数可取 0.5,即第一排高强度螺栓所分担的内力,已有 50% 在孔前摩擦面中传给拼接盖板,这样截面 1—1 处净截面传力为:

$$N' = N \left(1 - \frac{0.5 n_1}{n} \right) \tag{3.60}$$

式中 n_1——计算截面上的螺栓数;

      n——连接一侧的螺栓总数。

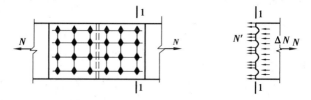

图 3.75 摩擦型高强度螺栓孔前传力

净截面强度计算公式为:

$$\sigma = \frac{N'}{A_n} \leqslant f \tag{3.61}$$

从以上计算可见,在受剪连接中,高强度螺栓摩擦型连接开孔对构件截面的削弱影响较小。

高强螺栓群在荷载作用下的计算思路与普通螺栓类似,不再赘述,仅通过例题加以说明。

【例题 3.10】 图 3.76 所示为双拼接板拼接的轴心受剪高强度螺栓连接,板件截面为 20 mm × 280 mm,承受荷载设计值 $N = 850$ kN,钢材为 Q235B 钢,采用 8.8 级 M22 高强度螺栓,连接处构件接触面经喷硬质石英砂处理,试分别设计高强度螺栓摩擦型连接和承压型连接。

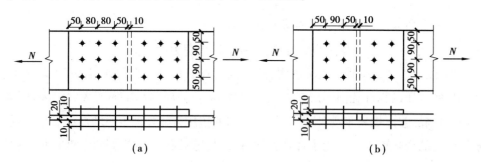

图 3.76 例题 3.10 图

【解】 本题为高强度螺栓轴心受剪连接设计。

(1)采用高强度螺栓摩擦型连接

一个螺栓抗剪承载力设计值为:

$$N_v^b = 0.9 k n_f \mu P = 0.9 \times 1 \times 2 \times 0.45 \times 150 \text{ kN} = 121.5 \text{ kN}$$

连接一侧所需螺栓数为:

$$n = \frac{N}{N_v^b} = \frac{850}{121.5} \text{ 个} = 7 \text{ 个}$$

用9个,螺栓排列如图3.76(a)所示,螺栓承载力显然满足要求。

构件净截面强度验算,钢板在边列螺栓处的截面最危险。取螺栓孔径比螺栓杆径大2.0 mm。

$$N' = N\left(1 - 0.5\frac{n_1}{n}\right) = 850 \text{ kN} \times \left(1 - 0.5 \times \frac{3}{9}\right) = 708.3 \text{ kN}$$

$$A_n = t(b - n_1 d_0) = 2 \times (28 - 3 \times 2.4)\text{cm}^2 = 41.6 \text{ cm}^2$$

$$\sigma = \frac{N'}{A_n} = \frac{708.3 \times 10^3}{41.6 \times 10^2} \text{ N/mm}^2 = 170.3 \text{ N/mm}^2 < f = 205 \text{ N/mm}^2 \text{(满足)}$$

也可采用7个螺栓,梅花形布置,两边列分别布置2个,中间列布置3个,也可满足要求。

(2)采用高强度螺栓承压型连接

一个螺栓的抗剪承载力设计值为:

$$N_v^b = n_v \frac{\pi d_e^2}{4} f_v^b = 2 \times \frac{\pi \times 22^2 \text{ mm}^2}{4} \times 250 \text{ N/mm}^2 = 190.1 \text{ kN}$$

$$N_c^b = d \sum t \cdot f_c^b = 22 \text{ mm} \times 20 \text{ mm} \times 470 \text{ N/mm}^2 = 206.8 \text{ kN}$$

$$N_{min}^b = 190.1 \text{ kN}$$

连接一侧所需螺栓数为:

$$n = \frac{N}{N_{min}^b} = \frac{850}{190.1} \text{ 个} = 4.47 \text{ 个}$$

用6个,排列如图3.76 (b)所示。螺栓承载力显然满足要求。

构件净截面验算,钢板在边列螺栓处的截面最危险。取螺栓孔径比螺栓杆径大1.5 mm。

$$A_n = t(b - n_1 d_0) = 2 \times (28 - 3 \times 2.35)\text{cm}^2 = 41.9 \text{ cm}^2$$

$$\sigma = \frac{N}{A_n} = \frac{850 \times 10^3}{41.9 \times 10^2} \text{ N/mm}^2 = 202.9 \text{ N/mm}^2 < f = 205 \text{ N/mm}^2 \text{(满足)}$$

说明:采用承压型连接可比摩擦型连接减少螺栓用量。

【例题3.11】　图3.77所示为牛腿与柱的连接,承受竖向集中荷载设计值 $V = 235$ kN,钢材为Q355钢,采用8.8级的M22高强度螺栓,接触面经喷砂处理,试分别采用高强度螺栓摩擦型和承压型设计此连接。

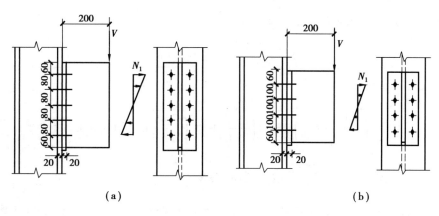

图3.77　例题3.11图

【解】 本题为剪弯作用高强度螺栓群设计。

螺栓群承受剪力 $V=235$ kN，弯矩 $M=Ve=235 \times 0.2$ kN·m $=47$ kN·m

（1）采用高强度螺栓摩擦型连接

一个螺栓的承载力设计值为：

$$N_t^b = 0.8P = 0.8 \times 150 \text{ kN} = 120 \text{ kN}$$

$$N_v^b = 0.9kn_f \mu P = 0.9 \times 1 \times 1 \times 0.4 \times 150 \text{ kN} = 54.0 \text{ kN}$$

采用 10 个螺栓，布置如图 3.77（a）所示，满足各项构造要求。弯矩作用下，受拉力最大螺栓所承担的拉力为：

$$N_t = \frac{My_1}{m \sum y_i^2} = \frac{47 \times 10^6 \text{ N·mm} \times 160 \text{ mm}}{2 \times 2 \times (160^2 + 80^2) \text{ mm}^2} = 58.75 \text{ kN}$$

剪力由螺栓平均分担，每个螺栓承受的剪力为：

$$N_v = \frac{235}{10} \text{ kN} = 23.5 \text{ kN}$$

受力最大螺栓强度计算：

$$\frac{N_v}{N_v^b} + \frac{N_t}{N_t^b} = \frac{23.5}{54.0} + \frac{58.75}{120} = 0.435 + 0.490 = 0.925 < 1 (\text{可以})$$

采用 10 个螺栓合适。

（2）采用高强度螺栓承压型连接

采用 8 个螺栓，布置如图 3.77（b）所示。

一个螺栓的承载力设计值为：

$$N_v^b = n_v \frac{\pi d^2}{4} f_v^b = 1 \times \frac{\pi \times 22^2 \text{ mm}^2}{4} \times 250 \text{ N/mm}^2 = 95.03 \text{ kN}$$

$$N_c^b = d \sum t \cdot f_c^b = 22 \text{ mm} \times 20 \text{ mm} \times 590 \text{ N/mm}^2 = 259.6 \text{ kN}$$

$$N_t^b = \frac{\pi d_e^2}{4} f_t^b = \frac{\pi \times 19.65^2 \text{ mm}^2}{4} \times 400 \text{ N/mm}^2 = 121.3 \text{ kN}$$

在弯矩作用下，受拉力最大螺栓所承担的拉力为：

$$N_t = \frac{My_1}{m \sum y_i^2} = \frac{47 \times 10^6 \text{ N·mm} \times 150 \text{ mm}}{2 \times 2 \times (50^2 + 150^2) \text{ mm}^2} = 70.5 \text{ kN} < 0.8P = 120 \text{ kN}$$

剪力由螺栓平均分担，每个螺栓承受的剪力为：

$$N_v = \frac{235}{8} \text{ kN} = 29.38 \text{ kN}$$

受力最大螺栓强度计算：

$$\sqrt{\left(\frac{N_v}{N_v^b}\right)^2 + \left(\frac{N_t}{N_t^b}\right)^2} = \sqrt{\left(\frac{29.38}{95.03}\right)^2 + \left(\frac{70.5}{121.3}\right)^2} = 0.658 < 1$$

$$N_v < \frac{N_c^b}{1.2} = \frac{259.6}{1.2} \text{ kN} = 216.3 \text{ kN}$$

从验算结果看，采用 8 个螺栓富余度较大，可进一步减少螺栓数量，重新设计，以取得更优化的结果。

本章总结框图

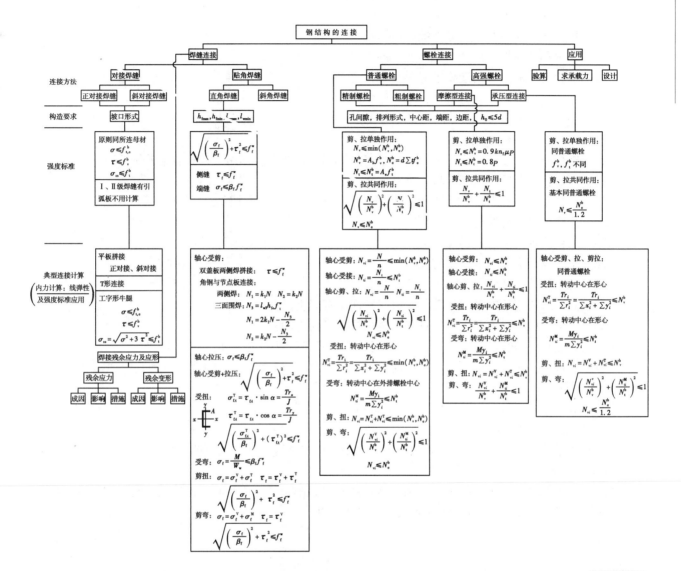

思考题

3.1 钢结构主要连接方法有哪些？有何特点？

3.2 你见过哪些钢结构连接？有何特点？

3.3 什么是构造要求？包括哪些内容？

3.4 焊接位置对焊接质量有何影响？

3.5 对接焊缝构造和计算有何突出特点？

3.6 角焊缝设计强度是什么性质的强度？

3.7 角焊缝的主要构造要求有哪些？有何作用？

3.8 角焊缝强度计算以什么截面为基准？强度标准是什么？

3.9 怎样得到角焊缝强度计算的基本公式？式中各项有何物理意义？

3.10 角焊缝强度计算公式有哪三种基本应用形式？各有何特点？

3.11 计算中怎样考虑焊缝起落弧可能引起的缺陷？

综合性小组
考核1工作方案

3.12　角钢和节点板连接焊缝计算有何特点？角钢肢背、肢尖内力分配系数的物理概念是什么？数值有何特点？

3.13　复杂荷载作用下的焊缝计算应采取什么思路？

3.14　焊接残余应力与变形是怎样形成的？

3.15　焊接残余应力对结构的性能有何影响？

3.16　减少和消除焊接残余应力与变形的主要措施有哪些？

3.17　螺栓连接的主要构造要求有哪些？

3.18　普通螺栓破坏形式有哪些？怎样避免？

3.19　普通螺栓的强度标准与焊缝的强度标准有何区别？

3.20　为什么要进行净截面验算？怎样验算？

3.21　螺栓群在复杂外力作用下的计算思路与焊缝在复杂外力作用下计算有何差别？

3.22　弯矩作用下的普通螺栓群计算有何特别之处？

3.23　拉弯作用下的普通螺栓群计算为何要区分大小偏心？现行计算方法是否是精确方法？

3.24　高强螺栓与普通螺栓有何异同？

3.25　怎样施加高强螺栓的预拉力？

3.26　抗滑移系数与哪些因素有关？

3.27　螺栓抗拉承载力是怎样确定的？

3.28　高强螺栓连接净截面计算与普通螺栓连接有何不同？

3.29　高强螺栓群受弯及拉弯计算与普通螺栓群有何不同？

3.30　对接焊缝、角焊缝、普通螺栓、高强度螺栓性能和计算方法,有何联系与区别？

3.31　受拉剪作用的高强螺栓摩擦型连接螺栓群,当承受最大外拉力的螺栓达到其摩擦抗剪承载力极限时,其他螺栓处于什么状态？螺栓群整体是否还能承受更大的外荷载？

3.32　焊缝连接、紧固件连接都有细致的构造要求,构造要求有什么重要作用？有哪些种类？不同的构造要求是怎样确定的？

3.33　钢结构连接形式多样,细节要求多,比较烦琐,你觉得采用什么策略可以保障学习效率？应加强培养哪些专业素质,有利于学好钢结构连接？

3.34　大量钢结构工程事故中存在钢结构连接设计、制作、安装、维护不正确或不合理的现象,你认为应从哪些方面着手,可有效减少和杜绝此类现象的发生？

问题导向讨论题

问题1:产生焊接残余应力的根本原因是什么？哪些措施可有效减小焊接残余应力？

问题2:高强螺栓摩擦型连接抗剪和抗拉工作机理和预应力结构基本原理有何关系？

问题3:由于钢结构连接出现问题导致的事故时有发生,你认为可能原因有哪些？怎样才能有效避免？

问题4:受拉剪作用的高强螺栓摩擦型连接螺栓群,按照充分发挥每个螺栓的抗滑移作用,而不是受力最大螺栓达到承载力极限,作为螺栓群整体承载力极限状态标准是否可行？如可行,其整体承载力有何改变？

分组讨论要求：每组6~8人,设组长1名,负责明确分工和协作要求,并指定人员代表小组发言交流。可选择以上两个问题之一。

习　题

3.1　一钢梁采用普通工字钢 I50b 制作,钢材为 Q235,承受荷载设计值 $F = 130$ kN,如图3.78所示。

因长度不够而用对接坡口焊缝连接,焊条采用 E43 型,手工焊,按三级质量标准检验,请计算连接是否安全。

3.2 试设计图 3.79 所示的用双层盖板和角焊缝的拼接连接。主板截面为 420 mm×20 mm,钢材为 Q345,焊条 E50 型,手工焊,承受轴心拉力设计值 $N=2\,000$ kN。

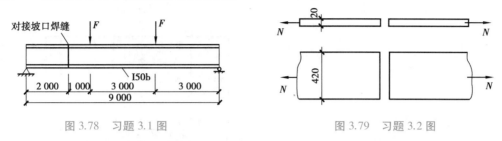

图 3.78 习题 3.1 图   图 3.79 习题 3.2 图

3.3 试设计如图 3.80 所示双角钢和节点板间的角焊缝连接,角钢截面为 2∟90×8,节点板厚 10 mm。钢材为 Q235,焊条 E43 型,手工焊,承受轴心拉力设计值 $N=320$ kN。(1)采用两侧焊缝,确定所需焊脚尺寸及焊缝长度;(2)采用三面围焊,确定所需焊脚尺寸及焊缝长度;(3)采用 L 形焊缝,确定所需焊脚尺寸及焊缝长度。

3.4 试设计图 3.81 所示牛腿与柱的角焊缝连接。钢材 Q235AF,焊条为 E43 型,牛腿承受静荷载设计值 $F=250$ kN。

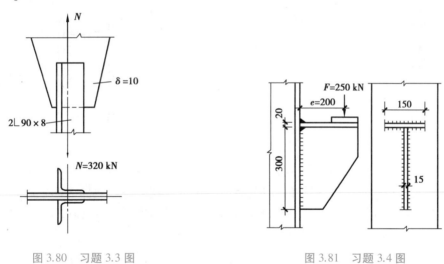

图 3.80 习题 3.3 图   图 3.81 习题 3.4 图

3.5 图 3.82 所示为双板牛腿与柱的角焊缝连接,钢材为 Q235,焊条 E43 型,手工焊,焊脚尺寸 $h_f=10$ mm。试求角焊缝能承受的最大静态和动态荷载设计值 F。

3.6 图 3.83 所示双盖板拼接,普通 C 级螺栓 M22,孔径 $d_0=23.5$ mm,承受静荷载设计值 $N=1\,350$ kN,钢材为 Q235AF,试计算此连接是否安全。由于螺栓排列不规则,净截面验算时注意判断危险截面位置。

3.7 图 3.84 所示牛腿用角钢 2∟100×20 及普通 C 级螺栓与柱相连,螺栓直径 M24,钢材为 Q355 钢,承受偏心荷载设计值 $F=120$ kN,试分析连接角钢两个肢上螺栓的受力特点,验算强度是否满足,如不满足试确定需要的螺栓数目及布置。

3.8 图 3.85 所示普通螺栓 T 形节点受拉弯作用,普通 C 级螺栓 M20,间距 100 mm,2 列,柱翼缘板和 T 形连接板厚均为 10 mm,钢材 Q235,所受荷载设计值分别为:(1)$N=200$ kN,$M=10$ kN·m;(2)$N=100$ kN,$M=23$ kN·m。试验算螺栓连接是否满足要求,注意区分大小偏心。

3.9 高强螺栓双盖板拼接,8.8 级 M16,摩擦面喷砂处理,其余条件同题 3.6,验算连接是否满足要求,并与题 3.6 结果对比。

3.10 图 3.86 所示为双板牛腿与柱的连接,钢材为 Q345,荷载设计值 $F=100$ kN,采用 10.9 级高强的摩擦型连接,螺栓 M16,摩擦面喷砂处理,试确定螺栓数目及布置。

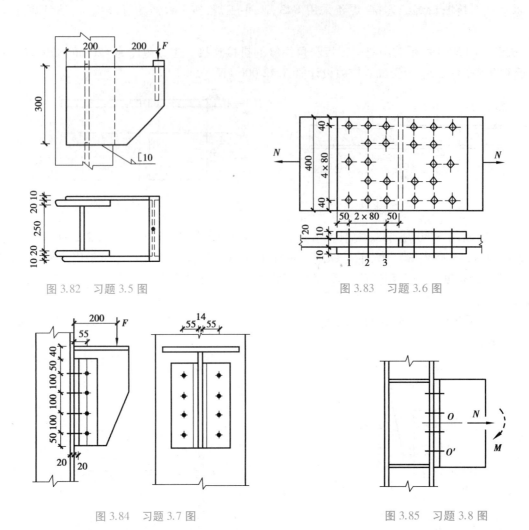

图 3.82　习题 3.5 图

图 3.83　习题 3.6 图

图 3.84　习题 3.7 图

图 3.85　习题 3.8 图

3.11　图 3.87 所示为牛腿与柱翼缘的连接,竖向力 V 的作用点距柱翼缘表面距离 $e = 200$ mm,钢材为 Q235,采用 8.8 级高强度螺栓 M20,布置如图 3.87 所示,接触面喷硬质石英砂,试分别按摩擦型连接和承压型连接计算牛腿所能承受的竖向力 V 设计值。

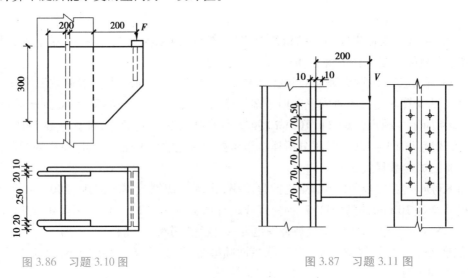

图 3.86　习题 3.10 图

图 3.87　习题 3.11 图

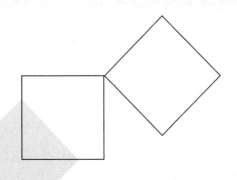

4

轴心受力构件

本章导读：

● **内容及要求** 轴心受力构件的类型和破坏方式,轴心受力构件的强度和刚度计算,轴心受压构件的整体稳定,轴心受压构件的局部稳定,轴心受压构件的截面设计。通过本章学习,应熟悉轴心受力构件的应用和设计要求;掌握强度和刚度的验算方法;熟悉实腹式轴心受压构件整体稳定、板件局部稳定的概念和计算原理;掌握整体稳定和局部稳定的计算方法;掌握轴心受压构件截面的设计和验算方法及构造要求。

● **重点** 轴心受力构件的强度、刚度、整体稳定和局部稳定计算。

● **难点** 轴心受力构件的整体稳定和局部稳定性分析与计算。

典型工程简介：

北京机场四机位库

北京机场四机位库建于 1996 年,平面尺寸 90 m × (153 + 153)m,是世界上超大跨度机库之一,可同时容纳 4 架波音 747-400 型飞机进行维修。屋面采用三层四角锥网架,网架杆件主要为轴心受力构件,总重量 5 500 多 t。网架分成 7 块在地面组装,逐块采用电控液压千斤顶群同步提升至设计位置后,在高空合拢成整体。

4.1 概 述

轴心受力构件是只承受通过构件截面形心的轴向力作用的构件。轴心受力构件是钢结构三大基本构件之一,应用十分广泛,如各种平面和空间桁架、网架、双层网壳、塔架等结构中的构件,工业建筑中的工作平台支柱,各种支撑构件等。

4.1.1 轴心受力构件特性

如图 4.1 所示,轴心受力构件可分为实腹式构件和格构式构件两类。实腹式构件具有整体连通的截面;格构式构件一般由两个或多个分肢用缀材相连而成,因缀材不是连续的,故在截面图中以虚线表示。

轴心受力构件按照轴向力为拉力或压力分为轴心受拉构件和轴心受压构件。因只受轴向拉、压力作用,理想轴心受力构件破坏前只有轴向变形,截面上只有正应力,最有效的截面是极对称截面或双轴对称截面。轴心受拉构件不存在失稳问题,是最简单的构件,也是效率最高的构件。轴心受压构件需要考虑稳定问题,包括整体失稳和局部失稳,虽然构件形式比较简单,但对应的力学分析已包括了钢结构理论的核心内容,其中考虑残余应力影响的弹塑性失稳分析等内容具有较大的难度。

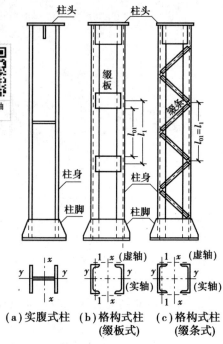

图 4.1 典型的轴心受力构件

4.1.2 轴心受力构件破坏形式

轴心受拉构件破坏通常是强度破坏,以受力最大截面全截面屈服作为承载力极限,一般只需进行强度和刚度计算。

实腹式轴压构件破坏有以下三种形式:强度破坏、整体失稳、局部失稳。当构件上有较大削弱时有可能发生强度破坏,一般情况构件破坏是整体失稳破坏。

理想实腹式轴压构件整体失稳随构件截面特性不同而不同,有弯曲失稳、扭转失稳、弯扭失稳三种失稳变形形式,均为有分肢的失稳。实际轴压构件中存在初弯曲、初偏心、残余应力等缺陷,考虑缺陷影响后轴压构件整体失稳变成无分肢的极值点失稳,问题相当复杂。

组成实腹式轴压构件的板件全部受压,受压板件也可能发生屈曲,称为局部失稳破坏,将导致构件整体稳定承载力降低或出现破坏。

格构式轴压构件可能出现整体失稳破坏,也可能出现单肢失稳破坏,还可能出现连接单肢的缀材及连接破坏。

4.1.3 轴心受力构件截面形式

根据轴心受力构件的特性,其合适截面应为对称截面。对轴压构件还应考虑截面面积尽可能向外扩张,以获得较大的回转半径,提高稳定性。常用截面形式如图 4.2 所示。格构式构件中,通常可通过调整分肢间的距离而取得较好的性能。

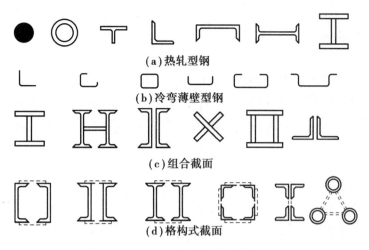

(a)热轧型钢

(b)冷弯薄壁型钢

(c)组合截面

(d)格构式截面

图 4.2 轴心受力构件的截面形式

4.2　轴心受力构件的强度和刚度

4.2.1　轴心受力构件的强度

在轴心力 N 作用下,无孔洞等削弱的轴心受力构件截面上产生均匀受拉或受压应力,当截面的平均应力超过屈服强度 f_y 时,构件会因塑性而变形过大,导致无法继续承受荷载。对有孔洞等削弱的轴心受力构件,截面上应力分布不均匀,孔洞附近产生应力高峰。随着轴心力的增大,应力高峰处的纤维达到屈服强度后,应力不再增大而只发展塑性变形,截面上的应力分布渐趋均匀,这种现象称为截面应力重分布。

对于无孔洞削弱的轴心受力构件,按下式进行毛截面屈服计算:

$$\sigma = \frac{N}{A} \leqslant f \tag{4.1-1}$$

式中　N——所计算截面处的轴心力设计值;

$\quad\quad A$——构件的毛截面面积;

$\quad\quad f$——钢材的抗拉(或抗压)强度设计值。

对于有孔洞削弱的轴心受力构件,在靠近孔洞边缘处将产生应力集中现象(见图 2.6)。在弹性阶段,孔洞边缘应力很大,当材料屈服进入塑性阶段后,截面将产生应力重分布,直到截面上的拉应力达到材料的抗拉强度 f_u,构件被拉断。因此,对于有孔洞削弱的轴心受力构件,除了按式 4.1-1 计算外,还应按下式计算:

局部孔洞净截面断裂:

$$\sigma = \frac{N}{A_n} \leqslant 0.7 f_u \tag{4.1-2}$$

沿构件全长有排列较密螺栓的组合构件,应由截面屈服控制,以免产生较大的塑性变形,即:

$$\sigma = \frac{N}{A_n} \leqslant f \tag{4.1-3}$$

式中　A_n——构件的净截面面积;

$\quad\quad f_u$——钢材的抗拉(或抗压)强度。

对于高强度螺栓摩擦型连接构件,在计算轴心力设计值 N 时,应考虑螺栓孔前传力的影响。

4.2.2 轴心受力构件的刚度

为满足结构的正常使用要求,轴心受力构件应具有一定的刚度,以保证构件不会在运输和安装过程中产生弯曲或过大变形,不会因自重使处于非竖直位置时的构件产生较大挠曲,也不会在动力荷载作用时发生较大振动。轴心受力构件的刚度通常以长细比来衡量,应满足:

$$\lambda = \frac{l_0}{i} \leqslant [\lambda] \tag{4.2}$$

式中　λ——构件长细比;

　　　i——截面回转半径;

　　　l_0——构件计算长度;

　　　$[\lambda]$——构件容许长细比。

拉杆的计算长度取节点之间的距离;压杆的计算长度取节点之间的距离 l 与计算长度系数 μ 的乘积,单根构件的 μ 值如表 4.3 所示,与其他构件相连接的构件见相关标准或规范规定。

《钢结构设计标准》(GB 50017)总结了钢结构长期使用的经验,根据构件的重要性和荷载情况,规定了轴心受力构件的容许长细比,如表 4.1 和表 4.2 所示。对于张紧的圆钢拉杆,长细比不做限制。

表 4.1　受拉构件的容许长细比

构件名称	承受静力荷载或间接承受动力荷载的结构			直接承受动力荷载的结构
	一般建筑结构	对腹杆提供平面外支点的弦杆	有重级工作制起重机的厂房	
桁架的杆件	350	250	250	250
吊车梁或吊车桁架以下柱间支撑	300	200	200	—
其他拉杆、支撑、系杆等(张紧的圆钢除外)	400	—	350	—

注:①除对腹杆提供平面外支点的弦杆外,承受静力荷载的结构受拉构件,可仅计算竖向平面内的长细比。

　　②在直接或间接承受动力荷载的结构中,计算单角钢构件的长细比时,应采用角钢的最小回转半径,但计算在交叉点相互连接的交叉杆件平面外的长细比时,可采用与角钢肢边平行轴的回转半径。

　　③中、重级工作制吊车桁架下弦杆的长细比不宜超过 200。

　　④在设有夹钳或刚性料耙等硬钩起重机的厂房中,支撑的长细比不宜超过 300。

　　⑤受拉构件在永久荷载与风荷载组合作用下受压时,其长细比不宜超过 250。

　　⑥跨度等于或大于 60 m 的桁架,其受拉弦杆和腹杆的长细比不宜超过 300(承受静力荷载或间接承受动力荷载)或 250(直接承受动力荷载)。

　　⑦柱间支撑按拉杆设计时,竖向荷载作用下柱子的轴力应按无支撑时考虑。

表 4.2　受压构件的容许长细比

构件名称	容许长细比
轴心受压柱、桁架和天窗架中的压杆	150
柱的缀条、吊车梁或吊车桁架以下的柱间支撑	150
支撑(吊车梁或吊车桁架以下的柱间支撑除外)	200

构件名称	容许长细比
用以减小受压构件计算长度的杆件	200

注:①当杆件内力设计值不大于承载能力的50%时,容许长细比值可取200。

②计算单角钢受压构件的长细比时,应采用角钢的最小回转半径,但计算在交叉点相互连接的交叉杆件平面外的长细比时,可采用与角钢肢边平行轴的回转半径。

③跨度等于或大于60 m 的桁架,其受压弦杆、端压杆和直接承受动力荷载的受压腹杆的长细比不宜大于120。

④验算容许长细比时,可不考虑扭转效应。

【例题 4.1】 某轴心受拉构件采用 2∟110×10 角钢做成,倒 T 形放置,承受静力荷载设计值为 670 kN,钢材为 Q235,y 轴平面内计算长度 $l_{0x}=6$ m,x 轴平面内计算长度 $l_{0y}=12$ m,验算此拉杆的强度和刚度。

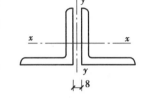

图 4.3 例题 4.1 图

【解】 查附表,$A = 2×21.26$ cm^2 = 42.52 cm^2,回转半径 $i_x = 3.38$ cm,$i_y = 4.85$ cm。

$$\sigma = \frac{N}{A} = \frac{670 \times 10^3}{42.52 \times 10^2} \text{ N/mm}^2 = 157.6 \text{ N/mm}^2 < f = 215 \text{ N/mm}^2$$

强度满足要求。

$$\lambda_x = \frac{l_{0x}}{i_x} = \frac{6\,000}{33.8} = 177.5 < [\lambda] = 350, \lambda_y = \frac{l_{0y}}{i_y} = \frac{12\,000}{48.5} = 247.4 < [\lambda] = 350$$

刚度满足要求。

4.3 轴心受力构件整体稳定分析

4.3.1 轴心受压构件整体失稳破坏特征

当结构或构件在荷载作用下处于平衡位置时,轻微的外界干扰使其偏离原来的平衡位置,若外界干扰去除后,结构或构件仍能回复到原来的平衡位置,则平衡是稳定的;若外界干扰去除后,不能回复到原来的平衡位置,甚至偏移越来越大,则平衡是不稳定的;若外界干扰去除后,不能回复到原来的平衡位置,但能保持在新的平衡位置,则处于临界状态,也称为随遇平衡。

在荷载作用下,当轴心受压构件截面上的平均应力低于或远低于钢材的屈服强度时,若微小扰动即促使构件产生很大的变形而丧失承载能力,这种现象称为轴心受压构件丧失整体稳定性或屈曲。轴心受压构件由内力与外力平衡的稳定状态进入不稳定状态的分界标志是临界状态,处于临界状态时的轴心压力称为临界力 N_{cr},N_{cr} 除以构件毛截面面积 A 所得的应力称为临界应力 σ_{cr}。轴心受压构件丧失整体稳定常常是突发性的,容易造成严重后果。

如图 4.4 所示,实腹式轴心受压构件失稳时的变形形式分为弯曲屈曲、扭转屈曲或弯扭屈曲。双轴对称截面轴心受压构件的屈曲形式一般为弯曲屈曲,只有当截面的扭转刚度较小时(如十字形截面),才有可能发生扭转屈曲。单轴对称截面轴心受压构件绕非对称轴屈曲时,为弯曲屈曲;若绕对称轴屈曲时,由于轴心压力所通过的截面形心与截面的扭转中心不重合,此时发生的弯曲变形总伴随着扭转变形,属于弯扭屈曲。截面无对称轴的轴心受压构件,发生弯扭屈曲。

格构式轴心受压构件可能出现整体弯曲失稳破坏,也可能出现单肢弯曲失稳破坏。由于格构式截面抗扭能力远大于实腹式构件,一般不可能出现扭转失稳和弯扭失稳破坏。

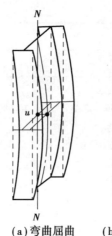

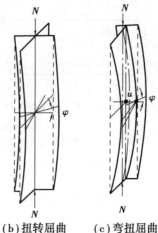

(a)弯曲屈曲　　**(b)扭转屈曲**　　**(c)弯扭屈曲**

图 4.4　轴心压杆的屈曲形式

4.3.2　理想实腹式轴心受压构件整体稳定分析

无初弯曲和残余应力以及荷载无初偏心的轴心受压构件称为理想轴心受压构件。构件的稳定分析就是研究构件在临界状态下的平衡,从而得到构件的临界荷载。这种在构件变形后的状态上建立平衡的分析方法称为二阶分析,而在构件原始状态上建立平衡的分析方法称为一阶分析。构件强度计算时结构内力分析一般采用一阶分析。

1)理想轴心受压构件的弯曲失稳

双轴对称截面的理想轴心受压构件丧失整体稳定通常为弯曲失稳。

图 4.5 为一两端铰支的理想等截面轴心受压构件,当 N 达到临界值时,构件可处于微弯平衡状态,其平衡微分方程为:

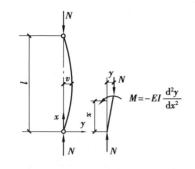

$$EI\frac{\mathrm{d}^2y}{\mathrm{d}x^2} + Ny = 0 \tag{4.3}$$

图 4.5　理想轴心受压构件弯曲屈曲

式中　E——钢材的弹性模量;

I——截面惯性矩。

解方程,引入边界条件(构件两端侧移为零),可得临界力 N_{cr} 为:

$$N_{cr} = \frac{\pi^2 EI}{l^2} \tag{4.4}$$

相应的临界应力为:

$$\sigma_{cr} = \frac{N_{cr}}{A} = \frac{\pi^2 E}{\lambda^2} \tag{4.5}$$

式中　A——毛截面面积。

式(4.4)就是著名的欧拉公式,N_{cr} 也称欧拉临界力,常记作 N_E。

理想轴心受压构件在临界状态时,构件从初始的平衡位形突变到与其临近的另一平衡位形(由直线平衡形式转变为微弯平衡形式),表现为平衡位形的分岔,称为分支点失稳,也叫第一类稳定问题。

2) 理想轴心受压构件的扭转失稳

对某些抗扭刚度很小的双轴对称截面轴心受压构件,如图 4.4(b)所示的十字形截面,在轴心压力 N 作用下,除可能绕截面的两个对称轴 x 轴和 y 轴发生弯曲失稳外,还可能绕构件的纵轴 z 轴发生扭转失稳。与弯曲失稳分析同理,可建立在临界状态发生微小扭转变形情况下(见图4.6)的平衡微分方程。假定构件两端为简支并符合夹支条件,即端部截面可自由翘曲,但不能绕 z 轴转动。平衡微分方程为:

$$-EI_\omega \varphi''' + GI_t \varphi' - Ni_0^2 \varphi' = 0 \tag{4.6}$$

式中　I_ω——翘曲常数,也称扇性惯性矩;

　　　φ——截面扭转角;

　　　I_t——截面的抗扭惯性矩;

　　　i_0——截面对剪切中心的极回转半径,$i_0^2 = i_x^2 + i_y^2$。

解方程,引入边界条件可得临界力 N_{zcr} 为:

$$N_{zcr} = \frac{\pi^2 EI_\omega/l_\omega^2 + GI_t}{i_0^2} \tag{4.7}$$

式中　l_ω——扭转失稳的计算长度,两端铰支且端部截面翘曲完全受到约束时取 $0.5l$,l 为支座间几何长度。

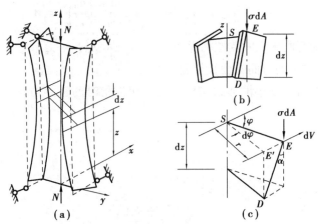

图 4.6　双轴对称截面轴心压杆的扭转屈曲

为使扭转失稳与弯曲失稳具有相同的临界力表达形式,令扭转失稳临界力与欧拉荷载相等,得到换算长细比 λ_z,即

$$N_{zcr} = \frac{\pi^2 EI_\omega/l_\omega^2 + GI_t}{i_0^2} = \frac{\pi^2 E}{\lambda_z^2}A$$

得:

$$\lambda_z = \sqrt{\frac{Ai_0^2}{I_\omega/l_w^2 + GI_t/(\pi^2 E)}} \tag{4.8}$$

对于双轴对称十字形截面(见图 4.7)轴心受压构件,扇性惯性矩为零,由式 (4.8)可得:

$$\lambda_z = 5.07\frac{b}{t} \tag{4.9}$$

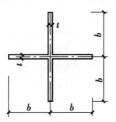

图 4.7　十字形截面

式中　b——悬伸板件宽度;

　　　t——悬伸板件的厚度。

为避免双轴对称十字形截面轴心受压构件发生扭转屈曲,λ_x 和 λ_y 均不得小于 $5.07b/t$。

3) 理想轴心受压构件的弯扭失稳

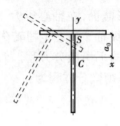

图 4.8 T形截面

单轴对称截面轴心受压构件,如图 4.8 所示 T 形截面,在轴心压力 N 作用下,当在截面非对称轴(x 轴)平面内失稳时为弯扭失稳,如图 4.4(c)所示。因为绕 y 轴弯曲引起的剪力通过截面形心 C 而不通过截面剪切中心 S,使截面在弯曲的同时产生扭转。无对称轴的截面,失稳时均为弯扭失稳。发生弯扭失稳的理想轴心受压构件,可分别建立构件在临界状态时发生微小弯曲和弯扭变形状态的两个平衡微分方程。假定构件两端为简支并符合夹支条件,即端部截面可自由翘曲,但不能绕 z 轴转动。平衡微分方程为:

$$\left.\begin{array}{l} - EI_y u'' - N(u + a_0\varphi) = 0 \\ - EI_\omega \varphi''' + GI_t - N(i_0^2\varphi' + a_0 u') = 0 \end{array}\right\} \tag{4.10}$$

式中　u——截面形心沿 x 轴方向的位移;

　　　a_0——截面形心至剪切中心的距离;

　　　i_0——截面对剪切中心的极回转半径,$i_0^2 = a_0^2 + i_x^2 + i_y^2$。

解方程,引入边界条件可得构件发生弯扭失稳时的临界力 N_{yzcr} 为:

$$(N_{Ey} - N_{yzcr})(N_{zcr} - N_{yzcr}) - N_{yzcr}^2\left(\frac{a_0}{i_0}\right)^2 = 0 \tag{4.11}$$

式中　N_{Ey}——构件绕 y 轴弯曲失稳的欧拉临界力,$N_{Ey} = \pi^2 EA/\lambda_y^2$;

　　　λ_y——截面绕对称轴 y 的弯曲失稳长细比。

上式为 N_{yzcr} 的二次式,解的最小根即为构件发生弯扭失稳时的临界力 N_{yzcr}。与扭转失稳同理,可求得弯扭失稳的换算长细比 λ_{yz} 为:

$$\lambda_{yz} = \frac{1}{\sqrt{2}}\left[(\lambda_y^2 + \lambda_z^2) + \sqrt{(\lambda_y^2 + \lambda_z^2)^2 - 4\left(1 - \frac{a_0^2}{i_0^2}\right)\lambda_y^2\lambda_z^2}\right]^{\frac{1}{2}} \tag{4.12}$$

构件发生弯扭失稳时的临界力 N_{yzcr} 可表示为:

$$N_{yzcr} = \frac{\pi^2 EA}{\lambda_{yz}^2} \tag{4.13}$$

上述临界力计算公式建立在材料为弹性的基础上,适用于构件失稳时截面上应力处于弹性阶段的情况,即 $\sigma_{cr} \leq f_y$。

4) 不同支座约束构件临界力

上述轴心受压构件整体稳定临界力推导时都是以构件端部支座为铰接分析的,当轴心受压构件端部支座为其他形式时,只需采用计算长度 $l_0 = \mu l$ 代替上列式中的 l 即可。μ 称为计算长度系数,几种常用支座情况构件的 μ 的理论值如表 4.3 所示。

表 4.3　计算长度系数 μ

支承条件		μ
两端铰支		1.0
两端固定		0.5
弯曲变形	一端简支、一端固定	0.7
	一端固定、一端自由	2.0
	一端简支,另一端可移动但不能转动	2.0
	一端固定,另一端可移动但不能转动	1.0

续表

支承条件		μ
扭转变形	两端不能转动但能自由翘曲	1.0
	两端不能转动也不能翘曲	0.5
	一端不能转动但能自由翘曲 另一端不能转动也不能翘曲	0.7
	一端不能转动也不能翘曲 另一端可自由转动和翘曲	2.0
	两端能自由转动但不能翘曲	1.0

4.3.3 缺陷对实腹式轴心受压构件整稳的影响

实际的轴心受压构件难免存在残余应力、初弯曲、荷载的偶然偏心等初始缺陷,这些缺陷将使得构件的整体稳定承载力降低。构件支座的约束程度也难于达到理想的支承条件,从而影响构件的整体稳定承载力。

1)初弯曲的影响

实际的轴心受压构件在加工制作和运输及安装过程中,构件不可避免地会存在微小弯曲,称为初弯曲。初弯曲的形状可能是多种多样的,为考察初弯曲对构件整体稳定性的影响,以两端铰支的压杆为例,取图4.9(a)所示最具代表性的正弦半波初弯曲进行分析。设初弯曲为 $y_0 = v_0 \sin\dfrac{\pi x}{l}$,在轴心压力作用下构件的平衡微分方程为:

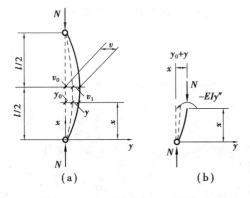

$$EI\frac{\mathrm{d}^2 y}{\mathrm{d}x^2} + Ny = -Nv_0 \sin\frac{\pi x}{l} \qquad (4.14)$$

解方程可得:

图4.9 有初弯曲的轴心受压构件

$$y = \frac{N/N_\mathrm{E}}{1 - N/N_\mathrm{E}} v_0 \sin\frac{\pi x}{l} \qquad (4.15)$$

构件中高处的挠度 v_1 为:

$$v_1 = y\left(x = \frac{l}{2}\right) = \frac{N/N_\mathrm{E}}{1 - N/N_\mathrm{E}} v_0 \qquad (4.16)$$

构件的挠度总值 Y 为:

$$Y = y_0 + y = \frac{1}{1 - N/N_\mathrm{E}} v_0 \sin\frac{\pi x}{l} \qquad (4.17)$$

构件中点处的总挠度 v 为:

$$v = Y\left(x = \frac{l}{2}\right) = \frac{v_0}{1 - N/N_\mathrm{E}} \qquad (4.18)$$

由上列公式可以看出,从开始加载起,构件就产生挠曲变形,挠度 y 和挠度总值 Y 与初弯曲 v_0 成正比。当 v_0 一定时,v 随 N/N_E 的增大而快速增大,v-N/N_E 的关系曲线如图4.10所示。具有初弯曲的轴心

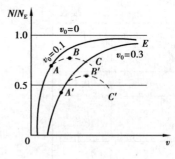

图 4.10　有初弯曲轴心
压杆的荷载-挠度曲线

受压构件的整体稳定承载力总是低于欧拉临界力 N_E。对于理想弹塑性材料,随着挠度增大,附加弯矩 NY_m 也增大,构件中点处截面最大受压边缘纤维的应力 σ_max 为:

$$\sigma_\mathrm{max} = \frac{N}{A} + \frac{NY_\mathrm{m}}{W} = \frac{N}{A}\left(1 + \frac{v_0}{W/A}\frac{1}{1 - N/N_\mathrm{E}}\right) \tag{4.19}$$

当 σ_max 达到 f_y 时(图 4.10 中 A 点),构件开始进入弹塑性工作状态。此后随 N 加大,截面的塑性区增大,弹性部分减小,变形不再沿完全弹性曲线 AE 发展,而是沿 ABC 发展。达到 B 点时,截面的塑性区发展已相当大,要继续维持平衡只能随挠度的增大而卸载。称 N_B 为有初弯曲的轴心受压构件的整体稳定极限承载力。这种失稳形式没有平衡位形的分岔,临界状态表现为结构不能再承受荷载增量,结构由稳定平衡转变为不稳定平衡,称为极值点失稳,也称为第二类稳定问题。

2)荷载初偏心的影响

由于构造上的原因和构件截面尺寸的变异等,作用在构件杆端的轴心压力不可避免地会偏离截面形心而形成初偏心 e_0。考察图 4.11 荷载有初偏心的轴心受压构件,在弹性工作阶段,力的平衡微分方程为:

$$EI\frac{\mathrm{d}^2y}{\mathrm{d}x^2} + N(e_0 + y) = 0 \tag{4.20}$$

令 $k = \sqrt{\dfrac{N}{EI}}$,解方程可得构件挠度 y 为:

$$y = e_0\left[\tan\frac{kl}{2}\sin kx + \cos kx - 1\right] \tag{4.21}$$

构件中高处的挠度 v 为:

$$v = y\left(x = \frac{l}{2}\right) = e_0\left[\sec\frac{\pi}{2}\sqrt{\frac{N}{N_\mathrm{E}}} - 1\right] \tag{4.22}$$

构件中高处截面最大受压边缘纤维的应力 σ_max 为:

$$\sigma_\mathrm{max} = \frac{N}{A} + \frac{N(e_0 + v)}{W} = \frac{N}{A}\left(1 + \frac{e_0}{W/A}\sec\frac{\pi}{2}\sqrt{\frac{N}{N_\mathrm{E}}}\right) \tag{4.23}$$

与具有初弯曲的轴心受压构件同理,按式(4.22),并考虑截面的塑性发展,所得 v-N/N_E 的关系曲线如图 4.12 所示。由图可以看出,荷载初偏心对轴心受压构件的影响与初弯曲的影响类似。为了简化分析,可取一种缺陷的合适值来代表这两种缺陷的影响。

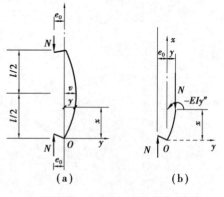

图 4.11　荷载有初偏心的轴心受压构件

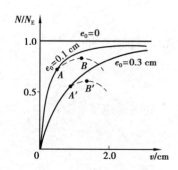

图 4.12　有初偏心轴心压杆的荷载-挠度曲线

3) 残余应力的影响

残余应力是构件在还未承受荷载之前就已存在于构件中的自相平衡的初始应力。产生残余应力的主要原因有：

①焊接时的不均匀加热和不均匀冷却，这是焊接结构最主要残余应力的成因，在前面已作过介绍。

②型钢热轧后不同部位的不均匀冷却。

③板边缘经火焰切割后的热塑性收缩。

④构件经冷校正产生的塑性变形。

残余应力的分布和大小与构件截面的形状、尺寸、制造方法和加工过程等有关。一般横向残余应力的绝对值很小，且对构件稳定承载力的影响甚微，故通常只考虑纵向残余应力。图4.13列出了几种有代表性的截面纵向残余应力分布。

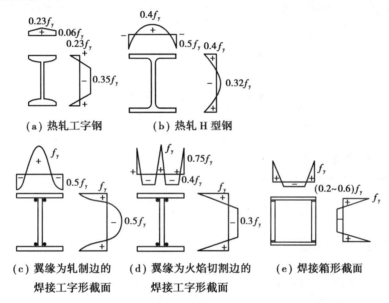

图 4.13　截面残余应力分布

图 4.14(a) 所示为一两端铰支的工字形截面轴心受压构件，假设构件的平截面在屈曲变形后仍然保持为平面。构件发生弹塑性屈曲时，截面上任何点不发生应变变号。为了叙述简明起见，忽略面积较小的腹板的影响，取翼缘的残余应力如图 4.14(b) 所示。

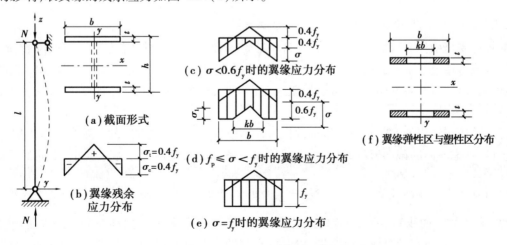

图 4.14　残余应力对短柱段的影响

当轴心受压构件丧失整体稳定性时,若 $\sigma_{cr}<(f_y-\sigma_c)=0.6f_y$ 时,截面上无屈服区,属于弹性阶段屈曲,其临界力为欧拉荷载 N_E。但当 $\sigma_{cr}\geq(f_y-\sigma_c)=0.6f_y$ 时,截面上分成弹性区和塑性区两部分,其惯性矩分别表示为 I_e 和 I_p,因塑性区的切线模量值为 0,所以塑性区的抗弯刚度也为 0。可见当 $\sigma_{cr}\geq(f_y-\sigma_c)=0.6f_y$ 时,残余应力的存在使构件的抗弯刚度由 EI 降低为 EI_e,导致构件的稳定承载力降低。此时构件的临界力只需把欧拉公式中的 EI 变为 EI_e 即可,临界力为:

$$N_{cr}=\frac{\pi^2 EI_e}{l^2}=\frac{\pi^2 EI}{l^2}\frac{I_e}{I}=N_E\frac{I_e}{I} \tag{4.24}$$

相应的临界应力为:

$$\sigma_{cr}=\frac{\pi^2 E}{\lambda^2}\frac{I_e}{I} \tag{4.25}$$

由式(4.25)可见,考虑残余应力影响时,弹塑性阶段的临界应力为欧拉临界应力乘以折减系数 I_e/I。对图 4.14 所示的工字形截面轴心受压构件绕 x 轴和 y 轴屈曲的临界应力分别为:

$$\sigma_{crx}=\frac{\pi^2 E}{\lambda_x^2}\frac{I_{ex}}{I_x}=\frac{\pi^2 E}{\lambda_x^2}\frac{2t(kb)h_1^2/4}{2tbh_1^2/4}=\frac{\pi^2 E}{\lambda_x^2}k \tag{4.26}$$

$$\sigma_{cry}=\frac{\pi^2 E}{\lambda_y^2}\frac{I_{ey}}{I_y}=\frac{\pi^2 E}{\lambda_y^2}\frac{2t(kb)^3/12}{2tb^3/12}=\frac{\pi^2 E}{\lambda_y^2}k^3 \tag{4.27}$$

式中的系数 k 是截面弹性区与全截面面积之比,$k\leq 1$。由式(4.26)和式(4.27)可知,残余应力对构件绕不同轴屈曲的临界应力影响程度不同。

按式(4.26)和式(4.27)求临界应力时,需先求出 k 值。依平衡条件(忽略腹板影响)有:

$$N=Af_y-\frac{A_e\sigma_1}{2}$$

依变形满足平截面假定可得 $\sigma_1=2k\times(0.4f_y)$,且 $A_e=kA$,代入上式可求得:

$$k=\sqrt{2.5\left(1-\frac{N}{Af_y}\right)}=\sqrt{2.5\left(1-\frac{\sigma_{cr}}{f_y}\right)}$$

代入式(4.26)和式(4.27)就可求得构件的临界应力。

4.3.4 实腹式轴心受压构件整体稳定实用计算

1)实际实腹式轴心受压构件的整体稳定承载力

实际的轴心受压构件不可避免地同时存在各种缺陷,构件一经压力作用就产生挠度,随着荷载增加,构件最终不能维持稳定平衡状态而失稳,构件达到极限承载力 N_u。由于构件失稳时部分截面会进入塑性状态,挠度沿杆长变化,各截面弯矩不同,屈服区面积不同,很难用解析法得到稳定极限承载力,因此常用数值分析方法。

我国标准采用有缺陷的实际轴心受压构件作为计算模型,以 $v_0=l/1\,000$ 的正弦半波作为初弯曲和初偏心的代表值,考虑不同的截面形状和尺寸、不同的加工条件和残余应力分布及大小、不同的屈曲方向,采用数值分析方法来计算构件的 N_u 值。令 $\overline{\lambda}_n=\frac{\lambda}{\pi}\sqrt{\frac{f_y}{E}}$,$\varphi=\frac{N_u}{Af_y}$,称 φ 为轴心受压构件的整体稳定系数,绘出 λ_n-φ 曲线(称为柱子曲线)。编制标准时共计算了 200 多条柱子曲线,它们形成了相当宽的分布带,经过数理统计分析,把这条宽带分成 4 个窄带,以每一窄带的平均值连成的曲线作为代表该窄带的柱子曲线,得到图 4.15 中的 a、b、c、d 4 条曲线。标准用表格的形式给出了这 4 条曲线的 φ 值(附表 7),又将轴心受压构件截面相应分为 a、b、c、d 4 类,如表 4.4 所示。

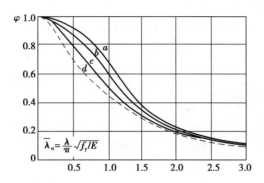

图 4.15　轴心受压构件 $\overline{\lambda}_n$-φ 曲线

表 4.4　轴心受压构件的截面分类

分　类	截面形式		对 x 轴	对 y 轴
板厚 $t_f \geqslant 40$ mm	轧制工字形或 H 形截面	$t_f < 80$ mm	b 类	c 类
		$t_f \geqslant 80$ mm	c 类	d 类
	焊接工形截面	翼缘为焰切边	b 类	b 类
		翼缘为轧制或剪切边	c 类	d 类
	焊接箱形截面	板件宽厚比>20	b 类	b 类
		板件宽厚比≤20	c 类	c 类
板厚 $t_f < 40$ mm	轧制		a 类	a 类
	轧制	$b/h \leqslant 0.8$	a 类	b 类
		$b/h > 0.8$	a* 类	b* 类
	轧制等边角钢		a* 类	a* 类
	焊接,翼缘为焰切边　　　焊接		b 类	b 类
	轧制　　　　轧制或焊接　　焊接　　轧制截面和翼缘为焰切边的焊接截面			

97

续表

分　类	截面形式		对 x 轴	对 y 轴
板厚 $t_f < 40$ mm	格构式	焊接,板件边缘焰切	b 类	b 类
		焊接,翼缘为轧制或剪切边	b 类	c 类
	焊接,板件边缘轧制或剪切	焊接(板件宽厚比≤20)	c 类	c 类

注:①a* 类含义为 Q235 钢取 b 类,Q355、Q390、Q420 和 Q460 钢取 a 类;b* 类含义为 Q355 钢取 c 类,Q345、Q390、Q420 和 Q460 钢取 b 类。

②无对称轴且剪心和形心不重合的截面,其截面分类可按有对称轴的类似截面确定,如不等边角钢采用等边角钢的类别;当无类似截面时,可取 c 类。

为了便于运用计算机辅助设计,标准除给出了 φ 值表格外,还采用最小二乘法将各类截面的 φ 值拟合为公式形式表达,供设计时使用。

稳定系数表中的 φ 值按照下列公式算得:

当 $\overline{\lambda}_n \leqslant 0.215$ 时,　$\varphi = 1 - \alpha_1 \overline{\lambda}_n^2$ 　　　　(4.28a)

当 $\overline{\lambda}_n > 0.215$ 时,　$\varphi = \dfrac{1}{2\overline{\lambda}_n^2} \left[(\alpha_2 + \alpha_3 \overline{\lambda}_n + \overline{\lambda}_n^2) - \sqrt{(\alpha_2 + \alpha_3 \overline{\lambda}_n + \overline{\lambda}_n^2)^2 - 4\overline{\lambda}_n^2} \right]$ 　　　　(4.28b)

$$\overline{\lambda}_n = \frac{\lambda}{\pi}\sqrt{\frac{f_y}{E}} \qquad\qquad (4.29)$$

式中　$\alpha_1, \alpha_2, \alpha_3$——系数,根据表4.4的截面分类,按表4.5采用。

表 4.5　系数 α_1、α_2、α_3

截面类别		α_1	α_2	α_3
a 类		0.41	0.986	0.152
b 类		0.65	0.965	0.300
c 类	$\overline{\lambda}_n \leqslant 1.05$	0.73	0.906	0.595
	$\overline{\lambda}_n > 1.05$		1.216	0.302
d 类	$\overline{\lambda}_n \leqslant 1.05$	1.35	0.868	0.915
	$\overline{\lambda}_n > 1.05$		1.375	0.432

当构件的 $\lambda\sqrt{f_y/235}$ 值超出稳定系数表中的范围时,φ 值按式(4.28)计算。

2)实腹式轴心受压构件整体稳定计算

为保证轴心受压构件的整体稳定性,应使构件承受的轴心压力设计值 N 不大于构件的极限承载力 N_u。采用应力表达式,并引入抗力分项系数 γ_R,可得:

$$\frac{N}{A} \leqslant \frac{N_u}{Af_y}\frac{f_y}{\gamma_R} = \varphi f$$

亦即

$$\frac{N}{\varphi Af} \leqslant 1 \tag{4.30}$$

式(4.30)就是轴心受压构件整体稳定计算的公式。构件的长细比 λ 应按照下列规定确定：

(1)双轴对称或极对称截面

$$\lambda_x = \frac{l_{0x}}{i_x} \tag{4.31a}$$

$$\lambda_y = \frac{l_{0y}}{i_y} \tag{4.31b}$$

$$\lambda_z = \sqrt{\frac{I_0}{I_t/25.7 + I_\omega/l_\omega^2}} \tag{4.31c}$$

式中　l_{0x}，l_{0y}——构件对截面主轴 x 和 y 的计算长度；

i_x，i_y——构件截面对主轴 x 和 y 的回转半径；

I_0，I_t，I_ω——构件毛截面对剪心的极惯性矩、截面抗扭惯性矩和扇性惯性矩，对十字形截面可近似取 $I_\omega = 0$；

l_ω——扭转屈曲的计算长度，两端铰支且端截面可自由翘曲者，取几何长度 l；两端嵌固且端部截面的翘曲完全受到约束者，取 $0.5l$。

(2)单轴对称截面

绕非对称轴的长细比 λ_x 仍按式(4.31)计算，但绕对称轴应取计及扭转效应的换算长细比 λ_{yz} 代替 λ_y，λ_{yz} 按式(4.12)进行计算。

(3)双角钢组合 T 形截面

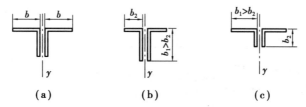

图 4.16　单角钢截面和双角钢组合 T 形截面

绕对称轴的 λ_{yz} 可采用下列简化方法确定：

①等边双角钢组合 T 形截面[图 4.16(a)]：

当 $\lambda_y \geqslant \lambda_z$ 时，　　$\lambda_{yz} = \lambda_y \left[1 + 0.16 \left(\frac{\lambda_z}{\lambda_y} \right)^2 \right]$ $\tag{4.32}$

当 $\lambda_y < \lambda_z$ 时，　　$\lambda_{yz} = \lambda_z \left[1 + 0.16 \left(\frac{\lambda_y}{\lambda_z} \right)^2 \right]$ $\tag{4.33}$

$$\lambda_z = 3.9 \frac{b}{t} \tag{4.34}$$

②长肢并的不等边双角钢组合 T 形截面[图 4.16(b)]：

当 $\lambda_y \geqslant \lambda_z$ 时，　　$\lambda_{yz} = \lambda_y \left[1 + 0.25 \left(\frac{\lambda_z}{\lambda_y} \right)^2 \right]$ $\tag{4.35a}$

当 $\lambda_y < \lambda_z$ 时，　　$\lambda_{yz} = \lambda_z \left[1 + 0.25 \left(\frac{\lambda_y}{\lambda_z} \right)^2 \right]$ $\tag{4.35b}$

$$\lambda_z = 5.1 \frac{b_2}{t} \tag{4.35c}$$

③短肢并的不等边双角钢组合 T 形截面[图 4.16(c)]：

$$当 \lambda_y \geqslant \lambda_z 时, \qquad \lambda_{yz} = \lambda_y \left[1 + 0.06 \left(\frac{\lambda_z}{\lambda_y} \right)^2 \right] \tag{4.36a}$$

$$当 \lambda_y < \lambda_z 时, \qquad \lambda_{yz} = \lambda_z \left[1 + 0.06 \left(\frac{\lambda_y}{\lambda_z} \right)^2 \right] \tag{4.36b}$$

$$\lambda_z = 3.7 \frac{b_1}{t} \tag{4.36c}$$

无对称轴的截面(单面连接的不等边单角钢除外)不宜用作轴心受压构件。

对单面连接的单角钢轴心受压构件,强度设计值乘以折减系数后可不考虑弯扭效应。当槽形截面用于格构式构件的分肢,计算分肢绕对称轴(y轴)的稳定性时,不必考虑扭转效应,直接用 λ_y 求得 φ_y 值。

【例题4.2】 某焊接 T 形截面轴心受压构件截面尺寸如图4.17所示。承受轴心压力设计值(包括构件自重)$N = 1\ 350$ kN,计算长度 $l_{0x} = l_{0y} = 3$ m,翼缘钢板为火焰切割边,钢材为 Q235,截面无削弱。要求验算该轴心受压构件的整体稳定性。

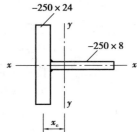

图 4.17 例题 4.2 图

【解】 本题为验算题。

(1)截面及构件几何特性计算

$$A = 250 \times 24\ \text{mm}^2 + 250 \times 8\ \text{mm}^2 = 8\ 000\ \text{mm}^2$$

$$x_c = \frac{250 \times 8 \times (125 + 12)}{8\ 000}\ \text{mm} = 34.25\ \text{mm}$$

$$I_x = \frac{250^3 \times 24 + 250 \times 8^3}{12}\ \text{mm}^4 = 3.126 \times 10^7\ \text{mm}^4$$

$$I_y = \frac{1}{12} \times 250 \times 24^3\ \text{mm}^4 + 250 \times 24 \times 34.25^2\ \text{mm}^2 + \frac{1}{12} \times 8 \times 250^3\ \text{mm}^4 + 250 \times$$

$$8 \times (125 - 22.25)^2\ \text{mm}^2 = 3.886 \times 10^7\ \text{mm}^4$$

$$i_y = \sqrt{\frac{I_y}{A}} = \sqrt{\frac{3.886 \times 10^7}{8\ 000}}\ \text{mm} = 69.7\ \text{mm}$$

$$i_x = \sqrt{\frac{I_x}{A}} = \sqrt{\frac{3.126 \times 10^7}{8\ 000}}\ \text{mm} = 62.5\ \text{mm}$$

$$\lambda_x = \frac{l_{0x}}{i_x} = \frac{3\ 000}{62.5} = 48.0$$

$$\lambda_y = \frac{l_{0y}}{i_y} = \frac{3\ 000}{69.7} = 43$$

因绕 x 轴属于弯扭失稳,必须按式(4.12)计算换算长细比 λ_{yz}。T 形截面的剪切中心在翼缘与腹板中心线的交点,$a_0 = x_c = 34.25$ mm。

$$i_0^2 = i_x^2 + i_y^2 + a_0^2 = 62.5^2\ \text{mm}^2 + 69.7^2\ \text{mm}^2 + 34.25^2\ \text{mm}^2 = 9\ 938\ \text{mm}^2$$

对于 T 形截面:$I_\omega = 0, I_t = \dfrac{250 \times 24^3 + 250 \times 8^3}{3}\ \text{mm}^4 = 1.195 \times 10^6\ \text{mm}^4$

(2)整体稳定性验算

$$\lambda_z = \sqrt{\frac{i_0^2 A}{I_t/25.7 + I_\omega/l_\omega^2}} = \sqrt{\frac{99.38 \times 80}{119.5/25.7 + 0}} = 41.35$$

由式(4.12)得:

$$\lambda_{xz} = \frac{1}{\sqrt{2}} \left[(\lambda_x^2 + \lambda_z^2) + \sqrt{(\lambda_x^2 + \lambda_z^2)^2 - 4 \left(1 - \frac{a_0^2}{i_0^2} \right) \lambda_x^2 \lambda_z^2} \right]^{\frac{1}{2}}$$

$$= \frac{1}{\sqrt{2}}\left[(48^2 + 41.35^2) + \sqrt{(48^2 + 41.35^2)^2 - 4\left(1 - \frac{3.425^2}{99.38}\right) \times 48^2 \times 41.35^2} \right]^{\frac{1}{2}}$$

$$= 52.45$$

截面关于 x 轴、y 轴都属于 b 类，$\lambda_{xz} > \lambda_y$。

由 λ_{xz} 查附表 7 得 $\varphi = 0.845$。

$$\frac{N}{\varphi A f} = \frac{1\ 350 \times 10^3}{0.845 \times 8\ 000 \times 205} = 0.97 < 1 \quad （满足）$$

4.3.5　格构式轴心受压构件整体稳定分析

如图 4.1 所示，格构式轴心受压构件由肢件和缀材组成。根据肢件数量可分为双肢格构式构件、四肢格构式构件和三肢格构式构件，如图 4.18 所示。肢件主要为热轧槽钢、热轧工字钢、热轧 H 型钢、焊接 H 型钢或钢管、角钢。槽钢肢件翼缘可以向内也可以向外，如图 4.18(a)、(b)所示。前者外观平整，而且截面具有较大的惯性矩，在二者尺寸相同时有较高的承载力，这种截面形式在荷载不是很大时经常采用；工字型钢、H 型钢肢件格构式构件承载能力较大，重型吊车的承重柱经常采用；由 4 根角钢组成的四肢格构式构件适用于杆件受力不大，但是长度较长的压杆，多用于次要建筑中；由 3 根圆管作肢件的三肢格构式构件，其截面是几何不变的三角形，受力性能较好，在广告牌立柱或桅杆等结构中有应用。

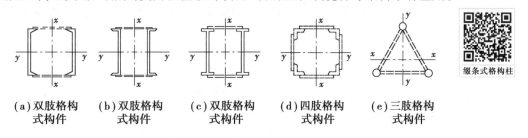

(a)双肢格构式构件　**(b)双肢格构式构件**　**(c)双肢格构式构件**　**(d)四肢格构式构件**　**(e)三肢格构式构件**

图 4.18　常用格构式截面形式

截面上穿过分肢腹板的轴线叫实轴，穿过缀材平面的轴线叫虚轴。缀材的作用是将各分肢连成整体，并承受构件绕虚轴弯曲时的剪力。缀材分缀条和缀板两类。缀条常采用单角钢，与分肢组成桁架体系。缀板常采用钢板，必要时也可采用型钢，沿构件长度方向分段设置，与分肢组成刚架体系。

1)格构式轴心受压构件绕实轴失稳

当格构式轴心受压构件绕实轴[见图 4.18(a)、(b)、(c)中 y—y 轴]丧失整体稳定性时，格构式双肢轴心受压构件相当于两个并列的实腹构件，其整体稳定承载力的计算方法与实腹式轴心受压构件相同。

2)格构式轴心受压构件绕虚轴失稳

当绕虚轴[见图 4.18(a)、(b)、(c)中 x—x 轴]丧失整体稳定时，构件中产生的剪力要由比较柔弱的缀材承受(见图 4.19)，由横向剪力引起的构件变形较大，稳定承载力比同样参数的实腹式构件低。因此，计算格构式轴心受压构件绕虚轴的稳定承载力时，不能忽略剪切变形的影响。

按照结构稳定理论，两端铰支的轴心受压构件在弹性阶段考虑剪切变形影响的临界力为：

$$N_{cr} = \frac{\pi^2 EA}{\lambda_x^2} \frac{1}{1 + \frac{\pi^2 EA}{\lambda_x^2}\gamma_1} = \frac{\pi^2 EA}{\lambda_{0x}^2} \tag{4.37}$$

临界应力为：

$$\sigma_{cr} = \frac{\pi^2 E}{\lambda_{0x}^2} \tag{4.38}$$

式中　γ_1——单位剪力作用下剪切角；

　　　λ_{0x}——考虑剪切变形影响的换算长细比。

由式(4.38)可见,只要确定了换算长细比 λ_{0x},需考虑剪切变形影响的格构式轴压构件的整体稳定,可采用与实腹式轴心受压构件相同形式的整体稳定计算公式。关键在于确定具体条件下的换算长细比。

(1)双肢缀条格构式轴心受压构件

双肢缀条式轴压构件绕虚轴弯曲失稳时变形如图 4.19 所示,任取一个节间,分析单位剪力作用下的剪切角。

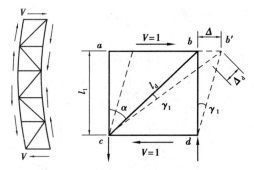

图 4.19　缀条式格构式轴压构件剪切变形分析

设一个节间两侧斜缀条面积之和为 A_1,节间长度为 l_1,单位剪力作用下斜缀条长度及其内力为:

$$l_d = \frac{l_1}{\cos \alpha} \tag{4.39}$$

$$N_d = \frac{1}{\sin \alpha} \tag{4.40}$$

因此,斜缀条的轴向变形为:

$$\Delta_d = \frac{N_d}{EA_1} l_d = \frac{l_1}{EA_1 \sin \alpha \cos \alpha} \tag{4.41}$$

假设变形和剪切角有限微小,故水平变形为:

$$\Delta \approx \frac{\Delta_d}{\sin \alpha} = \frac{l_1}{EA_1 \sin^2 \alpha \cos \alpha} \tag{4.42}$$

剪切角 γ_1 为:

$$\gamma_1 = \frac{\Delta}{l_1} = \frac{1}{EA_1 \sin^2 \alpha \cos \alpha} \tag{4.43}$$

可得换算长细比 λ_{0x} 计算公式为:

$$\lambda_{0x} = \sqrt{\lambda_x^2 + \frac{\pi^2}{\sin^2 \alpha \cos \alpha} \frac{A}{A_{1x}}} \tag{4.44}$$

式中　λ_x——整个构件对 x 轴(虚轴)的长细比；

　　　A——分肢毛截面面积之和；

　　　A_{1x}——构件截面中垂直于 x 轴的各斜缀条毛截面面积之和；

　　　α——斜缀条倾角(见图 4.19)。

通常 α 在 45°左右,为便于计算,标准取 $\dfrac{\pi^2}{\sin^2 \alpha \cos \alpha} = 27$,则:

$$\lambda_{0x} = \sqrt{\lambda_x^2 + \frac{27A}{A_{1x}}} \tag{4.45}$$

当 α 不在 $40°\sim70°$ 时,换算长细比应采用式(4.44)计算。

(2)双肢缀板格构式轴心受压构件

采用相似的方法可得换算长细比 λ_{0x} 的理论计算公式为:

$$\lambda_{0x} = \sqrt{\lambda_x^2 + \frac{\pi^2}{12}\left(1 + 2\frac{K_1}{K_b}\right)\lambda_1^2} \tag{4.46}$$

式中　λ_1——分肢的长细比,$\lambda_1 = \dfrac{l_{01}}{i_1}$,$i_1$ 为分肢绕弱轴 1—1 的回转半径[见图 4.1(b)],缀板与分肢采用焊接或螺栓连接时,l_{01} 为相邻两缀板的净距离或边缘螺栓的距离;

K_1——单个分肢的线刚度,$K_1 = \dfrac{I_1}{l_1}$,l_1 为缀板中心距,I_1 为分肢绕弱轴的惯性矩;

K_b——两侧缀板线刚度之和,$K_b = \sum\dfrac{I_b}{a}$,I_b 为缀板的惯性矩,a 为分肢间距离。

根据标准规定,缀板线刚度之和 K_b 应大于分肢线刚度的 6 倍,即 $\dfrac{K_b}{K_1} \geqslant 6$。若取 $\dfrac{K_b}{K_1} = 6$,$\dfrac{\pi^2}{12}\left(1 + 2\dfrac{K_1}{K_b}\right) \approx 1$,因此标准规定双肢缀板格构式轴心受压构件的换算长细比按式(4.47)计算:

$$\lambda_{0x} = \sqrt{\lambda_x^2 + \lambda_1^2} \tag{4.47}$$

若在某些特殊情况下无法满足 $\dfrac{K_b}{K_1} \geqslant 6$ 的要求时,则换算长细比应按式(4.46)计算。

(3)其他形式格构式轴心受压构件

由三肢或四肢组成的格构式轴心受压构件,其对虚轴的换算长细比参见标准的有关规定。

3)分肢稳定

格构式轴心受压构件的分肢既是组成整体截面的一部分,在缀材节点之间又是一个单独的实腹式受压构件,因此还应保证各分肢的稳定,一般要求分肢不先于构件整体失稳。

由于初弯曲等缺陷的影响,使构件可能在弯曲状态受力,从而产生附加弯矩和剪力。附加弯矩使两肢的内力不等,而附加剪力还使缀板构件的分肢产生弯矩。另外,分肢截面的类别还可能比整体截面的低。这些都使分肢的稳定承载力降低。因此计算时不能简单地采用 $\lambda_1 < \lambda_{0x}$(或 λ_y)作为分肢的稳定条件。经计算分析,标准规定可不验算分肢稳定的条件为:

缀条式构件　　　　　　　　$\lambda_1 < 0.7\lambda_{max}$ \hfill (4.48)

缀板式构件　　　　　　　　$\lambda_1 < 0.5\lambda_{max}$ 且 $\lambda_1 \leqslant 40\sqrt{\dfrac{235}{f_y}}$ \hfill (4.49)

式中　λ_{max}——构件两方向长细比(对虚轴取换算长细比)的较大值,对缀板式构件,当 $\lambda_{max} < 50$ 时,取 $\lambda_{max} = 50$。

4)缀材计算

(1)格构式轴心受压构件的剪力

缀材要承受构件绕虚轴弯曲失稳时产生的横向剪力,如图 4.20 所示。假定轴心受压构件失稳变形为正弦半波,剪力分布如图 4.20(b)所示。以中高处截面边缘最大应力达屈服强度为条件,可导出构件最大剪力 V 的简化算式为:

$$V_{max} = \frac{N}{85\varphi}\sqrt{\frac{f_y}{235}} \tag{4.50}$$

取 $N = \varphi Af$,可得标准规定的最大剪力的计算公式:

$$V = \frac{Af}{85}\sqrt{\frac{f_y}{235}} \tag{4.51}$$

设计缀材及连接时,为方便可取剪力沿杆长不变,如图4.20(c)所示。

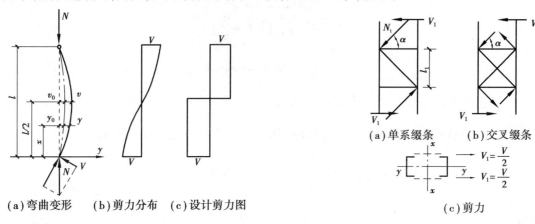

(a)弯曲变形　(b)剪力分布　(c)设计剪力图

图4.20　轴心受压构件的剪力

(a)单系缀条　(b)交叉缀条

(c)剪力

图4.21　缀条的计算简图

（2）缀条计算

如图4.21所示,缀条柱的每个缀材面如同一平行弦桁架,缀条按桁架的腹杆进行设计。一根斜缀条承受的轴向力 N_t 为:

$$N_t = \frac{V_1}{n \cos \alpha} \tag{4.52}$$

式中　V_1——分配到一个缀材面上的剪力;

　　　n——承受剪力 V_1 的斜缀条数,单系缀条和交叉缀条分别取 n 等于1和2。

由于构件失稳时的弯曲变形方向可能向左或向右,横向剪力的方向也将随之改变,斜缀条可能受压或受拉。设计时应取不利情况,按轴心受压构件设计。缀条一般采用单角钢,角钢只有一个边和柱肢相连接。考虑到受力时的构造偏心,应对材料的强度设计值 f 乘以折减系数。

交叉缀条体系的横缀条按承受压力 $N_t = V_1$ 计算。为了减小分肢的计算长度,单系缀条体系也可加横缀条,其截面尺寸一般取与斜缀条相同,也可按容许长细比（$[\lambda] = 150$）确定。

（3）缀板计算

如图4.22所示,缀板柱可视为多层刚架。假定整体失稳时各层分肢中点和缀板中点为反弯点,取图4.22(b)所示的脱离体,可得缀板内力为:

剪力　　　　　　　　　　　$$V_j = \frac{V_1 l_1}{b_1} \tag{4.53}$$

弯矩（与肢件连接处）　　　$$M = \frac{V_j b_1}{2} = \frac{V_1 l_1}{2} \tag{4.54}$$

式中　l_1——相邻两缀板中心线间的距离;

　　　b_1——分肢轴线间的距离。

缀板与分肢间的搭接长度一般取20~30 mm,采用角焊缝相连,角焊缝承受剪力和弯矩的共同作用。由于角焊缝的强度设计值小于钢材的强度设计值,故只需用上述 V_j 和 M 验算缀板与分肢间的连接焊缝。

缀板应有一定的刚度。标准规定,同一截面处两侧缀板线刚度之和不得小于一个分肢线刚度的6倍。一般取缀板宽度 $b_p \geq 2b_1/3$,如图4.22(c)所示;厚度 $t \geq b_1/40$,且不小于6 mm。端缀板宜适当加宽,可取 $b_p \approx b_1$。

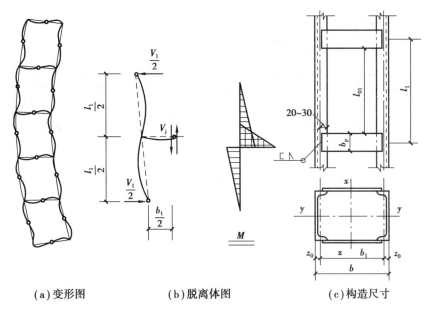

(a)变形图　　　(b)脱离体图　　　(c)构造尺寸

图 4.22　缀板柱

4.4　轴心受力构件的局部稳定

4.4.1　轴心受压构件局部失稳破坏特征

钢结构中的轴心受压构件设计时通常采用宽度与厚度之比较大的板件,使截面具有较大的回转半径,从而获得较高的整体稳定承载力。但如果板件过薄,在轴心压力作用下,可能在构件丧失整体稳定或强度破坏之前,板件偏离其原来的平面位置而发生波状鼓曲,如图 4.23 所示,这种现象称为构件丧失局部稳定或发生局部屈曲。由于丧失稳定的板件不能再承受或少承受所增加的荷载,并改变了原来构件的受力状态,导致构件的整体稳定承载力降低或破坏。

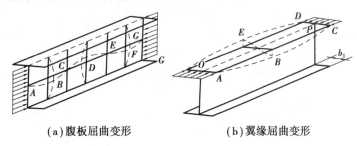

(a)腹板屈曲变形　　　　　(b)翼缘屈曲变形

图 4.23　轴心受压构件局部屈曲变形

轴心受压构件的局部屈曲,实际上是薄板在轴心压力作用下的屈曲问题。轴心受压薄板也会存在初弯曲、荷载初偏心和残余应力等缺陷。目前,在钢结构设计实践中,多以理想受压平板屈曲时的临界应力为基础,再根据试验并结合经验,综合考虑各种有利和不利因素的影响进行局部稳定计算。

4.4.2　单向均匀受压薄板的屈曲分析

图 4.24(a)所示的单向均匀受压四边简支矩形薄板,处于弹性屈曲时,根据薄板弹性小挠度理论可得其平衡微分方程为:

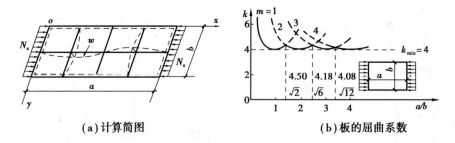

(a)计算简图　　　　　**(b)板的屈曲系数**

图 4.24　四边简支的均匀受压板屈曲

$$D\left(\frac{\partial^4 w}{\partial x^4} + \frac{\partial^4 w}{\partial x^2 \partial y^2} + \frac{\partial^4 w}{\partial y^4}\right) + N_x \frac{\partial^2 w}{\partial x^2} = 0 \tag{4.55}$$

式中　w——板的挠度；

　　　N_x——单位板宽的压力；

　　　D——板的柱面刚度，$D = \dfrac{Et^3}{12(1-\nu^2)}$；

　　　t——板的厚度；

　　　ν——钢材的泊松比。

对于四边简支板，式(4.55)中挠度 w 的解可用双重三角级数表示，即

$$w = \sum_{m=1}^{\infty} \sum_{n=1}^{\infty} A_{mn} \sin\frac{m\pi x}{a} \sin\frac{n\pi y}{b} \tag{4.56}$$

式中　m, n——板屈曲后纵向和横向的半波数。

式(4.56)满足板边缘的挠度和弯矩均为零的边界条件，代入式(4.55)可求得板单位宽度的临界压力 N_{xcr} 为：

$$N_{xcr} = \frac{\pi^2 D}{b^2}\left(\frac{mb}{a} + \frac{n^2 a}{mb}\right)^2 \tag{4.57}$$

当 $n=1$ 时，板沿 y 方向一个屈曲半波，此时可得板单位宽度的最小临界压力 N_{xcr} 为：

$$N_{xcr} = \frac{\pi^2 D}{b^2}\left(\frac{mb}{a} + \frac{a}{mb}\right)^2 \tag{4.58}$$

板在弹性阶段的屈曲应力 σ_{xcr} 为：

$$\sigma_{xcr} = \frac{N_{xcr}}{1 \times t} = \frac{k\pi^2 E}{12(1-\nu^2)}\left(\frac{t}{b}\right)^2 \tag{4.59}$$

式中　k——板的屈曲系数，$k = \left(\dfrac{mb}{a} + \dfrac{a}{mb}\right)^2$。

按 $m = 1、2、3、4$ 绘出的 k-$\dfrac{a}{b}$ 曲线如图 4.24(b)所示，图中的实线部分表示板件的实际 k-$\dfrac{a}{b}$ 曲线。当 $\dfrac{a}{b} = m$ 时，k 为最小值（$k_{min} = 4$）；当 $\dfrac{a}{b} \geq 1$ 时，k 值变化不大，可近似取 $k = 4$。

对于其他支承条件的板，采用相同的分析方法可得相同的屈曲应力表达式，只是屈曲系数 k 值不同。对于单向均匀受压的三边简支一边自由的矩形板，屈曲系数为：

$$k = 0.425 + \frac{b_1^2}{a^2} \tag{4.60}$$

式中　a——自由边长度；

　　　b_1——与自由边垂直的边长。

通常 $a \gg b_1$，可近似取 $k = k_{\min} = 0.425$。

组成构件的各板件在相连处提供支承约束（属弹性约束），使其相邻板件不能像理想简支那样完全自由转动，导致板件的屈曲应力提高，可在式（4.59）中引入弹性嵌固系数 χ 来考虑这一影响，χ 值的大小取决于相连板件的相对刚度。则板的弹性屈曲应力为：

$$\sigma_{xcr} = \frac{\chi k \pi^2 E}{12(1 - \nu^2)} \left(\frac{t}{b} \right)^2 \tag{4.61}$$

当板件所受纵向压应力超过比例极限 f_p 时，板件纵向进入弹塑性受力阶段，而板件的横向仍处于弹性工作阶段，板变为正交异性板。此时可采用下列近似公式计算屈曲应力：

$$\sigma_{xcr} = \frac{\chi \sqrt{\eta} k \pi^2 E}{12(1 - \nu^2)} \left(\frac{t}{b} \right)^2 \tag{4.62}$$

式中　η——弹性模量折减系数。根据轴心受压构件的试验资料，可取：

$$\eta = 0.101\,3\lambda^2 \left(1 - 0.024\,8\lambda^2 \frac{f_y}{E} \right) \frac{f_y}{E} \leqslant 1.0 \tag{4.63}$$

式中　λ——构件的长细比。

4.4.3　轴心受压构件的局部稳定计算

为保证轴心受压构件不发生局部失稳，可采取以下几种准则：

①使构件的局部失稳发生在构件整体失稳之后，即板件的临界应力≥构件整体失稳临界应力。

②使构件的局部失稳发生在构件强度破坏之后，即板件的临界应力≥钢材的强度。

③使构件截面上的应力小于局部失稳的临界应力。《钢结构设计标准》（GB 50017）根据轴心受压构件局部失稳对构件承载力的影响，按第一种准则处理，即

$$\sigma_{xcr} \geqslant \varphi f_y \tag{4.64}$$

$$\frac{\chi \sqrt{\eta} k \pi^2 E}{12(1 - \nu^2)} \left(\frac{t}{b} \right)^2 \geqslant \varphi f_y \tag{4.65}$$

当轴心受压构件的压力 N 小于稳定承载力 $\varphi f A$ 时，其板件宽厚比限值可乘以放大系数 $\alpha = \sqrt{\varphi f A / N}$。

1）H 形截面

图 4.25（a）所示为一 H 形截面。翼缘相当于三边支承一边自由的矩形板，$k = 0.425$，由于翼缘厚度比腹板大得多，腹板对翼缘的弹性约束较小，取 $\chi = 1.0$；腹板相当于四边支承的矩形板，$k = 4$，翼缘对腹板的弹性约束较大，取 $\chi = 1.3$。

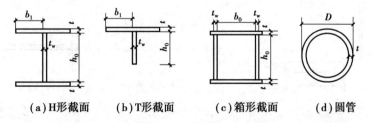

(a)H形截面　　**(b)T形截面**　　**(c)箱形截面**　　**(d)圆管**

图 4.25　轴心受压构件板件宽厚比

由式（4.65）简化后可得到轴心受压构件满足局部稳定的板件宽厚比要求：

翼缘　　　　　$\dfrac{b_1}{t} \leqslant (10 + 0.1\lambda) \varepsilon_k$ $\tag{4.66}$

腹板　　　　　$\dfrac{h_0}{t_w} \leqslant (25 + 0.5\lambda) \varepsilon_k$ $\tag{4.67}$

式中　　ε_k——$\sqrt{\dfrac{235}{f_y}}$；

　　　　λ——构件两方向长细比(扭转或弯扭失稳时为换算长细比)中的较大值。当$\lambda<30$时取30,当$\lambda>$100时取100。

2)T形截面

T形截面翼缘宽厚比限值与H形截面翼缘宽厚比限值相同。T形截面腹板宽厚比限值为：

热轧剖分T形钢：　　$\dfrac{h_0}{t_w}\leqslant(15+0.2\lambda)\varepsilon_k$　　　　　　　(4.68a)

焊接T形钢：　　　　$\dfrac{h_0}{t_w}\leqslant(13+0.17\lambda)\varepsilon_k$　　　　　　　(4.68b)

3)箱形截面

箱形截面壁板：　　　$\dfrac{b_0}{t}\leqslant40\,\varepsilon_k$　　　　　　　　　　　　(4.69)

箱形截面腹板高厚比限值同H形截面腹板。

4)圆管截面

圆管截面轴心受压构件的径厚比限值为：$\dfrac{D}{t}\leqslant100\,\varepsilon_k^2$　　　　(4.70)

5)等边角钢

当$\lambda\leqslant80$时：　　　　$\dfrac{w}{t}\leqslant15\,\varepsilon_k$　　　　　　　　　(4.71a)

当$\lambda>80$时：　　　　$\dfrac{w}{t}\leqslant5\,\varepsilon_k+0.125\lambda$　　　　　　(4.71b)

式中　w,t——分别为角钢的平板宽度和厚度,简要计算时,w可取为$b-2t$,b为角钢宽度；

　　　λ——按角钢绕非对称主轴回转半径计算的长细比。

当H形或箱形截面轴心受压构件腹板的高厚比不满足式(4.67)要求时,除了加厚腹板外,还可在腹板中部设置纵向加劲肋加强腹板,如图4.26所示,加强后的腹板应满足式(4.67)；也可在计算构件的强度和整体稳定性时,允许部分腹板屈曲,只考虑翼缘和腹板计算高度边缘两侧宽度各为$20t_w\sqrt{\dfrac{235}{f_y}}$的部分组成的有效截面参加工作,如图4.27所示。但计算构件稳定系数时,构件的长细比仍根据全部截面求得。

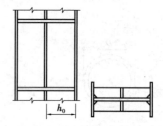

图4.26　腹板纵向加劲肋

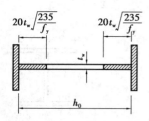

图4.27　腹板屈曲后有效截面

一般热轧型钢在确定规格尺寸时,已考虑局部稳定要求,可不作局部稳定性验算。热轧H型钢应计算局部稳定性。

【例题4.3】　验算例题4.2中轴心受压构件的局部稳定性是否满足设计要求。

【解】　本题为验算题。

翼缘：

$$\frac{b_1}{t}=\frac{121}{24}=5.04<(10+0.1\lambda)\varepsilon_k=(10+0.1\times48)\times1=14.8(满足)$$

腹板：

$$\frac{h_0}{t_w} = \frac{250}{8} = 31.25 > (13 + 0.17\lambda)\varepsilon_k = (13 + 0.17 \times 48) \times 1 = 21.2 (不满足)$$

4.4.4 受压薄板的屈曲后强度

当图 4.28(a)所示薄板的纵向压应力达到临界应力 σ_{xcr} 后,板将会发生屈曲,板的中部产生横向薄膜张力,张力的作用增强了板的抗弯刚度;当外力继续增加时,板的侧边部分还可承受超过屈曲应力的压力,直至板的侧边部分的应力达到屈服强度。板屈曲后继续承担更大荷载的能力称为屈曲后强度。

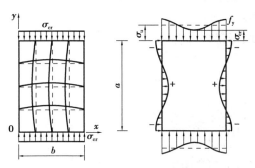

(a)板的应力达到屈曲应力时的变形 (b)板屈曲后板面内应力分布图

图 4.28 受压板件的屈曲后强度

目前,还难以采用精确公式计算屈曲后强度,通常采用有效宽度法(见图 4.29),将薄板达到极限状态时的应力分布图形先简化为矩形分布,再在合力相等的前提下,简化为两侧应力为 f_y 的矩形图形,两个矩形的宽度之和 b_e 称为有效宽度。b_e 计算公式通过试验确定,详见《钢结构设计标准》(GB 50017)。

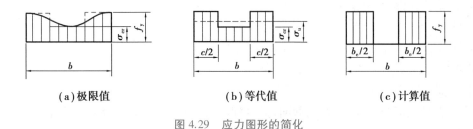

(a)极限值   **(b)等代值**   **(c)计算值**

图 4.29 应力图形的简化

4.5 轴心受力构件设计

4.5.1 轴心受力构件设计原则与要求

轴心受力构件设计时应满足强度、刚度、整体稳定和局部稳定要求。轴心受拉构件设计主要考虑强度要求和刚度要求;格构式轴压构件还应满足分肢稳定要求,并需进行缀材设计。轴心受力构件还需考虑加劲肋、横隔和纵向连接焊缝的构造要求。

设计时应遵循以下几个原则:

①合理选择钢材规格。

②合理选择截面形式,一般要求截面分布应尽量远离主轴,即尽量加大截面轮廓尺寸而减小板厚,以增加截面的惯性矩和回转半径,从而提高构件的整体稳定性和刚度。

③尽量使两个主轴方向的整体稳定承载力接近,即两轴等稳定,以取得较好的经济效果。

④构造简单,便于制作。

⑤便于与其他构件连接。

轴心受压构件设计较复杂,在明确设计要求的基础上,一般先参考有关资料或经过简单计算初步选定截面,然后验算各项要求,根据验算结果适当修改,直至满足所有要求且较为经济,设计才结束。

4.5.2 轴心受拉构件设计

轴心受拉构件设计主要需考虑强度要求和刚度要求,相对简单。设计步骤为:

①明确设计要求,确定设计参数。

②选择钢材种类和截面形式。

③按强度公式(4.1)要求确定截面尺寸。

④验算刚度要求。

⑤其他构造和连接设计。

4.5.3 实腹式轴心受压构件设计

轴心受压构件截面设计可按下列步骤进行:

①确定构件承受的轴压力设计值。

②确定构件的计算长度。

③选择钢材及确定钢材强度设计值。

④选择截面形式。

⑤根据经验、已有资料和简单计算,初选截面规格尺寸。

⑥初选截面验算及修改:

a.强度验算;

b.刚度验算;

c.整体稳定验算;

d.局部稳定验算。

如果验算不满足或富余过大,对初选截面进行修改,重新进行验算,直至满意为止。

⑦其他构造和连接设计。

以上步骤中,选择截面形式、确定截面规格尺寸、构造和连接设计可参考以下建议:

1)选择截面形式

实腹式轴心受压构件的常用截面形式如图 4.2 所示。

单角钢一般应用于塔架、桅杆结构中,由双角钢组成的截面构件主要应用于屋架结构和其他的平面桁架中,其截面两个方向的等稳性较好。

热轧普通工字钢两个主轴方向的回转半径相差较大,较难实现等稳性,从而造成强轴部分的浪费,而且其腹板又较厚,不经济。目前较少应用于轴心受压构件,只适用于计算长度 $l_{0x} \geq 3l_{0y}$ 的情况。

热轧 H 型钢是工字钢的换代产品,制造省工、腹板较薄、翼缘较宽,可以做到与截面的高度相同,具有很好的截面特性。用钢板焊接组成的 H 型钢,容易使截面分布合理,承载力较大。

钢板焊接组合形成的箱形截面承载能力和抗扭刚度都较强,型钢组合形成的截面承载力大,多用于重型或较高的承重柱。

管形截面由于两个方向的回转半径相近,最适合于两个方向计算长度相等的轴心受力构件。

冷弯薄壁型钢,目前应用也日渐广泛,是轻型钢结构的主要材料。

2)初选截面规格尺寸

截面尺寸初选可按下列步骤进行：

①假设构件的长细比 λ。一般假定 $\lambda = 50 \sim 100$，当 N 大而计算长度小时，λ 取较小值，反之取较大值。根据 λ、钢材等级和截面分类查得稳定系数 φ，则所需截面面积为：

$$A = \frac{N}{\varphi f} \tag{4.72}$$

②计算两个主轴所需的回转半径。

$$i_x = \frac{l_{0x}}{\lambda}, \quad i_y = \frac{l_{0y}}{\lambda} \tag{4.73}$$

③初选截面规格尺寸。根据所需的 A、i_x、i_y 查型钢表，可初选出截面规格。当采用组合截面时，一般根据回转半径由式(4.74)确定所需的截面宽度 b 和高度 h。

$$h = \frac{i_x}{\alpha_1}, \quad b = \frac{i_y}{\alpha_2} \tag{4.74}$$

式中　α_1、α_2——系数，表示 h、b 和回转半径 i_x、i_y 之间的近似数值关系。

常用截面可由表 4.6 查得。

表 4.6　常用截面的回转半径

$i_x = 0.30h$ $i_y = 0.30b$ $i_v = 0.195h$	$i_x = 0.21h$ $i_y = 0.21b$	$i_x = 0.43h$ $i_y = 0.24b$
等边 $i_x = 0.30h$ $i_y = 0.21b$	轧制工字钢 $i_x = 0.39h$ $i_y = 0.20b$	$i_x = 0.39h$ $i_y = 0.39b$
长边相接 $i_x = 0.32h$ $i_y = 0.20b$	$i_x = 0.38h$ $i_y = 0.29b$	$i_x = 0.26h$ $i_y = 0.24b$
短边相连 $i_x = 0.28h$ $i_y = 0.24b$	$i_x = 0.38h$ $i_y = 0.20b$	$i_x = 0.29h$ $i_y = 0.29b$
$i_x = 0.21h$ $i_y = 0.21b$ $i_v = 0.185h$	$i = 0.235(d-t)$ $i = 0.32d, \frac{d}{t} = 10$ 时 $i = 0.34d, \frac{d}{t} = 30 \sim 40$	$i = 0.25d$
$i_x = 0.43b$ $i_y = 0.43h$	$i_x = 0.44b$ $i_y = 0.38h$	$i_x = 0.50b$ $i_y = 0.39h$

根据所需的 A、h、b 并考虑局部稳定和构造要求,初选截面尺寸。对于焊接工字形截面,为了便于焊缝施工,应 $h \geq b$。通常 h_0 和 b 应按 10 mm 取整。

3) 构造要求

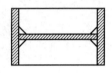

图 4.30　大型实腹式
构件横隔

当实腹式构件的腹板高厚比 $h_0/t_w > 80$ 时,为防止腹板在施工和运输过程中发生变形,提高构件的抗扭刚度,应设置如图4.30所示的横向加劲肋。横向加劲肋一般双侧布置,间距 $\leq 3h_0$,双侧加劲肋的外伸宽度 b_s 应不小于 $(h_0/30 + 40)$ mm,厚度 t_s 应大于外伸宽度的 1/15。

此外,为保证大型实腹式构件(工字形或箱形)截面几何形状不变,提高构件的抗扭刚度,在受有较大水平集中力处和每个运输单元的两端应设置横隔,且横隔间距不得大于构件较大宽度的 9 倍或 8 m。工字形截面横隔与横向加劲肋的区别在于横隔必须与翼缘同宽,而加劲肋不一定。

实腹式轴向受力构件翼缘与腹板的连接焊缝受力很小,可不必计算,按焊缝构造要求确定。

【例题 4.4】　图 4.31 所示为一管道支架,柱承受压力设计值为 $N = 1\,650$ kN(静力),柱两端铰支,截面翼缘上共开有 4 个直径 16 mm 的孔洞,钢材为 Q235B。要求采用焊接 H 型钢(翼缘为焰切边),试设计此柱。

侧向支撑刚度
影响

【解】　本题为实腹式轴压构件设计题。设计步骤如下:

(1)确定荷载设计值

　　$N = 1\,650$ kN

(2)确定计算长度

　　$l_{0x} = 5\,600$ mm,$l_{0y} = 2\,800$ mm

(3)选择钢材及确定钢材强度设计值

钢材为 Q235B,初估板件 $t < 16$ mm,$f = 215$ N/mm²。

(4)选择截面形式

　　采用双轴对称焊接 H 形截面。

(5)初选截面尺寸

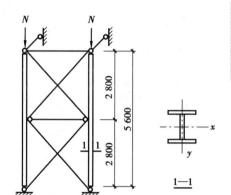

图 4.31　例题 4.3 图

假设 $\lambda = 50$。翼缘为焰切边焊接 H 型钢,绕 x 轴和 y 轴失稳均属于 b 类截面,$\lambda\sqrt{\dfrac{f_y}{235}} = \lambda = 50$,由附表 7 查得 $\varphi = 0.856$,需要的截面参数为:

$$A = \frac{N}{\varphi f} = \frac{1\,650 \times 10^3}{0.856 \times 215} \text{ mm}^2 = 8\,965 \text{ mm}^2$$

$$i_x = \frac{l_{0x}}{\lambda} = \frac{5\,600}{50} \text{ mm} = 112 \text{ mm}, \quad i_y = \frac{l_{0y}}{\lambda} = \frac{2\,800}{50} \text{ mm} = 56 \text{ mm}$$

$$h = \frac{i_x}{\alpha_1} = \frac{112}{0.43} \text{ mm} = 260 \text{ mm}, \quad b = \frac{i_y}{\alpha_2} = \frac{56}{0.24} \text{ mm} = 233 \text{ mm}$$

取翼缘为 240 mm × 14 mm,腹板为 260 mm × 8 mm。

(6)初选截面验算及修改

①初选截面参数计算:

$$A = 2bt + h_0 t_w = 2 \times 240 \times 14 \text{ mm}^2 + 260 \times 8 \text{ mm}^2 = 8\,800 \text{ mm}^2$$

$$I_y = \frac{2b^3 t}{12} = \frac{240^3 \times 14}{6} \text{ mm}^4 = 3.225\,6 \times 10^7 \text{ mm}^4$$

$$I_x = \frac{240 \times (260 + 2 \times 14)^3 - (240 - 8) \times 260^3}{12} \text{ mm}^4 = 1.379\,5 \times 10^8 \text{ mm}^4$$

$$i_y = \sqrt{\frac{I_y}{A}} = \sqrt{\frac{3.225\,6 \times 10^7}{8\,800}} \text{ mm} = 60.5 \text{ mm}$$

$$i_x = \sqrt{\frac{I_x}{A}} = \sqrt{\frac{1.379\,5 \times 10^8}{8\,800}} \text{ mm} = 125.2 \text{ mm}$$

②强度验算：

$$A_n = 8\,800 \text{ mm}^2 - 14 \times 16 \times 4 \text{ mm}^2 = 7\,904 \text{ mm}^2$$

$$\frac{N}{A_n} = \frac{1\,650 \times 10^3}{7\,904} \text{ N/mm}^2 = 208.8 \text{ N/mm}^2 < f = 215 \text{ N/mm}^2$$

③刚度验算：

$$\lambda_x = \frac{l_{0x}}{i_x} = \frac{5\,600}{125.2} = 44.7 < [\lambda] = 150$$

$$\lambda_y = \frac{l_{0y}}{i_y} = \frac{2\,800}{60.5} = 46.3 < [\lambda] = 150$$

④整体稳定验算：

因 $\lambda_y > \lambda_x$，由 $\lambda_y \sqrt{\dfrac{f_y}{235}} = \lambda_y = 46.3$，查附表 7 得 $\varphi_y = 0.880$。

$$\frac{N}{\varphi_y A f} = \frac{1\,650 \times 10^3}{0.888 \times 8\,800 \times 215} = 0.99 < 1 \quad （满足）$$

⑤局部稳定性验算：

$$\frac{b_1}{t} = \frac{240 - 8}{2 \times 14} = 8.3 < (10 + 0.1\lambda)\varepsilon_k = (10 + 0.1 \times 46.3) \times 1 = 14.6(满足)$$

$$\frac{h_0}{t_w} = \frac{260}{8} = 32.5 < (25 + 0.5\lambda)\varepsilon_k = (25 + 0.5 \times 46.3) = 48.2(满足)$$

截面满足强度、刚度、整体稳定性、局部稳定要求，确定截面为 H288 × 240 × 8 × 14。

(7)构造设计

腹板高厚比小于 80，不必设置横向加劲肋。翼缘与腹板采用角焊缝连接，最小焊脚尺寸 $h_{fmin} = 5$ mm，采用 $h_f = 6$ mm。

4.5.4　格构式轴心受压构件设计

格构式轴心受压构件设计主要需解决以下 4 个方面的问题：
①确定合理截面形式。
②确定单肢截面尺寸。
③确定单肢间距。
④确定缀材及连接。
典型双肢格构式轴压构件设计步骤如下：
①确定构件承受的荷载设计值。
②确定计算长度。
③选择钢材及确定钢材强度设计值。
④确定构件和截面形式。
⑤初选截面：

根据单肢关于实轴(y—y)的整体稳定要求确定单肢截面,方法与实腹柱设计相同。由关于虚轴(x—x)整体稳定与实轴相同确定两分肢间的距离。为获得双轴等稳定性,尽量使关于虚轴的换算长细比 $\lambda_{0x} \approx \lambda_y$,即:

缀条柱
$$\lambda_{0x} = \sqrt{\lambda_x^2 + \frac{27A}{A_{1x}}} = \lambda_y \tag{4.75}$$

缀板柱
$$\lambda_{0x} = \sqrt{\lambda_x^2 + \lambda_1^2} = \lambda_y \tag{4.76}$$

对缀条柱,应先初选斜缀条的截面规格或假定截面面积 A_{1x};对缀板柱,应先假定分肢长细比 λ_1(满足分肢稳定要求)。由式(4.75)或式(4.76)求出 λ_x,再计算对虚轴的回转半径 i_x,然后可确定单肢的间距 b,b 一般应按 10 mm 取整:

$$i_x = \frac{l_{0x}}{\lambda_x}, \quad b \approx \frac{i_x}{\alpha_2} \tag{4.77}$$

⑥初选截面验算及修改:

a.整体稳定验算;

b.分肢稳定验算。

如果验算不满足或富余过大,对初选截面进行修改,重新进行验算,直至满意为止。

⑦缀材设计和连接设计。

缀条常采用单角钢单边与单肢相连,强度计算时强度设计值应乘以折减系数 0.85,整体稳定应按下式计算:

$$\frac{N_t}{\varphi A f \eta} < 1 \tag{4.78}$$

式中,η 为不大于 1 的承载力折减系数,确定如下:

a.等边角钢: $\eta = 0.6 + 0.001\ 5\lambda$ (4.79)

b.不等边角钢短边相连: $\eta = 0.5 + 0.002\ 5\lambda$ (4.80)

c.不等边角钢长边相连: $\eta = 0.7$ (4.81)

⑧其他构造和连接设计。

(a)钢板横隔　　**(b)交叉角钢横隔**

图 4.32　格构式构件的横隔构造

格构式构件的横隔可用钢板或交叉角钢做成,如图 4.32 所示。设置位置要求同实腹式构件。

【例题 4.5】　设计某轴心受压格构式双肢柱。柱肢采用热轧槽钢,翼缘肢尖向内,截面无削弱,钢材为 Q235B。构件长 6.5 m,两端铰支,承受轴心压力设计值 $N = 1\ 350$ kN。试分别按缀板柱和缀条柱进行设计。

【解】　本题为格构式轴心受压构件设计题。设计步骤如下:

(1)确定构件承受的荷载设计值

$N = 1\ 350$ kN

(2)确定计算长度

$l_{0x} = l_{0y} = 6\ 500$ mm

(3)选择钢材及确定钢材强度设计值

钢材 Q235B,初估板件 $t < 16$ mm,$f = 215$ N/mm^2。

(4)确定构件和截面形式

柱单肢采用热轧槽钢,翼缘肢尖向内,分别考虑缀板式和缀条式柱。

①缀板柱设计。

a.确定单肢截面尺寸。截面关于实轴和虚轴都属于 b 类。设 $\lambda_y = 60$，查稳定系数表得 $\varphi_y = 0.807$，需要的参数为：

$$A = \frac{N}{\varphi_y f} = \frac{1\,350 \times 10^3}{0.807 \times 215}\,\text{mm}^2 = 7\,781\,\text{mm}^2,\ i_y = \frac{l_{0y}}{\lambda_y} = \frac{6\,500}{60}\,\text{mm} = 108.3\,\text{mm}$$

查型钢表，初选 2 [28a，其截面特征为：$A = 8\,004\,\text{mm}^2$，$i_y = 109\,\text{mm}$，$Z_0 = 20.9\,\text{mm}$，$i_1 = 23.3\,\text{mm}$，$I_1 = 2.17 \times 10^6\,\text{mm}^4$。[28a 每米重 31.4 kg，柱自重为：

$$W = 1.3 \times 2 \times 31.4 \times 9.8 \times 6.5 \times 1.2\,\text{N} = 6\,240\,\text{N}$$

式中的 1.3 为荷载分项系数；1.2 为考虑缀板、柱头和柱脚等用钢后柱自重的增大系数。

实轴整体稳定性验算：

$$\lambda_y = \frac{l_{0y}}{i_y} = \frac{6\,500}{109} = 59.6\,,\text{查附表 7 得 } \varphi_y = 0.809。$$

$$\frac{N + W}{\varphi_y A f} = \frac{1\,350 \times 10^3 + 6\,240}{0.809 \times 8\,004 \times 215}$$

$$= 0.97\ < \ 1(\text{满足})$$

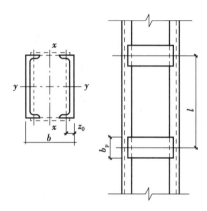

图 4.33　缀板柱截面

b.按双轴等稳定原则确定两分肢槽钢背面之间的距离 b。$0.5\lambda_y = 0.5 \times 61.3 = 30.7$，取 $\lambda_1 = 30 < 40$，依双轴等稳定条件得到：

$$\lambda_x = \sqrt{\lambda_y^2 - \lambda_1^2} = \sqrt{61.3^2 - 30^2} = 53.46$$

$$i_{xs} = \frac{l_{0x}}{\lambda_x} = \frac{6\,500}{53.46}\,\text{mm} = 121.6\,\text{mm}$$

$$b = \frac{i_{xs}}{0.44}\,\text{mm} = 276.4\,\text{mm}$$

设计采用 $b = 280\,\text{mm}$，则柱分肢轴线间距 $b_1 = 280\,\text{mm} - 20.9 \times 2\,\text{mm} = 238.2\,\text{mm}$，如图4.33所示。

c.虚轴整体稳定验算。

$$i_x = \sqrt{i_1^2 + \left(\frac{b}{2} - Z_0\right)^2} = \sqrt{23.3^2 + \left(\frac{280}{2} - 20.9\right)^2}\,\text{mm} = 121.4\,\text{mm}$$

$$\lambda_x = \frac{l_{0x}}{i_x} = \frac{6\,500}{121.4} = 53.5$$

缀板间净距 $l_{01} = \lambda_1 i_1 = 30 \times 23.3\,\text{mm} = 699\,\text{mm}$，取 $l_{01} = 700\,\text{mm}$。

$$\lambda_1 = \frac{l_{01}}{i_1} = \frac{700}{23.3} = 30$$

$$\lambda_{0x} = \sqrt{\lambda_x^2 + \lambda_1^2} = \sqrt{53.5^2 + 30^2} = 61.3$$

查表得 $\varphi_x = 0.800$。

$$\frac{N + W}{\varphi_x A f} = \frac{1\,350 \times 10^3 + 6\,240}{0.800 \times 8\,004 \times 215} = 0.98\ < 1(\text{满足})$$

d.刚度验算。

$$\lambda_{max} = 61.3\ < \ [\lambda] = 150(\text{满足})$$

e.分肢验算。

$$\lambda_1 = 30\ < \ 0.5\lambda_{max} = 0.5 \times 61.3 = 30.7，且\ \lambda_1\ < \ 40(\text{满足})$$

f.缀板设计。

缀板高度：$b_p \geq \frac{2b_1}{3} = 158.7\,\text{mm}$，取 $b_p = 190\,\text{mm}$。

缀板厚度：$t \geqslant \dfrac{b_1}{40} = \dfrac{238.2}{40}$ mm = 6 mm，取 $t = 8$ mm。

缀板中心距：$l_1 = l_{01} + b_p = 700$ mm + 190 mm = 890 mm。

缀板长度取：$b_b = 230$ mm。

缀板线刚度之和与分肢线刚度比值：

$$\frac{\sum I_b / b_1}{I_1 / l_1} = \frac{(2 \times 8 \times 190^3 / 12) / 238.2}{2.18 \times 10^6 / 890} = 15.0 > 6 (满足)$$

柱中剪力：$V = \dfrac{Af}{85} \sqrt{\dfrac{f_y}{235}} = \dfrac{8\,004 \times 215}{85} \sqrt{\dfrac{235}{235}} \times 10^{-3}$ kN = 20.2 kN

$$V_1 = \frac{V}{2} = 10.1 \text{ kN}$$

缀板内力：$V_j = \dfrac{V_1 l_1}{b_1} = \dfrac{10.1 \times 890}{248.2}$ kN = 36.2 kN

$$M = \frac{V_1 l_1}{2} = \frac{10.1 \times 890}{2} \text{ kN·mm} = 4\,494.5 \text{ kN·mm}$$

采用 $h_f = 6$ mm，满足构造要求。$l_w = b_p = 190$ mm。焊缝强度验算为：

$$\sqrt{\left(\frac{\sigma_f}{\beta_f}\right)^2 + \tau_f^2} = \sqrt{\left(\frac{6 \times 4\,494.5 \times 10^3}{1.22 \times 0.7 \times 6 \times 190^2}\right)^2 + \left(\frac{36.2 \times 10^3}{0.7 \times 6 \times 190}\right)^2} \text{ N/mm}^2$$

$$= 152.8 \text{ N/mm}^2 < f_f^w = 160 \text{ N/mm}^2 (满足)$$

构件截面较大宽度为 280 mm，横隔最大间距为 280×9 = 2 520 mm。在柱两端及沿柱长2.2 m设一道横隔，即可满足构造要求。

②缀条柱设计。

a.确定柱单肢截面尺寸。与缀板柱相同，选用 2 [28a，$\lambda_y = 61.3$。

b.按双轴等稳定原则确定两分肢槽钢背面至背面间的距离 b。初选缀条规格为 L 45×4，一个角钢的截面积 $A_1 = 349$ mm²，$i_{min} = 8.9$ mm。

$$\lambda_x = \sqrt{\lambda_y^2 - \frac{27A}{A_{1x}}} = \sqrt{61.3^2 - \frac{27 \times 8\,004}{2 \times 349}} = 58.7$$

绕虚轴 x 轴的回转半径：

$$i_{xs} = \frac{l_{0x}}{\lambda_x} = \frac{6\,500}{58.7} \text{ mm} = 110.7 \text{ mm}$$

$$b = \frac{i_{xs}}{0.44} = 251.6 \text{ mm}$$

取 $b = 260$ mm，则柱分肢轴线间距 $b_1 = 260$ mm−20.9×2 mm = 218.2 mm。

虚轴的整体稳定验算：

$$i_x = \sqrt{i_1^2 + \left(\frac{b}{2} - Z_0\right)^2} = \sqrt{23.3^2 + \left(\frac{260}{2} - 20.9\right)^2} \text{ mm} = 111.6 \text{ mm}$$

$$\lambda_x = \frac{l_{0x}}{i_x} = \frac{6\,500}{111.6} = 58.2$$

$$\lambda_{0x} = \sqrt{\lambda_x^2 + \frac{27A}{A_{1x}}} = \sqrt{58.2^2 + \frac{27 \times 8\,004}{2 \times 349}} = 60.8$$

得 $\varphi_x = 0.803$。

$$\frac{N+W}{\varphi_x Af} = \frac{1\ 350 \times 10^3 + 6\ 240}{0.803 \times 8\ 004 \times 215} = 0.98 < 1(满足)$$

c.刚度验算。$\lambda_{max} = 61.3 < [\lambda] = 150(满足)$

d.分肢验算。斜缀条与水平面夹角取45°，则：$l_1 = 218.2 \times 2$ mm $= 436.4$ mm，取$l_1 = 500$ mm。

$$\lambda_1 = \frac{500}{23.3} = 21.5 < 0.7\lambda_{max} = 0.7 \times 61.3 = 42.9，满足要求。$$

e.缀条设计。

$$V_1 = \frac{V}{2} = 10.1 \text{ kN}$$

$$\tan \alpha = \frac{250}{218.2} = 1.146, \alpha = 48.9°$$

斜缀条计算长度 $l_0 = \frac{218.2}{\cos 48.9°}$ mm $= 331.8$ mm

单角钢压杆绕最小回转半径轴为斜向屈曲，由于缀条作为柱肢的支撑，不宜考虑柱肢对它的约束作用，取$\mu=1$。

斜缀条长细比：$\lambda_0 = \frac{l_0}{i_{min}} = \frac{331.8}{8.9} = 37.3$

截面为 b 类，查表得 $\varphi = 0.909$。

缀条为单角钢单面连接，稳定承载力应乘以折减系数：

$\eta = 0.6 + 0.001\ 5\lambda_0 = 0.6 + 0.001\ 5 \times 37.3 = 0.656$

$$N_t = \frac{V_1}{n \cos \alpha} = \frac{10.1 \times 10^3}{1 \times \cos 48.9°} \text{ kN} = 15.36 \text{ kN}$$

$$\frac{N_t}{\varphi A_1 \eta f} = \frac{15.36 \times 10^3}{0.909 \times 349 \times 0.656 \times 215} = 0.34 < 1(满足)$$

虽然应力富余较大，但所选缀条截面规格已属于最小规格，故设计取缀条规格为L45×4。

缀条与柱肢的连接采用角焊缝，L 形布置，取 $h_f = 4$ mm，$f_f^w = 160$ N/mm^2。

$N_3 = 2k_2 N_t = 2 \times 0.3 \times 15.36$ kN $= 9.22$ kN

$N_1 = N_t - N_3 = 15.36$ kN $- 9.22$ kN $= 6.14$ kN

端部满焊 $l_3 = 45$ mm。

$$\sigma = \frac{N_3}{1.22 \times 0.7 h_f l_{w3}} = \frac{9.22 \times 10^3}{1.22 \times 0.7 \times 4 \times (45-4)} \text{ N/mm}^2$$
$$= 65.8 \text{ N/mm}^2 < f_f^w = 160 \text{ N/mm}^2$$

肢背焊缝所需长度：

$$l_{w1} = \frac{N_1}{0.7 h_f f_f^w} = \frac{6.14 \times 10^3}{0.7 \times 4 \times 160} \text{ mm} = 13.7 \text{ mm} < l_{w1min} = 32 \text{ mm，取} l_1 = 40 \text{ mm}。$$

构件截面较大宽度为280 mm，横隔最大间距为280×9 mm=2 520 mm。在柱两端及沿柱长2.2 m设一道横隔，即可满足构造要求。

本章总结框图

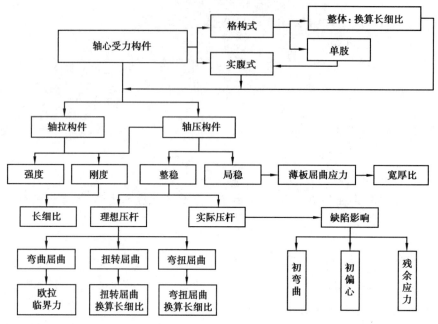

思考题

4.1 轴心受拉构件为何要进行刚度计算？

4.2 轴心受压构件整体失稳时有哪几种形式？

4.3 影响轴心受压构件整体稳定的因素有哪些？

4.4 提高轴心压杆钢材的抗压强度设计值能否提高其稳定承载能力？为什么？

4.5 实际轴心压杆与理想轴心压杆有什么区别？

4.6 轴心受压构件的稳定系数 φ 为什么要按截面形式和对应轴分类？同一截面关于两个形心主轴的截面类别是否一定相同？为什么？

4.7 轴心受压构件满足整体稳定要求时,是否还应进行强度计算？为什么？

4.8 热轧型钢制成的轴心受压构件是否要进行局部稳定性验算？

4.9 轴心受压构件整体稳定不满足要求时,若不增大截面面积,是否可采取其他措施提高其稳定承载力？

4.10 实腹式轴心受压构件需做哪几方面验算？

4.11 计算格构式轴心受压构件关于虚轴的整体稳定时,为什么采用换算长细比？缀条式和缀板式双肢柱的换算长细比计算公式有何不同？分肢的稳定怎样保证？

4.12 轴压构件发生局部失稳有哪些可能形式？有何危害？

4.13 解决轴压构件局部稳定问题有哪几种思路？

4.14 轴拉构件设计和轴压构件设计有何本质区别？

4.15 采用怎样的思路容易得到合适的轴压构件最优截面？

问题导向讨论题

问题 1:轴压构件设计时满足强度要求和满足整体问题要求有何本质差别?

问题 2:整体失稳和局部失稳都是失去稳定,有何联系和区别?

问题 3:在什么条件下采用格构式轴压构件形式经济性突出?

问题 4:讨论验算、求承载力、设计三类问题的关系,分析强度条件和稳定条件对设计的影响。

问题 5:讨论强度条件、整体稳定条件、局部稳定条件、刚度条件有何特征。

问题 6:轴压构件设计与连接设计有何异同? 应具备哪些专业素养才能做出理想的设计?

分组讨论要求:每组 6~8 人,设组长 1 名,负责明确分工和协作要求,并指定人员代表小组发言交流。可选择以上两个问题之一。

习 题

4.1 某两端铰支轴心受拉构件,长 9 m,截面为 2∟90×8 组成的肢尖向下的 T 形截面,在杆长中间截面形心处有一直径为 21.5 mm 的螺栓孔,螺栓孔在两角钢相并肢上。拉杆承受轴心拉力设计值 850 kN。材料为 Q390 钢。要求验算该拉杆是否满足要求。

4.2 某实腹式焊接 H 型钢轴心受压构件,截面尺寸如图 4.34 所示,翼缘为火焰切割边,轴心压力设计值 $N=1\ 100$ kN,截面无削弱。试验算此构件的整体稳定性和局部稳定性是否满足要求,材料为 Q235 钢。

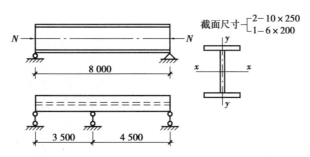

图 4.34 习题 4.2 图

4.3 某两端铰支轴心受压柱的截面如图 4.35 所示,柱高为 6 m,承受的轴心压力设计值为 6 000 kN(包含自重),钢材采用 Q235B,试验算该构件是否满足设计要求。

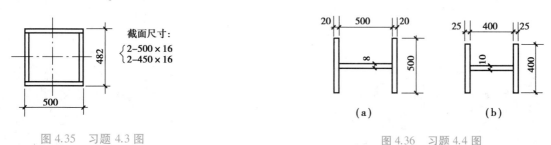

图 4.35 习题 4.3 图

图 4.36 习题 4.4 图

4.4 某两端铰支的焊接工字形截面轴心受压柱,柱高 8 m,钢材采用 Q235B,采用图 4.36(a)与(b)两种截面尺寸,翼缘板为剪切边。分别计算这两种截面柱能承受的轴心压力设计值,并对比讨论。

4.5 某两端铰支轴心受压缀条柱,柱高为 6 m,截面如图 4.37 所示,缀条采用单角钢∟45×5,斜缀条倾角为 50°,并设有横缀条。钢材为 Q235B,求该柱的轴心受压承载力设计值。如改为缀板柱,单肢长细

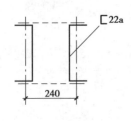

图 4.37　习题 4.5 图

比 $\lambda_1 = 35$，计算柱承载力，并对比讨论。

4.6　设计两等边角钢组成的 T 形截面两端铰支轴心受压构件，两角钢间距为 10 mm，构件长 3 m，承受的轴心压力设计值为360 kN，钢材采用 Q235A。

4.7　设计某工作平台轴心受压柱的焊接工字形截面，翼缘为火焰切割边。柱高 6.5 m，两端铰支，绕弱轴在柱中部处设有侧向支撑点，柱承受轴心压力设计值为 5 000 kN，钢材采用 Q235B。

4.8　某工作平台轴心受压双肢缀条格构柱，截面由两个工字钢组成，柱高 8 m，两端铰支，由平台传给柱子的轴心压力设计值为 2 200 kN，钢材为 Q235B。试设计此柱。

4.9　条件同习题 4.8，但采用缀板设计该平台格构柱。

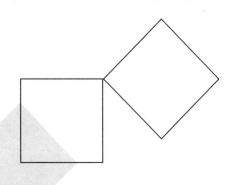

5

受弯构件

本章导读：
- **内容及要求** 钢梁的类型与应用，梁的强度与刚度计算，梁的整体稳定，梁的局部稳定和腹板加劲肋的设计，钢梁的截面设计。通过本章学习，应熟悉受弯构件的类型和破坏特征，掌握梁的强度、刚度、整体稳定、局部稳定的计算方法和钢梁截面设计方法。
- **重点** 梁的强度和刚度计算，梁的整体稳定和局部稳定计算。
- **难点** 梁的局部稳定和腹板加劲肋设计。

典型工程简介：

2010 上海世博会中国船舶馆

2010 上海世博会中国船舶馆，由原江南造船厂东区装焊车间单层钢结构厂房改造而成，建筑面积 11 566 m²，形似船的龙骨，又形似龙的脊梁，寓意中国民族工业坚强的精神。建筑内部保留了原来的大量吊车梁——受弯构件，改造主要采用钢结构，包括多种钢梁。上图为中国船舶馆外景，下图为内部一角。

5.1 概 述

5.1.1 受弯构件的类型与应用

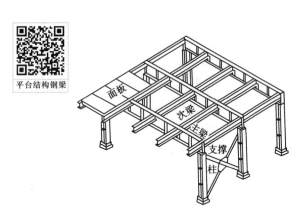

图 5.1 工作平台梁格示例

承受横向荷载的构件称为受弯构件,其形式有实腹式与格构式两大系列。实腹式受弯构件通常称为梁,而格构式受弯构件则称为桁架。在工程结构中,受弯构件的应用非常广泛,例如工业与民用建筑中的楼盖梁、屋盖梁(屋架)、屋面檩条、墙架梁、工作平台梁(见图 5.1)、吊车梁以及大跨度桥梁、海上采油平台梁等。本章主要介绍梁的受力性能和设计方法。

钢梁按制造方式的不同分为型钢梁和组合梁。型钢梁由于构造简单、制造省工等特点,在实际工程中应用较多。而当荷载和跨度较大时,型钢梁受到尺寸规格等方面的限制,不能满足承载能力和正常使用的要求,此时应采用截面尺寸灵活和承载力更高的组合梁。

型钢梁主要有热轧型钢梁和冷成型钢梁。热轧型钢梁主要包括普通工字钢梁[见图 5.2(a)]、H 型钢梁[见图 5.2(b)]和槽钢梁[见图 5.2(c)]等。工字钢和 H 型钢的材料在截面上的分布比较符合构件受弯的特点,用钢较省,应用广泛。尤其是 H 型钢梁,比内翼缘有斜坡的轧制普通工字钢截面抗弯效能更高,且易与其他构件连接,推荐使用。槽钢的翼缘宽度较小,而且单轴对称,剪力中心位于腹板外侧,绕截面对称轴弯曲时容易发生扭转,故使用时应使外力通过剪力中心或加强约束条件防止扭转。冷成型钢梁截面的形式主要有 C 型钢梁[见图 5.2(d)]、Z 型钢梁[见图 5.2(e)]和帽型钢梁[见图 5.2(f)]等,用于结构中的次要受弯构件,如屋面的檩条、墙梁等,但由于它轻质高强、建造安装方便迅速,随着加工技术的提高,冷成型钢梁的应用将更加广泛。

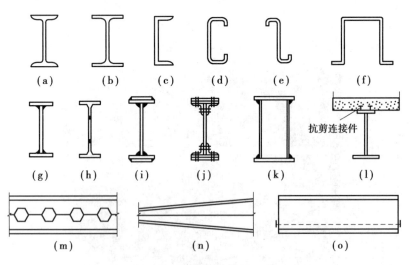

图 5.2 钢梁的类型

组合梁按其制作方法和组成材料的不同,可以分为焊接组合梁、栓接组合梁、钢与混凝土组合梁和其他异型钢梁等。焊接组合梁由若干钢板,或钢板与型钢连接而成,截面上材料的灵活布置更容易满足实际工程中各种不同的要求,包括工字形截面[见图 5.2(g)、(h)、(i)]、箱形截面[见图 5.2(k)]。当荷载太重或承受动力荷载作用要求较高时,可采用高强度螺栓摩擦型连接的栓接梁[见图 5.2(j)]。钢与混凝土组合梁[见图 5.2(l)],能充分发挥混凝土受压,钢材受拉的优势,广泛应用于高层建筑和大跨度桥梁中,并取得了较好的经济效果。其他异型钢梁主要是为满足一些特殊的工程需要,包括蜂窝梁[见图 5.2(m)]、楔形梁[见图 5.2(n)]、预应力钢梁[见图 5.2(o)]等。此外,为了充分利用钢材的强度,对受力较大的翼缘采用强度高的钢材,对受力较小的腹板采用强度相对较低的钢材,形成异钢组合梁。

钢梁按支承条件的不同,可以分为简支梁、连续梁、悬臂梁等。单跨简支梁与连续梁相比虽然用钢量较多,但制作安装方便,且内力不受温度变化或支座沉陷等的影响,因此在钢梁结构中应用较多。

钢梁按使用功能的不同,可以分为楼盖梁、平台梁、吊车梁、檩条、墙架梁等。

钢梁按受力情况的不同,可以分为单向弯曲梁和双向弯曲梁。工程结构中大多数的钢梁为单向弯曲梁,檩条和吊车梁为双向弯曲梁。

5.1.2　梁格布置

梁格是由纵横交错的主、次梁组成的结构体系。根据主、次梁的排列情况,梁格可分为三种类型,如图 5.3 所示。

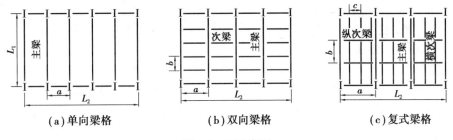

(a)单向梁格　　　　　(b)双向梁格　　　　　(c)复式梁格

图 5.3　梁格类型

①单向梁格:只有主梁。板直接放在主梁上,适用于小跨度的楼盖和平台结构。

②双向梁格:有主梁和一个方向次梁。在各主梁之间设置若干次梁,将板划分为较小区格,以减小板的跨度。

③复式梁格:主梁间设纵向次梁,纵向次梁间再设横向次梁,使板的区格尺寸与厚度保持在经济合理的范围内。

5.1.3　受弯构件设计计算内容与要求

梁的设计计算应同时满足承载能力极限状态和正常使用极限状态的要求。其承载能力极限状态包括强度和稳定两个方面,强度计算又包括抗弯强度、抗剪强度、局部承压强度、复杂应力作用下的强度(受动载时还包括疲劳强度);稳定计算包括整体稳定和局部稳定。正常使用极限状态只需控制梁的刚度,即要求梁的最大挠度不超过其容许挠度。

5.2　受弯构件的强度

常用钢梁有两个正交的形心主轴,其中绕一个主轴的惯性矩和截面模量最大,称为强轴,通常用 x 轴表示,与之正交的轴称为弱轴,通常用 y 轴表示,如图 5.4 所示。在横向荷载作用下,钢梁的截面上将产生弯矩和剪力。钢梁的强度计算包括抗弯强度、抗剪强度、局部承压强度和复杂应力作用下的强度。

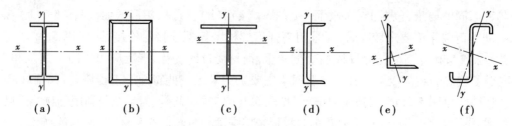

图 5.4　各种截面的强轴与弱轴

5.2.1　梁的抗弯强度

1）梁截面上的正应力

假设钢材是理想弹塑性体,纯弯梁的应力—应变曲线如图 5.5 所示。根据材料力学中的平截面假定,梁截面上的应变呈线性变化,正应力随着弯矩的不断增大而产生 4 个不同工作阶段,即:弹性工作阶段、弹塑性工作阶段、塑性工作阶段和应变硬化阶段。

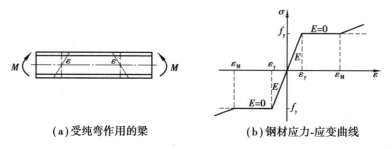

(a)受纯弯作用的梁　　　　　　**(b)钢材应力-应变曲线**

图 5.5　纯弯梁钢材的应力-应变简图

（1）弹性工作阶段

钢梁在纯弯的情况下,当承受荷载较小时,边缘纤维应力小于材料的屈服点,如图 5.6(a)所示,梁截面处于弹性工作阶段。由应力和弯矩的关系公式可得:

$$\sigma = \frac{M_x y}{I_{nx}}$$

(5.1)

式中　σ——截面上任一点的正应力;

　　　M_x——绕 x 轴施加的弯矩;

　　　I_{nx}——绕 x 轴的净截面惯性矩。

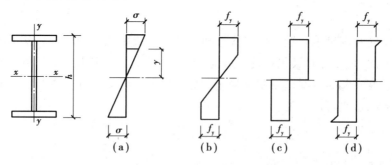

图 5.6　纯弯梁各受力阶段的应力图

弹性工作阶段的极限状态为梁的边缘纤维应力达到屈服点 f_y,即

$$\sigma_{max} = \frac{M_x y_{max}}{I_{nx}} = \frac{M_x}{W_{nx}} = f_y$$

(5.2)

式中　W_{nx}——对 x 轴的净截面模量。

（2）弹塑性工作阶段

如果荷载继续增加，钢梁的边缘纤维将开始屈服，并逐渐在梁横截面上部和下部形成塑性区，在此高度内正应力均等于f_y，在梁中和轴附近的部分截面仍处于弹性阶段，如图5.6（b）所示。弹性区和塑性区的高度取决于外加弯矩的大小。

（3）塑性工作阶段

随着荷载的继续增加，梁横截面上的塑性区逐渐增大直到全截面屈服，如图5.6（c）所示，此时荷载不再增加而梁的变形却不断增大，截面形成塑性铰。塑性铰状态对应的塑性弯矩可作为极限承载力，其计算公式为：

$$M_{px} = f_y(S_1 + S_2) = f_y W_{px} \tag{5.3}$$

式中　W_{px}——截面的塑性截面模量；

　　　S_1，S_2——分别为截面受压区和受拉区对中和轴的面积静矩。对于非对称截面，中和轴与形心轴不相重合，应按照截面应力总和相等原则求出受压区和受拉区的面积，然后求出S_1和S_2。

（4）应变硬化阶段

由图5.5所示的应力-应变关系可知，随着应变的进一步增大，材料会进入强化阶段，变形模量不再为零，在变形增加时应力将会大于屈服强度，如图5.6（d）所示。但在工程设计中，由于考虑各种因素的影响，梁的设计计算中不利用这一阶段。

2）截面形状系数和塑性发展系数

（1）截面形状系数

由式（5.2）和式（5.3）可知，梁的全塑性弯矩与边缘屈服弯矩的比值仅与截面几何性质有关，而与其他因素无关。塑性截面模量W_p和弹性截面模量W_n的比值称为截面形状系数。

$$\eta = \frac{W_p}{W_n} \tag{5.4}$$

η值随着截面形状的改变而不同，对于矩形截面，$\eta = 1.5$；圆形截面，$\eta = 1.7$；圆管截面，$\eta = 1.27$；工字形截面对x轴，$\eta = 1.10 \sim 1.17$（随尺寸变化而不同）。

（2）塑性发展系数

在实际设计中，考虑用料经济和正常使用方面的要求，通常将梁的极限弯矩取在全塑性弯矩和边缘屈服弯矩之间，即弹塑性弯矩。弹塑性弯矩的公式为：

$$M = f_y \gamma W_n \tag{5.5}$$

式中　γ——截面塑性发展系数，$1 < \gamma < \eta$。γ值与截面上塑性发展深度有关，截面上塑性区的高度越大，γ越大。当全截面塑性时，$\gamma = \eta$。

3）《钢结构设计标准》（GB 50017）抗弯强度的计算规定

标准中考虑了截面部分发展塑性变形，规定在主平面内受弯的实腹构件，其抗弯强度应按下列公式计算：

双向弯曲梁

$$\frac{M_x}{\gamma_x W_{nx}} + \frac{M_y}{\gamma_y W_{ny}} \leq f \tag{5.6}$$

单向弯曲梁

$$\frac{M_x}{\gamma_x W_{nx}} \leq f \tag{5.7}$$

式中　M_x，M_y——同一截面处绕x轴和y轴的弯矩（对工字形截面，x为强轴，y为弱轴）；

W_{nx}, W_{ny}——对 x 轴和 y 轴的净截面模量;

γ_x, γ_y——截面塑性发展系数;

f——钢材的抗弯强度设计值。

截面模量和截面塑性发展系数与构成截面的板件分类有关,根据《钢结构设计标准》GB 50017 的最新规定,进行受弯和压弯构件计算时,截面板件宽厚比等级及限值应符合表 5.1 的规定,其中参数按下式计算:

$$\alpha_0 = \frac{\sigma_{max} - \sigma_{min}}{\sigma_{max}} \tag{5.8}$$

表 5.1 受弯和压弯构件的截面板件宽厚比等级及限值

构件	截面板件宽厚比等级		S1 级	S2 级	S3 级	S4 级	S5 级
压弯构件（框架柱）	H 形截面	翼缘 b/t	$9\varepsilon_k$	$11\varepsilon_k$	$13\varepsilon_k$	$15\varepsilon_k$	20
		腹板 h_0/t_w	$(33+13\alpha_0^{1.3})\varepsilon_k$	$(38+13\alpha_0^{1.39})\varepsilon_k$	$(40+18\alpha_0^{15})\varepsilon_k$	$(45+25\alpha_0^{1.66})\varepsilon_k$	250
	箱形截面	壁板（腹板）间翼缘 b_0/t	$30\varepsilon_k$	$35\varepsilon_k$	$40\varepsilon_k$	$45\varepsilon_k$	—
	圆钢管截面	径厚比 D/t	$50\varepsilon_k^2$	$70\varepsilon_k^2$	$90\varepsilon_k^2$	$100\varepsilon_k^2$	—
受弯构件（梁）	工字形截面	翼缘 b/t	$9\varepsilon_k$	$11\varepsilon_k$	$13\varepsilon_k$	$15\varepsilon_k$	20
		腹板 h_0/t_w	$65\varepsilon_k$	$72\varepsilon_k$	$93\varepsilon_k$	$124\varepsilon_k$	250
	箱形截面	壁板（腹板）间翼缘 b_0/t	$25\varepsilon_k$	$32\varepsilon_k$	$37\varepsilon_k$	$42\varepsilon_k$	—

注:①ε_k 为钢号修正系数,其值为 235 与钢材牌号中屈服点数值的比值的平方根。

②b 为工字形、H 形截面的翼缘外伸宽度,t、h_0、t_w 分别是翼缘厚度、腹板净高和腹板厚度。对轧制形截面,腹板净高不包括翼缘腹板过渡处圆弧段;对于箱形截面,b_0、t 分别为壁板间的距离和壁板厚度;D 为圆管截面外径;λ 为构件在弯矩平面内的长细比。

③箱形截面梁及单向受弯的箱形截面柱,其腹板限值可根据 H 形截面腹板采用。

④腹板的宽厚比可通过设置加劲肋减小。

⑤当按国家标准《建筑抗震设计标准》GB 50011—2010(2016 年版)第 9.2.14 条第 2 款的规定设计,且 S5 级截面的板件宽厚比小于 S4 级经 ε_σ 修正的板件宽厚比时,可归属为 S4 级截面。ε_σ 为应力修正因子,$\varepsilon_\sigma = \sqrt{f_y/\sigma_{max}}$。

当截面板件宽厚比等级为 S1—S4 级时,截面模量应取全截面模量;当截面板件宽厚比等级为 S5 级时,截面模量应取有效截面模量,均匀受压翼缘有效外伸宽度可取 $15\varepsilon_k$,腹板有效截面可采用确定压弯构件腹板有效截面相同的方法计算。

当截面板件宽厚比等级为 S1—S3 级时,截面塑性发展系数可按表 5.2 采用;当截面板件宽厚比等级为 S4—S5 级时,截面塑性发展系数应取为 1.0。

表 5.2 截面塑性发展系数 γ_x、γ_y

项次	截面形式	γ_x	γ_y
1			1.2
2		1.05	1.05
3			1.2
4		$\gamma_{x1}=1.05$ $\gamma_{x2}=1.2$	1.05
5		1.2	1.2
6		1.15	1.15
7			1.05
8		1.0	1.0

5.2.2　梁的抗剪强度

承受横向荷载的梁会在截面内产生剪力,对于工字形或槽形等薄壁开口截面构件,截面剪应力分布可用剪力流理论来解释,即剪应力沿壁厚方向大小不变,方向与板壁中心线相一致,如图 5.7 所示。从图中可以看出,在截面的自由端剪应力为零,在腹板中和轴处剪应力最大。

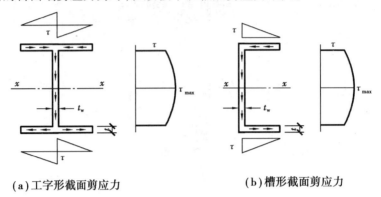

(a)工字形截面剪应力　　　　　　(b)槽形截面剪应力

图 5.7　梁截面上的剪应力分布

我国标准规定在主平面内受弯的实腹构件(不考虑腹板屈曲后强度),其抗剪强度应按式(5.9)计算:

$$\tau = \frac{VS}{It_w} \leqslant f_v \tag{5.9}$$

式中　V——计算截面沿腹板平面作用的剪力;

　　　S——计算剪应力处以上毛截面对中和轴的面积矩,当计算翼缘板上的剪应力时,S 取计算点以外的毛截面对中和轴的面积矩;

　　　I——毛截面惯性矩;

　　　t_w——腹板厚度;

　　　f_v——钢材的抗剪强度设计值。

5.2.3　梁的局部承压强度

梁在支座处或在吊车轮压的作用下承受集中荷载,如图 5.8 所示,荷载通过翼缘传给腹板,腹板在压力作用点处的边缘承受的局部压应力最大,并沿纵向向两边传递。实际上压力在钢梁纵向上的分布并不均匀,但在设计中为了简化计算,假定局部压力均匀分布在一段较小的长度范围内。

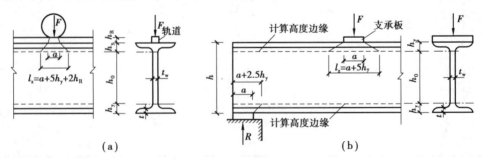

(a)　　　　　　　　　　　　　　(b)

图 5.8　钢梁的局部承压计算简图

当梁上翼缘受有沿腹板平面作用的集中荷载,且在该荷载处又未设置支承加劲肋时,腹板计算高度上边缘的局部承压强度应按式(5.10)计算:

$$\sigma_c = \frac{\psi F}{t_w l_z} \le f \tag{5.10}$$

式中　F——集中荷载,对动力荷载应考虑动力系数;

　　　ψ——集中荷载增大系数,对重级工作制吊车梁 $\psi = 1.35$,对其他梁 $\psi = 1.0$,对于支座反力 $\psi = 1.0$;

　　　f——钢材的抗压强度设计值;

　　　l_z——集中荷载在腹板计算高度边缘的假定分布长度。

集中荷载在腹板高度边缘的假定分布长度的计算公式为:

$$l_z = a + 5h_y + 2h_R \tag{5.11}$$

对于支座处的假定分布长度的计算,如图 5.8(b)所示,则公式变为:

$$l_z = a + 2.5h_y \tag{5.12}$$

式中　a——集中荷载沿梁跨度方向的支承长度,对钢轨上的轮压可取为 50 mm,如图 5.8(a)所示;

　　　h_y——自梁顶面至腹板计算高度上边缘的距离;

　　　h_R——轨道的高度,对梁顶无轨道的梁 $h_R = 0$。

关于腹板的计算高度 h_0,对轧制型钢梁,为腹板与上、下翼缘相接处两内弧起点间的距离;对焊接组合梁,为腹板高度;对铆接(或高强度螺栓连接)组合梁,为上、下翼缘与腹板连接的铆钉(或高强度螺栓)线间最近距离。

5.2.4　复杂应力作用下的强度

梁在承受横向荷载时,经常会同时受弯和受剪,有时还会有局部压应力。如在连续梁中部支座处或梁的翼缘截面改变处,会同时受较大的正应力、剪应力和局部压应力,虽然有时这些力并没有达到最大,但它们的组合作用可能会影响钢梁的安全。对于这种组合作用的验算公式为:

$$\sqrt{\sigma^2 + \sigma_c^2 - \sigma\sigma_c + 3\tau^2} \le \beta_1 f \tag{5.13}$$

式中　σ, τ, σ_c——腹板高度边缘同一点上同时产生的正应力、剪应力和局部压应力。τ 和 σ_c 按式(5.9)和式(5.10)计算。σ 应按下式计算:

$$\sigma = \frac{M}{I_n} y_1$$

其中,σ 和 σ_c 以拉应力为正值,压应力为负值。I_n 为梁净截面惯性矩,y_1 为所计算点至梁中和轴的距离。β_1 为计算折算应力的强度设计值增大系数,当 σ 和 σ_c 异号时,取 $\beta_1 = 1.2$;当 σ 和 σ_c 同号或 $\sigma_c = 0$ 时,取 $\beta_1 = 1.1$。

要验算截面的折算应力,主要是选好截面的计算点,对于工字形梁,计算点应取在腹板计算高度上下边缘处,虽然此处的正应力略小于边缘纤维处的正应力,但是此处的剪应力较大。

【例题 5.1】　一简支梁,梁跨 7 m,焊接组合工字形对称截面 150 mm×450 mm×18 mm×12 mm(见图 5.9),梁上作用有均布恒载 17.100 kN/m(标准值,未含梁自重),均布活载 5.154 kN/m(标准值),距梁端 2.5 m 处尚有集中恒荷载标准值 55.384 kN,支承长度 200 mm。钢材 Q235。荷载分项系数对恒载取 1.3,对活载取 1.5。试验算钢梁截面是否满足强度要求(不考虑疲劳)。

【解】　首先计算梁的截面特性,然后计算出梁在荷载作用下的弯矩和剪力,最后分别验算梁的抗弯强度、抗剪强度、局部承压强度和折算应力强度等。

(1)截面特性

$$A = 414 \times 12 \text{ mm}^2 + 150 \times 18 \times 2 \text{ mm}^2 = 10\ 368 \text{ mm}^2$$

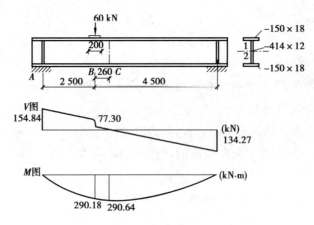

图 5.9　例题 5.1 图

$$I_x = 3.23 \times 10^8 \text{mm}^4, W_{nx} = \frac{I_x}{450/2} \text{mm}^3 = 1.44 \times 10^6 \text{mm}^3$$

计算点 1 处的面积矩：$S_1 = 150 \times 18 \times 216 \text{ mm}^3 = 5.83 \times 10^5 \text{mm}^3$

计算点 2 处的面积矩：$S_2 = 150 \times 18 \times 216 \text{ mm}^3 + \dfrac{12 \times 207^2}{2} \text{ mm}^3 = 8.40 \times 10^5 \text{mm}^3$

(2)荷载与内力

钢梁的自重：$g = 0.814$ kN/m

均布荷载设计值：$q = 1.3 \times (17.100 + 0.814) \text{kN/m} + 1.5 \times 5.154 \text{ kN/m} = 31.02 \text{ kN/m}$

集中荷载：$F = 1.3 \times 55.384 \text{ kN} = 72.00 \text{ kN}$

由此得到的弯矩和剪力分布如图 5.9 所示，$M_{x\max} = 290.64 \text{ kN·m}, V_{\max} = 154.84 \text{ kN}$。

(3)验算截面强度

①抗弯强度：

$$\frac{M_{x\max}}{\gamma_x W_{nx}} = \frac{290.64 \times 10^6}{1.05 \times 1.44 \times 10^6} \text{ N/mm}^2 = 192.22 \text{ N/mm}^2 < f = 205 \text{ N/mm}^2 (满足)$$

②抗剪强度：支座处剪应力最大。

$$\tau_{\max} = \frac{V_{\max} S_2}{I_x t_w} = \frac{154.84 \times 10^3 \times 8.40 \times 10^5}{3.23 \times 10^8 \times 12} \text{ N/mm}^2 = 33.56 \text{ N/mm}^2 < 125 \text{ N/mm}^2 (满足)$$

③局部承压强度：支座处虽有较大的支座反力，但因设置了加劲肋，可不计算局部承压应力。集中荷载作用处 B 截面的局部承压应力为：

$$l_z = a + 5h_y = 200 \text{ mm} + 5 \times 18 \text{ mm} = 290 \text{ mm}$$

$$\sigma_c = \frac{\psi F}{t_w l_z} = \frac{1.0 \times 72 \times 10^3}{12 \times 290} \text{ N/mm}^2 = 20.69 \text{ N/mm}^2 \leqslant 215 \text{ N/mm}^2 (满足)$$

④折算应力：集中荷载作用点 B 的左侧截面存在很大的弯矩、剪力和局部承压应力，应验算此处的折算应力，计算点取在腹板与翼缘的交界处 1 点所示位置。

正应力：$\sigma_1 = \dfrac{M_{xB}}{I_x} \times 207 = \dfrac{290.18 \times 10^6}{3.23 \times 10^8} \times 207 \text{ N/mm}^2 = 185.97 \text{ N/mm}^2$

剪应力：$\tau_1 = \dfrac{V_B S_1}{I_x t_w} = \dfrac{77.30 \times 10^3 \times 5.83 \times 10^5}{3.23 \times 10^8 \times 12} \text{ N/mm}^2 = 11.63 \text{ N/mm}^2$

局部压应力：$\sigma_c = 20.69 \text{ N/mm}^2$

折算应力：

$$\sqrt{\sigma_1^2 + \sigma_c^2 - \sigma_1 \sigma_c + 3\tau_1^2} = \sqrt{185.97^2 + 20.69^2 - 185.97 \times 20.69 + 3 \times 11.63^2} \text{ N/mm}^2$$
$$= 177.68 \text{ N/mm}^2 < 1.1 \times 215 \text{ N/mm}^2 = 236.5 \text{ N/mm}^2 (满足)$$

5.3 受弯构件的刚度

正常使用极限状态对应于结构或构件达到正常使用或耐久性能的某项规定限值。梁的正常使用极限状态是用梁的挠度来衡量。为了满足正常使用的要求,梁的刚度可以通过梁的变形限制来验算:

$$v \leqslant [v]$$

式中　　v——受弯构件在标准荷载作用下所产生的最大挠度,具体计算公式可由材料力学知识获得;

　　　　$[v]$——容许挠度,即标准给出的受弯构件的挠度限值(见表 5.3)。当有实际经验或特殊要求时可根据不影响正常使用和观感的原则进行适当调整。

表 5.3　受弯构件的挠度容许值

项次	构件类别	挠度容许值	
		$[v_T]$	$[v_Q]$
1	吊车梁和吊车桁架(按自重和起重量最大的一台吊车计算挠度) (1)手动起重机和单梁起重机(包括悬挂起重机) (2)轻级工作制桥式起重机 (3)中级工作制桥式起重机 (4)重级工作制桥式起重机	$l/500$ $l/750$ $l/900$ $l/1\,000$	—
2	手动或电动葫芦的轨道梁	$l/400$	—
3	有重轨(≥38 kg/m)轨道的工作平台梁 有轻轨(≤24 kg/m)轨道的工作平台梁	$l/600$ $l/400$	—
4	楼(屋)盖梁或桁架、工作平台梁(第 3 项除外)和平台板 (1)主梁或桁架(包括设有悬挂起重设备的梁和桁架) (2)仅支承压型金属板屋面和冷弯型钢檩条 (3)除支承压型金属板屋面和冷弯型钢檩条外,尚有吊顶 (4)抹灰顶棚的次梁 (5)除(1)~(4)款外的其他梁(包括楼梯梁) (6)屋盖檩条 　支承压型金属板屋面 　支承其他屋面材料 　有吊顶 (7)平台板	$l/400$ $l/180$ $l/240$ $l/250$ $l/250$ $l/150$ $l/200$ $l/240$ $l/150$	$l/500$ $l/350$ $l/300$ — — —
5	墙架构件(风荷载不考虑阵风系数) (1)支柱(水平方向) (2)抗风桁架(作为连续支柱的支承时,水平位移) (3)砌体墙的横梁(水平方向) (4)支承压型金属板的横梁(水平方向) (5)支承其他墙面材料的横梁(水平方向) (6)带有玻璃窗的横梁(竖直和水平方向)	— — — — — $l/200$	$l/400$ $l/1\,000$ $l/300$ $l/100$ $l/200$ $l/200$

注:①l 为受弯构件的跨度(对悬臂梁和伸臂梁为悬臂长度的 2 倍)。

　　②$[v_T]$ 为永久和可变荷载标准值产生的挠度(如有起拱应减去拱度)的容许值;$[v_Q]$ 为可变荷载标准值产生的挠度的容许值。

　　③当吊车梁或吊车桁架跨度大于 12 m 时,其挠度容许值$[v_T]$应乘以 0.9 的系数。

　　④当墙面采用延性材料或与结构采用柔性连接时,墙架构件的支柱水平位移容许值可采用 $l/300$,抗风桁架(作为连续支柱的支承时)水平位移容许值可采用 $l/800$。

5.4　构件的扭转

当梁承受的横向荷载不通过截面剪心时,将会发生扭转;当梁在弯矩作用下平面外失稳时,也会产生扭转变形。因此,梁的扭转对于梁的承载能力有很大影响。由于钢梁主要为开口薄壁截面,它的扭转不同于圆杆。根据加载形式和约束情况的不同,梁的扭转可分为两种形式,一种为自由扭转(圣维南扭转),另一种为约束扭转(弯曲扭转)。

5.4.1　构件的自由扭转

自由扭转是指构件截面在扭转时能够自由翘曲,纵向纤维不受任何约束。其中翘曲是指原为平面的构件截面在扭转时不再保持平面,截面上各点沿杆轴方向发生纵向位移。

非圆形构件自由扭转时各截面产生相同翘曲,纵向纤维不产生变形,在截面上只产生剪应力,无正应力,而且变形前后纵向纤维始终保持直线,如图5.10所示。

图 5.10　梁的自由扭转

由于大多数钢梁是由狭长矩形截面板件组合而成,我们首先分析狭长矩形截面构件的扭转特性,如图5.11(a)所示。根据弹性力学分析,狭长矩形截面的扭矩与扭转率的关系为:

$$M_s = GI_t\theta \tag{5.14}$$

式中　M_s——截面上的扭矩;

　　　G——材料的剪切模量;

　　　I_t——截面的扭转惯性矩或扭转常数,$I_t = \dfrac{1}{3}bt^3$;

　　　θ——单位长度的扭转角或扭转率,自由扭转时 $\theta = \dfrac{\varphi}{l}$,$\varphi$ 为扭转角。

矩形截面上的剪应力环绕截面四周形成闭合剪力流,并沿截面窄边厚度呈线性分布,在边缘处达到最大,如图5.11(a)所示,其中最大剪应力为:

$$\tau_{max} = \frac{M_s t}{I_t} \tag{5.15}$$

对于工字形和T形等开口截面,可以看成由狭长的矩形截面组合而成,它们的剪应力分布如图5.11(b)、(c)所示,其扭转惯性矩的表达式近似为:

$$I_t = \frac{k}{3}\sum_{i=1}^{n} b_i t_i^3 \tag{5.16}$$

式中　b,t——各矩形截面的长度和宽度;

　　　k——考虑热轧型钢截面局部加强的增大系数,双轴对称工字形截面取1.30,单轴对称工字形截面取1.25,T形截面取1.20,槽形截面取1.12。

应特别注意箱梁等闭口截面的抗扭惯性矩与开口截面梁有很大区别,闭口箱形截面的抗扭能力远远大于工字形截面,在扭矩作用下剪应力可视为沿壁厚均匀分布,将在其截面内形成沿各板件中线方向的闭口形剪力流,如图5.11(d)所示。闭口截面的抗扭惯性矩的公式为:

$$I_t = \frac{4A^2}{\oint \dfrac{ds}{t}} \tag{5.17}$$

式中　A——闭口截面板件中线所围成的面积;

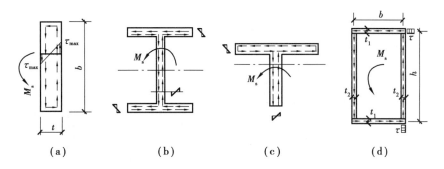

图 5.11　自由扭转时的剪应力分布图

$\oint \dfrac{\mathrm{d}s}{t}$——沿壁板中线一周的积分。

图 5.11（d）所示箱形截面的抗扭惯性矩为：

$$I_t = \frac{4bh}{2(b/t_1 + h/t_2)}$$

5.4.2　构件的约束扭转

约束扭转（弯曲扭转）是指截面的自由翘曲受到约束，不能自由变形。这种约束可以是由荷载形式引起的，如图 5.12（a）所示，由于梁的对称使得中央截面不可能发生翘曲，即翘曲变形受到约束，而梁两端的翘曲变形最大，由于连续性导致梁各个截面的翘曲变形不等。约束也可由支座条件引起，如图 5.12（b）所示悬臂梁，固定端截面不能出现翘曲变形，自由端截面翘曲变形最大。

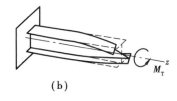

图 5.12　梁的约束扭转

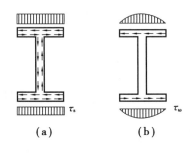

图 5.13　约束扭转的剪应力分布

由于梁截面的翘曲变形受到约束，使得截面上产生的翘曲变形沿纵向不等，这样构件的纵向纤维就会受到拉伸或压缩作用，从而产生正应力，称为翘曲正应力。与受弯构件类似，由于各截面上产生的正应力是大小不等的，为了与之平衡，截面上将产生剪应力，称为翘曲剪应力 τ_ω，如图 5.13（b）所示。此外约束扭转时，截面也会产生相互转动，存在自由扭转剪应力 τ_s，如图 5.13（a）所示。因此，截面上的外扭矩 M_T 将由自由扭转剪应力和翘曲剪应力组成的扭矩共同平衡，即

$$M_T = M_\omega + M_s \tag{5.18}$$

式中　M_ω——翘曲扭矩；

　　　M_s——自由扭矩。

分析图 5.14（a）所示的悬臂工字形梁，可以获得约束扭转时的平衡方程。在距离固定端为 z 的截面，产生的扭转角为 φ，由前可知自由扭矩 M_s 与 φ 的关系式为：

$$M_s = GI_t \frac{\mathrm{d}\varphi}{\mathrm{d}z} \tag{5.19}$$

翘曲扭矩可以由上下翼缘的翘曲剪应力组成的力偶表示：

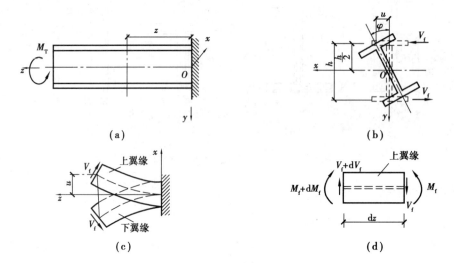

图 5.14　悬臂工字梁的约束扭转

$$M_\omega = V_f h \tag{5.20}$$

式中　V_f——翼缘中的弯曲剪力,上下翼缘中剪力大小相等、方向相反,如图 5.14(b)所示。

　　弯曲剪力 V_f 可由上翼缘的单元平衡方程得到。截面转角为 φ,若构件截面外形的投影保持不变,上翼缘在 x 方向的位移为[见图 5.14(c)]:

$$u = \frac{h}{2}\varphi \tag{5.21}$$

其中 φ 为坐标 z 的函数,因此 u 也是坐标 z 的函数。

　　翼缘弯曲的曲率为:

$$\frac{\mathrm{d}^2 u}{\mathrm{d}z^2} = \frac{h}{2}\frac{\mathrm{d}^2\varphi}{\mathrm{d}z^2} \tag{5.22}$$

　　假设图 5.14(d)中 M_f 的方向为正,则由弯矩和曲率之间关系可得:

$$M_f = -EI_f\frac{\mathrm{d}^2 u}{\mathrm{d}z^2} = -\frac{h}{2}EI_f\frac{\mathrm{d}^2\varphi}{\mathrm{d}z^2} \tag{5.23}$$

式中　M_f——一个翼缘平面内的弯矩;

　　　I_f——一个翼缘绕 y 轴的惯性矩。

　　由单元体的平衡关系,可得翼缘中的弯曲剪力为:

$$V_f = \frac{\mathrm{d}M_f}{\mathrm{d}z} = -\frac{h}{2}EI_f\frac{\mathrm{d}^3\varphi}{\mathrm{d}z^3} \tag{5.24}$$

于是得到翘曲扭矩为:

$$M_\omega = V_f h = -EI_f\frac{h^2}{2}\frac{\mathrm{d}^3\varphi}{\mathrm{d}z^3} \tag{5.25}$$

令 $I_\omega = \dfrac{I_f h^2}{2}$,则式(5.25)可改写为:

$$M_\omega = -EI_\omega\frac{\mathrm{d}^3\varphi}{\mathrm{d}z^3} \tag{5.26}$$

式中　I_ω——翘曲常数或扇形惯性矩,是构件的一个截面几何特征,对于工字形截面 $I_\omega = \dfrac{I_1 I_2}{I_y}h^2$,$I_1$、$I_2$ 分别

　　　　为受压、受拉翼缘对 y 轴的惯性矩。

将式(5.19)和式(5.26)代入式(5.18)中可得约束扭转的内外扭矩平衡微分方程为：

$$M_{T} = GI_{t}\frac{d\varphi}{dz} - EI_{\omega}\frac{d^3\varphi}{dz^3} = GI_{t}\varphi' - EI_{\omega}\varphi'''$$ （5.27）

式中　GI_{t}，EI_{ω}——分别为截面的扭转刚度和翘曲刚度。

5.5　受弯构件的整体稳定

5.5.1　梁的整体失稳特征

在一个主平面(强轴)内受弯的梁,最常用的是工字形截面。为了增大梁的平面内刚度,截面经常设计成高而窄的形式,以承受较大的荷载。但对于这类平面内、外刚度差较大的梁,在主平面内承受横向荷载的情况下,当荷载逐渐增大到一定数值时,梁会突然产生侧向弯曲和扭转变形,使梁未达到屈服强度而丧失了继续承载的能力,这种现象称为梁的整体失稳或梁的弯扭屈曲,如图 5.15 所示。使梁达到丧失整体稳定的最大荷载和最大弯矩,分别称为梁的临界荷载和临界弯矩。

梁的整体失稳必然是侧向弯扭屈曲。这是因为梁承受横向荷载时,上翼缘受压,可以看成是一根轴心压杆,随着荷载增大,上翼缘的压力也不断增大,当压力达到一定程度时,压杆将会发生屈曲,由于在主

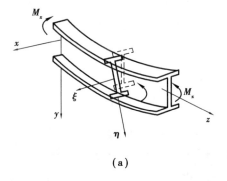

图 5.15　梁的整体失稳变形

平面内腹板的约束,压杆只能发生平面外屈曲。此外由于梁的受拉部分对其侧向屈曲产生牵制,导致截面发生扭转变形。因此,梁的整体失稳必然伴随着侧向弯曲和扭转变形。

由于梁的整体失稳是由于梁的受压部分屈曲引起的,所以理想梁的弯扭屈曲与理想轴心压杆的屈曲一样,是平衡分岔的失稳问题。如图 5.16 所示,当弯矩小于临界弯矩 M_{cr} 时,梁只在竖向平面内弯曲而无侧向弯曲和扭转。

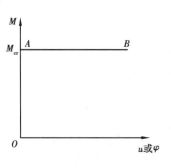

图 5.16　梁的整体失稳——平衡分岔失稳

5.5.2　梁的整体稳定分析

1)临界弯矩

以受纯弯矩作用的双轴对称工字形截面构件为例进行分析,如图 5.17 所示。推导临界弯矩时,采用如下假定：

①构件两端为简支约束。该处所谓的简支是指梁端能绕 x 轴和 y 轴自由转动,但不能绕 z 轴转动。

②理想直梁。

③荷载作用在梁的最大刚度平面内,弯扭屈曲前只发生平面弯曲。

④钢材为理想弹性体。

⑤临界状态时属于小变形。

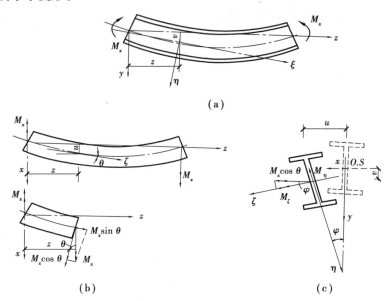

图 5.17 梁的微小变形

图 5.17 中以截面的形心为坐标原点,固定坐标系为 $Oxyz$,截面发生位移后的移动坐标系为 $O'\xi\eta\zeta$。分析中假定在梁发生位移前后截面形状保持不变,即 $I_x = I_\xi$ 和 $I_y = I_\zeta$。发生弯扭失稳以后距端点为 z 处的截面形心 O 沿 x 和 y 轴方向的位移分别为 u 和 v,截面的扭转角为 φ。在小变形情况下,xOz 和 yOz 平面内的曲率分别取为 $\dfrac{\mathrm{d}^2 u}{\mathrm{d} z^2}$ 和 $\dfrac{\mathrm{d}^2 v}{\mathrm{d} z^2}$,并且认为在 $\zeta O'\eta$ 和 $\eta O'\xi$ 平面内的曲率分别与之相等。因 $\theta = \dfrac{\mathrm{d} u}{\mathrm{d} z}$ 和截面转角 φ 都属微小量,可近似取:$\sin \theta \approx \theta$,$\cos \theta \approx 1$,$\sin \varphi \approx \varphi$,$\cos \varphi \approx 1$。在图 5.17(b)中,把 M_x 分解为 $M_x \cos \theta$ 和 $M_x \sin \theta$,然后再把 $M_x \cos \theta$ 分解成 M_ζ 和 M_η,如图 5.17(c)所示。根据上述关系,可以得到:$M_\zeta = M_x \cos \theta \cos \varphi \approx M_x$,$M_\eta = M_x \cos \theta \sin \varphi \approx M_x \varphi$,$M_\xi = M_x \sin \theta \approx M_x \dfrac{\mathrm{d} u}{\mathrm{d} z} M_x u'$。$M_\zeta$ 和 M_η 分别为截面发生位移后绕强轴和弱轴的弯矩,M_ξ 为截面的扭矩。

按照弯矩与曲率的关系和内外扭矩的平衡关系,可以得到三个平衡微分方程:

$$- EI_x v'' = M_x \tag{5.28}$$

$$- EI_y u'' = M_x \varphi \tag{5.29}$$

$$GI_t \varphi' - EI_\omega \varphi''' = M_x u' \tag{5.30}$$

梁的边界条件为:当 $z = 0$ 和 $z = l$ 时,$u = v = \varphi = 0$ 和 $\varphi'' = 0$。通过解上述微分方程,可求得纯弯曲时双轴对称工字形截面简支梁的临界弯矩:

$$M_{\mathrm{cr}} = \frac{\pi}{l} \sqrt{EI_y GI_t} \sqrt{1 + \frac{\pi^2 EI_\omega}{l^2 GI_t}} \tag{5.31}$$

由式(5.31)可以看出,影响纯弯曲下双轴对称工字形简支梁临界弯矩大小的因素包含了梁的侧向弯曲刚度 EI_y、扭转刚度 GI_t、翘曲刚度 EI_ω 和跨度 l。

对于单轴对称工字形截面简支梁承受不同荷载的一般情况(见图 5.18),根据弹性稳定理论得到临

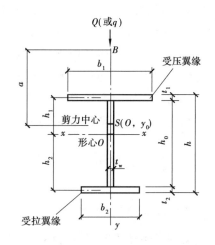

图 5.18 单轴对称工字形截面

界弯矩的计算公式为：

$$M_{cr} = \beta_1 \frac{\pi^2 EI_y}{l^2}\left[\beta_2 a + \beta_3 B_y + \sqrt{(\beta_2 a + \beta_3 B_y)^2 + \frac{I_\omega}{I_y}\left(1 + \frac{GI_t l^2}{\pi^2 EI_\omega}\right)}\right] \tag{5.32}$$

式中　a——横向荷载作用点至截面剪力中心的距离，当荷载作用点到剪力中心的指向与挠曲方向一致时取负，反之取正；

　　　B_y——反映截面不对称程度的参数，

$$B_y = \frac{1}{2I_x}\int_A y(x^2 + y^2)\,\mathrm{d}A - y_0 \tag{5.33}$$

　　　　当截面为双轴对称时，$B_y = 0$；

　　　y_0——剪力中心 S 到形心的距离，当剪力中心到形心的指向与挠曲方向一致时取负，反之取正，计算公式为：

$$y_0 = \frac{I_2 h_2 - I_1 h_1}{I_y} \tag{5.34}$$

　　　I_1, I_2——受压翼缘和受拉翼缘对 y 轴的惯性矩；

　　　$\beta_1, \beta_2, \beta_3$——与荷载类型有关的系数，具体取值如表 5.4 所示。

表 5.4　不同荷载类型的 β_1、β_2、β_3 值

侧向支承点情况	荷载类型	β_1	β_2	β_3
跨中无侧向支承点	跨中集中荷载	1.35	0.55	0.40
	满跨均布荷载	1.13	0.47	0.53
	纯弯曲	1.00	0	1.00
跨中有一个侧向支承点	跨中集中荷载	1.75	0	1.00
	满跨均布荷载	1.39	0.14	0.86
跨中有 2 个侧向支承点	跨中集中荷载	1.84	0.89	0
	满跨均布荷载	1.45	0	1
跨中有 3 个侧向支承点	跨中集中荷载	1.90	0	1.00
	满跨均布荷载	1.47	1	0
侧向支承点间弯矩线性变化	不考虑段与段之间相互约束	$1.75 - 1.05\left(\dfrac{M_1}{M_2}\right) + 0.3\left(\dfrac{M_1}{M_2}\right)^2 = 2.3$	0	1.0
侧向支承点间弯矩非线性变化		$\dfrac{5M_{max}}{M_{max} + 1.2(M_2 + M_4) + 1.6M_3}$	0	0

注：M_1 和 M_2 为区段的端弯矩，使构件产生同向曲率（无反弯点）时取同号；使构件产生反向曲率（有反弯点）时取异号，且 $|M_1| \geq |M_2|$。

2）影响钢梁整体稳定性的主要因素

分析式(5.31)、式(5.32)可以发现，影响钢梁整体稳定性的主要因素为：

①截面侧向抗弯刚度 EI_y、扭转刚度 GI_t 和翘曲刚度 EI_ω 越大，临界弯矩越大，整体稳定性越好。

②受压翼缘自由长度（受压翼缘侧向支承点的间距）l_1 越小，则整体稳定性越好。

③梁所受荷载类型对整体稳定也有影响。由受弯构件弯扭失稳的机理可知，弯矩分布图形越饱满，受压翼缘的应力分布越均匀，相邻截面之间相互支持作用就越小。因此，在最大弯矩相同的情况下，弯矩

分布图形越饱满,对梁的整体稳定性越不利,即纯弯矩作用下最不利,均载时较好,集中荷载时更好。

④梁端支座对截面的约束,尤其是对截面 y 轴的转动约束程度越大,梁的整体稳定性越好。

⑤横向荷载沿梁截面高度方向的作用点位置对临界荷载也有影响。当荷载作用在上翼缘时[见图 5.19(a)],在梁产生微小侧向弯曲和扭转时,荷载对梁截面的转动有促进作用,加速梁的整体失稳;反之,当荷载作用在下翼缘时[见图 5.19(b)],荷载对梁截面的转动有阻碍作用,延缓梁的整体失稳。

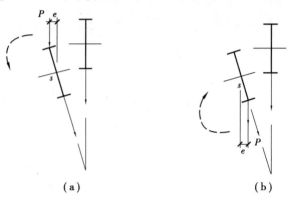

图 5.19　荷载作用点高度对梁稳定的影响

⑥B_y 值越大则临界弯矩越大。加强受压翼缘的工字形截面 B_y 值为正,加强受拉翼缘的工字形截面 B_y 值为负,因此前者的稳定性好于后者。

⑦残余应力等初始缺陷会降低钢梁的稳定性。

5.5.3　梁的整体稳定计算

1)梁的整体稳定计算公式

要保证梁不丧失整体稳定,应使梁受压翼缘的最大应力不超过临界应力,据此考虑其抗力分项系数后,可确定其整体稳定计算公式。

在最大刚度主平面内单向受弯的构件,要求:

$$\sigma_{max} = \frac{M_x}{W_x} \leqslant \frac{M_{cr}}{W_x}\frac{1}{\gamma_R} = \frac{\sigma_{cr}}{\gamma_R} = \frac{\sigma_{cr}}{f_y}\frac{f_y}{\gamma_R} = \varphi_b f$$

其整体稳定性应按式(5.35)计算:

$$\frac{M_x}{\varphi_b W_x f} \leqslant 1.0 \tag{5.35}$$

在两个主平面受弯的 H 型钢截面或工字形截面构件,其整体稳定性应按式(5.36)计算:

$$\frac{M_x}{\varphi_b W_x f} + \frac{M_y}{\gamma_y W_y f} \leqslant 1.0 \tag{5.36}$$

式中　M_x, M_y——绕强轴作用和弱轴作用的最大弯矩;

　　　W_x, W_y——按受压翼缘确定的对 x 轴和对 y 轴的毛截面模量;

　　　φ_b——绕强轴弯曲所确定的梁整体稳定系数。

2)梁的整体稳定系数计算

如图 5.20 所示等截面焊接工字型和轧制 H 钢简支梁的整体稳定系数φ_b应按下式计算:

$$\varphi_b = \beta_b \frac{4\,320}{\lambda_y^2} \cdot \frac{Ah}{W_x}\left[\sqrt{1 + \left(\frac{\lambda_y t_1}{4.4h}\right)^2} + \eta_b\right]\varepsilon_k^2 \tag{5.37}$$

式中　β_b——梁整体稳定的等效弯矩系数,应按表 5.5 采用;

λ_y——梁在侧向支承点间对截面弱轴 $y\text{-}y$ 的长细比；

A——梁的毛截面积，mm^2；

h，t_1——梁截面全高、受压翼缘厚度，mm；

η_b——截面不对称影响系数，双轴对称截面取为 0，单轴对称加强受压翼缘时 $\eta_b = 0.8(2\alpha_b - 1)$，单轴对称加强受拉翼缘时 $\eta_b = 2\alpha_b - 1$，$\alpha_b = \dfrac{I_1}{I_1 + I_2}$，$I_1$、$I_2$ 分别为受压翼缘和受拉翼缘对 y 轴的惯性矩，mm^4。

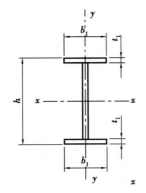 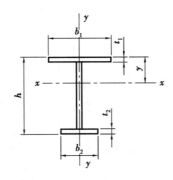

（a）双轴对称焊接工字形截面　（b）加强受压翼缘的单轴对称焊接工字形截面

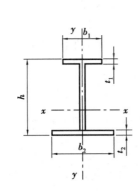 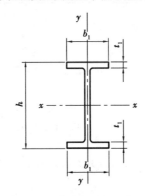

（c）加强受拉翼缘的单轴对称焊接工字形截面　（d）轧制H型钢截面

图 5.20　焊接工字形和轧制 H 型钢截面

表 5.5　梁整体稳定的等效弯矩系数

项次	侧向支承	荷载		$\xi \leqslant 2.0$	$\xi > 2.0$	适用范围
1	跨中无侧向支承	均布荷载作用在	上翼缘	$0.69 + 0.13\xi$	0.95	图 5.20（a）、（b）和（d）的截面
2			下翼缘	$1.73 - 0.20\xi$	1.33	
3		集中荷载作用在	上翼缘	$0.73 + 0.18\xi$	1.09	
4			下翼缘	$2.23 - 0.28\xi$	1.67	

续表

项次	侧向支承	荷载		$\xi \leq 2.0$	$\xi > 2.0$	适用范围
5	跨度中点有一个侧向支承点	均布荷载作用在	上翼缘	1.15		
6		集中荷载作用在	下翼缘	1.40		
7		集中荷载作用在截面高度的任意位置		1.75		图5.20中的所有截面
8	跨中有不少于两个等距离侧向支承点	任意荷载作用在	上翼缘	1.20		
9			下翼缘	1.40		
10	梁端有弯矩,但跨中无荷载作用			$1.75 - 1.05\left(\dfrac{M_2}{M_1}\right) + 0.3\left(\dfrac{M_2}{M_1}\right)^2$ 但 ≤ 2.3		

注:①ξ 为参数,$\xi = \dfrac{l_1 t_1}{b_1 h}$,其中 b_1 为受压翼缘的宽度;

②M_1 和 M_2 为梁的端弯矩,使梁产生同向曲率时 M_1 和 M_2 取同号,产生反向曲率时取异号,$|M_1| \geq |M_2|$;

③表中项次3、4和7的集中荷载是指一个或少数几个集中荷载位于跨中央附近的情况,对其他情况的集中荷载,应按表中项次1、2、5、6内的数值采用;

④表中项次8、9的 β_b,当集中荷载作用在侧向支承点处时,取 $\beta_b = 1.20$;

⑤荷载作用在上翼缘系指荷载作用点在翼缘表面,方向指向截面形心;荷载作用在下翼缘系指荷载作用点在翼缘表面,方向背向截面形心;

⑥对 $\alpha_b > 0.8$ 的加强受压翼缘工字形截面,下列情况的 β_b 值应乘以相应的系数:

项次1:当 $\xi \leq 1.0$ 时,乘以 0.95;

项次3:当 $\xi \leq 0.5$ 时,乘以 0.90;当 $0.5 < \xi \leq 1.0$ 时,乘以 0.95。

当按式(5.37)计算 $\varphi_b > 0.6$ 时,应用下式计算 φ'_b 替 φ_b 值:

$$\varphi'_b = 1.07 - \frac{0.282}{\varphi_b} \leq 1.0 \tag{5.38}$$

轧制普通工字形简支梁的整体稳定系数 φ_b 应按附表8采用,当所得 $\varphi_b > 0.6$ 时,应用式(5.38)计算 φ'_b 替 φ_b 值。

3)均匀弯曲受弯构件整体稳定系数的近似计算

对于均匀弯曲的受弯构件,当 $\lambda_y \leq 120\sqrt{\dfrac{235}{f_y}}$ 时,其整体稳定系数 φ_b 可按下列近似公式计算:

(1)工字形截面(含H型钢)

双轴对称

$$\varphi_b = 1.07 - \frac{\lambda_y^2}{44\,000} \frac{f_y}{235} \tag{5.39}$$

单轴对称

$$\varphi_{\mathrm{b}} = 1.07 - \frac{W_x}{(2\alpha_{\mathrm{b}} + 0.1)Ah} \frac{\lambda_y^2}{14\,000} \frac{f_y}{235} \tag{5.40}$$

（2）T形截面（弯矩作用在对称轴平面，绕 x 轴）

①弯矩使翼缘受压时：

双角钢 T 形截面

$$\varphi_{\mathrm{b}} = 1 - 0.001\,7\lambda_y\sqrt{\frac{f_y}{235}} \tag{5.41}$$

剖分 T 型钢和两板组合的 T 形截面

$$\varphi_{\mathrm{b}} = 1 - 0.002\,2\lambda_y\sqrt{\frac{f_y}{235}} \tag{5.42}$$

②弯矩使翼缘受拉且腹板宽厚比不大于 $18\sqrt{\dfrac{235}{f_y}}$ 时：

$$\varphi_{\mathrm{b}} = 1 - 0.000\,5\lambda_y\sqrt{\frac{f_y}{235}} \tag{5.43}$$

（3）箱形截面

$$\varphi_{\mathrm{b}} = 1.0$$

按式（5.39）～式（5.43）算得的 φ_{b} 值大于 0.6 时，不需要再换算成 φ_{b}' 值；当算得的 φ_{b} 值大于 1.0 时，取 $\varphi_{\mathrm{b}} = 1.0$。

5.5.4　不需计算梁整体稳定性的条件

在实际工程中，梁经常与其他构件相互连接，有利于阻止梁丧失整体稳定。符合下列情况之一时，可不计算梁的整体稳定性：

①有铺板（各种钢筋混凝土板和钢板）密铺在梁的受压翼缘上并与其牢固相连，能阻止梁受压翼缘的侧向位移时。

②箱形截面简支梁（见图 5.21），其截面尺寸满足 $h/b_0 \leqslant 6$，且 l_1/b_0 不超过 $95(235/f_y)$ 时（由于箱形截面的抗侧向弯曲刚度和抗扭转刚度远远大于工字形截面，整体稳定性较强，本条规定较易满足）。

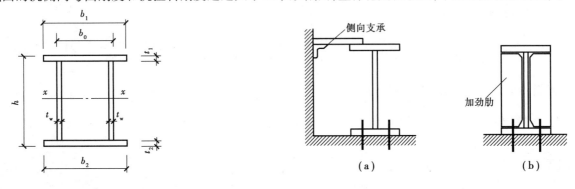

图 5.21　箱形截面　　　　　　　　　　图 5.22　梁端的抗扭构造措施

需要注意的是，上述稳定计算的理论依据都是以梁的支座处不产生扭转变形为前提的，在梁的支座处必须保证截面的扭转角为零。因此，在构造上应考虑在梁的支点处上翼缘设置可靠的侧向支承，以使梁不产生扭转。图 5.22 示出了两种增加梁端抗扭能力的构造措施，图 5.22(a) 为梁上翼缘用钢板连于支承构件上，图 5.22(b) 为在梁端设置加劲肋。

【例题 5.2】　一简支梁，跨度 6 m，跨度中间无侧向支承。上翼缘承受满跨的均布荷载；永久荷载标准值 70 kN/m(包括梁自重),可变荷载标准值 158 kN/m。钢材为 Q355 钢,钢梁截面尺寸如图 5.23 所示。试验算此梁的整体稳定性。

【解】 (1)截面特性

$$A = 16 \times 390 + 8 \times 1\,000 + 14 \times 200 = 1.70 \times 10^4 (\text{mm}^2)$$

形心轴位置(对上翼缘中心线取面积矩):

$$y_1 = \frac{16}{2} + \frac{8\,000 \times (500 + 8) + 2\,800 \times (7 + 1\,000 + 8)}{1.70 \times 10^4} = 413(\text{mm})$$

$$y_2 = 1\,030 - 413 = 617(\text{mm})$$

$$I_x = 2.82 \times 10^9(\text{mm}^4)$$

$$I_y \approx I_1 + I_2 = 8.84 \times 10^7(\text{mm}^4)$$

$$W_{1x} = \frac{I_x}{y_1} = \frac{2.82 \times 10^9}{413} = 6.82 \times 10^6(\text{mm}^3)$$

$$W_{2x} = \frac{I_x}{y_2} = \frac{2.82 \times 10^9}{617} = 4.57 \times 10^6(\text{mm}^3)$$

$$i_y = \sqrt{\frac{I_y}{A}} = \sqrt{\frac{8.84 \times 10^7}{1.70 \times 10^4}} = 72(\text{mm})$$

$$\lambda_y = \frac{l_1}{i_y} = \frac{6\,000}{72} = 83.3$$

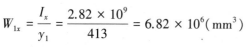

图 5.23 例题 5.2 图

(2)弯矩设计值

$$M_x = \frac{1}{8}ql^2 = \frac{1}{8}(1.3 \times 70 + 1.5 \times 158) \times 6^2 = 1\,476(\text{kN} \cdot \text{m})$$

(3)稳定系数

按公式(5.37)计算:

$$\alpha_b = \frac{I_1}{I_1 + I_2} = 0.894 \qquad \xi = \frac{l_1 t_1}{b_1 h} = \frac{6\,000 \times 16}{390 \times 1\,030} = 0.239 < 1.0$$

查表 5.5 可得:$\beta_b = 0.95(0.69 + 0.13 \times 0.239) = 0.685$

截面不对称影响系数:$\eta_b = 0.8(2\alpha_b - 1) = 0.8(2 \times 0.894 - 1) = 0.63$

代入公式(5.37)可得:

$$\varphi_b = 0.685 \times \frac{4\,320}{83.3^2} \times \frac{1.70 \times 10^4 \times 1\,030}{6.82 \times 10^6}\left[\sqrt{1 + \left(\frac{83.8 \times 16}{4.4 \times 1\,030}\right)^2} + 0.63\right] \times \frac{235}{355} = 1.21 > 0.6$$

需换算成 φ_b':$\varphi_b' = 1.07 - \dfrac{0.282}{1.21} = 0.837$

(4)验算整体稳定

$$\frac{M_x}{\varphi_b' W_{1x} f} = \frac{1\,476 \times 10^6}{0.837 \times 6.82 \times 10^6 \times 305} = 0.848 < 1,\text{满足要求。}$$

5.6 梁的局部稳定和腹板加劲肋设计

在设计焊接钢梁时,为了提高钢梁的强度、刚度和整体稳定性,同时获得经济的截面尺寸,常采用宽而薄的翼缘板和高而薄的腹板。然而,当它们的宽厚比或高厚比过大时,在荷载作用下,常会在梁发生强度破坏或丧失整体稳定性之前,梁的组成板件就可能偏离原来的平面位置而发生波状鼓曲(见图 5.24),这种现象称为梁丧失局部稳定或称板的屈曲。

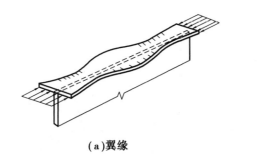 

(a)翼缘   **(b)腹板**

图 5.24 梁局部失稳

梁丧失局部稳定的后果虽然没有丧失整体稳定那样严重,但板件的屈曲会改变梁的刚度和受力状况,对梁的承载能力也有很大影响,因此不容忽视。

5.6.1 梁翼缘的局部稳定

翼缘的局部失稳发生在受压翼缘,为了使翼缘在钢材屈服前不丧失稳定,常采用限制翼缘宽厚比的方法来防止其局部失稳。梁的受压翼缘板沿纵向被腹板分成两块平行的矩形板条,由于腹板对翼缘板的转动约束很小,与腹板相连的边可视为简支边。受压翼缘板可以视为三边简支、一边自由均匀受压的矩形板条来分析,如图 5.25(a)所示,板条的平面尺寸为 $b_1 \times a$,b_1 为受压翼缘板的自由外伸宽度,a 为腹板横向加劲肋的间距。稳定临界应力公式为:

$$\sigma_{cr} = \frac{\chi\sqrt{\eta}K\pi^2 E}{12(1-\nu^2)}\left(\frac{t}{b_1}\right)^2$$

上式中,取 $K=0.425$,$\chi=1.0$,$E=2.06\times10^5\ \mathrm{N/mm^2}$,$\eta=0.44$ 和 $\nu=0.3$。

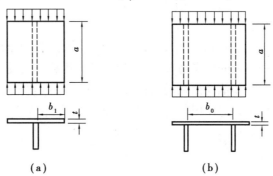

图 5.25 梁的受压翼缘板

为了使翼缘在钢材屈服前不丧失稳定,取 $\sigma_{cr} \geq f_y$,则得弹性设计公式:

$$\frac{b_1}{t} \leq 15\sqrt{\frac{235}{f_y}} \tag{5.44}$$

当考虑截面部分发展为塑性时,截面上形成了塑性区和弹性区,翼缘板整个厚度上的应力均可达到屈服点。我国设计标准中规定取截面塑性发展系数 $\gamma_x=1.05$,相当于上下边的塑性区高度为 $0.125h$,如图 5.26(a)所示,此时边缘纤维的最大应变为 4/3 倍屈服应变。在翼缘板的稳定临界应力公式中,用相当于边缘纤维为 $\frac{4}{3}\varepsilon_y$ 时的割线模量 E_s 代替弹性模量 E,$E_s=\frac{3}{4}E$,如图 5.26(b)所示。因此得到截面允许出现部分塑性,即 $\gamma_x=1.05$ 时,翼缘的悬伸宽厚比要求为:

$$\frac{b_1}{t} \leq 13\sqrt{\frac{235}{f_y}} \tag{5.45}$$

箱形截面梁受压翼缘板在两腹板之间的部分相当于四边简支的单向均匀受压板,如图5.25(b)所示,

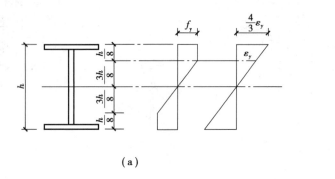
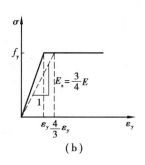

(a)   (b)

图 5.26　弹塑性阶段工字形截面梁的应力应变图

与工字形截面的公式类似,标准中的宽厚比要求为:

$$\frac{b_0}{t} \leqslant 40\sqrt{\frac{235}{f_y}} \tag{5.46}$$

式中　b_0——箱形截面梁受压翼缘板在两腹板之间的无支承宽度,当设有纵向加劲肋时,b_0 取腹板与纵向加劲肋之间的翼缘板无支承宽度。

5.6.2　梁腹板的局部稳定

为了提高梁腹板的局部稳定性,常在腹板上设置加劲肋。加劲肋分为横向加劲肋、纵向加劲肋、短加劲肋和支承加劲肋 4 种,如图 5.27 所示。横向加劲肋主要防止由剪应力和局部压应力可能引起的腹板失稳,纵向加劲肋主要防止由弯曲压应力可能引起的腹板失稳,短加劲肋主要防止由局部压应力可能引起的腹板失稳。

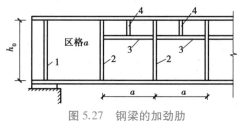

图 5.27　钢梁的加劲肋

1—支承加劲肋;2—横向加劲肋;
3—纵向加劲肋;4—短加劲肋

设置加劲肋的腹板被分成许多不同的区格,它们的尺寸不同、位置不同,所承受的应力也各不相同。对于简支梁的腹板,根据弯矩和剪力的分布情况,在靠近梁端的区格主要受剪应力的作用,在跨中的区格则主要受到弯曲正应力的作用,而其他区格则受到正应力和剪应力的共同作用。为了验算各腹板区格的局部稳定性,可先求得在几种单一应力作用下的稳定临界应力,然后再考虑各种应力共同作用下的局部稳定性。

1)各种应力单独作用下的腹板屈曲

(1)腹板区格在纯弯曲作用下的临界应力

在弯曲应力单独作用下,腹板的屈曲情况如图 5.28(a)所示。在板的横向,屈曲成一个半波;在板的纵向,可能屈曲成一个或多个半波,由板的长宽比 a/h_0 决定,凸凹波形的中心靠近其压应力合力的作用线。其临界应力仍可用均匀受压板的临界应力公式表示,仅仅是屈曲系数 K 的取值不同:

$$\sigma_{cr} = \frac{\chi K \pi^2 E}{12(1-\nu^2)}\left(\frac{t_w}{h_0}\right)^2 \tag{5.47}$$

式中　t_w——腹板厚度;

　　　h_0——腹板计算高度;

　　　K——与板的支承条件有关的屈曲系数,如图 5.28(b)所示,对于四边简支的板 $K_{min}=23.9$,$\chi=1.0$;对于受荷边为简支、上下边固定的板,$K_{min}=39.6$,相当于引入了弹性嵌固系数 $\chi=39.6/23.9=1.66$。

若将 $\nu=0.3$ 及 $E=2.06\times10^5$ N/mm^2 代入式(5.47),可得四边简支板的临界应力:

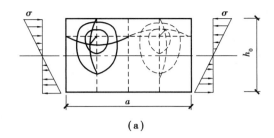

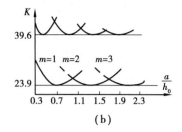

图 5.28　腹板的纯弯屈曲

$$\sigma_{cr} = 445\left(\frac{100t_w}{h_0}\right)^2 \tag{5.48}$$

翼缘对腹板的约束作用可以通过弹性嵌固系数来考虑,就是把四边简支板的临界应力乘以系数 χ。对工字梁的腹板,在下边缘受到受拉翼缘的约束,基本上接近于固定边。而上边缘的约束情况则要视上翼缘的实际情况而定,当梁的受压翼缘连有刚性铺板、制动梁或焊有钢轨,约束受压翼缘的扭转变形时,其上边缘可视为固定边,取 $\chi = 1.66$;当受压翼缘扭转变形未受到约束时,上边缘视为简支边,取 $\chi = 1.0$。

上述两种情况的腹板临界应力分别为:

受压翼缘扭转受到约束时

$$\sigma_{cr} = 737\left(\frac{100t_w}{h_0}\right)^2 \tag{5.49}$$

受压翼缘扭转未受到约束时

$$\sigma_{cr} = 445\left(\frac{100t_w}{h_0}\right)^2 \tag{5.50}$$

若要保证腹板在边缘屈服前不发生屈曲,即 $\sigma_{cr} \geqslant f_y$,则分别得到弹性阶段的高厚比限值:

受压翼缘扭转受到约束时

$$\frac{h_0}{t_w} \leqslant 177\sqrt{\frac{235}{f_y}} \tag{5.51}$$

受压翼缘扭转未受到约束时

$$\frac{h_0}{t_w} \leqslant 138\sqrt{\frac{235}{f_y}} \tag{5.52}$$

我国标准引入了国际上通行的通用高厚比 λ_b 作为参数来计算临界应力,它的表达式为:

$$\lambda_b = \sqrt{\frac{f_y}{\sigma_{cr}}} \tag{5.53}$$

将式(5.49)和式(5.50)分别代入式(5.53)可得:

受压翼缘扭转受到约束时

$$\lambda_b = \frac{h_0/t_w}{177}\sqrt{\frac{f_y}{235}} \tag{5.54}$$

受压翼缘扭转未受到约束时

$$\lambda_b = \frac{h_0/t_w}{138}\sqrt{\frac{f_y}{235}} \tag{5.55}$$

由通用宽厚比的定义可知,弹性阶段腹板临界应力 σ_{cr} 与 λ_b 的关系曲线如图 5.29 中的 ABEG 线,它与 $\sigma_{cr} = f_y$ 的水平线相交于 E 点,相应的 $\lambda_b = 1$。图中的 ABEF 线是理想情况下弹塑性板的 σ_{cr}-λ_b 曲线。我国设计标准考虑实际情况中的各种因素,对纯弯曲下腹板区格的临界应力曲线采用了图中的 ABCD 线。考虑到存在有残余应力和几何缺陷,把塑性范围缩小到 $\lambda_b \leqslant 0.85$,弹性范围则推迟到 $\lambda_b = 1.25$。该起始点主要参考梁整体稳定计算，弹性界限为 $0.6f_y$，相应的 $\lambda = \sqrt{1/0.6} = 1.29$，考虑到腹板局部屈曲受残余应力影响不如整体屈曲大，故取 $\lambda_b = 1.25$。该曲线由三段组成，AB 段表示弹性阶段的临界应力，CD 段为 $\sigma_{cr} = f$ 的水平线，BC 段为弹性阶段过渡到强度设计值的直线。对应于图中曲线，标准中 σ_{cr} 的计算公式为：

图 5.29　临界应力与通用高厚比的关系曲线

当 $\lambda_b \leqslant 0.85$ 时

$$\sigma_{cr} = f \tag{5.56}$$

当 $0.85 < \lambda_b \leqslant 1.25$ 时

$$\sigma_{cr} = [1 - 0.75(\lambda_b - 0.85)]f \tag{5.57}$$

当 $\lambda_b > 1.25$ 时

$$\sigma_{cr} = \frac{1.1f}{\lambda_b^2} \tag{5.58}$$

式中，当受压翼缘扭转受到约束时

$$\lambda_b = \frac{2h_c/t_w}{177}\sqrt{\frac{f_y}{235}} \tag{5.59}$$

当受压翼缘扭转未受到约束时

$$\lambda_b = \frac{2h_c/t_w}{138}\sqrt{\frac{f_y}{235}} \tag{5.60}$$

h_c 为梁腹板弯曲受压区高度，对双轴对称截面 $2h_c = h_0$。

这里应该注意：虽然临界应力的三个公式在形式上都与钢材强度设计值 f 相关，但式(5.58)中的 f 乘以 1.1 后相当于 f_y，即不计抗力分项系数。弹性和非弹性范围不同的原因在于，当板处于弹性范围时存在较大的屈曲后强度(将在后面介绍)，安全系数可以小一些。另外，由式(5.59)和式(5.60)可以看出，在纯弯作用下临界应力与 t_w/h_0 相关，但与 a/h_0 无关。

(2)腹板区格在纯剪切作用下的临界应力

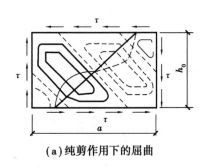
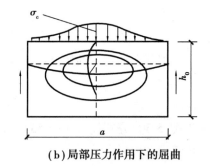

(a)纯剪作用下的屈曲　　　　**(b)局部压力作用下的屈曲**

图 5.30　腹板在纯剪和局部压力作用下的局部屈曲

在剪切应力单独作用下，腹板的屈曲情况如图 5.30(a)所示，产生大约 45°倾斜的凸凹波形。弹性屈曲时的剪切临界应力的形式仍可表示为：

$$\tau_{cr} = \frac{\chi K \pi^2 E}{12(1 - \nu^2)}\left(\frac{t_w}{h_0}\right)^2 \tag{5.61}$$

式中，嵌固系数取 $\chi = 1.23$；屈曲系数 K 可以近似取：

当 $\dfrac{a}{h_0} \leqslant 1.0$ 时

$$K = 4 + 5.34\left(\frac{h_0}{a}\right)^2 \tag{5.62}$$

当 $\dfrac{a}{h_0} > 1.0$ 时

$$K = 5.34 + 4\left(\frac{h_0}{a}\right)^2 \tag{5.63}$$

与纯弯曲时类似,引入通用高厚比:

$$\lambda_s = \sqrt{\frac{f_{vy}}{\tau_{cr}}} = \sqrt{\frac{f_y}{\sqrt{3}\ \tau_{cr}}} \tag{5.64}$$

同弯曲临界应力类似,标准中剪切临界应力的曲线与图 5.29 相似,仅仅是过渡段直线的上下分界点不同,它的计算公式为:

当 $\lambda_s \leqslant 0.8$ 时

$$\tau_{cr} = f_v \tag{5.65}$$

当 $0.8 < \lambda_s \leqslant 1.2$ 时

$$\tau_{cr} = \left[1 - 0.59(\lambda_s - 0.8)\right]f_v \tag{5.66}$$

当 $\lambda_s > 1.2$ 时

$$\tau_{cr} = \frac{1.1 f_v}{\lambda_s^2} \tag{5.67}$$

式中,通用高厚比的计算公式为:

当 $\dfrac{a}{h_0} \leqslant 1.0$ 时

$$\lambda_s = \frac{h_0/t_w}{37\eta\sqrt{4 + 5.34(h_0/a)^2}}\sqrt{\frac{f_y}{235}} \tag{5.68}$$

当 $\dfrac{a}{h_0} > 1.0$ 时

$$\lambda_s = \frac{h_0/t_w}{37\eta\sqrt{5.34 + 4(h_0/a)^2}}\sqrt{\frac{f_y}{235}} \tag{5.69}$$

式中,参数 η 对简支梁取 1.11,对框架梁最大应力区取 1。

当腹板不设加劲肋时,近似取 $\dfrac{a}{h_0} = \infty$,则 $K = 5.34$。若要求 $\tau_{cr} = f_v$,则 λ_s 不应超过 0.8,由式(5.69)可得高厚比限值 $\dfrac{h_0}{t_w} = 0.8 \times 41\sqrt{5.34} \times \sqrt{\dfrac{235}{f_y}} = 75.8\sqrt{\dfrac{235}{f_y}}$,考虑到区格平均剪应力一般低于 f_v,标准规定的限值为 $80\sqrt{\dfrac{235}{f_y}}$。

(3)腹板区格在局部压力作用下的临界应力

当梁上承受比较大的集中荷载而无支承加劲肋时,腹板的屈曲情况如图 5.30(b)所示,在板的纵向和横向都只出现一个半波。其临界应力的表达式仍为:

$$\sigma_{c,cr} = \frac{\chi K \pi^2 E}{12(1 - \nu^2)}\left(\frac{t_w}{h_0}\right)^2 \tag{5.70}$$

式中,屈曲系数 K 可近似表示为:

当 $0.5 \leqslant \dfrac{a}{h_0} \leqslant 1.5$ 时

$$K = \left(7.4 + 4.5\frac{h_0}{a}\right)\frac{h_0}{a} \tag{5.71}$$

当 $1.5 < \frac{a}{h_0} \leqslant 2.0$ 时

$$K = \left(11 - 0.9\frac{h_0}{a}\right)\frac{h_0}{a} \tag{5.72}$$

对局部压力下的腹板,取嵌固系数为:

$$\chi = 1.81 - 0.255\frac{h_0}{a} \tag{5.73}$$

为了简化计算,标准中把屈曲系数和嵌固系数的乘积简化为:

当 $0.5 \leqslant \frac{a}{h_0} \leqslant 1.5$ 时

$$\chi K = 10.9 + 13.4\left(1.83 - \frac{a}{h_0}\right)^3 \tag{5.74}$$

当 $1.5 < \frac{a}{h_0} \leqslant 2.0$ 时

$$\chi K = 18.9 - 5\frac{a}{h_0} \tag{5.75}$$

引入局部承压时的通用高厚比 $\lambda_c = \sqrt{\dfrac{f_y}{\sigma_{c,cr}}}$,我国标准给出的临界应力公式为:

当 $\lambda_c \leqslant 0.9$ 时

$$\sigma_{c,cr} = f \tag{5.76}$$

当 $0.9 < \lambda_c \leqslant 1.2$ 时

$$\sigma_{c,cr} = \left[1 - 0.79(\lambda_c - 0.9)\right]f \tag{5.77}$$

当 $\lambda_c > 1.2$ 时

$$\sigma_{c,cr} = \frac{1.1f}{\lambda_c^2} \tag{5.78}$$

式中,通用高厚比的计算公式为:

当 $0.5 \leqslant \frac{a}{h_0} \leqslant 1.5$ 时

$$\lambda_c = \frac{h_0/t_w}{28\sqrt{10.9 + 13.4(1.83 - a/h_0)^3}}\sqrt{\frac{f_y}{235}} \tag{5.79}$$

当 $1.5 < \frac{a}{h_0} \leqslant 2.0$ 时

$$\lambda_c = \frac{h_0/t_w}{28\sqrt{18.9 - 5a/h_0}}\sqrt{\frac{f_y}{235}} \tag{5.80}$$

2) 各种应力共同作用下的局部稳定验算

当梁腹板高厚比 $\frac{h_0}{t_w} > 80\sqrt{\frac{235}{f_y}}$ 时,应对配置加劲肋的腹板进行稳定计算,其方法如下:

(1)仅配置横向加劲肋的腹板区格

如图 5.31(a)所示,仅配置横向加劲肋的腹板各区格的局部稳定应按式(5.81)计算:

$$\left(\frac{\sigma}{\sigma_{cr}}\right)^2 + \left(\frac{\tau}{\tau_{cr}}\right)^2 + \frac{\sigma_c}{\sigma_{c,cr}} \leqslant 1 \tag{5.81}$$

式中　σ——所计算腹板区格内,由平均弯矩产生的腹板计算高度边缘的弯曲压应力;

τ——所计算腹板区格内,由平均剪力产生的腹板平均剪应力,应按 $\tau = \dfrac{V}{h_w t_w}$ 计算,h_w 为腹板高度;

σ_c——腹板计算高度边缘的局部压应力,应按式(5.10)计算,但式中取 $\psi = 1.0$;

σ_{cr},τ_{cr},$\sigma_{c,cr}$——分别为各种应力单独作用下的临界应力,应按上文中的公式计算。

（2）同时配置横向和纵向加劲肋的腹板区格

如图 5.31(b)所示,同时配置横向和纵向加劲肋的腹板,被纵向加劲肋分成Ⅰ和Ⅱ两种区格。我国标准中的局部稳定验算公式为:

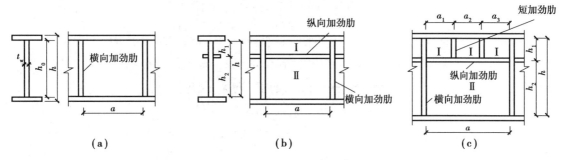

图 5.31　腹板加劲肋的布置

①受压翼缘与纵向加劲肋之间的区格Ⅰ:

$$\frac{\sigma}{\sigma_{cr1}} + \left(\frac{\tau}{\tau_{cr1}}\right)^2 + \left(\frac{\sigma_c}{\sigma_{c,cr1}}\right)^2 \leqslant 1 \tag{5.82}$$

式中,σ_{cr1}、τ_{cr1}、$\sigma_{c,cr1}$ 分别按下列方法计算:

a.σ_{cr1} 按式(5.56)~式(5.58)计算,但式中的 λ_b 改用下列 λ_{b1} 代替:

当梁受压翼缘扭转受到约束时

$$\lambda_{b1} = \frac{h_1/t_w}{75}\sqrt{\frac{f_y}{235}} \tag{5.83}$$

当梁受压翼缘扭转未受到约束时

$$\lambda_{b1} = \frac{h_1/t_w}{64}\sqrt{\frac{f_y}{235}} \tag{5.84}$$

式中　h_1——纵向加劲肋至腹板计算高度受压边缘的距离。

b.τ_{cr1} 按式(5.65)~式(5.67)计算,将式中的 h_0 改为 h_1。

c.$\sigma_{c,cr1}$ 按式(5.56)~式(5.58)计算,但式中的 λ_b 改用下列 λ_{c1} 代替:

当梁受压翼缘扭转受到约束时

$$\lambda_{c1} = \frac{h_1/t_w}{56}\sqrt{\frac{f_y}{235}} \tag{5.85}$$

当梁受压翼缘扭转未受到约束时

$$\lambda_{c1} = \frac{h_1/t_w}{40}\sqrt{\frac{f_y}{235}} \tag{5.86}$$

注意:$\sigma_{c,cr1}$ 的计算是借用纯弯条件下临界应力公式,而非单纯局部受压临界应力公式。由于图 5.31 所示的区格Ⅰ为一狭长形板条,在上端局部承压时,可近似地把该区格看作竖向中心受压的板条,宽度近似取 $l_z + h_1 \approx 2h_1$（设板条顶端截面的承压宽度为 $l_z \approx h_1$,并按 45°分布传至区格半高处的宽度）。当上翼缘扭转受到约束时,把该板条上端视为固定端,下端为简支端;当上翼缘扭转未受到约束时,假定上、下端均为简支。于是由欧拉公式可得两种情况下的临界应力分别为:

$$\sigma_{c,cr1} = \frac{\pi^2 E(2h_1 t_w^3)}{12(1-\nu^2)(0.7h_1)^2}\frac{1}{h_1 t_w} = \frac{4\pi^2 E}{12(1-\nu^2)}\left(\frac{t_w}{h_1}\right)^2$$

和

$$\sigma_{c,cr1} = \frac{2\pi^2 E}{12(1-\nu^2)}\left(\frac{t_w}{h_1}\right)^2$$

再由 $\lambda_{c1} = \sqrt{\dfrac{f_y}{\sigma_{c,cr}}}$ 即得上述式(5.85)和式(5.86)。

②受拉翼缘与纵向加劲肋之间的区格Ⅱ:

$$\left(\frac{\sigma_2}{\sigma_{cr2}}\right)^2 + \left(\frac{\tau}{\tau_{cr2}}\right)^2 + \frac{\sigma_{c2}}{\sigma_{c,cr2}} \leqslant 1 \tag{5.87}$$

式中 σ_2——所计算区格内由平均弯矩产生的腹板在纵向加劲肋处的弯曲压应力;

σ_{c2}——腹板在纵向加劲肋处的横向压应力,取 $0.3\sigma_c$、σ_{cr2}、τ_{cr2}、$\sigma_{c,cr2}$ 分别按下列方法计算:

a.σ_{cr2} 按式(5.56)~式(5.58)计算,但式中的 λ_b 改用下列 λ_{b2} 代替:

$$\lambda_{b2} = \frac{h_2/t_w}{194}\sqrt{\frac{f_y}{235}} \tag{5.88}$$

式中, $h_2 = h_0 - h_1$。

b.τ_{cr2} 按式(5.65)~式(5.67)计算,将式中的 h_0 改为 h_2。

c.$\sigma_{c,cr2}$ 按式(5.76)~式(5.78)计算,但式中的 h_0 改为 h_2,当 $\dfrac{a}{h_2} > 2$ 时,取 $\dfrac{a}{h_2} = 2$。

(3)在受压翼缘与纵向加劲肋之间设有短加劲肋的腹板区格

如图5.31(c)所示,腹板区格分为Ⅰ和Ⅱ两种。其中区格Ⅱ的稳定计算与(2)中区格Ⅱ的完全相同。区格Ⅰ的稳定计算仍按式(5.82)进行。该式中的 σ_{cr1} 仍按 a.的规定计算;τ_{cr1} 按式(5.65)~式(5.67)计算,将式中的 h_0 和 a 改为 h_1 和 a_1,a_1 为短加劲肋的间距;$\sigma_{c,cr1}$ 仍借用式(5.56)~式(5.58)计算,但式中的 λ_b 改用下列 λ_{c1} 代替:

当梁受压翼缘扭转受到约束时

$$\lambda_{c1} = \frac{a_1/t_w}{87}\sqrt{\frac{f_y}{235}} \tag{5.89}$$

当梁受压翼缘扭转未受到约束时

$$\lambda_{c1} = \frac{a_1/t_w}{73}\sqrt{\frac{f_y}{235}} \tag{5.90}$$

对 $\dfrac{a_1}{h_1} > 1.2$ 的区格,式(5.89)、式(5.90)的右边应乘以 $\dfrac{1}{\sqrt{0.4 + 0.5a_1/h_1}}$。

5.6.3 梁腹板的加劲肋设计

1)腹板加劲肋的配置规定

加劲肋的设置主要是用来保证腹板的局部稳定性。承受静力荷载和间接承受动力荷载的组合梁宜考虑腹板屈曲后强度,具体计算方法见5.9节,而直接承受动力荷载的类似构件或其他不考虑屈曲后强度的组合梁,则应按下列规定配置加劲肋:

①当 $\dfrac{h_0}{t_w} \le 80\sqrt{\dfrac{235}{f_y}}$ 时,对有局部压应力(即 $\sigma_c \ne 0$)的梁,应按构造要求配置横向加劲肋;但对无局部压应力(即 $\sigma_c = 0$)的梁,可不配置加劲肋。

②当 $\dfrac{h_0}{t_w} > 80\sqrt{\dfrac{235}{f_y}}$ 时,应配置横向加劲肋。其中,当 $\dfrac{h_0}{t_w} > 170\sqrt{\dfrac{235}{f_y}}$ (受压翼缘扭转受到约束,如连有刚性铺板、制动板或焊有钢轨时)或 $\dfrac{h_0}{t_w} > 150\sqrt{\dfrac{235}{f_y}}$ (受压翼缘扭转未受到约束时),或按计算需要时,应在弯曲应力较大区格的受压区增加配置纵向加劲肋。局部压应力很大的梁,必要时尚宜在受压区配置短加劲肋。

任何情况下,$\dfrac{h_0}{t_w}$ 均不应超过250。此处的 h_0 为腹板的计算高度(对单轴对称梁,当确定是否要配置纵向加劲肋时,h_0 应取腹板受压区高度 h_c 的2倍),t_w 为腹板的厚度。

③梁的支座处和上翼缘受有较大固定集中荷载处,宜设置支承加劲肋。

2)腹板加劲肋的构造要求

加劲肋可以用钢板或型钢做成,焊接梁一般常用钢板。钢材常采用Q235,因为加劲肋主要是加强其刚度,使用高强度钢并不经济。加劲肋宜在腹板两侧成对布置,如图5.32(a)与图5.33所示,对于仅受静荷载作用或受动荷载作用较小的梁腹板,为了节省钢材和减轻制造工作量,其横向和纵向加劲肋亦可考虑单侧布置,如图5.32(b)所示,但支承加劲肋、重级工作制吊车梁的加劲肋不应单侧配置。

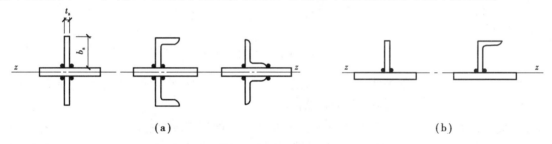

(a)　　　　　　　　　　　　　　　　　　　(b)

图5.32　加劲肋的截面形式

横向加劲肋的最小间距应为 $0.5h_0$,最大间距应为 $2h_0$(对无局部压应力的梁,当 $\dfrac{h_0}{t_w} \le 100$ 时,可采用 $2.5h_0$)。纵向加劲肋至腹板计算高度受压翼缘的距离应在 $\dfrac{h_c}{2.5} \sim \dfrac{h_c}{2}$ 范围内。加劲肋应有足够的刚度才能作为腹板的可靠支承,所以标准对加劲肋的截面尺寸和截面惯性矩有一定的要求。

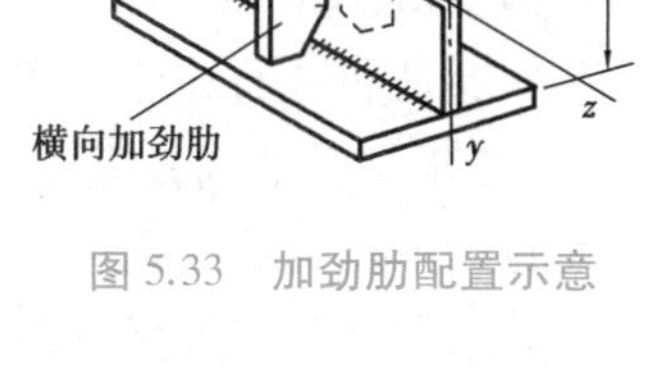

①在腹板两侧成对配置的钢板横向加劲肋,其截面尺寸应符合下列公式要求:

外伸宽度　　　　　　　$b_s \ge \dfrac{h_0}{30} + 40\ \text{mm}$　　　　　　(5.91)

图5.33　加劲肋配置示意

厚度　　　　　　　　　　　　　　　　　$t_s \ge \dfrac{b_s}{15}$　　　　　　(5.92)

仅在腹板一侧配置的钢板横向加劲肋,其外伸宽度应大于按式(5.91)算得的1.2倍,厚度不应小于其外伸宽度的1/15。这里的1.2倍,是由加劲肋单侧配置和双侧布置的刚度相同得到的。当采用型钢截面加劲肋时,也应具有相应钢板加劲肋相同的惯性矩 I_z。在腹板两侧成对配置的加劲肋,其惯性矩 I_z 应按梁腹板的中心线进行计算。在腹板单侧配置的加劲肋,其惯性矩 I_z 应按与加劲肋相连的腹板表面为轴线进行计算,如图 5.32 所示。

②在同时用横向加劲肋和纵向加劲肋加强的腹板中,应在其相交处将纵向加劲肋断开,横向加劲肋保持连续,如图 5.33 与图 5.34(a)所示。此时横向加劲肋的截面尺寸除应满足上述要求外,其惯性矩 I_z 尚应符合下列要求:

$$I_z \geqslant 3h_0 t_w^3 \tag{5.93}$$

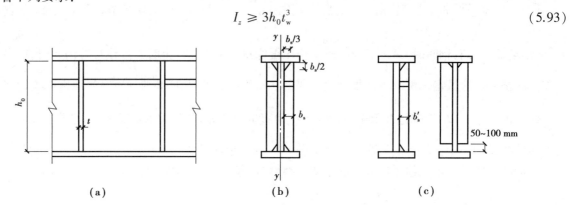

图 5.34　加劲肋的构造

纵向加劲肋截面绕 y 轴的惯性矩 I_y,应符合下列公式要求:

当 $\dfrac{a}{h_0} \leqslant 0.85$ 时

$$I_y \geqslant 1.5 h_0 t_w^3 \tag{5.94}$$

当 $\dfrac{a}{h_0} > 0.85$ 时

$$I_y \geqslant \left(2.5 - 0.45 \frac{a}{h_0}\right) \left(\frac{a}{h_0}\right)^2 h_0 t_w^3 \tag{5.95}$$

③当采用短加劲肋时,短加劲肋的最小间距为 $0.75h_1$。短加劲肋外伸宽度应取横向加劲肋外伸宽度的 0.7~1.0 倍,厚度不应小于短加劲肋外伸宽度的 1/15。

④为了减少焊接应力,避免焊缝的过分集中,横向加劲肋的端部应切去宽约 $b_s/3$(但不大于 40 mm)、高约 $b_s/2$(但不大于 60 mm)的斜角,以使梁的翼缘焊缝连续通过,如图 5.34(b)所示。在纵向加劲肋与横向加劲肋相交处,应将纵向加劲肋两端切去相应的斜角,使横向加劲肋与腹板连接的焊缝连续通过。横向加劲肋的端部与焊接梁的受压翼缘宜用角焊缝连接,以增加加劲肋的稳定性,同时还可增加对翼缘的转动约束。中间横向加劲肋的下端一般在距受拉翼缘50~100 mm 处断开,如图 5.34(c)所示,不应与受拉翼缘焊接,以改善梁的抗疲劳性能。

3) 支承加劲肋的计算

支承加劲肋是指承受固定集中荷载或梁支座反力的横向加劲肋,这种加劲肋必须在腹板两侧成对配置,不应单侧配置。支承加劲肋不仅要满足横向加劲肋的尺寸要求,还应对其进行计算。

支承加劲肋截面的计算主要包含以下三个内容:

(1)支承加劲肋的稳定性计算

梁的支承加劲肋应按承受梁支座反力或固定集中荷载的轴心受压构件计算其在腹板平面外的稳定性。当支承加劲肋在腹板平面外屈曲时,腹板对其有一定的约束作用,因此在计算受压构件稳定性时,支承加劲肋的截面除本身截面外,还应计入与其相邻的部分腹板的截面。我国标准规定,此受压构件的截面应包括加劲肋和加劲肋每侧 $15t_w \sqrt{\dfrac{235}{f_y}}$ 范围内的腹板面积,如图 5.35 所示,当加劲肋一侧的腹板实际宽度小于此值时,则用实际宽度。构件的计算长度取 h_0。稳定计算公式为:

$$\frac{N}{\varphi A f} \leqslant 1 \tag{5.96}$$

式中　N——固定集中荷载或梁支座反力;

　　　φ——轴心受压构件的整体稳定系数,由 $\lambda = \dfrac{h_0}{i_z}$ 按 b 类或 c 类(突缘式加劲肋)确定,i_z 为绕腹板水

　　　　　平轴的回转半径, $i_z = \sqrt{\dfrac{I_z}{A}}$;

　　　A——图 5.35 所示阴影面积。

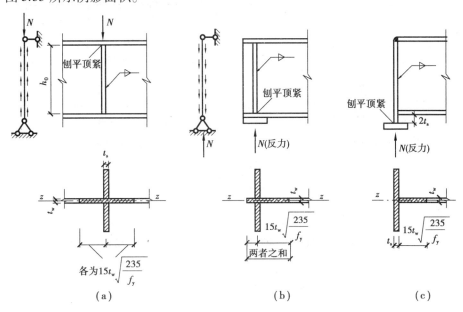

图 5.35　支承加劲肋

(2)端面承压强度计算

梁支承加劲肋的端部应按所承受的固定集中荷载或支座反力计算,当加劲肋的端部刨平顶紧时,应按式(5.97)计算其端面承压应力:

$$\sigma = \frac{N}{A_{ce}} \leqslant f_{ce} \tag{5.97}$$

式中　A_{ce}——支承加劲肋与翼缘板或柱顶相接触的面积,要考虑加劲肋端面的切角;

　　　f_{ce}——钢材端面承压的强度设计值。

(3)焊缝计算

支承加劲肋与钢梁腹板的角焊缝连接应满足:

$$\frac{N}{0.7 h_f \sum l_w} \leqslant f_f^w \tag{5.98}$$

式中　h_f——焊脚尺寸,应满足构造要求;

　　　l_w——焊缝计算长度,因焊缝所受内力可看作沿焊缝全场均布,故不必考虑 l_w 是否大于限值 $60 h_f$。

【例题 5.3】　钢梁的受力如图 5.36(a)所示,荷载均为设计值,梁截面尺寸如图 5.36(b)所示,在离支座 1.5 m 处梁翼缘的宽度改变一次(280 mm 变为 140 mm),钢材为 Q235 钢。试进行梁腹板稳定性计算和加劲肋的设计。

【解】　(1)梁的内力和截面特性的计算

经计算,梁所受的弯矩 M 和剪力 V 如图 5.36(c)和(d)所示。

支座附近截面的惯性矩:$I_{x1} = 9.91 \times 10^8$ mm^4

跨中附近截面的惯性矩:$I_{x2} = 1.64 \times 10^9$ mm^4

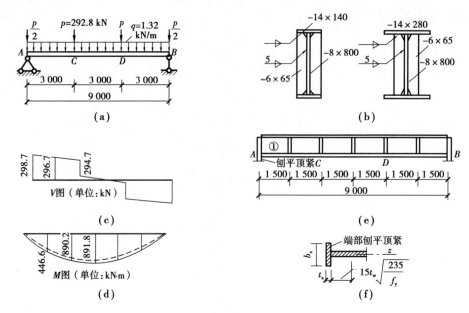

图 5.36 例题 5.3 图

（2）加劲肋的布置

$$\frac{h_0}{t_w} = \frac{800}{8} = 100 > 80\sqrt{\frac{235}{f_y}} \quad （需设横向加劲肋）$$

$$\frac{h_0}{t_w} = 100 < 150\sqrt{\frac{235}{f_y}} \quad （不需设纵向加劲肋）$$

因为 1/3 跨处有集中荷载,所以该处应设置支承加劲肋,又横向加劲肋的最大间距为 $2.5h_0 = 2.5 \times 800$ mm $= 2\ 000$ mm,故最后取横向加劲肋的间距为 1 500 mm,布置如图 5.36(e)所示。

（3）区格①的局部稳定验算

①区格所受应力。

区格两边的弯矩:

$$M_1 = 0, M_2 = 298.7 \times 1.5 \text{ kN·m} - \frac{1}{2} \times 1.32 \times 1.5^2 \text{ kN·m} = 446.6 \text{ kN·m}$$

区格所受正应力:

$$\sigma = \frac{M_1 + M_2}{2} \frac{y_1}{I_x} = \frac{1}{2}(0 + 446.6 \times 10^6) \frac{400}{9.91 \times 10^8} \text{ N/mm}^2 = 90.2 \text{ N/mm}^2$$

区格两边的剪力:

$$V_1 = 298.7 \text{ kN}, V_2 = 298.7 \text{ kN} - 1.32 \times 1.5 \text{ kN} = 296.7 \text{ kN}$$

区格所受剪应力:

$$\tau = \frac{V_1 + V_2}{2} \frac{1}{h_w t_w} = \frac{1}{2} \times \frac{(298.7 + 296.7) \times 10^3}{800 \times 8} \text{ N/mm}^2 = 46.5 \text{ N/mm}^2$$

②区格的临界应力。

$$\lambda_b = \frac{h_0/t_w}{138}\sqrt{\frac{f_y}{235}} = \frac{100}{138} = 0.725 < 0.85$$

$$\sigma_{cr} = f = 215 \text{ N/mm}^2$$

$$\frac{a}{h_0} = \frac{1\ 500}{800} = 1.875 > 1.0$$

$$\lambda_s = \frac{h_0/t_w}{41\sqrt{5.34 + 4(h_0/a)^2}}\sqrt{\frac{f_y}{235}} = \frac{100}{41\sqrt{5.34 + 4(800/1\,500)^2}} = 0.958$$

因为 0.8<0.958<1.2，所以：

$$\tau_{cr} = [1 - 0.59(\lambda_s - 0.8)]f_v$$
$$= [1 - 0.59(0.958 - 0.8)] \times 125 \text{ N/mm}^2 = 113.3 \text{ N/mm}^2$$

③局部稳定计算。

验算条件为：
$$\left(\frac{\sigma}{\sigma_{cr}}\right)^2 + \left(\frac{\tau}{\tau_{cr}}\right)^2 + \frac{\sigma_c}{\sigma_{c,cr}} \leqslant 1.0$$

即
$$\left(\frac{90.2}{215}\right)^2 + \left(\frac{46.5}{113.3}\right)^2 + 0 = 0.352 < 1.0(满足)$$

（4）其他区格的局部稳定验算与区格①的类似（详细过程略）

（5）横向加劲肋的截面尺寸和连接焊缝

$$b_s \geqslant \frac{h_0}{30} + 40 \text{ mm} = \frac{800}{30} \text{ mm} + 40 \text{ mm} = 66.7 \text{ mm}，采用 b_s = 65 \text{ mm} \approx 66.7 \text{ mm}$$

$$t_s \geqslant \frac{b_s}{15} = \frac{65}{15} \text{ mm} = 4.33 \text{ mm}，采用 t_s = 6 \text{ mm}$$

这里选用 $b_s = 65$ mm，主要是使加劲肋外边缘不超过翼缘板的边缘，如图 5.36（b）所示。

加劲肋与腹板的角焊缝连接，按构造要求确定：$h_f \geqslant 5$ mm，采用 $h_f = 5$ mm。

（6）支座处支承加劲肋的设计

采用突缘式支承加劲肋，如图 5.36（e）所示。

①按端面承压强度试选加劲肋厚度。

已知 $f_{ce} = 320$ N/mm²，支座反力为：$N = \frac{3}{2} \times 292.8 \text{ kN} + \frac{1}{2} \times 1.32 \times 9 \text{ kN} = 445.1 \text{ kN}$。

$b_s = 140$ mm（与翼缘板等宽），则需要：$t_s \geqslant \frac{N}{b_s f_{ce}} = \frac{445.1 \times 10^3}{140 \times 320} \text{ mm} = 9.93 \text{ mm}$。

考虑到支座支承加劲肋是主要传力构件，为保证其使梁在支座处有较强的刚度，取加劲肋厚度与梁翼缘板厚度接近，采用 $t_w = 12$ mm。加劲肋端面刨平顶紧，突缘伸出板梁下翼缘底面的长度为 20 mm，小于构造要求 $2t_s = 24$ mm。

②按轴心受压构件验算加劲肋在腹板平面外的稳定。

支承加劲肋的截面积，如图 5.36（f）所示。

$$A_s = b_s t_s + 15t_w^2\sqrt{\frac{235}{f_y}} = 140 \times 12 \text{ mm}^2 + 15 \times 8^2 \times 1 \text{ mm}^2 = 2.64 \times 10^3 \text{ mm}^2$$

$$I_z = \frac{1}{12}t_s b_s^3 = \frac{1}{12} \times 12 \times 140^3 \text{ mm}^4 = 2.74 \times 10^6 \text{ mm}^4$$

$$i_z = \sqrt{\frac{I_z}{A_z}} = \sqrt{\frac{2.74 \times 10^6}{2.64 \times 10^4}} \text{ mm} = 32.2 \text{ mm}$$

$\lambda_z = \frac{h_0}{i_z} = \frac{800}{32.2} = 24.8$，查附表 7（适用于 Q235 钢，c 类截面），得轴心受压稳定系数 $\varphi = 0.935$。

$$\frac{N}{\varphi A_s} = \frac{445.1 \times 10^3}{0.935 \times 2.64 \times 10^3} \text{ N/mm}^2 = 180.3 \text{ N/mm}^2 < f = 215 \text{ N/mm}^2(满足)$$

③加劲肋与腹板的角焊缝连接计算。

$$\sum l_w = 2(h_0 - 2h_f) \approx 2(800 - 10) \text{ mm} = 1\,580 \text{ mm}$$

$$f_f^w = 160 \text{ N/mm}^2$$

$$则需要:h_f \geq \frac{N}{0.7 \sum l_w \cdot f_f^w} = \frac{445.1 \times 10^3}{0.7 \times 1\,580 \times 160} \text{ mm} = 2.5 \text{ mm}$$

构造要求:$h_{fmin}=5$ mm,采用 $h_f=6$ mm。

5.7 型钢梁的设计

型钢梁包括热轧普通工字型钢梁、热轧 H 型钢梁和热轧普通槽钢梁等。型钢梁的设计主要包括两个方面:截面初选和截面验算。型钢有国家标准,其尺寸和截面特性都可按标准查取,因此其截面的选取比较容易。由于型钢截面的翼缘和腹板厚度较大,除热轧 H 型钢外,不必验算局部稳定性。

5.7.1 单向弯曲型钢梁的设计

单向弯曲型钢梁的设计比较简单,通常在明确结构的布置形式后,可以根据梁的抗弯强度和整体稳定求出必需的截面模量。其中,当梁的整体稳定性有保证时,可直接按梁的抗弯强度进行选取,然后在型钢表中初选合适的截面,最后就选取的截面进行强度、整体稳定性和刚度验算。在初选截面时,应取下面两式中的较大值:

抗弯强度需要的截面模量

$$W_{nx} \geq \frac{M_x}{\gamma_x f} \tag{5.99}$$

整体稳定性需要的截面模量

$$W_x \geq \frac{M_x}{\varphi_b f} \tag{5.100}$$

式中的整体稳定系数 φ_b 需要预先假定。

【例题 5.4】 假设一简支梁,跨度为 6 m,承受均布荷载,恒载标准值 8.3 kN/m(不含梁的自重),活载标准值 12.6 kN/m,钢材为 Q235 钢。试设计此型钢梁。(1)假定梁上铺有平台板,可保证梁的整体稳定性。(2)不能保证梁的整体稳定性。

【解】 内力:

跨中最大弯矩:$M_{xmax} = \frac{1}{8}ql^2 = \frac{1}{8}(1.3 \times 8.3 + 1.5 \times 12.6) \times 6^2 \text{ kN} \cdot \text{m} = 133.65 \text{ kN} \cdot \text{m}$

支座处最大剪力:$V_{max} = 89.1$ kN

1)梁的整体稳定有保证,截面由梁的抗弯强度控制

(1)所需净截面模量

$$W_{nx} \geq \frac{M_x}{\gamma_x f} = \frac{133.65 \times 10^6}{1.05 \times 215} \text{ mm}^3 = 5.92 \times 10^5 \text{ mm}^3 = 592 \text{ cm}^3$$

查附表 3,选用热轧普通工字形钢 I32a,单位长度的质量为 52.7 kg/m,梁的自重为 52.7×9.8 N/m = 517 N/m,$I_x = 11\,080$ cm^4,$W_x = 692$ cm^3,$\frac{I_x}{S_x} = 27.5$ cm,$t_w = 9.5$ mm。

(2)截面验算

梁自重产生的弯矩:$M_g = 1.3 \times \frac{1}{8} \times 0.517 \times 6^2 \text{ kN} \cdot \text{m} = 3.02 \text{ kN} \cdot \text{m}$

跨中总弯矩:$M_{max} = 133.65 \text{ kN} \cdot \text{m} + 3.02 \text{ kN} \cdot \text{m} = 136.67 \text{ kN} \cdot \text{m}$

支座处总剪力：$V_{max} = 89.1 \text{ kN} + 1.3 \times 0.517 \times \dfrac{6}{2} \text{ kN} = 91.12 \text{ kN}$

①强度验算

弯曲正应力：$\sigma = \dfrac{M_{max}}{\gamma_x W_{nx}} = \dfrac{136.67 \times 10^6}{1.05 \times 692 \times 10^3} \text{ N/mm}^2 = 188.1 \text{ N/mm}^2 < f = 215 \text{ N/mm}^2 (满足)$

剪应力：$\tau = \dfrac{V_{max} S}{I_x t_w} = \dfrac{91.12 \times 10^3}{27.5 \times 10 \times 9.5} \text{ N/mm}^2 = 34.9 \text{ N/mm}^2 < f_v = 125 \text{ N/mm}^2 (满足)$

可见，型钢梁由于其腹板较厚，剪应力一般不起控制作用。因此，只有在截面有较大削弱时，才必须验算剪应力。

②刚度验算

$q_k = 8.3 \text{ kN} + 12.6 \text{ kN} + 0.517 \text{ kN} = 21.42 \text{ kN}$

$v = \dfrac{5}{384} \dfrac{q_k l^4}{EI_x} = \dfrac{5 \times 21.42 \times 6\,000^4}{384 \times 2.06 \times 10^5 \times 11\,080 \times 10^4} \text{ mm} = 15.8 \text{ mm} < [v_T] = \dfrac{l}{250} = 24 \text{ mm} (满足)$

2）不能保证梁的整体稳定，由整体稳定控制

（1）所需截面模量

根据标准，对于热轧普通工字形钢简支梁，其整体稳定系数可直接由附表9查得。现假定工字钢型号在22~40，均布荷载作用在上翼缘，梁的自由长度 $l_1 = 6$ m，查得 $\varphi_b = 0.6$，所需毛截面模量：

$$W_x \geq \dfrac{M_{xmax}}{\varphi_b f} = \dfrac{133.65 \times 10^6}{0.6 \times 215} \text{ mm}^3 = 1.036 \times 10^6 \text{ mm}^3 = 1\,036 \text{ cm}^3$$

选用 I40a，单位长度的质量为 67.6 kg/m，梁的自重为 52.7×9.8 N/m = 663 N/m，$I_x = 21\,720$ cm^4，$W_x = 1\,090$ cm^3，$\dfrac{I_x}{S_x} = 34.1$ cm，$t_w = 10.5$ mm。

（2）截面验算

①整体稳定验算

$$M_{max} = 133.65 \text{ kN} \cdot \text{m} + 1.3 \times \dfrac{1}{8} \times 0.663 \times 6^2 \text{ kN} \cdot \text{m} = 137.53 \text{ kN} \cdot \text{m}$$

$$\dfrac{M_{max}}{\varphi_b W_x f} = \dfrac{137.53 \times 10^6}{0.6 \times 1\,090 \times 10^3 \times 215} = 0.98 < 1 (满足)$$

②强度和刚度验算（略）

计算结果表明：稳定控制时所需截面 I40a 比强度控制时所需截面 I32a 明显增大，自重增加为：$\dfrac{67.6 - 52.7}{52.7} \times 100\% = 28.3\%$。

5.7.2 双向弯曲型钢梁的设计

双向弯曲型钢梁承受两个主平面方向的荷载，与单向弯曲型钢梁的设计方法类似，可以先按双向抗弯强度等条件试选截面，然后再进行强度、整体稳定性和刚度方面的验算。

设计时应尽量满足不需计算整体稳定的条件，这样可以按照抗弯强度条件初选型钢截面，由双向抗弯强度公式（5.6）可得：

$$W_{nx} \geq \left(M_x + \dfrac{\gamma_x}{\gamma_y} \dfrac{W_{nx}}{W_{ny}} M_y \right) \dfrac{1}{\gamma_x f} \geq \dfrac{M_x + \alpha M_y}{\gamma_x f} \tag{5.101}$$

式中，$\alpha = \dfrac{W_{nx}}{W_{ny}}$ 可以根据型钢表近似假定。

双向弯曲型钢梁最常用于檩条,檩条的截面形式最常用的是热轧槽钢,当檩条跨度和荷载较大时可用 H 型钢,当跨度不大且为轻型屋面时可用冷成型 Z 型钢或 C 型钢等,如图 5.37 所示。檩条所受荷载主要有屋面重量、檩条自重、屋面可变荷载、积灰荷载或雪荷载等,其方向都是垂直于地面。檩条在布置时,腹板垂直于屋面,因而竖向荷载 q 在设计时,应分解成与檩条截面两主轴方向一致的分量 $q_x = q \cos \alpha$ 和 $q_y = q \sin \alpha$,从而引起双向弯曲,α 为荷载 q 与主轴 y—y 的夹角。对于槽形和 H 形截面,q_y 平行于屋面,q_x 垂直于屋面,φ 角等于屋面坡角 α,如图 5.37(a)、(b)所示;对于 Z 形截面,q_y 与屋面有一夹角 θ,φ 角等于 $|\alpha - \theta|$,如图 5.37(c)所示。

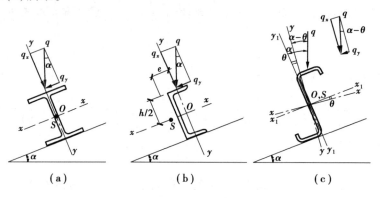

图 5.37 檩条的截面形式和荷载分解

槽钢截面的剪切中心位于其腹板外侧一定距离的对称轴上,若横向荷载不通过剪切中心,则檩条受荷后将发生扭转变形。为了简化计算和在檩条设计中不考虑其扭转变形,就应尽量使横向荷载接近剪切中心,因而槽钢在屋架上的放置方向应使翼缘指向屋脊,如图 5.37(b)所示。此时槽钢顶面荷载的两个分力 q_x 和 q_y 对剪切中心 S 的扭矩方向相反,可以相互抵消一部分,近似按照双向弯曲梁进行设计。

檩条的设计通常包括三个内容:抗弯强度、整体稳定性和刚度。在抗弯强度计算中,M_x 为简支梁跨内的最大弯矩,M_y 则视拉条的布置而按连续梁计算。在整体稳定计算中,当屋面材料与檩条有较好的连接和檩条中间按常规设置拉条时,可不必验算整体稳定性;当檩条跨度较大、拉条设置较稀时,一般仍应按双向受弯进行整体稳定验算。在刚度验算中,当檩条未设拉条时,其挠度应分别根据荷载分量 q_x 和 q_y 求出同一点的挠度分量 v 和 u,而后合成总挠度,使其小于设计标准规定的容许挠度值;当檩条设有拉条时,就只需验算 q_x 作用下的挠度 u(垂直于屋面方向),使其小于容许值。

【例题 5.5】 设计一支承压型钢板屋面的檩条,屋面坡度为 1/10,雪荷载为 0.25 kN/m²,无积灰荷载。檩条跨度 12 m,水平间距为 5 m(坡向间距为 5.025 m)。采用 H 型钢,如图 5.36(a)所示,材料 Q235A。压型钢板屋面自重约为 0.15 kN/m²(坡向)。假设檩条自重为 0.5 kN/m。屋面均布活荷载取 0.45 kN/m²。

【解】 (1)荷载与内力

屋面均布活荷载大于雪荷载,故不考虑雪荷载。

檩条线荷载标准值:$q_k = 0.15 \times 5.025$ kN/m $+ 0.5$ kN/m $+ 0.45 \times 5$ kN/m $= 3.50$ kN/m

设计值:$q = 1.3 \times (0.15 \times 5.025 + 0.5)$ kN/m $+ 1.5 \times 0.45 \times 5$ kN/m $= 5.00$ kN/m

分解得:$q_x = q \cos \varphi = 5.005 \times \dfrac{10}{\sqrt{101}}$ kN/m $= 4.98$ kN/m

$$q_y = q \sin \varphi = 5.005 \times \dfrac{1}{\sqrt{101}} \text{ kN/m} = 0.50 \text{ kN/m}$$

弯矩设计值:$M_x = \dfrac{1}{8} \times 4.98 \times 12^2$ kN/m $= 89.64$ kN/m

$$M_y = \dfrac{1}{8} \times 0.50 \times 12^2 \text{ kN/m} = 9.00 \text{ kN/m}$$

（2）选取截面

采用紧固件使压型钢板与檩条受压翼缘连牢，可不计算檩条的整体稳定性。近似取 $\alpha = 6$，由抗弯强度要求的截面模量为：

$$W_{nx} = \frac{M_x + \alpha M_y}{\gamma_x f} = \frac{(89.64 + 6 \times 9.00) \times 10^6}{1.05 \times 215} \text{mm}^3 = 6.35 \times 10^5 \text{mm}^3$$

选用 HN346×174×6×9，其 $I_x = 11\ 200 \text{ cm}^4$，$W_x = 649 \text{ cm}^3$，$W_y = 91 \text{ cm}^3$，$i_x = 14.5 \text{ cm}$，$i_y = 3.86 \text{ cm}$。自重为 0.41 kN/m，加上连接压型钢板零件重量，假设自重与 0.5 kN/m 接近。

（3）截面验算

①强度验算（跨中无孔眼削弱，$W_{nx} = W_x$，$W_{ny} = W_y$）。

$$\frac{M_x}{\gamma_x W_{nx}} + \frac{M_y}{\gamma_y W_{ny}} = \frac{89.64 \times 10^6}{1.05 \times 6.49 \times 10^5} \text{N/mm}^2 + \frac{9.00 \times 10^6}{1.2 \times 9.1 \times 10^4} \text{N/mm}^2$$

$$= 213.6 \text{ N/mm}^2 < f = 215 \text{ N/mm}^2 （满足）$$

②刚度验算。只验算垂直于屋面方向的挠度。

荷载标准值：
$$q_{kx} = q \cos \varphi = 3.754 \times \frac{10}{\sqrt{101}} \text{N/mm} = 3.74 \text{ N/mm}$$

$$\frac{v}{l} = \frac{5}{384} \frac{q_{kx} l^3}{EI_x} = \frac{5 \times 3.50 \times 12\ 000^3}{384 \times 2.06 \times 10^5 \times 1.12 \times 10^8} = \frac{1}{293} < \frac{[v]}{l} = \frac{1}{200} （满足）$$

5.8 焊接组合梁的设计

焊接组合梁的设计主要包括试选截面、截面验算、截面沿长度的改变和焊缝计算四大部分。

5.8.1 截面试选与验算

截面尺寸的选择相当重要，包括梁截面高度、腹板厚度与高度和翼缘板的宽度与厚度。截面验算包括强度验算、稳定性验算和刚度验算。

1）梁的截面高度

要确定焊接截面的尺寸，首先要确定出梁截面的高度，其高度应根据建筑条件、刚度条件和经济性条件三方面来确定。

（1）最大高度 h_{max}

梁截面的最大高度是由建筑高度决定的，建筑高度必须满足净空要求，即满足建筑设计或工艺要求的容许限值。依此条件决定的截面高度就是截面的最大高度 h_{max}。

（2）最小高度 h_{min}

梁的最小高度是由刚度条件决定的，应满足正常使用极限状态的要求，使梁在荷载标准值作用下的挠度不超过标准规定的容许值 $[v]$。

简支梁的最大挠度 v 一般可近似取为：

$$v = \frac{1}{10} \frac{M_{xk} l^2}{EI_x}$$

即：
$$\frac{v}{l} = \frac{1}{10} \frac{M_{xk} l}{EI_x}$$

单向弯曲梁的强度充分利用时，应满足：

$$M_x = \gamma_x f W_x$$

由于挠度计算要用标准值,因而近似取荷载分项系数为 1.3,则上式变为:

$$M_{xk} = \frac{\gamma_x f W_x}{1.3} = \frac{2\gamma_x I_x f}{1.3h}$$

代入挠度公式,使 $\dfrac{v}{l} \leqslant \dfrac{[v]}{l}$,并取 $E = 2.06 \times 10^3$ N/mm²,则得:

$$\frac{h_{\min}}{l} = \frac{\gamma_x f}{1.34 \times 10^6} \frac{l}{[v]} \tag{5.102}$$

（3）经济高度 h_e

在一定荷载作用下,梁的截面高度大,梁截面的腹板以及加劲肋所用钢材将增加,而翼缘板的面积将减小,反之亦然。从材料最省原则出发,可以得到梁的经济高度为:

$$h_e = (5.376 W_x)^{0.4} = 2 W_x^{0.4} \tag{5.103}$$

式中,W_x 的单位为 mm³,h_e 的单位为 mm,W_x 可按式（5.104）计算:

$$W_x = \frac{M_x}{\alpha f} \tag{5.104}$$

式中 α 系数,对一般单向弯曲梁,当最大弯矩处无孔眼时 $\alpha = \gamma_x = 1.05$,有孔眼时 $\alpha = 0.85 \sim 0.9$;对吊车梁,考虑横向水平荷载作用,可取 $\alpha = 0.7 \sim 0.9$。

目前设计中,其经济高度经常采用经验公式,即

$$h_e = 7\sqrt[3]{W_x} - 30 \text{ cm} \tag{5.105}$$

式中,W_x 为梁所需要的截面抵抗拒,$W_x = \dfrac{M_x}{\gamma_x f}$,单位为 cm³。

根据上述三个条件,实际所取用的梁高 h 一般应满足:

$$h_{\min} \leqslant h \leqslant h_{\max} \text{ 及 } h \approx h_e \tag{5.106}$$

2）腹板尺寸

腹板高度:选定梁高度后,可以确定腹板高度 h_w。h_w 应略小于梁高,宜取为 50 mm 的倍数。

腹板厚度:梁的腹板主要承受剪力,因此腹板厚度 t_w 应保证梁具有一定的抗剪强度,可根据梁端最大剪力按式（5.107）计算:

$$t_w \geqslant \frac{\alpha V}{h_w f_v} \tag{5.107}$$

当梁端翼缘截面无削弱时,式中的系数 α 宜取 1.2;当梁端翼缘截面有削弱时,α 宜取 1.5。

一般情况下,依最大剪力所算得的腹板厚度较小。考虑到腹板还需满足局部稳定要求,其厚度可用下列经验公式选取:

$$t_w = \frac{2}{7}\sqrt{h_w} \tag{5.108}$$

式中,h_w 和 t_w 的单位均为 mm。

实际采用的腹板厚度应考虑钢板的现有规格,一般为 2 mm 的倍数。对于考虑腹板屈曲后强度的梁,腹板厚度应取得小一些,但不得小于 4 mm,也不宜使高厚比超过 $250\sqrt{\dfrac{235}{f_y}}$。

3）翼缘尺寸

确定翼缘尺寸时,常先估算每个翼缘的所需截面积 A_f。已知腹板尺寸,就可依据需要的截面抵抗矩得出翼缘板尺寸。由图 5.38 的截面可以写出梁的截面模量:

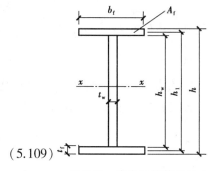

$$I_x = W_x \frac{h}{2} = \frac{1}{12} t_w h_w^3 + 2A_f \left(\frac{h_1}{2} \right)^2$$

由此得到每个翼缘的面积:

$$A_f = W_x \frac{h}{h_1^2} - \frac{1}{6} t_w \frac{h_w^3}{h_1^2}$$

近似取 $h \approx h_w \approx h_1$,则翼缘面积变为:

$$A_f = \frac{W_x}{h_w} - \frac{1}{6} t_w h_w$$

(5.109)

图 5.38　组合梁的截面尺寸

翼缘板的宽度通常为 $b_f = \left(\frac{1}{6} \sim \frac{1}{2.5} \right) h$,厚度为 $t_f = \frac{A_f}{b_f}$。确定翼缘板的尺寸时,应满足局部稳定要求,使

受压翼缘的外伸宽度 b 与其厚度 t_f 之比 $\frac{b}{t_f} \leqslant 15 \sqrt{\frac{235}{f_y}}$(弹性设计,取 $\gamma_x = 1.0$ 时)或 $\frac{b}{t_f} \leqslant 13 \sqrt{\frac{235}{f_y}}$(考虑塑性

发展,取 $\gamma_x = 1.05$ 时)。

选择翼缘尺寸时,同样应符合钢板规格,宽度取 10 mm 的倍数,厚度取 2 mm 的倍数。翼缘板常用单层板做成,当厚度较大时,可采用双层板,内外层板的厚度之比宜为 0.5～1.0,且外层板宽度应小于内层钢板,以便设置角焊缝。

4)截面验算

根据初选的截面尺寸,求出截面的各种几何数据,如惯性矩、截面模量等,然后进行验算。梁的截面验算包括强度、整体稳定、局部稳定和刚度几个方面。其中,腹板的局部稳定通常是采用配置加劲肋来保证的。

【例题 5.6】　设计一焊接工字形钢简支主梁,跨度为 9 m,承受次梁传递的集中荷载标准值为 $P_k = 214.2$ kN,设计值为 $P = 278.4$ kN,如图 5.39(a)所示。次梁与主梁是侧面连接,不是叠接,因而不需验算腹板计算高度上边缘的局部承压强度。建筑要求主梁高度不得大于100 cm,钢材为 Q235 钢,梁的整体稳定有保证。

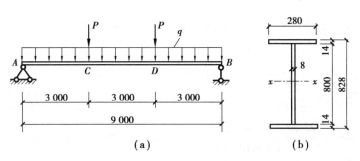

图 5.39　例题 5.6 图

【解】　(1)荷载与内力

梁中最大弯矩: $M_x = Pa = 278.4 \times 3$ kN·m $= 835.2$ kN·m

(2)初选截面

①按抗弯强度计算所需截面模量

$$W_x \geqslant \frac{M_x}{\gamma_x f} = \frac{835.2 \times 10^6}{1.05 \times 215} \text{ mm}^3 = 3.774 \times 10^6 \text{ mm}^3 = 3\ 774 \text{ cm}^3$$

②梁的高度和腹板截面尺寸

最大高度: $h_{max} = 100$ cm

最小高度$\left([v] = \dfrac{l}{400}\right)$:$\dfrac{h_{\min}}{l} = \dfrac{\gamma_x f}{1.34 \times 10^6} \cdot \dfrac{l}{[v]} = \dfrac{1.05 \times 400 \times 215}{1.34 \times 10^6} = 0.067$

得 $\qquad\qquad\qquad\qquad h_{\min} = 0.067 \times 900 \text{ cm} = 60.6 \text{ cm}$

经济高度: $\qquad h_e = 7\sqrt[3]{W_x} - 30 = (7\sqrt[3]{3\,774} - 30) \text{ cm} = 79.0 \text{ cm} = 790 \text{ mm}$

采用腹板高度 $h_w = 800$ mm,考虑翼缘板厚度后梁高 h 满足要求。

腹板厚度:$t_w = \dfrac{2}{7}\sqrt{h_w} = \dfrac{2}{7}\sqrt{800} = 8.08$ mm,采用 $t_w = 8$ mm。

则腹板截面尺寸为: -8×800。

③翼缘板的截面尺寸

翼缘板截面积: $A_f = \dfrac{W_x}{h_w} - \dfrac{1}{6}t_w h_w = \dfrac{3\,774}{80} \text{ cm}^2 - \dfrac{1}{6} \times 0.8 \times 80 \text{ cm}^2 = 36.51 \text{ cm}^2$

试选翼缘板宽度为 280 mm,则所需厚度为:$t_f = \dfrac{A_f}{b_f} = \dfrac{3\,651}{280} = 13.04$ mm,采用 $t_f = 14$ mm。

则梁的外伸宽度 $b = \dfrac{280 - 8}{2}$ mm $= 136$ mm,则 $\dfrac{b}{t_f} = \dfrac{136}{14} = 9.71 < 13\sqrt{\dfrac{235}{f_y}}$,满足局部稳定要求。

所以翼缘板截面采用 -14×280,梁截面如图 5.39(b)所示。

(3)截面验算

①截面特性和内力

$\qquad A = 142.4 \text{ cm}^2 \quad I_x = 1.64 \times 10^9 \text{ mm}^4 \quad W_x = 3.96 \times 10^6 \text{ mm}^3 \quad S_x = 2.24 \times 10^6 \text{ mm}^3$

梁的自重设计值:$q = 1.43$ kN/m

最大弯矩标准值:$M_{kx} = \dfrac{1}{8} \times \dfrac{1.43}{1.3} \times 9^2 \text{ kN·m} + 214.2 \times 3 \text{ kN·m} = 657.1 \text{ kN·m}$

最大弯矩设计值:$M_{\max} = \dfrac{1}{8}ql^2 + Pa = \dfrac{1}{8} \times 1.43 \times 9^2 \text{ kN·m} + 278.4 \times 3 \text{ kN·m} = 849.7 \text{ kN·m}$

最大剪力设计值:$V_{\max} = \dfrac{1}{2}ql + P = \dfrac{1}{2} \times 1.43 \times 9 \text{ kN} + 278.4 \text{ kN} = 284.8 \text{ kN}$

②强度验算

抗弯强度:$\sigma = \dfrac{M_{\max}}{\gamma_x W_x} = \dfrac{849.7 \times 10^6}{1.05 \times 3.96 \times 10^6} \text{ N/mm}^2 = 204.4 \text{ N/mm}^2 < f = 215 \text{ N/mm}^2$(满足)

抗剪强度:$\tau = \dfrac{V_{\max} S_x}{I_x t_w} = \dfrac{284.8 \times 10^3 \times 2.24 \times 10^6}{1.64 \times 10^9 \times 8} \text{ N/mm}^2 = 48.6 \text{ N/mm}^2 < f_v = 125 \text{ N/mm}^2$(满足)

折算应力:截面 C 的弯矩和剪力都比较大,所以验算此截面的折算应力。

该截面的弯矩与剪力分别为:$M_x = 847.1$ kN·m,$V = 280.3$ kN

腹板与翼缘相交处的应力:

$$\sigma = \dfrac{M_x}{I_x} \cdot \dfrac{h_w}{2} = \dfrac{847.1 \times 10^6}{1.64 \times 10^9} \times \dfrac{800}{2} \text{ N/mm}^2 = 206.6 \text{ N/mm}^2$$

$$\tau = \dfrac{VS_1}{I_x t_w} = \dfrac{280.3 \times 10^3 \times (280 \times 14 \times 407)}{1.64 \times 10^9 \times 8} \text{ N/mm}^2 = 34.1 \text{ N/mm}^2$$

则:

$$\sqrt{\sigma^2 + 3\tau^2} = \sqrt{206.6^2 + 3 \times 34.1^2} \text{ N/mm}^2 = 214.9 \text{ N/mm}^2$$

$$< \beta_1 f = 1.1 \times 215 \text{ N/mm}^2 = 236.5 \text{ N/mm}^2(\text{满足})$$

③刚度验算

$$\frac{v}{l} \approx \frac{M_{kx}l}{10EI_x} = \frac{657.1 \times 10^6 \times 9\,000}{10 \times 2.06 \times 10^5 \times 1.64 \times 10^9} = \frac{1}{571} < \frac{1}{400}(满足)$$

④稳定验算。由题意可知,整体稳定可不验算;局部稳定可由设置加劲肋来保证,加劲肋设计方法见例题5.9,此处略。

5.8.2　组合梁截面沿长度的改变

梁的弯矩通常是沿着梁的长度变化的,梁的截面如能随着弯矩变化,可节约钢材。如果仅从弯矩产生的正应力考虑,梁的最优形状是将净截面抵抗矩按照弯矩图形变化,使梁各截面的强度充分发挥作用,但实际上由于受到抗剪强度和加工等方面的限制,焊接梁截面沿长度的改变常采用以下两种方式。

1)翼缘板面积的改变

翼缘板面积的改变是最常用的一种方式,对于单层翼缘板,改变截面时宜改变翼缘板的宽度而不改变其厚度,因为改变厚度时,将导致该处应力集中,且使梁顶部不平,有时使梁支承其他构件不便。根据设计经验,梁改变一次截面可节约钢材10%~20%,改变次数增多,其经济效果并不显著,反而增加建造工作量,因此一般情况下,一根梁的每端只宜改变一次。对于双层翼缘板的焊接梁,可切断其外层翼缘板,不使其延伸至支座处。

（1）焊接梁翼缘板宽度的改变

首先应根据节省钢材最多的原则,确定翼缘板宽度改变的位置。以图5.40(a)所示均布荷载作用简支梁为例,设其截面理论改变点距支座为$x = \alpha l$,上、下翼缘板宽度由b_f改为b_1,翼缘板的截面积由A_f变为A_{f1}。梁的左右两端,上、下翼缘板改变截面后理论上共节省钢材体积为:

$$V_s = 4(A_f - A_{f1})\alpha l$$

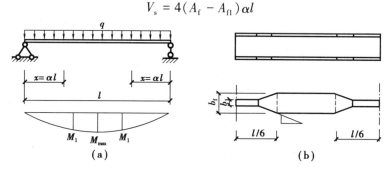

图5.40　翼缘板宽度的改变

梁在跨中所需的截面模量为:

$$W_x = \frac{M_{max}}{\gamma_x f} = \frac{1/8 q l^2}{\gamma_x f}$$

截面改变处的弯矩及截面模量为:

$$M_1 = \frac{1}{2}qlx - \frac{1}{2}qx^2 = \frac{1}{2}ql^2(\alpha - \alpha^2)$$

$$W_1 = \frac{M_1}{\gamma_x f} = \frac{\frac{1}{2}ql^2(\alpha - \alpha^2)}{\gamma_x f}$$

利用近似公式(5.109)可得:

$$A_f = \frac{W_x}{h_w} - \frac{1}{6}t_w h_w = \frac{ql^2}{8\gamma_x f h_w} - \frac{1}{6}t_w h_w$$

$$A_{f1} = \frac{ql^3(\alpha - \alpha^2)}{2\gamma_x fh_w} - \frac{1}{6}t_w h_w$$

故
$$V_s = \frac{ql^3}{2\gamma_x fh_w}(\alpha - 4\alpha^2 + 4\alpha^3)$$

由 $\dfrac{\mathrm{d}V_s}{\mathrm{d}\alpha} = 0$，解得：$\alpha = \dfrac{1}{6}$，即均布荷载作用下，工字形截面简支梁翼缘截面理论改变点应在距支座 $\dfrac{l}{6}$ 处。设计实践中，对其他荷载如吊车荷载等情况下也往往采用此值。

初步确定改变截面的位置后，就可根据该处的弯矩由式(5.109)近似确定截面改变后的翼缘板宽度 b_1。因为式(5.109)是近似的，所以确定 A_{f1} 和 b_1 还要对其精确的截面特性进行抗弯强度和折算应力的验算。为了减少应力集中，我国标准规定应将宽板由截面改变位置以小于 1∶2.5 的斜角向弯矩较小侧过渡，与宽度为 b_1 的窄板对接(需要进行疲劳验算的梁，斜角应不大于 1∶4)，如图 5.40(b)所示。

（2）焊接梁翼缘板厚度的改变

对于双层翼缘板的梁，采用切断外层翼缘板的方法来改变梁的截面。如图 5.41 所示，假设切断后单层翼缘板截面的最大抵抗弯矩为 M_1，则可根据此弯矩值求得翼缘板的理论切断点 x。为了保证在理论切断点处，外层翼缘板能够立即参加工作，则实际切断点位置应向弯矩较小一侧延长 l_1，并应具有足够的焊缝。我国标准规定，理论切断点的延伸长度 l_1 应符合下列要求：

当外层翼缘板的端部有正面焊缝时，焊脚高度：

$$h_f \geq 0.75t_1 \text{ 时}, \qquad l_1 \geq b_1$$
$$h_f < 0.75t_1 \text{ 时}, \qquad l_1 \geq 1.5b_1$$

当外层翼缘板的端部无正面焊缝时，取 $l_1 \geq 2b_1$。其中，b_1 和 t_1 分别为外层翼缘板的宽度和厚度。

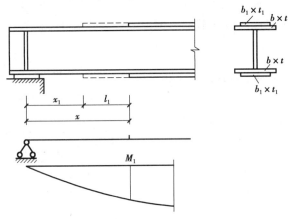

图 5.41　双层翼缘板的切断

2)腹板高度的改变

有时为了降低梁的建筑高度或满足支座处的构造要求，简支梁可以在支座附近减小其高度，而保持翼缘面积不变。其中图 5.42(a)的构造简单、制作方便，梁端部高度应根据抗剪强度要求确定，但不宜小于跨中高度的 1/2。图 5.42(b)为逐步改变腹板高度，此时在下翼缘开始由水平转为倾斜的两处均需设置腹板加劲肋，梁端部的高度也应满足上述要求。

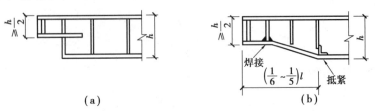

图 5.42　梁腹板高度的变化

上述有关梁截面变化的分析是仅从梁的强度需要来考虑的,适合于有刚性铺板而无须顾虑整体稳定的梁。由整体稳定控制的梁,如果它的截面向两端逐渐变小,特别是受压翼缘变窄,梁整体稳定承载力将受到较大削弱。因此,由整体稳定控制设计的梁,不宜沿长度改变截面。

【例题 5.7】 试改变例题 5.6 中焊接工字形组合梁两端的翼缘板宽度。

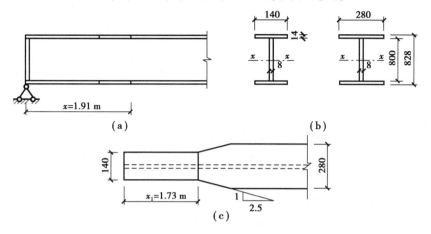

图 5.43 翼缘截面的改变

【解】 (1)试在离支座 $l/6$ 处改变翼缘板的宽度

在 $x = \dfrac{l}{6} = \dfrac{9}{6}$ m $= 1.5$ m 处梁截面弯矩设计值为:

$$M_1 = \frac{1}{2}qlx - \frac{1}{2}qx^2 + Px = 425 \text{ kN·m}$$

需要翼缘面积:

$$A_{f1} = \frac{W_{x1}}{h_w} - \frac{1}{6}t_w h_w = \frac{425 \times 10^6}{1.05 \times 215 \times 800} \times 10^{-2} \text{ cm}^2 - \frac{1}{6} \times 0.8 \times 80 \text{ cm}^2 = 12.8 \text{ cm}^2$$

改变后的翼缘板宽度为:

$$b_1 = \frac{A_{f1}}{t_f} = \frac{12.86 \times 10^2}{14} \text{ mm} = 92 \text{ mm}$$

$$\frac{b_1}{h} = \frac{92}{828} = \frac{1}{9}$$

此值太小,说明在离支座 $l/6$ 处改变的翼缘板宽度过小,不实用,应重新选择翼缘板宽度改变的位置。

(2)取改变后的翼缘板宽度 $b_1 = \dfrac{h}{6} \approx 140$ mm

则改变后的截面如图 5.43(b)所示。

截面特性: $I_{x1} = 9.91 \times 10^8$ mm^4,$W_{x1} = 2.39 \times 10^6$ mm^3

改变后截面所能抵抗的弯矩:

$$M_1 = \gamma_x f W_{x1} = 1.05 \times 215 \times 2.39 \times 10^6 \text{ N·mm} = 540.2 \times 10^6 \text{ N·mm} = 540.2 \text{ kN·m}$$

使 $M_1 = \dfrac{1}{2}qlx - \dfrac{1}{2}qx^2 + Px = 540.2$ kN·m

解得理论改变点:$x = 1.91$ m

为减小应力集中,采用斜角连接,如图 5.43(c)所示,实际改变点为:

$$x_1 = x - 2.5\left(\frac{b - b_1}{2}\right) = 1.91 \text{ m} - 2.5 \times \frac{0.28 - 0.14}{2} \text{ m} = 1.73 \text{ m}$$

（3）强度和刚度验算

在理论改变点处，弯曲应力突然加大，因此需验算该截面腹板边缘处的折算应力。

弯曲正应力：

$$\sigma = \frac{M_1}{I_{x1}} \cdot \frac{h_w}{2} = \frac{540.2 \times 10^6}{9.91 \times 10^8} \times \frac{800}{2} \ \text{N/mm}^2 = 218.1 \ \text{N/mm}^2$$

剪应力：

$$\tau = \frac{V_1 S_1}{I_{x1} t_w} = \frac{(284.3 - 1.32 \times 1.91) \times 14 \times 1.4 \times 40.7}{9.91 \times 10^8 \times 8} \ \text{N/mm}^2 = 28.4 \ \text{N/mm}^2$$

折算应力：

$$\sqrt{\sigma^2 + 3\tau^3} = \sqrt{218.1^2 + 3 \times 28.4^2} \ \text{N/mm}^2$$

$$= 223.6 \ \text{N/mm}^2 < \beta_1 f = 1.1 \times 215 \ \text{N/mm}^2 = 236.5 \ \text{N/mm}^2（满足）$$

（4）翼缘截面改变后节省的钢材估算

等截面焊接工字形组合梁的钢材体积为：

$$Al = 142.4 \times 10^{-4} \times 9 \ \text{m}^3 = 0.128 \ 16 \ \text{m}^3$$

翼缘截面改变后节省的钢材体积为：

$$\frac{1.73 + 1.91}{2} \times (0.28 - 0.14) \times 4 \times 0.014 \ \text{m}^3 = 0.014 \ 27 \ \text{m}^3$$

节省钢材的百分比为：

$$\frac{0.014 \ 27}{0.128 \ 16} \times 100\% = 11.1\%$$

5.8.3 组合梁的焊缝计算

组合梁翼缘板与腹板之间的焊缝连接，主要是承担由于弯矩变化引起的纵向水平剪力，以使梁在弯曲时翼缘板与腹板间不产生相对滑移而保持共同工作。当梁上有竖向压力时，焊缝还要承受此处的局部压力。

1）仅承受水平剪力时的计算

当梁弯曲时，由于相邻截面中的翼缘截面受到的弯曲正应力有差值，翼缘与腹板间将产生水平剪应力，如图5.44所示。沿梁单位长度的水平剪力为：

$$V_h = \tau_1 t_w = \frac{V S_1}{I_x t_w} t_w = \frac{V S_1}{I_x}$$

式中 τ_1 ——腹板与翼缘交界处的水平剪应力（根据剪应力互等定理，与竖向剪应力相等）；

S_1 ——翼缘截面对梁中和轴的面积矩。

为了保证翼缘板与腹板的整体工作，应使两条角焊缝的剪应力 τ_f 不超过角焊缝的强度设计值 f_f^w，则：

$$\tau_f = \frac{V_h}{2 \times 0.7 h_f} = \frac{V S_1}{1.4 h_f I_x} \leqslant f_f^w$$

依上式则得需要的焊脚尺寸为：

$$h_f \geqslant \frac{V S_1}{1.4 I_x f_f^w} \tag{5.110}$$

具有双层翼缘板的梁，当计算外层翼缘板与内层翼缘之间的连接焊缝时，上式中的 S_1 应取外层翼缘板对梁中和轴的面积矩；计算内层翼缘板与腹板之间的连接焊缝时，则 S_1 应取内外两层翼缘板面积对梁

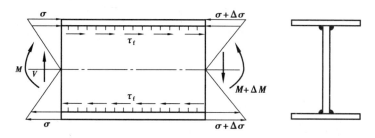

图 5.44　翼缘焊缝的水平剪力

中和轴的面积矩之和。

2)水平剪力与局部压力共同作用时的计算

当梁的上翼缘承受有固定集中荷载而未设置支承加劲肋或承受有移动荷载时,则翼缘与腹板间的连接焊缝不仅承受水平剪应力 τ_f 的作用,还同时承受集中荷载所产生的垂直于焊缝长度方向的局部压应力的作用。局部压应力的表达式为:

$$\sigma_\mathrm{f} = \frac{\psi F}{2h_\mathrm{e}l_z} = \frac{\psi F}{1.4h_\mathrm{f}l_z}$$

式中　l_z——集中荷载在腹板上的假定分布长度;

　　　ψ——集中荷载增大系数,见式(5.10)。

因此,受有局部压应力的上翼缘与腹板之间的连接焊缝应按式(5.111)计算强度:

$$\frac{1}{1.4h_\mathrm{f}}\sqrt{\left(\frac{\psi F}{\beta_\mathrm{f}l_z}\right)^2 + \left(\frac{VS_1}{I_x}\right)^2} \leqslant f_\mathrm{f}^\mathrm{w}$$

即

$$h_\mathrm{f} \geqslant \frac{1}{1.4f_\mathrm{f}^\mathrm{w}}\sqrt{\left(\frac{\psi F}{\beta_\mathrm{f}l_z}\right)^2 + \left(\frac{VS_1}{I_x}\right)^2} \tag{5.111}$$

式中,对直接承受动力荷载的梁,$\beta_\mathrm{f}=1.0$;对其他梁,$\beta_\mathrm{f}=1.22$。

对承受动力荷载的梁(如重级工作制吊车梁和大吨位中级工作制吊车梁),腹板与上翼缘的连接焊缝常采用焊透的 K 形对接,如图 5.45 所示,此种焊缝与基本金属等强,不用进行验算。

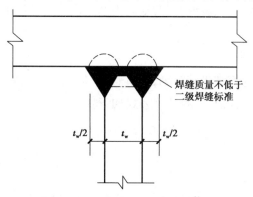

图 5.45　焊透的 T 形对接焊缝

【例题 5.8】　设计例题 5.6 中的焊接工字形组合梁的翼缘角焊缝。焊条为 E43 型,手工焊。

【解】　假设梁上的集中荷载由横向加劲肋传递,梁的翼缘焊缝只承受翼缘与腹板间的纵向剪力。由于翼缘截面改变,角焊缝应按梁端和翼缘截面理论改变点两处分别计算。

梁端截面:

$$h_\mathrm{f} \geqslant \frac{V_1S_1}{1.4f_\mathrm{f}^\mathrm{w}I_{x1}} = \frac{284.3 \times 10^3 \times (140 \times 14 \times 407)\,\mathrm{mm}}{1.4 \times 160 \times 9.91 \times 10^8} = 1.02\ \mathrm{mm}$$

翼缘截面改变处:

$$h_f \geq \frac{VS}{1.4 f_f^w I_x} = \frac{281.8 \times 10^3 \times (280 \times 14 \times 407)\,\text{mm}}{1.4 \times 160 \times 1.64 \times 10^9} = 1.23 \text{ mm}$$

按标准规定的最小值为:

$$h_{f\min} = 6 \text{ mm}, 采用 \ h_f = 6 \text{ mm}。$$

5.9 考虑梁腹板屈曲后强度的设计

5.9.1 梁腹板屈曲后的工作性能

对承受静力荷载和间接承受动力荷载的焊接组合梁,宜考虑腹板屈曲后强度。这是因为,梁腹板在剪力作用下发生屈曲后,在继续施加荷载时,尽管腹板沿主压应力方向产生波浪形变形,不能继续抵抗压力作用,而在主拉应力方向,则因薄膜张力作用可以继续承受很大的拉力作用,形成张力场,如图5.46所示。此时钢梁的作用机理如同桁架,在上下翼缘和两加劲肋之间的腹板区格类似于桁架的一个节间,上下翼缘相当于

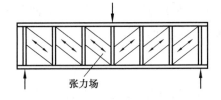

图 5.46 腹板的张力场作用

上、下弦杆,腹板的张力场相当于桁架的斜拉杆,加劲肋则相当于桁架的竖压杆。这样腹板屈曲后,有较大的继续承载能力,因此可利用屈曲后强度。对此,可加大组合梁中的腹板高厚比,使其高厚比达到250时也不必设置纵向加劲肋(仅设置横向加劲肋),从而可获得较好的经济效果。

5.9.2 腹板屈曲后的设计特点

1)强度计算

考虑腹板屈曲后强度包括抗剪承载力、抗弯承载力及它们的组合作用。下面将分别介绍我国规范规定的计算方法。

(1)腹板屈曲后的承载力计算

①抗剪承载力。张力场法计算结果较精确,但过程烦琐。我国规范采用了简化的计算方法,梁腹板考虑屈曲后强度的抗剪承载力设计值 V_u 的计算公式如下:

当 $\lambda_s \leq 0.8$ 时

$$V_u = h_w t_w f_v \tag{5.112}$$

当 $0.8 < \lambda_s \leq 1.2$ 时

$$V_u = h_w t_w f_v [1 - 0.5(\lambda_s - 0.8)] \tag{5.113}$$

当 $\lambda_s > 1.2$ 时

$$V_u = \frac{h_w t_w f_v}{\lambda_s^{1.2}} \tag{5.114}$$

式中 λ_s——用于腹板受剪计算时的通用高厚比,见式(5.68)、式(5.69)。

由公式 $\tau = \dfrac{V}{h_w t_w}$ 可得到考虑屈曲后强度的腹板剪应力 τ_u,它的曲线 $A'B'C'D'$ 与不考虑屈曲后强度的临界剪应力 τ_{cr} 曲线 $ABCD$ 类似,都由三段组成,如图5.47所示。从图中可以看出,当 $\lambda_s \leq 0.8$ 时,$\tau_u = f_v = \tau_{cr}$,无屈

曲后强度;当 $\lambda_s>0.8$ 时,才可利用屈曲后强度,并随着 λ_s 的增大而增大。

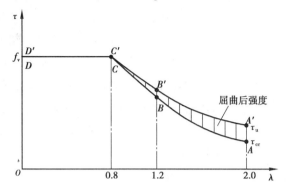

图 5.47 腹板剪应力曲线

②抗弯承载力。在正应力作用下,梁腹板屈曲后的性能与剪切作用下的情况有所不同。在弯矩作用下腹板发生屈曲,此时弯曲受压区将发生凹凸变形,部分受压区的腹板不能继续承受压应力而退出工作。为了计算屈曲后的抗弯承载力,采用有效截面的概念,假定腹板受压区有效高度为 ρh_c,等分在 h_c 的两端,中部则扣去 $(1-\rho)h_c$ 的高度,为了计算简便,在腹板受拉区同样扣去此高度,如图 5.48 所示,这样中和轴不会变动,结果偏于安全。

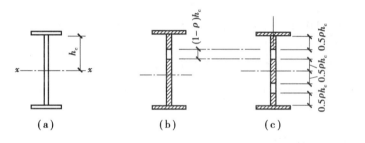

图 5.48 腹板屈曲后的假定有效截面

按图 5.48(c)所示截面,梁的抗弯承载力设计值为:

$$M_{eu} = \gamma_x \alpha_e W_x f \tag{5.115}$$

$$\alpha_e = 1 - \frac{(1-\rho)h_c^3 t_w}{2I_x} \tag{5.116}$$

式中　α_e——梁截面模量考虑腹板有效高度的折减系数;

　　　I_x——按梁全部截面算得的绕 x 轴的惯性矩;

　　　h_c——按梁全部截面算得的腹板受压区高度;

　　　γ_x——梁截面塑性发展系数;

　　　ρ——腹板受压区有效高度系数。

ρ 按下列要求取值:

当 $\lambda_b \leq 0.85$ 时

$$\rho = 1.0 \tag{5.117}$$

当 $0.85<\lambda_b \leq 1.25$ 时

$$\rho = 1 - 0.82(\lambda_b - 0.85) \tag{5.118}$$

当 $\lambda_b>1.25$ 时

$$\rho = \frac{1}{\lambda_b}\left(1 - \frac{0.2}{\lambda_b}\right) \tag{5.119}$$

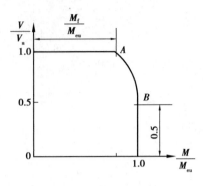

图 5.49 弯矩和剪力的相关曲线

（2）腹板屈曲后的强度验算公式

一般情况下,配置横向加劲肋的梁腹板通常同时承受弯矩和剪力的共同作用,要精确计算这种情况下腹板屈曲后梁的抗弯和抗剪承载力十分复杂。研究表明,当边缘正应力达到屈服点时,工字形截面焊接梁的腹板还可承受剪力 $0.6V_u$。弯剪联合作用下的屈曲后强度与此类似,在剪力不超过 $0.5V_u$ 时,腹板抗弯屈曲后强度不下降,如图 5.49 所示。因此,规范给出的考虑腹板屈曲后的强度验算公式为:

当 $\dfrac{M}{M_f} \leqslant 1.0$ 时

$$V \leqslant V_u \tag{5.120}$$

当 $\dfrac{V}{V_u} \leqslant 0.5$ 时

$$M \leqslant M_{eu} \tag{5.121}$$

其他情况时

$$\left(\frac{V}{0.5V_u} - 1\right)^2 + \frac{M - M_f}{M_{eu} - M_f} \leqslant 1 \tag{5.122}$$

$$M_f = \left(A_{f1}\frac{h_1^2}{h_2} + A_{f2}h_2\right)f \tag{5.123}$$

式中　M,V——梁的同一截面同时产生的弯矩和剪力设计值,当 $V < 0.5V_u$ 时,取 $V = 0.5V_u$;当 $M < M_f$ 时,取 $M = M_f$;

　　　　M_f——梁两翼缘所承担的弯矩设计值;

　　　　A_{f1},h_1——较大翼缘的截面积及其形心至梁中和轴的距离;

　　　　A_{f2},h_2——较小翼缘的截面积及其形心至梁中和轴的距离;

　　　　M_{eu},V_u——梁抗弯和抗剪承载力设计值。

2）加劲肋设计

（1）中间横向加劲肋设计

当仅配置支承加劲肋不能满足式（5.122）的要求时,应在钢梁两侧成对配置中间横向加劲肋,其截面尺寸应该满足式（5.91）、式（5.92）的要求。此外,考虑屈曲后张力场竖向分力对加劲肋的作用,规范要求尚应按轴心受压构件计算其在腹板平面外的稳定性,轴心压力应按式（5.124）计算:

$$N_s = V_u - \tau_{cr}h_w t_w + F \tag{5.124}$$

式中　V_u——腹板屈曲后的抗剪承载力设计值,按式（5.112）～式（5.114）计算;

　　　　h_w——腹板高度;

　　　　τ_{cr}——腹板区格的屈曲临界应力,按式（5.65）～式（5.67）计算;

　　　　F——作用于中间支承加劲肋上端的集中压力。

计算平面外稳定时,与支承加劲肋相同,受压构件的截面应包括加劲肋及其两侧的各 $15t_w\sqrt{\dfrac{235}{f_y}}$ 范围内的腹板面积,计算长度为 h_0。

(2)梁端支座处支承加劲肋的设计

当腹板在支座旁的区格利用屈曲后强度亦即 $\lambda_s > 0.8$ 时,支座加劲肋除承受梁的支座反力外,尚应承受张力场的水平分力 H,加劲肋应按压弯构件计算强度和腹板平面外的稳定。其中水平分力 H 的计算公式为:

$$H = (V_u - \tau_{cr} h_w t_w) \sqrt{1 + \left(\frac{a}{h_0}\right)^2} \tag{5.125}$$

对设中间横向加劲肋的梁,a 取支座端区格的加劲肋间距;对不设中间加劲肋的腹板,a 取梁支座至跨内剪力为零点的距离。H 的作用点在距腹板计算高度上边缘 $h_0/4$ 处,此压弯构件的截面和计算长度同一般支座加劲肋,见 5.6.3 节。当支座加劲肋采用图 5.50 的构造形式时,可由简化方法进行计算,加劲肋 1 作为承受支座反力 R 的轴心压杆计算,封头肋板 2 的截面积不应小于按式(5.126)计算的数值:

$$A_c = \frac{3h_0 H}{16ef} \tag{5.126}$$

式中　e——加劲肋与封头肋板的中心间距;
　　　f——钢材的抗拉强度设计值。

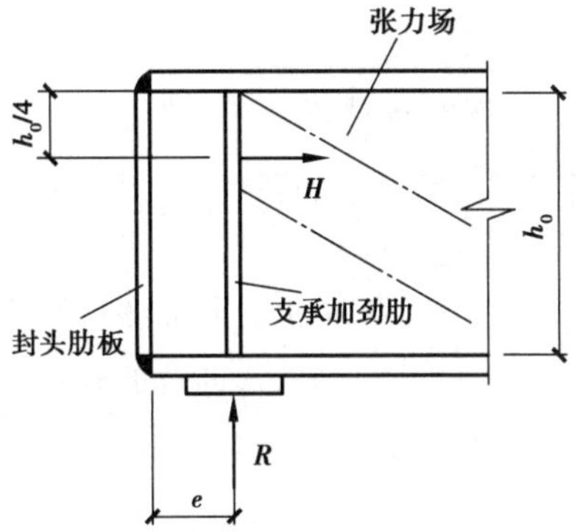

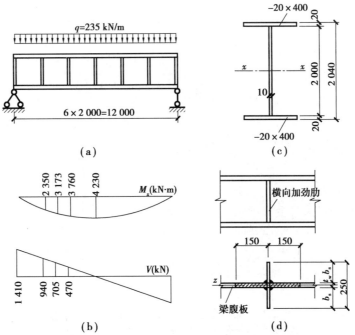

图 5.50　梁端加劲肋的构造

【例题 5.9】　某焊接工字形截面简支梁,跨度为 12 m,承受均布荷载设计值 235 kN/m(包括梁的自重),如图 5.51(a)所示,钢材为 Q235 钢。截面尺寸如图 5.51(c)所示。跨中有侧向支承保证梁的整体稳定,但梁的上翼缘扭转变形不受约束。试验算考虑屈曲后强度的腹板承载力要求,并设置加劲肋。

图 5.51　例题 5.9 图

【解】　(1)梁内力和截面特性的计算
梁的弯矩和剪力分布如图 5.51(b)所示。
截面特性:

$$I_x = 2 \times 400 \times 20 \times 1\,010^2 \text{ mm}^4 + \frac{1}{12} \times 10 \times 2\,000^3 \text{ mm}^4 = 2.30 \times 10^{10} \text{ mm}^4$$

$$W_x = \frac{I_x}{1\,020} = \frac{2.30 \times 10^{10}}{1\,020}\,\text{mm}^3 = 2.25 \times 10^7\,\text{mm}^3$$

（2）假设不设中间横向加劲肋，验算腹板抗剪承载力是否满足要求

梁端截面 $V = 1\,410\,\text{kN}$。

剪切通用高厚比 $\left(\dfrac{a}{h_0} \approx \infty\right)$：

$$\lambda_s = \frac{h_w/t_w}{41\sqrt{5.34}}\sqrt{\frac{f_y}{235}} = \frac{200}{41\sqrt{5.34}} \times 1 = 2.11$$

抗剪承载力：

$$V_u = \frac{h_w t_w f_v}{\lambda_s^{1.2}} = \frac{2\,000 \times 10 \times 125}{2.11^{1.2}}\,\text{kN} = 1\,020\,\text{kN} < V = 1\,410\,\text{kN}$$

所以，应该设置中间横向加劲肋。取加劲肋间距为 $2\,000\,\text{mm}$，如图 5.51(a) 所示。

（3）设加劲肋后的截面抗剪和抗弯承载力验算

①梁翼缘能承受的弯矩

$$M_f = 2A_{f1}h_1 f = 2 \times 400 \times 20 \times 1\,010 \times 205 \times 10^{-6}\,\text{kN} \cdot \text{m} = 3\,313\,\text{kN} \cdot \text{m}$$

②区格的抗剪承载力和屈曲临界应力

剪切通用高厚比 $\left(\dfrac{a}{h_0} = 1.0\right)$：

$$\lambda_s = \frac{h_w/t_w}{41\sqrt{5.34 + 4(h_0/a)^2}}\sqrt{\frac{f_y}{235}} = \frac{200}{41\sqrt{5.34 + 4}} \times 1 = 1.596$$

屈曲临界应力：

$$\tau_{cr} = \frac{1.1 f_v}{\lambda_s^2} = \frac{1.1 \times 125}{1.596^2}\,\text{N/mm}^2 = 54\,\text{N/mm}^2$$

抗剪承载力：

$$V_u = \frac{h_w t_w f_v}{\lambda_s^{1.2}} = \frac{2\,000 \times 10 \times 125}{1.596^{1.2}}\,\text{kN} = 1\,427\,\text{kN} > V_{max} = 1\,410\,\text{kN}（满足）$$

③梁截面的抗弯承载力

受压翼缘扭转未受到约束的受弯腹板通用高厚比：

$$\lambda_b = \frac{h_w/t_w}{153}\sqrt{\frac{f_y}{235}} = \frac{200}{153} \times 1 = 1.307 > 1.25$$

则腹板受压区有效高度系数：

$$\rho = \frac{1}{\lambda_b}\left(1 - \frac{0.2}{\lambda_b}\right) = \frac{1}{1.307}\left(1 - \frac{0.2}{1.307}\right) = 0.648$$

梁的截面模量考虑腹板有效高度的折减系数：

$$\alpha_e = 1 - \frac{(1-\rho)h_c^3 t_w}{2I_x} = 1 - \frac{(1-0.648) \times 100^3 \times 1}{2 \times 2.30 \times 10^6} = 0.923$$

抗弯承载力：

$$M_{eu} = \gamma_x \alpha_e W_x f = 1.05 \times 0.923 \times 2.25 \times 10^7 \times 205 \times 10^{-6}\,\text{kN} \cdot \text{m}$$
$$= 4\,470\,\text{kN} \cdot \text{m} > M_{max} = 4\,230\,\text{kN} \cdot \text{m}$$

④弯矩与剪力共同作用下的验算

相关方程：$\left(\dfrac{V}{0.5V_u}-1\right)^2+\dfrac{M-M_f}{M_{eu}-M_f}\leqslant 1$

按规定，当截面上 $V<0.5V_u$ 时，取 $V=0.5V_u$，因而相关方程变为 $M\leqslant M_{eu}$；当截面上 $M<M_f$ 时，取 $M=M_f$，因而相关方程变为 $V\leqslant V_u$。

从图 5.51(b)的内力图可以看出，在跨中 6 m 范围内，各截面的剪力均小于 $\dfrac{1}{2}V_u=\dfrac{1}{2}\times 1\,427$ kN $=$ 713.5 kN，而弯矩均小于 4 470 kN·m，因而满足相关方程；在支座 3 m 范围内，各截面的弯矩均小于 $M_f=$ 3 313 kN·m，而剪力均小于 $V_u=1\,427$ kN，因而满足相关方程。

(4)中间横向加劲肋的设计

①加劲肋的截面选取

$$b_s\geqslant \frac{h_0}{30}+40 \text{ mm}=\frac{2\,000}{30}\text{ mm}+40 \text{ mm}=106.7 \text{ mm}，采用 }b_s=120 \text{ mm}。$$

$$t_s\geqslant \frac{b_s}{15}=\frac{120}{15}\text{ mm}=8 \text{ mm}，采用 }t_s=8 \text{ mm}。$$

②验算加劲肋平面外的稳定性

加劲肋的轴压力：$N_s=V_u-\tau_{cr}h_wt_w=1\,427$ kN $-54\times 2\,000\times 10\times 10^{-3}$ kN $=347$ kN

按规定，加劲肋的面积应加上每侧一定范围的腹板面积，如图 5.51(d)所示，则：

$$A=2\times 120\times 8 \text{ mm}^2+2\times 15\times 10^2 \text{ mm}^2=4\,920 \text{ mm}^2$$

惯性矩：$I_z=\dfrac{1}{12}\times 8\times(2\times 120+10)^3 \text{ mm}^4=1.04\times 10^7 \text{ mm}^4$

回转半径与长细比：$i_z=\sqrt{\dfrac{I_z}{A}}=\sqrt{\dfrac{1.04\times 10^7}{4\,920}}$ mm $=46$ mm，$\lambda_z=\dfrac{h_0}{i_z}=\dfrac{2\,000}{46}=43.5$

按 b 类截面，查附表 7 可得整体稳定系数 $\varphi=0.885$，则：

$$\frac{N_s}{\varphi Af}=\frac{347\times 10^3}{0.885\times 4\,920\times 215}=0.37\ <1（满足）$$

③加劲肋与腹板的连接角焊缝。因 N_s 不大，焊缝尺寸按构造要求确定采用 $h_f=5$ mm。

(5)支座处支承加劲肋的设计

支承加劲肋采用图 5.50 所示的构造形式，封头肋板与支承加劲肋的间距为 $e=300$ mm。

由张力场引起的水平力：

$$H=(V_u-\tau_{cr}h_wt_w)\sqrt{1+\left(\frac{a}{h_0}\right)^2}$$

$$=(1\,427-54\times 2\,000\times 10\times 10^{-3})\sqrt{1+1}\ \text{kN}=491 \text{ kN}$$

所需封头肋板的截面积为：

$$A_c=\frac{3h_0H}{16ef}=\frac{3\times 2\,000\times 491\times 10^3}{16\times 300\times 215}\text{ mm}^2=2\,855 \text{ mm}^2，采用截面为 }-14\times 400$$

支承加劲肋的设计按轴心压杆计算，见例题 5.3。

本章总结框图

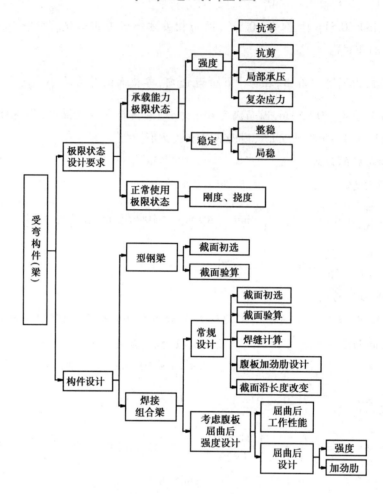

思考题

5.1 梁的强度计算包括哪几项内容？

5.2 截面塑性发展系数的意义是什么？与截面形状系数有何联系？

5.3 受弯构件为什么要计算变形？轴压构件为何只需控制长细比？

5.4 什么叫作翘曲正应力？它对梁的整体稳定有何影响？

5.5 梁的整体失稳与轴心压杆的失稳有何不同？

5.6 梁的强度破坏与失去整体稳定破坏有何不同？整体失稳与局部失稳又有何不同？

5.7 采用高强度钢对提高梁的稳定性有无好处？

5.8 影响梁整体稳定的主要因素有哪些？有何规律？

5.9 为了提高梁的整体稳定性,设计时可采用哪些措施？其中哪种最为有效？

5.10 受弯构件与轴压构件局部稳定问题有何异同？

5.11 什么叫作板件的通用高厚比？这种表达方法有何优点？

5.12 腹板加劲肋有哪几种形式？主要是针对哪些失稳形式的？

5.13 工字形截面组合梁中的腹板张力场是如何产生的？张力场可提高梁的哪种承载力？

5.14 梁设计与轴压构件设计有何异同？

5.15　焊接工字形梁设计要得到经济截面,应采用什么思路?

5.16　薄腹梁腹板加劲肋设计比较烦琐,采用什么措施可以提高设计效率?

问题导向讨论题

问题1:受弯构件整体失稳与轴压构件整体失稳有何异同?

问题2:受弯构件刚度要求与轴压构件刚度要求有何差别? 为什么?

问题3:在什么情况下,梁的变形要求可能成为控制条件? 在此条件下,采用什么设计思路有利于提高梁的经济性?

问题4:薄腹梁腹板加劲肋设计是本课程既难又繁的部分,如何彻底掌握相关原理和方法? 怎样提高学习效率?

问题5:用白卡纸和双面胶作为原材料,怎样设计出能反映腹板屈曲后承载力的薄腹梁受力模型?

分组讨论要求:每组6~8人,设组长1名,负责明确分工和协作要求,并指定人员代表小组发言交流。可选择以上五个问题之一。

习　题

5.1　图5.52所示的简支梁,其截面为单轴对称工字形,材料为Q235钢,梁的中点和两端均有侧向支撑。集中荷载$P_k = 330$ kN作用在跨中,其中永久荷载效应和可变荷载效应各占一半,作用在梁的顶面,沿跨度方向的支承长度为130 mm。试验算该梁的强度和刚度是否满足要求。

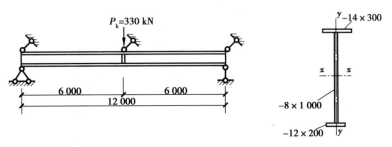

图5.52　习题5.1图

5.2　某简支梁,跨度为6 m,截面为普通热轧工字钢I50a。求下列情况下此梁的整体稳定系数各为多大:(1)上翼缘承受满跨均布荷载,跨度中间无侧向支承点,Q235钢;(2)情况同(1),但钢材改为Q355钢;(3)集中荷载作用于跨度中点的下翼缘,跨度中点有一侧向支承点,Q355钢;(4)集中荷载作用于跨度中点的下翼缘,跨中无侧向支承点,Q355钢。

5.3　计算习题5.1中的焊接工字形截面钢梁的整体稳定性是否满足要求。

5.4　某工字形截面梁,两端简支,构件长度为6 m,截面由2-20×400和1-10×560焊接而成,Q235钢。当验算此构件在弯矩作用平面外的弯扭屈曲时,需用到纯弯曲时的梁整体稳定系数φ_b。试分别按基本公式(5.38)和近似公式(5.42)计算此构件的φ_b,比较本题中近似公式的精度。当钢材为Q355钢时,有何变化?

5.5 某简支梁跨度为 6 m,跨中无侧向支承点,钢梁截面如图 5.53 所示。承受均布荷载设计值为 180 kN/m,跨中还承受一集中荷载设计值为 400 kN,两种荷载均作用在梁的上翼缘板上,钢材为 Q355 钢,截面特性为:$A = 170.4 \text{ cm}^2$, $y_1 = 41.3 \text{ cm}$, $y_2 = 46.7 \text{ cm}$, $I_x = 281\ 700 \text{ cm}^4$, $I_1 = 7\ 909 \text{ cm}^4$, $I_2 = 933 \text{ cm}^4$, $I_y = 28\ 842 \text{ cm}^4$, $i_y = 7.20 \text{ cm}$, $h = 103 \text{ cm}$。试验算此梁的整体稳定和局部稳定。

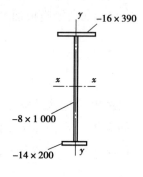

图 5.53 习题 5.5 图

5.6 试设计一简支型钢梁,跨度 5.5 m,在梁上翼缘承受均布静力荷载作用,恒载标准值为 10.2 kN/m(不包括梁自重),活载标准值为 25 kN/m,假定梁的受压翼缘有可靠侧向支撑,钢材为 Q235 钢,梁的容许挠度为 $l/250$。

5.7 某普通钢屋架的单跨简支檩条,跨度为 6 m,跨中设拉条一道,檩条坡向间距为 0.798 m。垂直于屋面水平投影面的屋面材料自重标准值和屋面可变荷载标准值均为 0.50 kN/m^2,无积灰荷载。屋面坡度 $i = 1/2.5$。材料 Q235AF。设采用热轧普通槽钢檩条,要求选择该檩条截面。

5.8 图 5.54 为一工作平台主梁的受力简图,次梁传来的集中荷载标准值为 $F_k = 253$ kN,设计值为 323 kN。试设计此主梁,钢材为 Q235B。

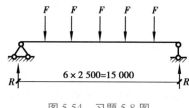

图 5.54 习题 5.8 图

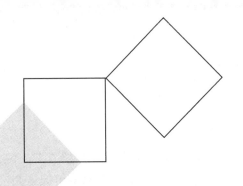

6

拉弯及压弯构件

本章导读：

• **内容及要求** 拉弯及压弯构件的特性，拉弯及压弯构件强度和刚度计算，压弯构件整体稳定分析，压弯构件局部稳定分析，拉弯及压弯构件设计。通过本章学习，应熟悉拉弯及压弯构件设计要求，掌握拉弯及压弯构件强度和刚度验算方法，掌握压弯构件整体及局部稳定分析方法，掌握实腹式和格构式压弯构件设计方法。学习中应充分考虑压弯构件的特点，明确与轴心受力构件和受弯构件的联系与区别。

• **重点** 拉弯和压弯构件的强度、刚度、整体稳定和局部稳定计算。

• **难点** 压弯构件的整体稳定和局部稳定性分析与设计。

典型工程简介：

南京紫峰大厦

南京紫峰大厦建成于 2008 年，位于南京市中心鼓楼广场，高度 450 m，地上 89层、地下 4 层，建筑面积 26 万 m^2。此大厦建成时为江苏第一、中国第三、世界第七高楼。主楼采用钢框架-钢筋混凝土核心筒结构件系，外围钢框架与钢筋混凝土核心筒通过在 10—11 层、35—36 层、60—61 层的三道伸臂桁架和带状桁架与巨型核心筒连在一起，形成抗侧力结构，钢结构达 1.2万 t。

建筑夜景

安装过程中的压弯构件——外围框架柱

6.1 概　述

同时承受弯矩和轴心拉力或轴心压力的构件称为拉弯构件或压弯构件。从严格意义上说,钢结构中的构件均不可避免地同时受到轴心力和弯矩作用,均应为拉弯或压弯构件。为有效解决这类构件的主要矛盾,弯矩影响可以忽略时按轴心受力构件分析设计,而轴心力较小时可按受弯构件分析设计。

6.1.1　拉弯及压弯构件特性

拉弯及压弯构件与轴心受力构件和受弯构件的主要区别在于同时承受轴心力和弯矩。不同轴心力和弯矩组合情况下构件的特性也不同,其基本规律为:当弯矩较小时构件特性接近轴心受力构件,当轴心力较小时构件特性接近受弯构件。

典型拉弯及压弯构件如图6.1所示。如图6.1(a)～(d)所示,构件中的弯矩可分别由纵向荷载不通过构件截面形心的偏心所引起,由横向荷载引起或由构件端部转角约束产生的端部弯矩引起。图6.1(e)所示框架柱是钢结构中最常见的压弯构件,也称为梁-柱。

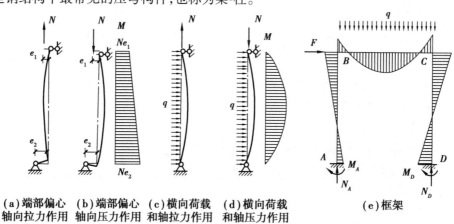

(a)端部偏心　　(b)端部偏心　　(c)横向荷载　　(d)横向荷载
轴向拉力作用　　轴向压力作用　　和轴拉力作用　　和轴压力作用　　　　(e)框架

图6.1　典型拉弯及压弯构件

当弯矩只绕截面一个形心主轴作用时,称为单向拉弯构件或压弯构件;绕截面两个形心主轴都有弯矩时,称为双向拉弯构件或压弯构件。

拉弯和压弯构件是钢结构中常用的构件形式,尤其是压弯构件应用非常广泛。单层厂房的柱、多高层框架柱、承受不对称荷载的工作平台柱,以及支架柱、塔架主杆等通常均是压弯构件。承受节间荷载的桁架杆件则是压弯或拉弯构件。

6.1.2　拉弯及压弯构件破坏形式

拉弯构件发生强度破坏以截面出现塑性铰作为承载力极限。拉弯构件一般只需进行强度和刚度计算,但当弯矩较大而拉力较小时,拉弯构件与梁的受力状态接近,也应考虑和计算构件的整体稳定以及受压板件或分肢的局部稳定。

实腹式单向压弯构件整体破坏有以下三种形式:强度破坏、弯矩作用平面内整体失稳、弯矩作用平面外整体失稳。当构件上有孔洞等削弱较多时,或杆端弯矩大于构件中间部分弯矩时,有可能发生强度破坏。一般情况下单向压弯构件破坏是整体失稳,当构件侧向刚度较大或侧向计算长度较小时,可能出现在弯矩作用面内的弯曲失稳,属于没有分肢的极值点失稳;反之,当压弯构件侧向刚度较小时,一旦荷载达某一值,构件将突然发生弯矩作用平面外的弯曲变形,并伴随绕纵向剪切中心轴的扭转而发生破坏,这种破坏为压弯构件丧失弯矩作用平面外的整体稳定,属于有分肢的弯扭屈曲失稳。

实腹式双向压弯构件破坏一般均为整体失稳破坏。整体失稳变形为双向弯曲并伴随扭转,属于无分肢的弯扭失稳。

组成压弯构件的板件可能部分或全部受压,若受压板件发生屈曲,将导致压弯构件整体稳定承载力降低或出现破坏。

格构式压弯构件可能出现整体失稳破坏,也可能出现单肢失稳破坏,还可能出现连接单肢的缀材及连接破坏。

6.1.3 拉弯及压弯构件截面形式

根据拉弯及压弯构件的特性和破坏形式可以推论,其合适截面可在轴心受力构件和受弯构件合适截面基础上适当变化得到,常用截面形式如图6.2所示,分为实腹式和格构式两大类,通常做成在弯矩作用方向具有较大的截面尺寸,使在该方向有较大的截面抵抗矩、回转半径和抗弯刚度,以便更好地承受弯矩。在格构式构件中,通常使虚轴垂直于弯矩作用平面,以便根据承受弯矩的需要,更好、更灵活地调整两分肢间的距离。当弯矩较小和正负弯矩绝对值大致相等,或使用上有特殊要求时,常采用双轴对称截面;当构件的正负弯矩绝对值相差较大时,为了节省钢材,常采用单轴对称截面。

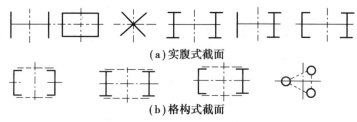

(a)实腹式截面

(b)格构式截面

图6.2 拉弯及压弯构件的截面形式

6.2 拉弯及压弯构件的强度和刚度

6.2.1 拉弯及压弯构件的强度

与受弯构件相似,以受力最不利截面出现塑性铰作为拉弯及压弯构件的强度极限状态。根据轴力 N 和弯矩 M 内外力平衡条件,可求得不同截面形式构件在强度极限状态时 N 与 M 的相关关系,如图6.3所示。当工字形截面的翼缘和腹板尺寸变化时,相关曲线也随之而变。图6.3的阴影区画出了常用工字形截面相关曲线的变化范围。各种截面的拉弯和压弯构件的强度相关曲线均为凸曲线,其变化范围较大。为使计算简化,且可与轴心受力构件和梁的计算公式衔接,设计规范偏于安全地采用相关曲线中的直线作为计算依据,其表达式为:

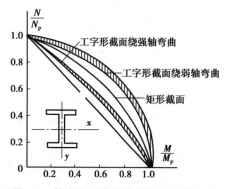

图6.3 拉弯及压弯构件的强度相关曲线

$$\frac{N}{N_P} + \frac{M}{M_P} = 1 \tag{6.1}$$

式中 N_P——轴力 N 单独作用时,构件净截面屈服承载力,$N_P = f_y A_n$;

A_n——构件净截面面积;

M_P——弯矩 M 单独作用时,构件净截面塑性铰弯矩,$M_P = W_{pnx} f_y = \gamma_F W_{nx} f_y$;

W_{pnx}——构件净截面塑性模量;

γ_F——构件截面形常数。

考虑构件因形成塑性铰而变形过大,以及截面上剪应力等的不利影响,与梁的强度计算类似,设计时有限利用塑性,用塑性发展系数 γ_x 取代截面形常数 γ_F。引入抗力分项系数后,单向弯矩作用的实腹式拉弯和压弯构件强度计算公式为:

$$\frac{N}{A_n} \pm \frac{M_x}{\gamma_x W_{nx}} \leqslant f \tag{6.2}$$

承受双向弯矩作用时,除圆管截面外,强度计算采用与式(6.2)相衔接的线性公式:

$$\frac{N}{A_n} \pm \frac{M_x}{\gamma_x W_{nx}} \pm \frac{M_y}{\gamma_y W_{ny}} \leqslant f \tag{6.3a}$$

圆管截面承受双向弯矩作用时,强度应按下式计算:

$$\frac{N}{A_n} \pm \frac{\sqrt{M_x^2 + M_y^2}}{\gamma_x W_{nx}} \leqslant f \tag{6.3b}$$

当截面板件宽厚比等级满足 S3 要求时,截面塑性发展系数 γ_x、γ_y 按表 5.2 采用,否则取 1.0。

需要计算疲劳的拉弯和压弯构件,为了可靠,以不考虑截面塑性发展为宜,仍按式(6.2)或式(6.3)进行计算,但宜取 $\gamma_x = \gamma_y = 1.0$。当受压翼缘的外伸宽度 b_1 与其厚度 t 之比处于 $15\sqrt{\frac{235}{f_y}} \geqslant \frac{b_1}{t} > 13\sqrt{\frac{235}{f_y}}$ 时,为避免翼缘板沿纵向屈服后宽厚比太大,而在达到强度承载力之前失去局部稳定,取 $\gamma_x = 1.0$。格构式构件弯矩绕虚轴(x 轴)作用时,考虑边缘纤维屈服为强度极限状态,取 $\gamma_x = 1.0$。

6.2.2 拉弯和压弯构件的刚度

一般情况下,拉弯及压弯构件的刚度计算公式与轴心受力构件相同,确定构件计算长度系数、计算长度、长细比和容许长细比的原则也与轴心受力构件相同。但应注意,如拉弯或压弯构件的作用与梁类似,应进行变形计算,容许变形参考梁确定。

6.3 压弯构件的整体稳定分析

6.3.1 压弯构件整体失稳破坏特征

实腹式单向压弯构件整体失稳破坏可分为弯矩作用面内弯曲失稳破坏和弯矩作用面外弯扭失稳破坏。为与轴压杆和受弯构件对照,作出压弯杆轴力-侧向位移曲线,如图 6.4 所示。从图中可以看出,压弯构件面内失稳破坏特征与具有初偏心的轴压杆类似,是无分肢极值点弯曲失稳破坏;理想单向压弯构件面外失稳破坏特征与受弯构件类似,是有分肢的弯扭失稳破坏。考虑缺陷影响时,单向压弯构件具有和双向压弯构件相似的特征,只可能出现无分肢极值点弯扭失稳破坏。

应特别注意,相对轴心受压构件,虽然压弯构件受力更为复杂,但压弯构件失去整体稳定的形态种类却比轴压构件少,单向压弯构件只有面内弯曲失稳和面外弯扭失稳两种形态,而理想轴压构件有弯曲、扭转和弯扭三种可能失稳形态。

典型格构式压弯构件弯矩绕虚轴作用,面内整体失稳破坏与实腹式类似,面外失稳破坏受单肢失稳破坏控制。

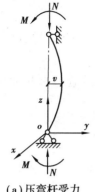
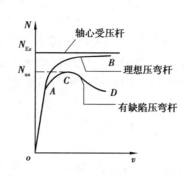
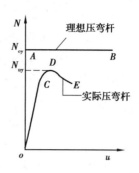

（a）压弯杆受力　　**（b）弯矩作用面内失去整体稳定**　　**（c）弯矩作用面外失去整体稳定**

图 6.4　单向压弯构件及其轴力-侧向位移曲线

6.3.2　实腹式压弯构件整体稳定分析

实腹式压弯构件也存在残余应力、初弯曲等缺陷。确定压弯构件面内、外整体稳定承载力时，需要考虑不同缺陷、不同截面形式和尺寸的影响，无论采用解析法还是数值积分法，计算过程都很繁琐，难以直接用于工程设计。我国规范中，通过对边缘纤维屈服准则得到的承载力公式进行相应修正，作为面内整体稳定承载力实用计算公式；由于考虑初始缺陷的压弯构件侧扭屈曲弹塑性分析过于复杂，我国规范通过对理想压弯构件弯扭失稳的相关曲线进行修正，得到面外整体稳定承载力实用计算公式。

1）实腹式单向压弯构件面内整体稳定分析

（1）边缘纤维屈服准则

如图 6.5 所示为两端等值弯矩作用的单向压弯构件，构件的平衡微分方程为：

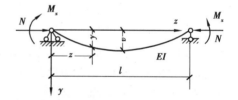

$$EI\frac{\mathrm{d}^2 y}{\mathrm{d}z^2} + Ny = -M \qquad (6.4)$$

图 6.5　两端等值弯矩作用的单向压弯构件

解方程并利用边界条件（$Z=0$ 和 $Z=l$ 处，$y=0$），可求出构件中点的最大挠度为：

$$v_\mathrm{m} = \frac{M_x}{N}\left(\sec\frac{\pi}{2}\sqrt{\frac{N}{N_{Ex}}} - 1\right) \qquad (6.5)$$

由工程力学可知，在两端弯矩 M_x 作用下的简支梁跨度中点的最大挠度 v_0 为：

$$v_0 = \frac{M_x l^2}{8EI} \qquad (6.6)$$

式（6.5）可写为：

$$v_\mathrm{m} = \alpha_\mathrm{v} v_0 \qquad (6.7)$$

式中，α_v 为挠度放大系数，$\alpha_\mathrm{v} = \dfrac{8\left(\sec\dfrac{\pi}{2}\sqrt{N/N_{Ex}} - 1\right)}{\pi^2 N/N_{Ex}}$，将 $\sec\left(\dfrac{\pi}{2}\sqrt{\dfrac{N}{N_{Ex}}}\right)$ 展开成幂级数后代入可得：

$$\alpha_\mathrm{v} = 1 + 1.028\frac{N}{N_{Ex}} + 1.032\left(\frac{N}{N_{Ex}}\right)^2 + \cdots \approx 1 + \frac{N}{N_{Ex}} + \left(\frac{N}{N_{Ex}}\right)^2 + \cdots = \frac{1}{1 - N/N_{Ex}} \qquad (6.8)$$

计算分析表明，当 $N/N_{Ex} < 0.6$ 时，上式误差不超过 2%。

考虑轴心压力 N 对跨中弯矩的影响，压弯构件中最大弯矩 $M_{\max}$ 可表示为：

$$M_{max} = M_x + Nv_m = M_x + \frac{Nv_0}{1 - N/N_{Ex}} = \frac{\beta_{mx}M_x}{1 - N/N_{Ex}} \tag{6.9}$$

式(6.9)中,M_x是将构件看作简支梁时由荷载产生的跨中最大弯矩,称为一阶弯矩;Nv_m为轴心压力引起的附加弯矩,称为二阶弯矩。β_{mx}称为等效弯矩系数,随荷载变化而变化。

构件的初始缺陷种类较多,为简化分析,引入轴心压力等效偏心距e_0来综合考虑各种初始缺陷,构件边缘纤维屈服条件为:

$$\sigma = \frac{N}{A} + \frac{\beta_{mx}M + Ne_0}{W_x(1 - N/N_E)} = f_y \tag{6.10}$$

初始缺陷主要是由加工制作安装及构造方式引起的,可认为压弯构件与轴心受压构件的初始缺陷相同。当$M = 0$时,压弯构件转化为带有综合缺陷e_0的轴心受压构件,此时稳定承载力为$N = N_x = Af_y\varphi_x$,代入式(6.10)得到:

$$\frac{e_0}{W_x} = \frac{N_P - N_x}{N_x A}\left(1 - \frac{N_x}{N_E}\right) \tag{6.11}$$

将式(6.11)代入式(6.10),可得压弯构件按边缘纤维屈服准则确定的承载力公式为:

$$\sigma = \frac{N}{\varphi_x A} + \frac{\beta_{mx}M}{W_x\left(1 - \varphi_x\dfrac{N}{N_E}\right)} = f_y \tag{6.12}$$

（2）实腹式单向压弯构件弯矩作用平面内整体稳定计算公式

实际压弯构件在弯矩作用平面内的整体稳定承载力为图6.4所示极限荷载N_{ux}。实腹式压弯构件丧失弯矩作用平面内的整体稳定时可能已出现塑性,且构件还存在着几何缺陷和残余应力。取构件存在$l/1\,000$的初弯曲和实测的残余应力分布,我国规范采用数值计算方法计算得到大量压弯构件极限承载力曲线,作为确定实用计算公式的依据。将数值计算方法得到的N_{ux}与用边缘纤维屈服准则得到的式(6.12)中的轴心压力N进行对比,考虑截面部分塑性,采用$\gamma_x W_{1x}$取代W_x;用0.8代替式(6.12)第二项分母中的φ_x,并将欧拉临界力除以平均抗力分项系数1.1,计算结果与数值计算法的结果最为接近。考虑抗力分项系数后,得到实腹式单向压弯构件弯矩作用平面内的整体稳定计算公式为:

$$\frac{N}{\varphi_x Af} + \frac{\beta_{mx}M_x}{\gamma_x W_{1x}\left(1 - 0.8\dfrac{N}{N'_{Ex}}\right)f} \leq 1.0 \tag{6.13}$$

式中　N——压弯构件的轴心压力;

　　　φ_x——弯矩作用平面内的轴心受压构件稳定系数;

　　　M_x——所计算构件段范围内的最大弯矩,$N'_{Ex} = \pi^2\dfrac{EA}{1.1\lambda_x^2}$;

　　　W_{1x}——弯矩作用平面内受压最大纤维的毛截面模量;

　　　γ_x——截面塑性发展系数,按表5.1采用。

等效弯矩系数β_{mx}按下列规定采用:

①无侧移框架柱和两端支承的构件:

a.无横向荷载作用时,取$\beta_{mx} = 0.6 + 0.4\dfrac{M_2}{M_1}$,$M_1$和$M_2$为端弯矩,使构件产生同向曲率(无反弯点)时取同号,使构件产生反向曲率(有反弯点)时取异号,$|M_1| \geq |M_2|$。

b.无端弯矩但有横向荷载作用时,β_{mqx}代替β_{mx}:

跨中单个集中荷载

$$\beta_{mqx} = 1 - 0.36\frac{N}{N_{cr}} \tag{6.13-1a}$$

全跨均布荷载

$$\beta_{mqx} = 1 - 0.18 \frac{N}{N_{cr}} \tag{6.13-1b}$$

$$N_{cr} = \frac{\pi^2 EI}{(\mu l)^2} \tag{6.13-2}$$

式中　N_{cr}——弹性临界力；

　　　μ——构件的计算长度系数。

c.有端弯矩和横向荷载同时作用时,将式(6.13)的 $\beta_{mx}M_x$ 取为 $\beta_{mqx}M_{qx} + \beta_{m1x}M_1$,即工况 a 和工况 b 等效弯矩的代数和。式中,M_{qx} 为横向荷载产生的弯矩最大值,β_{m1x} 取按工况 a 计算的等效弯矩系数。

②有侧移框架柱和悬臂构件:

a.除下列第 b 项规定之外的框架柱,$\beta_{mqx} = 1 - 0.36N/N_{cr}$;

b.有横向荷载的柱脚铰接的单层框架柱和多层框架的底层柱,$\beta_{mqx} = 1$;

c.自由端作用有弯矩的悬臂柱,$\beta_{mqx} = 1 - 0.36(1 - m)N/N_{cr}$,式中 m 为自由端弯矩与固定端弯矩之比,当弯矩图无反弯点时取正号,有反弯点时取负号。

当框架内力采用二阶分析时,柱弯矩由无侧移弯矩和放大的侧移弯矩组成,此时可对两部分弯矩分别乘以无侧移柱和有侧移柱的等效弯矩系数。

对于 T 形、双角钢 T 形、槽形这些单轴对称截面的压弯构件,当弯矩作用于对称轴平面内且使较大翼缘受压时,构件失稳时可能出现受压区屈服、受压和受拉区同时屈服两种情况外,还可能在受拉区首先出现屈服而导致构件失去承载能力,故除了按式(6.13)计算外,还应按式(6.14)计算:

$$\left| \frac{N}{Af} - \frac{\beta_{mx}M_x}{\gamma_x W_{2x}\left(1 - 1.25 \frac{N}{N'_{Ex}}\right) f} \right| \leqslant 1.0 \tag{6.14}$$

式中　W_{2x}——对受拉外侧的毛截面模量;

　　　γ_x——与 W_{2x} 相应的截面塑性发展系数。

其余符号同式(6.13),上式第二项分母中的 1.25 也是经过与理论计算结果比较后引进的修正系数。

2)实腹式单向压弯构件弯矩作用面外整体稳定分析

根据弹性稳定理论,图 6.4 所示实腹式单向压弯构件在弯矩作用平面外丧失稳定的临界条件为:

$$\left(1 - \frac{N}{N_y}\right)\left(1 - \frac{N}{N_w}\right) - \left(\frac{M_x}{M_{cr}}\right)^2 = 0 \tag{6.15}$$

式中　N_y——轴心受压构件绕截面 y 轴的弯曲屈曲临界力,$N_y = \pi^2 \frac{EI_y}{l_{0y}^2}$,$l_{0y}$ 为构件侧向弯曲的自由长度;

　　　N_w——构件的扭转屈曲临界力,$N_w = \left(GI_t + \pi^2 \frac{EI_w}{l_w^2}\right)/i_0^2$,$i_0$ 为截面的极回转半径 $i_0^2 = \frac{I_x + I_y}{A}$,$l_w$ 为构件的扭转自由长度;

　　　M_{cr}——纯弯曲梁的临界弯矩。

图 6.6 所示为不同 $\frac{N_w}{N_y}$ 对应 $\frac{N}{N_y}$-$\frac{M}{M_{cr}}$ 曲线。一般情况下 N_w 大于 N_y,因而曲线均为上凸曲线,采用直线表达式偏于安全。直线关系的表达式为:

$$\frac{N}{N_y} + \frac{M}{M_{cr}} = 1 \tag{6.16}$$

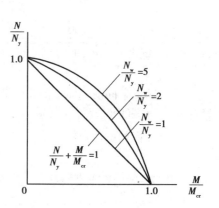

图 6.6　侧扭屈曲时的相关曲线

式(6.16)是根据弹性工作状态的双轴对称截面导出的理论公式简化得来的,理论分析和试验研究表明,对于单轴对称截面的压弯构件,只要用该单轴对称截面轴心受压构件的弯扭屈曲临界力 N_{yz} 代替式中的 N_y,公式仍然适用。为使它也适用于弹塑性压弯构件的弯矩作用平面外稳定性计算,取 $N_y = \varphi_y A f_y$ 和 $M_{cr} = \varphi_b W_x f_y$,代入式(6.16),并考虑实际荷载情况不一定都是均匀弯曲,而引入非均匀弯矩作用时弯扭屈曲的等效弯矩系数 β_{tx},且引入不同截面形式时的截面影响系数 η,以及抗力分项系数后,即得规范关于单向压弯构件弯矩作用平面外的稳定计算公式:

$$\frac{N}{\varphi_y A f} + \eta \frac{\beta_{tx} M_x}{\varphi_b W_{1x} f} \leqslant 1.0 \tag{6.17}$$

式中　φ_y——弯矩作用平面外的轴心受压构件稳定系数,对单轴对称截面应按考虑扭转效应的换算长细比 λ_{yz} 确定;

　　　φ_b——均匀弯曲的受弯构件整体稳定系数,对工字形截面和 T 形截面可采用第 5 章中求 φ_b 的近似公式进行计算;对于闭口截面,由于其抗扭刚度特别大,可取 $\varphi_b = 1.0$;

　　　M_x——所计算构件段范围内的最大弯矩设计值;

　　　η——截面影响系数,闭口截面 $\eta = 0.7$,其他截面 $\eta = 1.0$。

面外整体稳定等效弯矩系数 β_{tx} 应按下列规定采用:

①在弯矩作用平面外有支承的构件,应根据两相邻支承间构件段内的荷载和内力情况确定:

a.无横向荷载作用时:$\beta_{tx} = 0.65 + 0.35 \dfrac{M_2}{M_1}$;

b.端弯矩和横向荷载同时作用时,使构件产生同向曲率 β_{tx} 取 1.0,反向曲率 β_{tx} 取 0.85;

c.无端弯矩有横向荷载作用时,β_{tx} 取 1.0。

②弯矩作用平面外为悬臂构件时,β_{tx} 取 1.0。

式(6.17)虽然是以理想压弯构件的弹性侧扭屈曲为基础得出的,但理论分析和试验结果都证实此式可用于弹塑性工作的压弯构件。

3)实腹式双向压弯构件整体稳定分析

双向压弯构件的稳定承载力与 N、M_x 和 M_y 三者的相对大小有关,考虑各种缺陷影响时无法给出解析解。我国规范对单向压弯构件稳定计算公式进行组合,实现双向压弯构件稳定计算与轴心受压构件、受弯构件、单向压弯构件整体稳定计算的衔接。对弯矩作用在两个主平面内的双轴对称实腹式工字形截面和箱形截面的压弯构件,规定其整体稳定性按下列两公式计算:

$$\frac{N}{\varphi_x A f} + \frac{\beta_{mx} M_x}{\gamma_x W_{1x}\left(1 - 0.8\dfrac{N}{N'_{Ex}}\right)f} + \eta \frac{\beta_{ty} M_y}{\varphi_{by} W_{1y} f} \leqslant 1.0 \quad (6.18a)$$

$$\frac{N}{\varphi_y A f} + \eta \frac{\beta_{tx} M_x}{\varphi_{bx} W_{1x} f} + \frac{\beta_{my} M_y}{\gamma_y W_{1y}\left(1 - 0.8\dfrac{N}{N'_{Ey}}\right)f} \leqslant 1.0 \quad (6.18b)$$

式中各符号意义同前,其下角标 x 和 y 分别指截面强轴 x 和截面弱轴 y。

理论计算和试验资料证明上述公式是偏于安全的。

6.3.3　格构式压弯构件整体稳定分析

格构式压弯构件的缀材分为缀条式和缀板式两种。如图 6.7 所示,厂房框架柱和大型独立柱通常采用双肢格构柱,截面在弯矩作用

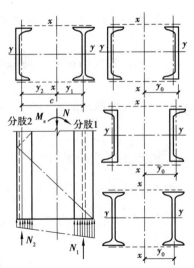

图 6.7　格构式压弯构件截面

平面内的宽度较大,构件肢件基本上都采用缀条连接,弯矩绕虚轴作用。当弯矩不大或正负弯矩的绝对值相差较小时,常用双轴对称截面;当符号不变的弯矩较大或正负弯矩的绝对值相差较大时,可采用单轴对称截面,并将较大肢件放在较大弯矩产生压应力的一侧。

1)弯矩绕实轴(y轴)作用的格构式压弯构件

弯矩绕实轴作用的格构式压弯构件,其弯矩作用平面内和平面外的稳定性计算方法与实腹式构件相同。但在计算平面外的稳定性时,关于虚轴应取换算长细比(计算方法同格构式轴压构件)来确定 φ_x 值,稳定系数 φ_b 应取 1.0。

2)弯矩绕虚轴(x轴)作用的格构式压弯构件

单向压弯双肢格构柱一般是以虚轴作为弯曲轴,绕虚轴的截面模量较大。在弯矩作用平面内失稳以考虑初始缺陷的截面边缘纤维屈服作为计算依据,面内整体稳定计算公式为:

$$\frac{N}{\varphi_x Af} + \frac{\beta_{ty}M_x}{W_{1x}\left(1 - \dfrac{N}{N'_{Ex}}\right)f} \leq 1.0 \tag{6.19}$$

式中,$W_{1x} = \dfrac{I_x}{y_0}$,$I_x$ 为截面对 x 轴的毛截面抵抗矩;y_0 为由 x 轴到压力较大分肢的轴线距离,或到压力较大分肢腹板边缘的距离,取两者中较大者,参见图 6.7;φ_x 和 N_{Ex} 由换算长细比 λ_{0x} 确定。

格构式压弯构件两分肢受力不等,受压较大分肢上的平均应力大于整个截面的平均应力,因而还需对分肢进行稳定性计算。如图 6.7 所示,将分肢视作桁架的弦杆来计算每个分肢的轴心力:

分肢 1
$$N_1 = \frac{N \cdot y_2 + M_x}{c} \tag{6.20}$$

分肢 2
$$N_2 = N - N_1 \tag{6.21}$$

缀条式压弯构件的单肢按轴心受压构件计算。单肢的计算长度在缀材平面内取缀条体系的节间长度,而在缀材平面外则取侧向支承点之间的距离。

缀板式压弯构件的单肢除承受轴心力 N_1 或 N_2 作用外,还承受由剪力引起的局部弯矩,剪力取实际剪力和按式(4.51)求出的剪力二者中的较大值。计算肢件在弯矩作用平面内的稳定性时,取一个节间的单肢,按压弯构件计算其弯矩作用平面内的稳定性;计算肢件在弯矩作用平面外的稳定性时,计算长度取侧向支承点之间的距离,按轴心受压构件计算。

受压较大分肢在弯矩作用平面外的计算长度与整个构件相同,只要受压较大分肢在其两个主轴方向的稳定性得到满足,整个构件在弯矩作用平面外的整体稳定性也得到保证,因此不必再计算整个构件在弯矩作用平面外的稳定性。

3)双向压弯格构式构件

图 6.8 所示为弯矩作用在两个主平面内的双肢格构式压弯构件,其整体稳定性按下列规定计算:

(1)整体稳定计算

采用与边缘屈服准则导出的弯矩绕虚轴作用的格构式压弯构件平面内整体稳定计算式(6.19)相衔接的直线式进行计算:

$$\frac{N}{\varphi_x Af} + \frac{\beta_{mx}M_x}{W_{1x}\left(1 - \dfrac{N}{N'_{Ex}}\right)f} + \frac{\beta_{ty}M_y}{W_{1y}f} \leq 1.0 \tag{6.22}$$

式中,φ_x 和 N'_{Ex} 由换算长细比确定。

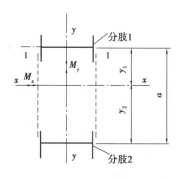

图 6.8 双向压弯格构式构件

（2）分肢的稳定计算

分肢按实腹式压弯构件计算,将分肢作为桁架弦杆计算其在轴力和弯矩共同作用下产生的内力:

分肢 1
$$N_1 = N\frac{y_2}{a} + \frac{M_x}{a} \tag{6.23}$$

$$M_{y1} = \frac{I_1/y_1}{I_1/y_1 + I_2/y_2}M_y \tag{6.24}$$

分肢 2
$$N_2 = N - N_1 \tag{6.25}$$

$$M_{y_2} = \frac{I_2/y_2}{I_1/y_1 + I_2/y_2}M_y \tag{6.26}$$

式中　I_1, I_2——分肢 1 和分肢 2 对 y 轴的惯性矩;

　　　y_1, y_2——M_y 作用的主轴平面至分肢 1 和分肢 2 轴线的距离。

4) 缀材计算

格构式压弯构件缀材的计算方法与格构式轴心受压构件相同,但剪力取构件的实际剪力和按式(4.51)计算得到的剪力中的较大值。

6.4　压弯构件的局部稳定

实腹式压弯构件的板件可能处于正应力 σ,或正应力 σ 与剪应力 τ 共同作用的受力状态,当应力达到一定值时,板件可能发生屈曲,压弯构件丧失局部稳定性。格构式压弯构件局部稳定,应根据单肢受力情况分别按实腹式压弯构件或轴压构件考虑。

6.4.1　压弯构件翼缘局部稳定计算

我国规范对实腹式压弯构件的受压翼缘板采用不允许发生局部失稳的设计准则,应满足 S4 要求。工字形截面和箱形截面压弯构件的受压翼缘板,受力情况与相应梁的受压翼缘板基本相同,因此为保证其局部稳定性,所需的宽厚比限值可直接采用有关梁中的规定。

①翼缘板自由外伸宽度 b_1 与其厚度 t 之比应符合:
$$\frac{b_1}{t} \leqslant 15\varepsilon_k \tag{6.27}$$

②箱形截面受压翼缘板在两腹板间的宽度 b_0 与其厚度 t 之比应符合:
$$\frac{b_0}{t} \leqslant 40\varepsilon_k \tag{6.28}$$

6.4.2　压弯构件腹板局部稳定计算

1) 工字形截面的腹板

工字形截面压弯构件腹板的应力状态如图 6.9 所示,腹板承受不均匀正应力 σ 和剪应力 τ 的联合作用,其临界压应力可表达为:

弹性阶段
$$\sigma_{cr} = K_e\frac{\pi^2 E}{12(1-\nu^2)}\left(\frac{t_w}{h_0}\right)^2 \tag{6.29}$$

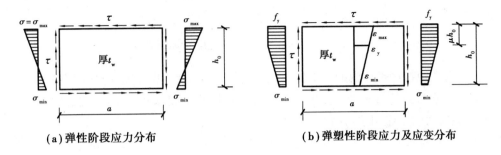

(a) 弹性阶段应力分布　　　　　　　(b) 弹塑性阶段应力及应变分布

图 6.9　四边简支矩形腹板边缘的应力分布和纵向压应变

弹塑性阶段

$$\sigma_{cr} = K_P \frac{\pi^2 E}{12(1-\nu^2)}\left(\frac{t_w}{h_0}\right)^2 \tag{6.30}$$

式中　K_e——弹性屈曲系数,其值与$\frac{\tau}{\sigma}$、应力梯度 $\alpha_0 = \frac{\sigma_{max} - \sigma_{min}}{\sigma_{max}}$ 有关。σ_{max}、σ_{min} 分别为腹板计算高度边

缘的最大压应力和腹板另一边缘相应的应力,计算时不考虑构件的稳定系数和截面塑性发

展系数,取压应力为正、拉应力为负。根据压弯构件的设计资料可取$\frac{\tau}{\sigma} = 0.15\alpha_0$,此时 K_e

值如表 6.1 所示。

K_P——弹塑性屈曲系数,其值与$\frac{\tau}{\sigma}$、应变梯度 $\alpha = \frac{\varepsilon_{max} - \varepsilon_{min}}{\varepsilon_{max}}$、塑性变形发展深度 μh_0 等有关。取

$\mu h_0 = 0.25h_0$,将 α 换算成弹性板的应力梯度 α_0,K_P 值如表 6.1 所示。

表 6.1　K_e 和 K_P 值

α_0	0	0.2	0.4	0.6	0.8	1.0	1.2	1.4	1.6	1.8	2.0
K_e	4.00	4.44	4.99	5.69	6.60	7.81	9.50	11.87	15.18	19.52	23.92
K_P	4.00	3.91	3.87	4.24	4.68	5.21	5.89	6.68	7.58	9.74	11.30

经分析,取$\tau/\sigma = 0.15\alpha_0$,$\mu = 0.25$。令式(6.30)中 $\sigma_{cr} = f_y$,可解得并绘出 h_0/t_w 随应力梯度而变化的曲

线,如图 6.10 所示。为了便于应用,我国规范中用以 $\alpha_0 = 1.6$ 为分界点的两段折线代替该曲线。塑性区

的深度实际上是随构件在弯矩作用平面内的长细比 λ 而变化的,当 λ 较大时,塑性区深度较小,可能小于

$0.25h_0$,甚至也可能不出现塑性区;当 λ 较小时,塑性区深度就较大,可能大于 $0.25h_0$。因而 h_0/t_w 的限值

既与 α_0 有关,也与 λ 有关。设计规范中对工字形截面压弯构件腹板的高厚比限值规定为:

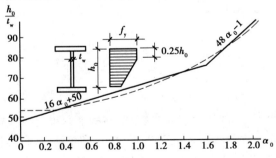

图 6.10　腹板的容许高厚比

当 $0 \leq \alpha_0 \leq 1.6$ 时

$$\frac{h_0}{t_w} \leq (16\alpha_0 + 0.5\lambda + 25)\varepsilon_k \tag{6.31a}$$

当 $1.6<\alpha_0\leqslant2.0$ 时

$$\frac{h_0}{t_{\mathrm{w}}} \leqslant (48\alpha_0 + 0.5\lambda - 26.2)\varepsilon_{\mathrm{k}} \tag{6.31b}$$

式中 λ——构件在弯矩作用平面内的长细比。当 $\lambda<30$ 时,取 $\lambda=30$;当 $\lambda>100$ 时,取 $\lambda=100$。

当 $\alpha_0=0$ 时,式(6.31a)符合对轴心受压构件中腹板高厚比的要求;当 $\alpha_0=2$ 时,式(6.31b)符合梁腹板在弯曲应力和剪应力联合作用下对高厚比的要求。

最新《钢结构设计标准》GB 50017 将腹板不发生局部屈曲简化为满足截面等级 S4 要求,即:

$$\frac{h_0}{t_{\mathrm{w}}} \leqslant (45 + 25\alpha_0^{1.66})\varepsilon_{\mathrm{k}} \tag{6.32}$$

2)箱形截面的腹板

箱形截面压弯构件腹板高厚比限值的计算方法与工字形截面相同,但考虑其腹板边缘的嵌固程度比工字形截面弱,且两块腹板的受力情况也可能不完全一致,因而其腹板的 $\frac{h_0}{t_{\mathrm{w}}}$ 不应超过式(6.31)或式(6.32)右侧乘以 0.8 后的值,当此值小于 $40\varepsilon_{\mathrm{k}}$ 时,应采用 $40\varepsilon_{\mathrm{k}}$。

当工字形和箱形截面压弯构件腹板的高厚比不能满足上述要求时,可采用下列方法之一来处理:

①加大腹板厚度,使其满足要求。但此法当 h_0 较大时,可能导致多费钢材。

②在腹板两侧设置纵向加劲肋,使加劲肋与翼缘间腹板高厚比满足上述要求。此法将导致制造工作量增加。每侧加劲肋的外伸宽度不应小于 $10t_{\mathrm{w}}$,厚度不应小于 $0.75t_{\mathrm{w}}$。

③在计算构件的强度和稳定性时,利用腹板屈曲后强度的概念,对腹板仅考虑其计算高度范围内有效截面,具体计算公式参见最新钢结构设计标准,不计腹板的中间部分(但在计算构件的稳定系数时,仍采用全部截面)。当 h_0 较大时,考虑屈曲后强度比较经济。

3)T形截面的腹板

对于T形截面压弯构件,当弯矩使翼缘受压时,腹板此时比轴心受压有利,可采用与轴心受压相同的高厚比限值。当弯矩使腹板自由边受压时,如果 $\alpha_0\leqslant1.0$,此时弯矩较小,腹板中压应力分布不均的有利作用影响不大,腹板高厚比限值与翼缘相同;如果 $\alpha_0>1.0$,此时弯矩较大,腹板中压应力分布不均的有利作用影响较大,腹板高厚比限值提高20%。腹板高厚比应满足:

当 $\alpha_0\leqslant1.0$ 时

$$\frac{h_0}{t_{\mathrm{w}}} \leqslant 15\varepsilon_{\mathrm{k}} \tag{6.33}$$

当 $\alpha_0>1.0$ 时

$$\frac{h_0}{t_{\mathrm{w}}} \leqslant 18\varepsilon_{\mathrm{k}} \tag{6.34}$$

4)圆管压弯构件

一般圆管压弯构件弯矩不大,截面压应力分布较均匀,局部稳定要求与轴心受压构件相同。

【**例题** 6.1】 图 6.11 所示为焊接工字形截面压弯构件,承受轴心压力设计值为 800 kN,构件长度中央的集中荷载设计值为 160 kN。钢材为 Q235BF,构件的两端铰支,并在构件长度中央有一侧向支承点。翼缘为火焰切割边,要求验算构件是否满足要求。

【**解**】 本题为验算题,构件为实腹式单向压弯构件,需要验算强度、刚度、整体稳定、局部稳定。

(1)已知条件

设计荷载:$N=800$ kN,$M_x=400$ kN·m

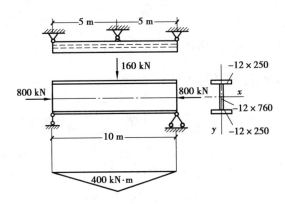

图 6.11 例题 6.1 图

计算长度: $l_{0x} = 10$ m, $l_{0y} = 5$ m

设计强度: $f = 215$ N/mm²

截面特性: $A = 2 \times 250 \times 12$ mm² $+ 760 \times 12$ mm² $= 15\ 100$ mm²

$$I_x = 2 \times 250 \times 12 \times 386^2 \text{ mm}^4 + \frac{1}{12} \times 12 \times 760^3 \text{ mm}^4 = 1.332\ 96 \times 10^9 \text{ mm}^4$$

$$i_x = \sqrt{\frac{I_x}{A}} = \sqrt{\frac{1.332\ 96 \times 10^9}{15\ 100}} \text{ mm} = 297.1 \text{ mm}$$

$$W_x = \frac{2I_x}{h} = \frac{1.332\ 96 \times 10^9}{392} \text{ mm}^3 = 3.400 \times 10^6 \text{ mm}^3$$

$$I_y = 2 \times 12 \times \frac{250^3}{12} \text{ mm}^4 = 3.125 \times 10^7 \text{ mm}^4$$

$$i_y = \sqrt{\frac{I_y}{A}} = \sqrt{\frac{3.125 \times 10^7}{15\ 100}} \text{ mm} = 45.5 \text{ mm}$$

(2) 刚度验算

$$\lambda_x = \frac{l_{0x}}{i_x} = \frac{10\ 000}{297.1} = 33.7 < [\lambda] = 150(满足)$$

$$\lambda_y = \frac{l_{0y}}{i_y} = \frac{5\ 000}{45.5} = 110 < [\lambda] = 150(满足)$$

(3) 强度验算

$$\frac{N}{A_n} + \frac{M_x}{\gamma_x W_{nx}} = \frac{800 \times 10^3}{15\ 100} \text{ N/mm}^2 + \frac{400 \times 10^6}{1.05 \times 3.400 \times 10^6} \text{ N/mm}^2$$

$$= 165.02 \text{ N/mm}^2 < f = 215 \text{ N/mm}^2(满足)$$

(4) 面内整稳验算

$\lambda_x = 33.7$, 按 b 类截面查附表 7 得 $\varphi_x = 0.923$。

$$N'_{Ex} = \frac{\pi^2 EA}{1.1\lambda_x^2} = \frac{\pi^2 \times 2.06 \times 10^5}{1.1 \times 33.7^2} \times 15\ 100 \text{ N} = 24\ 574\ 840 \text{ N} = 24\ 575 \text{ kN}$$

构件端部无弯矩,但有横向荷载作用

$$\beta_{mqx} = 1 - 0.36N/N_{cr} = 1 - 0.36N/(1.1N'_{Ex}) = 1 - 0.36 \times 800/(1.1 \times 24\ 575) = 0.99$$

$$\frac{N}{\varphi_x Af} + \frac{\beta_{mqx} M_x}{\gamma_x W_{1x}(1 - 0.8N/N'_{Ex})f}$$

$$= \frac{800 \times 10^3}{0.923 \times 15\ 100 \times 215} + \frac{0.99 \times 400 \times 10^6}{1.05 \times 3.400 \times 10^6 \times (1 - 0.8 \times 800/24\ 575) \times 215}$$

$$= 0.25 + 0.53 = 0.78 < 1.0(满足)$$

（5）面外整稳验算

$\lambda_y = 110$，按 b 类截面查附表 7 得 $\varphi_y = 0.493$；非箱形截面 $\eta = 1.0$。

两侧向支承点间无横向荷载，$\beta_{tx} = 0.65 + 0.35 \dfrac{M_2}{M_1} = 0.65$

$$\varphi_b = 1.07 - \frac{\lambda_y^2}{44\,000} = 1.07 - \frac{110^2}{44\,000} = 0.795$$

$$\frac{N}{\varphi_y A f} + \eta \frac{\beta_{tx} M_x}{\varphi_b W_{1x} f} = \frac{800 \times 10^3}{0.493 \times 15\,100 \times 215} + 1.0 \times \frac{0.65 \times 400 \times 10^6}{0.795 \times 3.400 \times 10^6 \times 215}$$
$$= 0.50 + 0.35 = 0.85 < 1.0\,(\text{满足})$$

（6）局部稳定验算

翼缘：

$$\frac{b_1}{t} = \frac{250 - 12}{2/12} = 9.92 < 15\sqrt{\frac{235}{f_y}}\,(\text{满足})$$

腹板：

$$\sigma_{max} = \frac{N}{A} + \frac{M_x}{W} \times \frac{h_0}{h} = \frac{800 \times 10^3}{15\,100}\,\text{N/mm}^2 + \frac{400 \times 10^6}{3.4 \times 10^6} \times \frac{760}{784}\,\text{N/mm}^2$$
$$= (52.98 + 114.05)\,\text{N/mm}^2 = 167.03\,\text{N/mm}^2$$

$$\sigma_{min} = \frac{N}{A} - \frac{M_x}{W} \times \frac{h_0}{h} = \frac{800 \times 10^3}{15\,100}\,\text{N/mm}^2 + \frac{400 \times 10^6}{3.4 \times 10^6} \times \frac{760}{784}\,\text{N/mm}^2$$
$$= (52.98 - 114.05)\,\text{N/mm}^2 = -61.07\,\text{N/mm}^2$$

$$\alpha_0 = \frac{\sigma_{max} - \sigma_{min}}{\sigma_{max}} = \frac{167.03 + 61.07}{167.03} = 1.37$$

$$\frac{h_0}{t_w} = \frac{760}{12} = 63.33 < \left[\frac{h_0}{t_w}\right] = (45 + 25 \times 1.37^{1.66})\sqrt{\frac{235}{f_y}} = 87\,(\text{满足})$$

结论：本压弯构件满足各项要求。

6.5 拉弯及压弯构件设计

6.5.1 拉弯及压弯构件设计原则与要求

拉弯及压弯构件设计应保证满足强度、刚度、整体稳定和局部稳定要求。拉弯构件设计主要考虑强度和刚度要求；格构式压弯构件还应满足分肢稳定要求，并需对缀材进行设计。压弯构件的加劲肋、横隔和纵向连接焊缝的构造要求与相应轴心受压构件相同。

设计时应遵循以下几个原则：

①合理选择钢材种类和规格。

②合理选择截面形式。一般要求截面分布应尽量远离主轴，即尽量加大截面轮廓尺寸而减小板厚，以增加截面的惯性矩和回转半径，从而提高构件的整体稳定性和刚度。

③尽量使两个主轴方向的整体稳定承载力接近，即两轴等稳定，以取得较好的经济效果。

④构造简单，便于制作。

⑤便于与其他构件连接。

压弯构件设计要求较复杂，在明确设计要求的基础上，一般先参考有关资料初步选定截面，然后验算各项要求，根据验算结果适当修改，直至满足所有要求且较为经济。

6.5.2　拉弯构件设计

拉弯构件设计主要需考虑强度要求和刚度要求,相对简单。设计步骤为:
①明确设计要求,确定设计参数。
②选择钢材种类和截面形式。
③按强度公式(6.2)和式(6.3)要求确定截面尺寸。
④验算刚度要求。
⑤其他构造和连接设计。

6.5.3　实腹式压弯构件设计

实腹式压弯构件截面设计可按下列步骤进行:
①确定构件承受的荷载设计值。
②确定弯矩作用平面内和平面外的计算长度。
③选择钢材及确定钢材强度设计值。
④选择截面形式。
⑤根据经验或已有资料初选截面尺寸。
⑥初选截面验算及修改:
a.强度验算;
b.刚度验算;
c.弯矩作用平面内整体稳定验算;
d.弯矩作用平面外整体稳定验算;
e.局部稳定验算。
如果验算不满足或富余过大,则对初选截面进行修改,重新进行验算,直至满意为止。
⑦其他构造和连接设计。

6.5.4　格构式压弯构件设计

格构式压弯构件设计主要需解决4个方面问题:
①确定合理截面形式。
②确定单肢截面尺寸。
③确定单肢间距。
④确定缀材及连接。
弯矩绕格构式双肢单向压弯构件虚轴作用时,其设计步骤如下:
①确定构件承受的荷载设计值。
②确定弯矩作用平面内和平面外的计算长度。
③选择钢材及确定钢材强度设计值。
④确定构件形式。
⑤初选截面:按构造要求或凭经验初选图 6.7 所示两分肢轴线间距离或两肢背面间距离 c。无其他参考资料时一般可取 $c \approx (1/15 \sim 1/22)H$,$H$ 为压弯构件面内计算长度;按式(6.20)、式(6.21)求两分肢所受轴力 N_1 和 N_2,按轴心受压构件确定两分肢截面尺寸。
⑥初选截面验算及修改:
a.强度验算;
b.刚度验算;

c.局部稳定验算;

d.弯矩作用平面内整体稳定验算;

e.分肢稳定验算。

如果验算不满足或富余过大,对初选截面进行修改,重新进行验算,直至满意为止。

⑦缀材设计和连接设计。

⑧其他构造和连接设计。

其他格构式压弯构件的设计可参照上述步骤进行。

【例题6.2】 图6.12所示为弯矩作用面内悬臂柱,面外构件两端简支,承受轴心压力设计值 $N=500$ kN,截面由两根25a工字钢组成,缀条用∟50×5,钢材为Q235钢。弯矩 M_x 绕虚轴作用,要求确定构件所能承受的弯矩 M_x 的设计值。

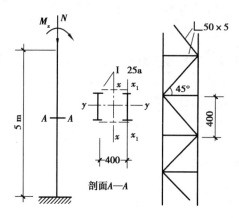

图6.12 例题6.2

【解】 本题为已知构件和荷载形式,求构件承载力。构件为格构式单向压弯构件,需要满足强度、刚度、整体稳定、局部稳定4个方面的要求。由于格构式单向压弯构件承载力,主要取决于面内整稳和单肢稳定,下面主要根据面内整稳和单肢稳定条件确定承载力。

(1)截面特性

查型钢表得25a工字钢的截面积 $A_0=4\ 850\ \text{mm}^2$, $I_{x1}=2.8\times10^6\ \text{mm}^4$, $I_y=5.02\times10^7\ \text{mm}^4$, $i_{x1}=24\ \text{mm}$, $i_y=101.8\ \text{mm}$。∟50×5的截面积 $A_1=480\ \text{mm}^2$。

$$A=2\times A_0=2\times4\ 850\ \text{mm}^2=9\ 700\ \text{mm}^2$$

$$I_x=2\times(2.8\times10^6+4\ 850\times200^2)\ \text{mm}^4=3.936\times10^8\ \text{mm}^4$$

$$i_x=\sqrt{\frac{I_x}{A}}=\sqrt{\frac{3.936\times10^8}{9\ 700}}\ \text{mm}=201.4\ \text{mm}$$

$$W_{1x}=\frac{I_x}{y_0}=\frac{3.936\times10^8}{200}\ \text{mm}^3=1.968\times10^6\ \text{mm}^3$$

(2)面内整稳承载力

$$l_x=2\times5\ 000\ \text{mm}=10\ 000\ \text{mm}$$

$$\lambda_x=\frac{l_x}{i_x}=\frac{10\ 000}{201.4}=49.7$$

换算长细比 $\lambda_{0x}=\sqrt{\lambda_x^2+\frac{27A}{2A_1}}=\sqrt{49.7^2+27\times\frac{9\ 700}{2\times480}}=52.4$

$$N'_{Ex}=\frac{\pi^2E}{1.1\lambda_{0x}^2}A=\frac{\pi^2\times2.06\times10^5}{1.1\times52.4^2}\times9\ 700\ \text{N}=6.530\times10^6\ \text{N}=6\ 530\ \text{kN}$$

按b类截面查附表7, $\varphi_x=0.845$。

$$\beta_{mqx}=1-0.36(1-m)N/N_{cr}=1-0.36(1-1)N/N_{cr}=1.0$$

面内整稳要求：$\dfrac{N}{\varphi_x Af} + \dfrac{\beta_{mqx} M_x}{W_{1x}(1 - N/N'_{Ex})f} \leqslant 1.0$

由：$\dfrac{500 \times 10^3}{0.845 \times 9\,700} + \dfrac{1.0 \times M_x}{1.968 \times 10^6 \times \left(1 - \dfrac{500}{6\,530}\right)} = 61.00 + 0.543\,3 \times 10^{-6} M_x \leqslant 215$

可得面内整稳条件确定的承载力为：$M_x \leqslant 2.834\,5 \times 10^8$ N·mm $= 283.4$ kN·m

（3）单肢稳定承载力

右肢承受的轴压力最大：

$$N_1 = \frac{N}{2} + \frac{M_x}{a} = \frac{500 \times 10^3}{2} + \frac{M_x}{400} = 250 \times 10^3 + 2.5 \times 10^{-3} M_x$$

$$\lambda_{x1} = \frac{l_{x1}}{i_{x1}} = \frac{400}{24} = 16.7, \lambda_y = \frac{l_y}{i_y} = \frac{5\,000}{101.8} = 49.1$$

单根工字钢关于 x_1 和 y 轴分别属于 b 类和 a 类，查稳定系数表可得 $\varphi_{x1} = 0.979$ 和 $\varphi_y = 0.919$。

单肢稳定要求：$\dfrac{N_1}{\varphi_y A_0 f} \leqslant 1.0$

由：$\dfrac{250 \times 10^3 + 2.5 \times 10^{-3} M_x}{0.919 \times 4\,850 \times 215} \leqslant 1.0$

可得单肢稳定条件确定的承载力为：$M_x \leqslant 2.833 \times 10^8$ N·mm $= 283.3$ kN·m

结论：此压弯构件承载力由单肢稳定条件确定，弯矩承载力设计值为 $M_x = 283.3$ kN·m。

【例题 6.3】 图 6.13 所示为两根偏心受压焊接工字形钢截面柱，翼缘为焰切边，在弯矩作用平面内为悬臂柱，柱高 $H = 6.5$ m，在弯矩作用平面外设支撑系统作为侧向支承点，支承点处按铰接考虑。每柱承受压力设计值 $N = 1\,200$ kN（包括柱自重），偏心距 0.5 m。钢材为 Q235A。要求设计柱截面。

【解】 本题为实腹式单向压弯构件设计题。设计步骤如下：

（1）确定荷载设计值

$$N = 1\,200 \text{ kN}$$
$$M_x = 1\,200 \times 0.5 \text{ kN·m} = 600 \text{ kN·m}$$

（2）确定弯矩作用平面内和平面外的计算长度

弯矩作用平面内：$H_{0x} = \mu H = 2 \times 6.5$ m $= 13$ m

弯矩作用平面外：$H_{0y} = H = 6.5$ m

（3）选择钢材及确定钢材强度设计值

钢材为 Q235A，初估板件 $t > 16$ mm，$f = 205$ N/mm²。

（4）选择截面形式

采用双轴对称焊接工字形截面。

（5）初选截面

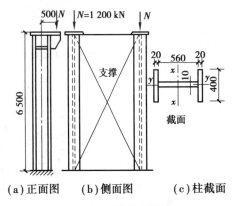

（a）正面图 （b）侧面图 （c）柱截面

图 6.13 例题 6.3 图

$H_{0x} = 2H_{0y}$，二者相差较大，且柱承受偏心压力荷载作用，为了便于柱顶放置荷载作用部件，柱截面宜用较大 h。初选采用 $h = 600$ mm、$b = 400$ mm。先按弯矩作用平面内和平面外的整体稳定计算所需截面面积。

$$i_x \approx 0.43h = 258 \text{ mm}, \lambda_x \approx \frac{13\,000}{258} = 50.4, \varphi_x = 0.854$$

$$\frac{W_x}{A} = \frac{i_x^2}{h/2} \approx \frac{258^2}{300} \text{ mm} = 222 \text{ mm}, W_x = 222A \text{ mm}^3$$

根据设计经验，可近似取 $1 - 0.8 \dfrac{N}{N'_{Ex}} \approx 0.9$。

$$i_y \approx 0.24b = 96 \text{ mm}, \lambda_y \approx \frac{6\,500}{96} = 67.7, \varphi_y = 0.765$$

$$\varphi_b = 1.07 - \frac{\lambda_y^2}{44\,000} \times \frac{f_y}{235} = 1.07 - \frac{67.7^2}{44\,000} \times \frac{235}{235} = 0.966$$

弯矩作用平面内为悬臂构件，$\beta_{mx} = 1$，$\gamma_x = 1.05$。

由 $\dfrac{N}{\varphi_x Af} + \dfrac{\beta_{mx} M_x}{\gamma_x W_x \left(1 - 0.8 \dfrac{N}{N'_{Ex}}\right) f} \leqslant 1.0$，得：

$$\frac{1\,200 \times 10^3}{0.854 Af} + \frac{1 \times 600 \times 10^6}{1.05 \times (222A) \times 0.9f} = \frac{4.27 \times 10^6}{205A} \leqslant 1.0$$

可求得 $A \geqslant 20\,829 \text{ mm}^2$

弯矩作用平面外为两端铰支柱，均布弯矩作用，$\beta_{tx} = 1.0$，非箱形截面，$\eta = 1$。

由 $\dfrac{N}{\varphi_y Af} + \eta \dfrac{\beta_{tx} M_x}{\varphi_b W_x f} \leqslant 1.0$，得：

$$\frac{1\,200 \times 10^3}{0.765 Af} + 1 \times \frac{1.0 \times 600 \times 10^6}{0.966 \times (222A) f} = \frac{4.37 \times 10^6}{205A} \leqslant 1.0$$

可求得 $A \geqslant 21\,317 \text{ mm}^2$

根据所需初选截面如图 6.13(c) 所示。

(6) 初选截面验算及修改

① 初选截面参数计算。

$$A = 2 \times 400 \times 20 \text{ mm}^2 + 560 \times 10 \text{ mm}^2 = 21\,600 \text{ mm}^2$$

$$I_x = \frac{400 \times 600^3 - 390 \times 560^3}{12} \text{ mm}^4 = 1.492 \times 10^9 \text{ mm}^4$$

$$W_x = 1.492 \times \frac{10^9}{300} \text{ mm}^3 = 4.975 \times 10^6 \text{ mm}^3$$

$$i_x = \sqrt{\frac{1.492 \times 10^9}{21\,600}} \text{ mm} = 262.9 \text{ mm}$$

$$I_y = 2 \times 20 \times \frac{400^3}{12} \text{ mm}^4 = 213.4 \times 10^6 \text{ mm}^4$$

$$i_y = \sqrt{\frac{213.4 \times 10^6}{21\,600}} \text{ mm} = 99.4 \text{ mm}$$

② 强度验算。

$$\frac{N}{A_n} + \frac{M_x}{\gamma_x W_{nx}} = \frac{1\,200 \times 10^3}{21\,600} \text{ N/mm}^2 + \frac{600 \times 10^6}{1.05 \times 4\,975 \times 10^6} \text{ N/mm}^2$$

$$= (55.6 + 114.9) \text{ N/mm}^2 = 170.5 \text{ N/mm}^2 < f = 205 \text{ N/mm}^2 (满足)$$

③ 刚度验算。

$$\lambda_x = \frac{H_{0x}}{i_x} = \frac{13\,000}{262.9} = 49.4 < [\lambda] = 150$$

$$\lambda_y = \frac{H_{0y}}{i_y} = \frac{6\,500}{99.4} = 65.4 < [\lambda] = 150$$

④ 面内整稳验算。

b 类截面，$\varphi_x = 0.859$。

$$N'_{Ex} = \frac{\pi^2 EA}{1.1\lambda_x^2} = \frac{\pi^2 \times 2.06 \times 10^5 \times 21\,600}{1.1 \times 49.4^2} \text{ N} = 1.636 \times 10^7 \text{ N} = 16\,360 \text{ kN}$$

$$\frac{N}{\varphi_x Af} + \frac{\beta_{mx} M_x}{\gamma_x W_x \left(1 - 0.8 \dfrac{N}{N'_{Ex}}\right) f} = \frac{1\,200 \times 10^3}{0.859 \times 21\,600 \times 205} + \frac{1 \times 600 \times 10^6}{1.05 \times 4.975 \times 10^6 \times \left(1 - 0.8 \times \dfrac{1\,200}{16\,360}\right) \times 205}$$

$$= 0.32 + 0.60 = 0.92 < 1.0(满足)$$

⑤弯矩作用平面外整体稳定验算。

b 类截面,$\varphi_y = 0.778$。

$$\varphi_b = 1.07 - \frac{\lambda_y^2}{44\,000} \times \frac{f_y}{235} = 1.07 - \frac{65.4^2}{44\,000} \times \frac{235}{235} = 0.973$$

$$\frac{N}{\varphi_y A f} + \eta\,\frac{\beta_{tx} M_x}{\varphi_b W_x f} = \frac{1\,200 \times 10^3}{0.778 \times 21\,600 \times 205} + 1 \times \frac{1 \times 600 \times 10^6}{0.973 \times 4.975 \times 10^6 \times 205}$$
$$= 0.35 + 0.60 = 0.95 < 1.0(满足)$$

⑥局部稳定验算。

翼缘:$\dfrac{b_1}{t} = \dfrac{195}{20} = 9.75 < 15\sqrt{\dfrac{235}{f_y}} = 15$

腹板:$\sigma_{\min}^{\max} = \dfrac{N}{A} \pm \dfrac{M_x}{I_x}\dfrac{h_0}{2} = \dfrac{1\,200 \times 10^3}{21\,600} \pm \dfrac{600 \times 10^6 \times 280}{1.492 \times 10^9}$

$$= 55.6 \pm 112.6 = \begin{matrix} 168.2 \\ -57.0 \end{matrix}\,(N/mm^2)$$

$$\alpha_0 = \frac{\sigma_{\max} - \sigma_{\min}}{\sigma_{\max}} = \frac{168.2 + 57.0}{168.2} = 1.34$$

$$\frac{h_0}{t_w} = \frac{560}{10} = 56 < (45 + 25 \times 1.34^{1.66})\sqrt{\frac{235}{f_y}} = 45 + 42.2 = 87.2(满足)$$

结论:所选截面满足各项要求,弯矩作用平面内外的计算应力与强度设计值较接近,设计合理。

【例题 6.4】 设计如图 6.14(a)所示单向压弯格构式双肢缀条柱,柱高 6 m,两端铰接,在柱高中点处沿虚轴 x 方向有一侧向支承,截面无削弱。钢材为 Q235BF。柱顶承受静力荷载设计值为轴心压力 $N = 600$ kN,弯矩 $M_x = \pm 150$ kN·m,柱底无弯矩,弯矩分布如图 6.14(b)所示。

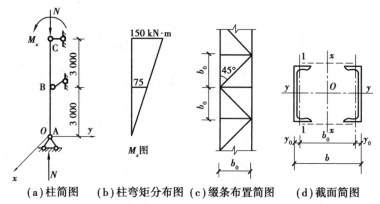

(a)柱简图　(b)柱弯矩分布图 (c)缀条布置简图　(d)截面简图

图 6.14　例题 6.4 图

【解】 本题为格构式单向压弯构件设计题。设计步骤如下:

(1)确定构件承受的内力设计值

$$N = 600 \text{ kN}, M_x = \pm 150 \text{ kN·m}$$

(2)确定弯矩作用平面内和平面外的计算长度

弯矩作用平面内:$H_{0x} = H = 6$ m

弯矩作用平面外:$H_{0y} = H/2 = 3$ m

(3)选择钢材及确定钢材强度设计值

钢材为 Q235BF,初估板件 $t < 16$ mm,$f = 215$ N/mm²。

(4)确定构件形式

柱子承受等值正、负弯矩,宜用双轴对称截面,采用格构式双肢缀条柱。缀条布置如图6.14(c)所示。

分股截面采用热轧槽钢,如图 6.14(d)所示。

(5)初选截面

按构造和刚度要求 $b \approx (1/15 \sim 1/22)H = (1/15 \sim 1/22) \times 6\ 000\ \text{mm} = 400 \sim 273\ \text{mm}$,初选用 $b = 400\ \text{mm}$。

设槽钢横截面形心线 1—1 距腹板外表面距离 $y_0 = 20\ \text{mm}$,则两分股轴线间距离为:

$$b_0 = b - 2y_0 = 400\ \text{mm} - 2 \times 20\ \text{mm} = 360\ \text{mm}$$

分股中最大轴心压力:$N_1 = \dfrac{N}{2} + \dfrac{M_x}{b_0} = \dfrac{600}{2}\ \text{kN} + \dfrac{150}{0.36}\ \text{kN} = 716.7\ \text{kN}$

分股的计算长度:

对 y 轴:$l_{0y} = \dfrac{H}{2} = \dfrac{6\ 000}{2}\ \text{mm} = 3\ 000\ \text{mm}$;斜缀条与分股轴线间夹角为 $45°$,分股对 1—1 轴的计算长度

$l_{01} = b_0 = 360\ \text{mm}$。

槽钢关于 1—1 轴和 y 轴都属于 b 类截面,设分股 $\lambda_y = \lambda_1 = 35$,查附表 7 得 $\varphi = 0.918$。

需要分股截面积:$A_1 = \dfrac{N_1}{\varphi f} = \dfrac{716.7 \times 10^3}{0.918 \times 215}\ \text{mm}^2 = 3\ 630\ \text{mm}^2$

需要回转半径:$i_y = \dfrac{l_{0y}}{\lambda_y} = \dfrac{3\ 000}{35}\ \text{mm} = 85.7\ \text{mm}$

$$i_1 = \dfrac{l_{01}}{\lambda_1} = \dfrac{360}{35}\ \text{mm} = 10.3\ \text{mm}$$

根据需要的 A_1、i_y 和 i_1,查型钢表,$\lbrack 25b$ 可同时满足要求,其截面特性为:

$$A_1 = 3\ 992\ \text{mm}^2,\ I_y = 3.530 \times 10^7\ \text{mm}^4,\ i_y = 94.1\ \text{mm}$$

$$I_1 = 1.96 \times 10^6\ \text{mm}^4,\ i_1 = 22.2\ \text{mm},\ y_0 = 19.8\ \text{mm}$$

选用斜缀条截面为 $1 \llcorner 45 \times 4$(最小角钢),$A_d = 349\ \text{mm}^2$,$i_{\min} = i_{y0} = 8.9\ \text{mm}$。

(6)初选截面验算及修改

①截面参数计算。

$$A = 2A_1 = 2 \times 3\ 992\ \text{mm}^2 = 7\ 984\ \text{mm}^2$$

$$I_x = 2 \times \lbrack 1.96 \times 10^6 + 3\ 992(200 - 19.8)^2 \rbrack\ \text{mm}^4 = 2.631\ 8 \times 10^8\ \text{mm}^4$$

$$i_x = \sqrt{\dfrac{I_x}{A}} = \sqrt{\dfrac{2.631\ 8 \times 10^8}{7\ 984}}\ \text{mm} = 181.6\ \text{mm}$$

$$W_{1x} = W_{nx} = \dfrac{I_x}{b/2} = \dfrac{26\ 318 \times 10^8}{200}\ \text{mm}^3 = 1.316 \times 10^6\ \text{mm}^3$$

②强度验算。

$$\dfrac{N}{A_n} + \dfrac{M_x}{\gamma_x W_{nx}} = \dfrac{600 \times 10^3}{7\ 984}\ \text{N/mm}^2 + \dfrac{150 \times 10^6}{1.0 \times 1.316 \times 10^6}\ \text{N/mm}^2$$

$$= 189.2\ \text{N/mm}^2 < f = 215\ \text{N/mm}^2(\text{满足})$$

③刚度验算。

$$\lambda_x = \dfrac{l_{0x}}{i_x} = \dfrac{6\ 000}{181.6} = 33.0 < \lbrack \lambda \rbrack = 150(\text{满足})$$

$$\lambda_y = \dfrac{l_{0y}}{i_y} = \dfrac{3\ 000}{94.1} = 31.9 < \lbrack \lambda \rbrack = 150(\text{满足})$$

④局部稳定验算。分股采用热轧槽钢,不用验算局部稳定。

⑤弯矩作用平面内整体稳定验算。

$$\lambda_{0x} = \sqrt{\lambda_x^2 + 27\dfrac{A}{A_{1x}}} = \sqrt{33.0^2 + 27 \times \dfrac{7\ 984}{2 \times 349}} = 37.4$$

属于 b 类截面,查附表 7 得 $\varphi_x = 0.908$。

$$N'_{Ex} = \frac{\pi^2 EA}{1.1\lambda_{0x}^2} = \frac{\pi^2 \times 206 \times 10^3 \times 7\,984 \times 10^{-3}}{1.1 \times 37.4^2} \text{ kN} = 10\,550 \text{ kN}$$

$$M_1 = 150 \text{ kN·m}, M_2 = 0, \beta_{mx} = 0.6 + 0.4\frac{M_2}{M_1} = 0.6$$

$$\frac{N}{\varphi_x Af} + \frac{\beta_{mx}M_x}{W_{1x}\left(1 - \frac{N}{N'_{Ex}}\right)f} = \frac{600 \times 10^3}{0.908 \times 7\,984 \times 215} + \frac{0.6 \times 150 \times 10^6}{1.316 \times 10^6\left(1 - \frac{600}{10\,550}\right) \times 215}$$

$$= 0.38 + 0.34 = 0.72 < 1.0(满足)$$

⑥分肢稳定验算。

$$N_1 = \frac{N}{2} + \frac{M_x}{b_0} = \frac{600}{2} \text{ kN} + \frac{150 \times 10^3}{400 - 2 \times 19.8} \text{ kN} = 716.2 \text{ kN}$$

$$\lambda_1 = \frac{b_0}{i_1} = \frac{400 - 2 \times 19.8}{22.2} = 16.2$$

$$\lambda_y = \frac{l_{0y}}{i_y} = \frac{3\,000}{94.1} = 31.9 > \lambda_1 = 16.2$$

当槽形截面用于格构式构件的分肢,计算分肢绕对称轴(y轴)的稳定性时,不必考虑扭转效应,直接用 λ_y 查出稳定系数 φ。按 $\lambda_y = 31.9$ 查附表7,b 类截面,得 $\varphi_y = 0.929$。

$$\frac{N_1}{\varphi_y A_1 f} = \frac{716.2 \times 10^3}{0.929 \times 3\,992 \times 215} = 0.90 < 1.0(满足)$$

验算表明,各项要求均满足,且富余度合适,初选截面合适。

(7)缀材设计和连接设计

柱中实际剪力:$V_{max} = \frac{M_x}{H} = \frac{150}{6} \text{kN} = 25 \text{ kN}$

按公式 $V = \frac{Af}{85}\sqrt{\frac{f_y}{235}} = \frac{2 \times 3\,992 \times 215}{85} \times 1 \times 10^{-3} \text{ kN} = 20.2 \text{ kN}$

采用较大值 $V_{max} = 25 \text{ kN}$。

一根斜缀条中的内力:$N_d = \frac{V_{max}/2}{\sin 45°} = \frac{25}{2 \times 0.707} \text{ kN} = 17.7 \text{ kN}$

斜缀条长度:$l_d = \frac{b_0}{\cos 45°} = \frac{400 - 2 \times 19.8}{0.707} \text{ mm} = 510 \text{ mm}$

选用斜缀条截面为 1∟45×4(最小角钢),$A_d = 349 \text{ mm}^2$,$i_{min} = i_{y0} = 8.9 \text{ mm}$。

缀条关于最小回转半径轴丧失稳定为斜平面弯曲,缀材作为柱肢丧失稳定性时的支撑,不应考虑柱肢对它的约束作用,计算长度系数为1.0。

长细比:$\lambda_d = \frac{l_d}{i_{min}} = \frac{510}{8.9} = 57.3 < 150$

按 b 类截面查附表7,得 $\varphi = 0.822$。

单面连接等边单角钢按轴心受压验算稳定时的强度设计值折减系数为:

$$\eta_f = 0.6 + 0.001\,5\lambda = 0.6 + 0.001\,5 \times 57.3 = 0.686$$

考虑折减系数后,可不再考虑弯扭效应。斜缀条整稳验算如下:

$$\frac{N_d}{\varphi A_d \eta f} = \frac{17.7 \times 10^3}{0.822 \times 349 \times 0.686 \times 215} = 0.42 < 1(满足)$$

缀条与柱分肢的角焊缝连接计算从略。

(8)其他构造和连接设计

用 10 mm 厚钢板作横隔,横隔间距应不大于柱截面较大宽度的9倍(9×0.4 m = 3.6 m)和8 m。在柱上、下端和中高处各设一道横隔,横隔间距为 3 m,可满足要求。

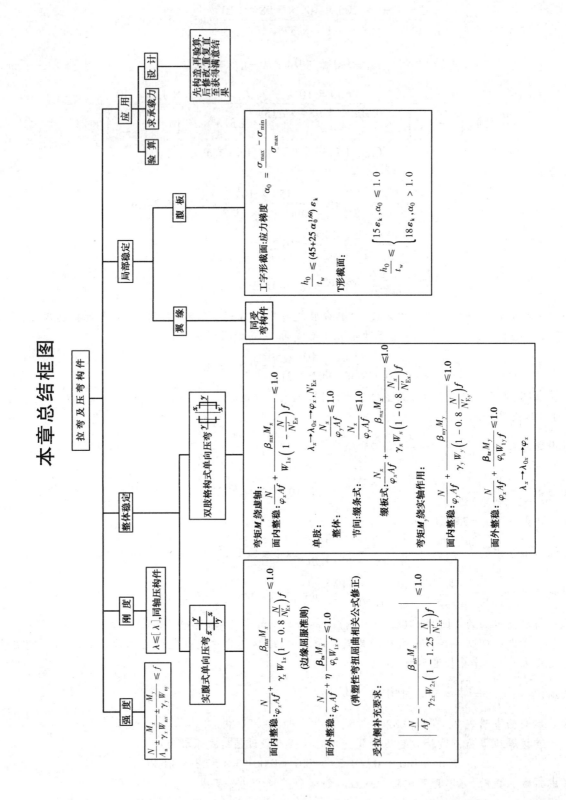

本章总结框图

本章总结框图.pdf

本章总结框图.emmx

思考题

6.1 压弯构件有何特征？主要用于什么情况？

6.2 压弯构件有哪几种可能破坏形式？

6.3 压弯构件与轴压和受弯构件有何联系和区别？

6.4 怎样保证压弯构件的强度和刚度要求？

6.5 实腹式压弯构件整体失稳破坏有哪些形式？怎样分析？

6.6 面内整稳和面外整稳的概念是什么？为什么要这样区分？为何在轴压构件和受弯构件整稳分析中未采用这样的概念？

6.7 实腹式压弯构件在弯矩作用平面内稳定和平面外稳定的公式中的弯矩取值是否相同？

6.8 压弯构件整体稳定分析中怎样考虑缺陷的影响？

6.9 在计算实腹式压弯构件的强度和整体稳定时,在哪些情况下应取计算公式中的 $\gamma_x = 1.0$？

6.10 在压弯构件整体稳定计算公式中, β_{mx} 和 β_{tx} 有何物理意义？哪些情况它们取值较大？哪些情况取值较小？

6.11 对实腹式单轴对称截面的压弯构件,当弯矩作用在对称平面内且使较大翼缘受压时,其整体稳定性如何计算？有何特别之处？

6.12 试比较工字形、箱形、T 形截面压弯构件与轴心受压构件的腹板高厚比限值计算公式,各有哪些不同？

6.13 格构式压弯构件当弯矩绕虚轴作用时,为什么不需计算构件在弯矩作用平面外的稳定性？它的分肢稳定性如何计算？

6.14 实腹式压弯构件腹板局部稳定计算公式中的 λ 应如何取值？

6.15 进行实腹式压弯构件弯矩作用平面外稳定计算时,若按近似公式求出的 φ_b 大于0.6,是否应换算成 φ_b' 后再代入稳定计算公式？为什么？

6.16 实腹式压弯构件设计主要步骤有哪些？与轴压和受弯构件设计相比,有何异同？

6.17 格构式压弯构件设计主要步骤有哪些？与格构式轴压构件设计相比,有何异同？

6.18 与轴压构件、受弯构件相比,压弯构件受力状态更加复杂,包含了轴压、受弯构件各种可能受力状态的组合。那是否压弯构件整体失稳的可能形式也最多,包含轴压、受弯构件整体失稳可能形式的组合？从系统论角度看此问题,包含什么更深层次的道理？

问题导向讨论题

问题 1：压弯构件可能承受的荷载种类比轴压、受弯构件多,是否其整体失稳可能形式也多？为什么？

问题 2：压弯构件设计与轴压、受弯构件设计有何联系与区别？怎样才能得到优良设计？

问题 3：什么条件下单向压弯构件采用格构式形式经济性显著？

问题 4：双向压弯构件采用哪种格构式形式可能效率最高？

分组讨论要求：每组 6~8 人,设组长 1 名,负责明确分工和协作要求,并指定人员代表小组发言交流。可选择以上四个问题之一。

习 题

6.1 图 6.15 所示为两端铰支拉弯构件,截面为 I45a 轧制工字钢,截面无削弱,钢材为 Q235 钢。试确定构件所能承受的最大轴心拉力设计值。

6.2 如图6.16所示截面压弯构件,已知轴心压力设计值 $N=900$ kN,一端弯矩为零,另一端弯矩设计值为300 kN·m,钢材为Q235,计算长度分别为 $l_{0x}=12$ m, $l_{0y}=6$ m,试验算该压弯构件。

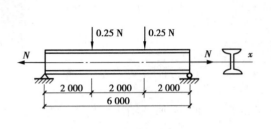

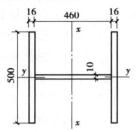

图 6.15 习题 6.1 图   图 6.16 习题 6.2 图

6.3 图6.17所示为某框架,框架柱高6 m,柱分肢采用轧制工字钢I25a,缀条为单角钢L 45×4,倾角为45°。柱上端与横梁铰接,下端与基础刚接。框架顶部作用水平力设计值为45 kN,每根柱沿柱轴线作用压力设计值为1 200 kN。钢材为Q235钢。不计框架顶端侧移对柱的轴心压力的影响,试验算柱截面和缀条是否满足要求。

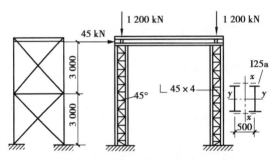

图 6.17 习题 6.3 图

6.4 某天窗架的柱由两不等边双角钢组成,如图6.18所示。角钢间的节点板厚度为10 mm,柱两端铰支,柱长3.5 m,承受轴心压力设计值 $N=35$ kN和横向均布荷载设计值 $q=2$ kN/m,材料Q235钢。试确定角钢规格。

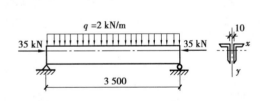

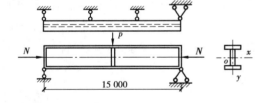

图 6.18 习题 6.4 图   图 6.19 习题 6.5 图

6.5 图6.19所示为焊接工字形截面压弯构件,两端铰支,长度15 m,弯矩作用平面外在构件三分点处各有一个支承点。承受轴心压力设计值 $N=1$ 200 kN,中部横向集中荷载设计值 $P=140$ kN,翼缘为火焰切割边,钢材为Q355,试设计构件截面。

6.6 若将习题6.3中框架顶部水平力增加到180 kN,试设计框架格构式柱。

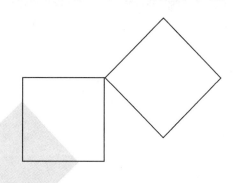

7

钢结构节点

本章导读：
- **内容及要求** 钢结构节点设计原则、梁节点设计、柱节点设计、梁柱节点设计。通过本章的学习,应熟悉节点设计原则,掌握常用节点的构造做法,掌握梁节点、柱节点及梁柱节点的设计方法。
- **重点** 梁拼接节点设计、柱脚设计、梁柱刚接节点设计。
- **难点** 节点内力传递方式及设计处理方法。

典型工程简介:

500 kV 江阴长江大跨越塔

500 kV 江阴长江大跨越工程两基跨越塔于 2004 年建成,塔高346.5 m,跨越档距2 303 m,横担总长 77 m,铁塔底部根开 68 m,是目前世界上最高的输电铁塔,比法国著名的艾菲尔铁塔还要高出 20 多米。其结构轻巧,外形美观,全部采用高强钢材,单塔重约3 750 t,结构节点主要为高强螺栓连接。

整体外观 高强螺栓连接节点

7.1 钢结构节点类型及设计原则

钢节点

7.1.1 节点类型

钢结构是由构件和节点构成的,图 7.1 所示为一钢框架。常见梁节点有梁拼接节点、主-次梁连接节点和梁支座节点。常见柱节点有柱拼接节点、柱变截面节点、柱头节点和柱脚节点。常见梁柱节点有柔性连接节点、刚接节点和半刚接节点。

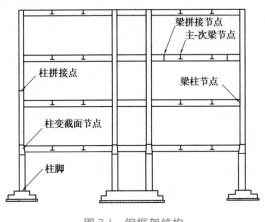

图 7.1 钢框架结构

7.1.2 节点设计原则

组成结构的各个构件必须通过节点相连接,才能形成协同工作的结构整体。即使每个构件都能满足安全使用的要求,但如果节点设计处理不当而造成连接节点破坏,常会引起整个结构的破坏。节点设计是否合理不仅影响结构安全、使用寿命,对造价和安装也会造成影响。可见,确定合理的连接方案及节点构造是钢结构设计的重要环节。因此,在节点设计时应遵循下列基本原则:

①节点构造应保证实现结构计算简图所要求的连接性能,从而避免因节点构造不恰当而使结构或构件的受力状态与分析不一致。

②传力明确。节点传力路径应清晰,尽可能减少应力集中现象。

③节点应有足够的承载力,使结构不致因连接薄弱而引起破坏。

④具有良好的延性。建筑结构钢材本身具有的良好延性对抗震设计十分重要,但这种延性不一定能充分体现出来,这主要是由节点的局部压曲和脆性破坏造成的,因此在设计中应采取合理的细部构造,避免约束大和易产生层状撕裂的连接形式。

⑤构造简洁,便于制作和安装。节点构造设计是否恰当,对制作和安装影响很大。节点设计便于施工,则施工效率高,成本降低;反之,则成本高,且工程质量不易保证。如高空拼接常因不便于焊接而采用高强螺栓连接,便会影响工效和增加成本。

⑥经济合理。应对设计、制作和安装等方面综合考虑后,确定最合适的节点方案。在省时与省材料之间选择最佳平衡点。尽可能减少节点类型,连接节点做到定型化、标准化。

⑦节点设计常用方法有等强度设计方法和按实际最大内力设计方法。如对于构件的拼接一般应按等强度原则设计,即拼接件和连接以及材料应能传递断开截面的最大承载力。

各类节点的具体构造不尽相同,也很难同时满足上述各项原则。总体来说,首先节点能够保证具有良好的承载能力,使结构和构件可以安全可靠地工作;其次是考虑施工方便和经济合理。

7.2　梁节点设计

7.2.1　梁拼接节点

按施工条件的不同,梁的拼接分为工厂拼接和工地拼接。

1)工厂拼接

工厂拼接是构件因受到钢材规格或现有钢材尺寸限制而在钢结构制造厂进行的拼接。型钢梁的拼接可采用坡口的对接焊缝连接,如图7.2(a)所示,由于翼缘与腹板的连接处不易焊透,因此有时采用拼接板拼接,如图7.2(b)所示。以上所述拼接位置均应放在弯矩较小处,并且焊缝和拼接板要满足承载力的要求。

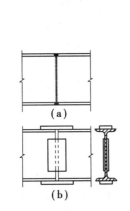

图7.2　型钢梁的工厂拼接

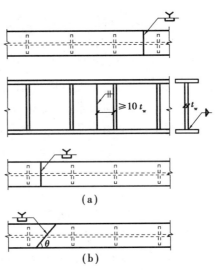

图7.3　焊接梁的工厂拼接

图7.3所示为焊接组合梁的工厂拼接。拼接时,梁的翼缘和腹板的拼接位置最好错开,并应与加劲肋和连接次梁的位置相互错开,以避免焊缝密集。腹板的拼接焊缝与横向加劲肋之间相距应不小于 $10\,t_w$。为减少焊接应力,常先将梁的翼缘板和腹板分别接长,然后再拼接成整体。翼缘和腹板的拼接焊缝一般都采用对接正焊缝,施焊时用引弧板。对于质量等级为一、二级焊缝不需要进行验算;而对三级焊缝,由于焊缝的抗拉强度设计值小于母材的抗拉强度设计值,因此应将受拉翼缘和腹板的拼接位置布置在弯矩较小区域,并分别验算焊缝强度。当焊缝的强度不足时,可以采用斜焊缝,如图7.3(b)所示。如斜焊缝与受力方向的夹角 θ 满足 $\tan\theta \leqslant 1.5$ 时,则可以不验算。

2)工地拼接

工地拼接是构件受到运输条件或安装条件限制,需将梁在工厂分段制作,然后再运往工地进行地面拼装或高空拼接。对于仅受到运输条件限制的梁段,可以在工地地面上拼装,焊接成整体,然后吊装;而对于受到吊装能力限制而分成的梁段,则必须分段吊装,在高空进行拼接和焊接。

工地拼接一般布置在梁弯矩比较小的地方,且翼缘和腹板宜在同一截面处断开,以便分段运输。因高大的梁在工地施焊时不便翻身,故应将上、下翼缘的拼接边缘均做成向上开口的 V 形坡口,以便焊接,如图7.4(a)所示。为了使翼缘板在焊接过程中有一定范围的伸缩余地,以减少焊接残余应力,可将翼缘板在拼接截面处预先留出约 500 mm 的长度在工厂不施焊,到工地拼装时按图7.4(a)中所示的序号顺次焊接。

为了改善拼接处受力情况,避免焊缝集中在同一截面,也可以将翼缘和腹板拼接位置适当错开,如图7.4(b)所示。但这种方式在运输、吊装时需要对端部突出部分加以保护,以免碰损。

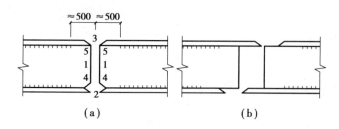

图7.4 焊接梁的工地拼装

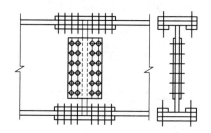

图7.5 采用高强度螺栓的工地拼接

对于较重的或承受动力荷载的大型组合梁,考虑到工地焊接条件差,焊接质量不易保证,通常采用高强度螺栓摩擦型连接进行工地拼接,如图7.5所示。设计时要求拼接板和高强螺栓必须有足够的强度,以满足承载力的要求。

工地拼接的设计内容包括:拼接位置的确定,拼接件的配置及截面尺寸的选定,拼接连接的布置及计算等。梁的拼接可根据具体情况分别按以下两种方法设计:一种是等强度设计,设计原则是拼接面连接与原构件净截面等强;另一种方法是按梁拼接处实际最大内力设计,由翼缘和腹板根据其刚度比分担弯矩,由腹板承担剪力。当拼接处的内力较小时,为避免梁接头部位刚度突变,拼接强度不应小于梁截面承载力的50%。在一般情况下,工厂拼接常按等强度设计,工地拼接按梁拼接处实际最大内力设计,重要的工地拼接如受拉构件的拼接,则采用等强设计。对于翼缘用高强螺栓拼接的梁,当拼接处按实际最大内力设计时,上、下翼缘拼接处每侧的螺栓数目通常按承受等强度原则计算,这样不仅计算方便,且偏于安全。

【例题7.1】 某焊接组合梁的工地拼接,拼接所在截面上的弯矩设计值$M=1\,290$ kN·m,剪力设计值$V=260$ kN。梁截面如图7.6所示,钢材为Q235B钢,试设计此拼接。

【解】 解法一:采用工地焊接,焊条为E43型,手工焊,对接焊缝质量等级不低于二级。为了便于翼缘焊缝的施焊,在拼接处截面的腹板上、下端各开一半圆小孔,半径$r=30$ mm。上、下翼缘板拼接各为向上开口的V形坡口对接焊缝连接,用引弧板施焊,并在焊根处设垫板。腹板采用I形坡口焊缝,不用引弧板。工厂制造时,把拼接焊缝两侧各约为500 mm范围内的上、下翼缘与腹板的连接焊缝留待到工地拼装后再进行施焊。工地施焊顺序如图7.7(a)中的1→5。

(1)焊缝有效截面的几何特性[见图7.7(b)]

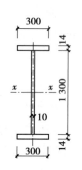

图7.6 梁截面

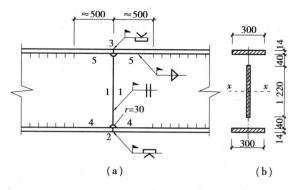

图7.7 梁的工地焊接拼接

焊缝有效截面的面积:

翼缘焊缝 $A_f = 1.4 \times 30 \times 2 = 84$（$cm^2$）

腹板焊缝 $A_w = 1.0 \times 122 = 122$（$cm^2$）

总面积 $A = A_f + A_w = 206$ cm^2

焊缝有效截面的惯性矩和截面模量：

$$I_x = 2 \times 1.4 \times 30 \times 65.7^2 + \frac{1}{12} \times 1.0 \times 122^3 = 513\ 906\ (\text{cm}^4)$$

$$W_x = \frac{513\ 906}{66.4} = 7\ 740\ (\text{cm}^3)$$

(2)拼接焊缝的强度验算

①翼缘焊缝最大弯曲应力：

$$\sigma = \frac{M}{W_x} = \frac{1\ 290 \times 10^6}{7\ 740 \times 10^3} = 166.67\ (\text{N/mm}^2)\ < f_t^w = 215\ \text{N/mm}^2$$

腹板焊缝最大弯曲应力：

$$\sigma_1 = \frac{M}{I_x} y_1 = \frac{1\ 290 \times 10^6}{513\ 906 \times 10^4} \times \frac{1\ 220}{2} = 153.12\ (\text{N/mm}^2)$$

②假定剪力全部由腹板焊缝平均承受,腹板平均应力：

$$\tau = \frac{V}{A_w} = \frac{260 \times 10^3}{122 \times 10^2} = 21.31\ (\text{N/mm}^2)\ < f_v^w = 125\ \text{N/mm}^2$$

③腹板焊缝端部的折算应力：

$$\sqrt{\sigma_1^2 + 3\tau^2} = \sqrt{153.12^2 + 3 \times 21.31^2} = 157.51\ (\text{N/mm}^2)$$

$$< 1.1f_t^w = 1.1 \times 215 = 236.5\ (\text{N/mm}^2)$$

结论：上述拼接焊缝的强度全部满足要求。

解法二：用高强度螺栓摩擦型连接。螺栓性能等级为 8.8 级,直径为 M20,螺栓孔径 $d_0 = 21.5$ mm。接触面处理方法采用喷丸后生赤锈。

(1)一个高强度螺栓的抗剪承载力设计值 N_v^b

$$N_v^b = 0.9kn_f\mu P = 0.9 \times 1 \times 2 \times 0.45 \times 125 = 101.25\ (\text{kN})$$

(2)翼缘板的拼接设计

翼缘板拼接按与翼缘板净截面等强度原则进行计算。

翼缘板的净截面强度：$N_f = A_{fn}f = 1.4 \times (30 - 2 \times 2.15) \times 10^2 \times 215 \times 10^{-3} = 773.57\ (\text{kN})$

拼接每边需要的高强度螺栓数目：$n \geqslant \dfrac{N_f}{N_v^b} = \dfrac{773.57}{101.25} = 7.64$,取用 8 个。

为了与计算腹板拼接板统一,此处未考虑高强度螺栓摩擦型连接的孔前传力,拼接板所需净截面积 $A_{fsn} = A_{fn} = 1.4 \times (30 - 2 \times 2.15) = 35.98\ (\text{cm}^2)$。

采用拼接板：

$$1\text{-}8 \times 300 : 0.8 \times (30 - 2 \times 2.15) = 20.56\ (\text{cm}^2)$$

$$2\text{-}8 \times 120 : 2 \times 0.8 \times (12 - 2.15) = 15.76\ (\text{cm}^2)$$

$$A_{fsn} = 36.32\ \text{cm}^2 > 35.98\ \text{cm}^2$$

按构造要求排列螺栓如图 7.8 所示。

(3)腹板的拼接设计

腹板拼接应承受拼接所在截面的全部剪力和按截面惯性矩分配的弯矩。

梁截面的毛惯性矩：

翼缘板截面 $I_f = 2 \times 1.4 \times 30 \times 65.7^2 = 362\ 585\ (\text{cm}^4)$

腹板截面 $I_w = \frac{1}{12} \times 1.0 \times 130^3 = 183\ 083\ (\text{cm}^4)$

梁截面 $I_x = I_f + I_w = 545\ 668\ \text{cm}^4$

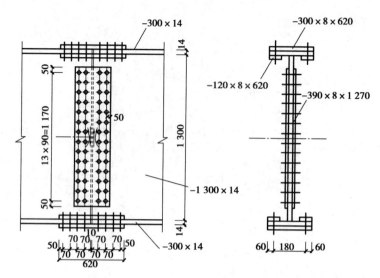

图 7.8　梁的高强度螺栓摩擦型工地连接

腹板承担的弯矩：$M_w = M \dfrac{I_w}{I_x} = 1\ 290 \times \dfrac{183\ 083}{545\ 668} = 432.82$（kN·m）

采用腹板拼接板 2-8×1 270，按构造要求排列螺栓如图 7.8 所示。

①高强度螺栓的受力计算。拼接每边的螺栓数为 $n = 28$ 个，在剪力作用下每个螺栓平均受力：

$$V_1 = \frac{V}{n} = \frac{260}{28} = 9.29\ \text{（kN）}$$

剪力 V 移至拼接一边螺栓群形心处引起的弯矩增量为：

$$\Delta M_w = Ve = 260 \times (75 + 35) \times 10^{-3} = 28.60\ \text{（kN·m）}$$

螺栓群受的总弯矩为：

$$M_w + \Delta M_w = 432.82 + 28.60 = 461.42\ \text{（kN·m）}$$

拼接缝一侧的螺栓群布置为狭长形，只考虑弯矩作用下受力最大位于螺栓群角点的螺栓所受水平力，按下式计算：

$$T_1 = \frac{(M_w + \Delta M_w)y_{\max}}{\sum y_i^2} = \frac{461.42}{4 \times (4.5^2 + 13.5^2 + 22.5^2 + 31.5^2 + 40.5^2 + 49.5^2 + 58.5^2)}$$

$$= 73.2\ \text{（kN）}$$

受力最大螺栓所受合力为：

$$\sqrt{V_1^2 + T_1^2} = \sqrt{9.29^2 + 73.2^2} = 73.79\ \text{（kN）} < N_v^b = 101.25\ \text{kN}$$

满足要求。

②腹板拼接板的强度验算。

两块腹板拼接板的净截面惯性矩：

$$I_{wsn} = 2 \times \frac{1}{12} \times 0.8 \times 127^3 - 2 \times 0.8 \times 2.15 \times 2 \times (1^2 + 3^2 + 5^2 + 7^2 + 9^2 + 11^2 + 13^2) \times 4.5^2$$

$$= 209\ 727\ \text{（cm}^4\text{）}$$

拼接板第一列螺栓（靠近拼接缝）处的截面弯矩为：

$$M_w + Ve = 432.82 + 260 \times 75 \times 10^3 = 452.32\ \text{（kN·m）}$$

受弯时拼接板边缘弯曲正应力：

$$\sigma = \frac{(M_w + Ve)y}{I_{wsn}} = \frac{452.32 \times 10^6 \times \dfrac{1\ 270}{2}}{209\ 727 \times 10^4} = 136.95\ \text{（N/mm}^2\text{）} < f = 215\ \text{N/mm}^2$$

两拼接板的净截面面积为：

$$A_{wsn} = 2 \times 0.8 \times 127 - 2 \times 14 \times 0.8 \times 2.15 = 155.04 \text{（cm}^2\text{）}$$

净截面上的平均剪应力：

$$\tau = \frac{V}{A_{wsn}} = \frac{260 \times 10^3}{155.04 \times 10^2} = 16.77 \text{（N/mm}^2\text{）} < f = 215 \text{ N/mm}^2$$

（4）梁原截面的强度验算

截面上螺栓孔的惯性矩为：

$$I_h = 2 \times 2 \times 1.4 \times 2.15 \times 65.7^2 + 2 \times 1.0 \times 2.15 \times 4.5^2 \times (1^2 + 3^2 + 5^2 + 7^2 +$$
$$9^2 + 11^2 + 13^2) = 91\,590 \text{（cm}^4\text{）}$$

净截面惯性矩：

$$I_{nx} = I_x - I_h = 545\,668 - 91\,590 = 454\,078 \text{（cm}^4\text{）}$$

原截面边缘纤维弯曲正应力：

$$\sigma = \frac{My_{max}}{I_{nx}} = \frac{1\,290 \times 10^6 \times 664}{454\,078 \times 10^4} = 188.64 \text{（N/mm}^2\text{）} < f = 215 \text{ N/mm}^2$$

结论：上述拼接完全符合要求。

由以上例题可见，采用高强度螺栓摩擦型的连接较为费工费料，因此这种连接一般用在重要和承受动力荷载的大型梁板中。

7.2.2　主-次梁连接节点

在多高层建筑的楼面系和工厂的工作平台中，经常出现主-次梁的连接，且这种连接都要进行工地高空安装，因而连接设计应力求构造简单、便于制作和安装。主-次梁的连接构造与次梁的计算简图有关。根据设计要求，次梁可以简支于主梁，也可在和主梁连接处做成连续的。就主次梁相对位置的不同，连接构造可以区分为叠接和侧面连接两种。

1）次梁为简支梁

（1）叠接

次梁直接放在主梁上，用螺栓或焊缝固定其相互位置，不需计算，如图7.9所示。为避免主梁腹板局部压力过大，在主梁相应支承次梁位置设置支承加劲肋。如次梁截面较大时，应另采取构造措施防止支承处截面的扭转。叠接构造简单、安装方便，缺点是主次梁所占净空大，不宜用于楼层梁系。

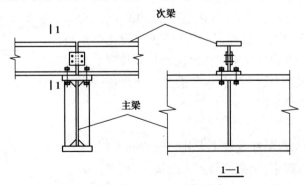

图 7.9　主次梁的叠接

（2）侧面连接

次梁的顶面一般与主梁的顶面相平，也可略高于或略低于主梁顶面。侧面连接可以降低结构高度，因此在实际工程中应用较为广泛。如图7.10所示，每一种连接构造都要将次梁支座的压力传给主梁。

而梁腹板的主要作用就是抗剪,所以将次梁腹板连接于主梁的腹板上,或连接于主梁腹板相连的抗剪刚度较大的加劲肋上或支托上。图7.10(a)是常用的一种连接形式,次梁连于主梁的横向加劲肋上,当次梁与主梁的顶面相平连接时,次梁梁端上部要割去部分上翼缘和腹板,梁端下部要割去半个翼缘板。由于有削弱,此时应验算次梁端部的抗剪强度;图7.10(b)、(c)为次梁连接于固定在主梁腹板上的角钢上,只需对次梁端部的上部进行切割;图7.10(d)是将次梁的腹板与主梁的加劲肋用拼接板相连;图7.10(e)、(f)为次梁的低位连接,可避免在次梁的端部进行切割,其中图7.10(e)适用于支座反力较大的情况;图7.10(g)需将次梁上、下翼缘的一侧局部切除。

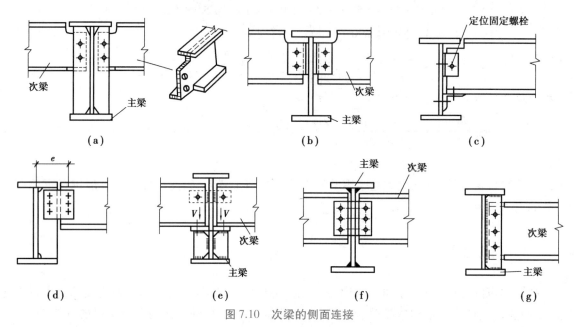

图 7.10　次梁的侧面连接

考虑到连接处有一定的约束作用,并非理想铰接,通常将次梁的支座反力加大20%~30%,然后计算所需连接的螺栓数目或焊缝尺寸。当次梁的支座反力较大,用螺栓连接不能满足要求时,可用工地焊缝连接承受支座反力,此时螺栓只起临时固定作用。

在主次梁铰接连接中,因为次梁一般为简支梁,所以只考虑次梁的支座反力及连接偏心产生的附加弯矩,一般不考虑主梁受扭。

2)次梁为连续梁

(1)叠接

如图7.11所示,次梁连续通过主梁,不在主梁上面断开,因而可以直接传递支座弯矩。当次梁需要拼接时,拼接位置可设在弯矩较小处。主梁和次梁可用螺栓或焊缝固定它们之间的相互位置。当次梁荷载较大或主梁上翼缘较宽时,可在主梁支承次梁处焊接一中心垫板,确保传力明确,避免主梁受扭。

(2)侧面连接

次梁与主梁侧面连接时,次梁在经过主梁处一般应断开,分别用拼接件将主梁两侧次梁拼接起来,使次梁与主梁刚接,两相邻次梁成为支承于主梁侧面的连续梁。连接节点不仅传递次梁的端部剪力,还要传递次梁的梁端弯矩。

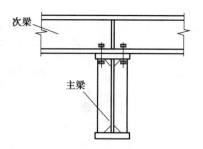

图 7.11　连续次梁的叠接设置

常用刚性连接方式如图7.12所示。图7.12(a)为次梁上翼缘与主梁上翼缘采用对接焊缝连接,次梁下翼缘与连接于主梁腹板的连接板用对接焊缝连接,次梁腹板与主梁肋板采用拼接板螺栓连接;图7.12(b)、(c)为主次梁采用拼接盖板连接,次梁腹板与主梁肋板用螺栓连接,其中图(b)盖板及连接板用角焊缝连接,图(c)则采用螺栓连接。图7.12(d)的焊接方案则是次梁支承在主梁腹板两侧的一对承托上。

承托在工厂制造主梁时焊接,由竖板和水平板构成,水平板应大于次梁翼缘宽度。次梁的上翼缘设置连接板,下翼缘的连接板由承托水平板代替,通过水平板与主梁间的焊缝传力。计算时,次梁支座的弯矩可分解为作用在上、下翼缘的力 $N=M/h$,主梁两侧的相邻次梁上、下翼缘之间的连接应能满足传力 N 的要求。次梁支座压力 R 通过承压传给支托,再由焊缝传给主梁。竖向压力 R 在支托上的作用位置,可视为距支托板外边缘为 $a/3$ 处。

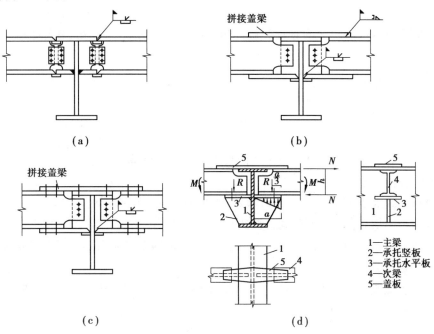

图 7.12　连续次梁的侧面连接设置

7.2.3　梁支座节点

放置在钢柱、钢筋混凝土或砌体柱或墙体的钢梁,通过支座将荷载传给柱或墙体。支座形式有平板支座、突缘支座、弧形支座、铰轴式支座及辊轴支座等。

1)支承于砌体或钢筋混凝土上的支座

(1)平板支座

平板支座是在梁端下面垫上钢板做成,如图 7.13 所示,梁的端部不能自由移动和转动,一般用于跨度小于 20 m 的梁中。支承于砌体或钢筋混凝土上的平板支座,其底板应有足够的面积将支座反力 R 传给砌体或钢筋混凝土。为了防止支承材料被压坏,支座垫板与支承结构顶面的接触面积 A 按式(7.1)确定:

$$A = ab \geqslant \frac{R}{f_c} \tag{7.1}$$

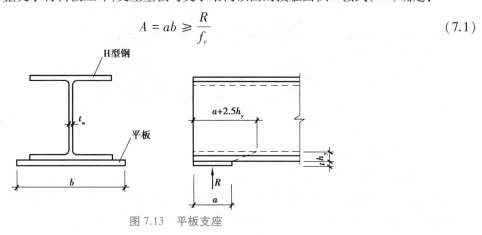

图 7.13　平板支座

式中 f_c——支承材料的承压强度设计值;

    a,b——支座垫板的长、宽。

由于型钢梁的腹板高厚比较小,型钢梁端部常可不设支承加劲肋,在满足腹板计算高度下边缘的承压强度条件下,支座垫板的最小宽度 a 由式(7.2)确定:

$$a \geqslant \frac{R}{ft_w} - 2.5h_y \tag{7.2}$$

式中 h_y——自梁顶面(或底面)至腹板计算高度边缘的距离。对焊接梁,h_y 为翼缘板厚度;对轧制型钢梁,h_y 包括翼缘部分和圆弧部分。

还需注意:平板的宽度 a 不易过大,以免压应力在支座内侧形成过大的不均匀分布。高度为 h 的梁,a 应满足:

$$a \leqslant \frac{h}{3} + 10 \text{ mm} \tag{7.3}$$

支座底板的厚度 t 按均布支座反力对平板产生的最大弯矩进行计算。

(2)弧形支座和辊轴支座

弧形支座也称切线式支座,如图7.14(a)所示,由顶面切削成圆弧形的厚 $40\sim50$ mm 的钢垫板制成,梁能自由转动并可产生适量的移动(摩阻系数约为0.2),使下部结构在支承面上的受力较均匀,常用于跨度为 $20\sim40$ m、支座反力设计值不超过 750 kN 的钢梁。辊轴支座为在梁端底部设置辊轴,能自由转动和移动,如图7.14(c)所示。

弧形支座和辊轴支座中圆柱弧形面与平板为线接触,为防止弧形支座的弧形垫块和辊轴支座的辊轴被劈裂,其支座反力 R 应满足式(7.4)的要求:

$$R \leqslant 40 \frac{ndlf^2}{E} \tag{7.4}$$

式中 d——对辊轴支座为辊轴直径,对弧形支座为弧形表面接触点曲率半径 r 的 2 倍;

    n——辊轴数目,对弧形支座 $n=1$;

    l——弧形表面或辊轴与平板的接触长度。

(3)铰轴式支座

铰轴式支座符合简支梁的力学模型,可自由转动,如图7.14(b)所示,用于跨度大于40 m的梁中。

铰轴式支座的圆柱形枢轴,当两相同半径的圆柱形弧面自由接触的中心角 $\theta \geqslant 90°$ 时,如图7.15所示,其承压应力应按式(7.5)计算:

$$\sigma = \frac{2R}{dl} \leqslant f \tag{7.5}$$

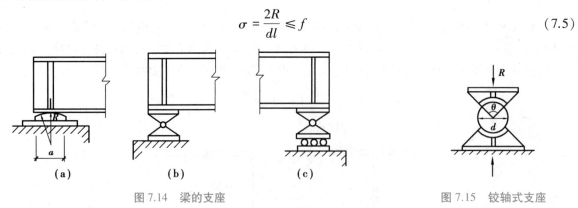

图7.14 梁的支座   图7.15 铰轴式支座

式中 d——枢轴直径;

    l——枢轴纵向接触面长度。

在设计梁支座时,除了保证梁端可靠传递支座反力并符合梁的力学计算模型外,还应采取必要的构造措施,使支座有足够的水平抗震能力和防止梁端截面的侧移和扭转。

2) 支承于钢柱或钢牛腿上的支座

支承于钢柱或吊车梁牛腿上的梁支座有平板式支座和突缘式支座,如图 7.16 所示。支座垫板要有足够的刚度,以利传力,对于简支吊车梁,垫板厚度不应小于 16 mm。平板支座的支座加劲肋上下端须刨平顶紧;突缘支座要求突缘加劲板下端刨平,且伸出长度不得大于其厚度的 2 倍。

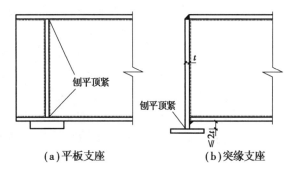

(a)平板支座　　(b)突缘支座

图 7.16　钢柱或钢牛腿上的梁支座

7.3　柱节点设计

7.3.1　柱拼接节点

柱的拼接分工厂拼接和工地拼接两种。

1)工厂拼接

工厂拼接时,拼接接头宜采用全焊缝连接,且翼缘与腹板的接头应相互错开 500 mm 以上,以避免在同一截面有过多的焊缝。当工厂焊缝质量等级为一、二级,可不进行强度计算。

2)工地拼接

对于多层框架,柱的安装单元长度常为 2～3 层楼高,在上层横梁上表面以上 0.8～1.3 m 附近的弯矩较小处设置柱与柱的工地拼接。

工字形截面柱的拼接可采用坡口焊缝连接、高强度螺栓摩擦型连接以及两者的混合连接,如图 7.17 所示。如柱的板件较厚,多采用全焊接连接,否则需要的螺栓太多,但腹板也可采用高强度螺栓连接。图 7.17(a)所示的坡口焊缝连接因不用拼接板而可节省钢材,传力也最为直接,但高空作业焊接技术要求高。同时,为确保安装精度,需要在拼接处焊接定位件(如定位角钢或耳板)。图 7.17(b)所示高强度螺栓连接虽然需要钻孔、板接触面处理和需要设拼接板等而费工费料,但安装时较易操作和保证质量。图 7.17(c)为混合连接,先用高强度螺栓拼接腹板,后焊接翼缘,便于柱子对中就位。

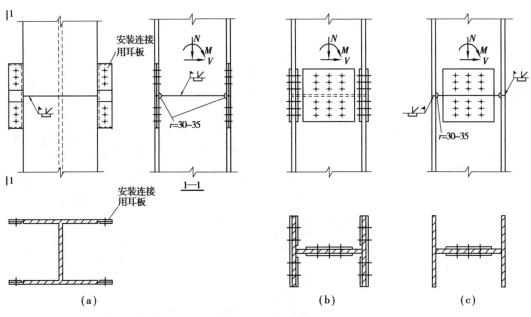

(a)　　　　　　　　　(b)　　　　　(c)

图 7.17　框架柱的拼接

对于工字形截面或箱形截面柱,当全部采用坡口全熔透焊缝拼接,用引弧板施焊且焊缝质量等级不低于二级时,接头与构件等强,因而不必进行强度计算。

柱的拼接一般按等强度原则计算,即拼接材料和连接件都能传递断开截面的最大内力。此时,当采用对接焊缝时应为坡口全熔透焊缝。当工字形截面柱采用焊缝(螺栓)连接时,翼缘或腹板的拼接板及其焊缝(或螺栓)能传递 $N=A_n f$,即翼缘净截面面积乘以强度设计值。

当柱的接触面磨(铣)平顶紧,且截面不产生拉应力时,可不按等强度原则设计,焊缝连接可采用坡口部分焊透焊缝。对高层建筑钢结构柱,可通过柱端接触面直接传递 25% 的轴压力和弯矩,其余 75% 的轴压力和弯矩由对接焊缝传递;普通钢结构柱的接触面直接传递柱身的最大压力,其连接焊缝或螺栓应按最大压力的 15% 计算。当压弯柱截面出现受拉区时,该区的连接尚应按最大拉力计算。

拼接不仅要保证断开截面的强度,也要保证构件的整体刚度,包括绕截面两个主轴的弯曲刚度和绕纵轴的扭转刚度。

7.3.2 柱变截面节点

一般框架柱截面需要改变时,应优先采用保持截面高度不变而只改变翼缘厚度的方法,变换位置可在框架节点附近,如图 7.18(a)、(b)所示,采用全熔透焊缝。当需要改变截面高度时,对边柱宜采用图 7.18(c)的做法,不影响贴挂外墙板,但应考虑上、下柱偏心产生的附加弯矩。对中柱宜采用图 7.18(d)的做法,当变截面段位于梁柱接头处时,可采用图 7.18(e)、(f)的做法。变截面的上下端均应设置隔板。改变截面宜在工厂完成。

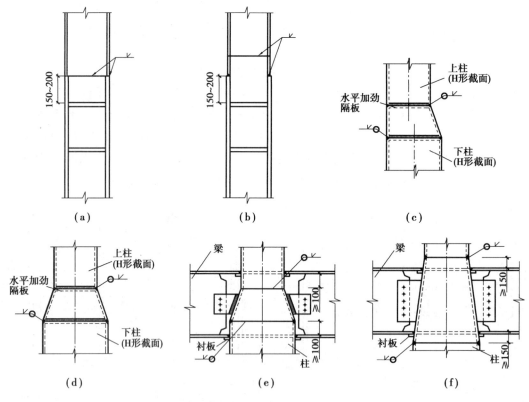

图 7.18 框架柱的变截面连接

7.3.3 柱头节点

梁与柱必须通过在柱头处的相互连接才能形成整体结构。因此在结构中,柱头起着连接和传力的作用,设计时应遵循如下基本原则:传力明确可靠、构造简洁、便于制作与安装、经济合理。

1)轴心受压柱头

轴心受压柱只承受梁端传来的轴心压力,因此其连接形式为铰接。根据梁与柱的位置不同,铰接连接又分为支承于柱顶和柱侧两种。

(1)梁支承于柱顶的铰接连接

无论是实腹式还是格构式轴心受压柱,均须通过柱顶板来实现梁与柱的连接。顶板与柱用构造焊缝连接,其上设置普通螺栓与梁下翼缘连接,梁端剪力通过顶板传给柱身。顶板应有足够的刚度,一般厚度为16~24 mm。

• 实腹式柱的柱顶铰接连接 图7.19(a)为平板支座梁与柱的连接方式,梁端设置支承加劲肋与柱翼缘对正,使梁的支承反力由梁端支承加劲肋直接传给柱翼缘。两相邻梁端留10~20 mm的安装间隙,以便梁的安装,待梁调整定位后再用连接板和构造螺栓固定。此种连接传力明确,节点构造简单,对安装精度要求不高,用于梁端反力较小的情况。当梁端反力较大时,可在梁端加劲肋下方焊接一条集中垫板,使传力明确。当两侧梁端荷载不等时,应考虑柱的偏心受压,同时,如两侧梁端反力相差较大时,可能引起荷载较大侧柱翼缘的屈曲,此时应采用图7.19(b)的形式。

图7.19(b)为突缘支座梁与柱的连接方式,梁端反力通过突缘式支承加劲肋传给柱。突缘支座板应位于柱的轴线附近,即使两相邻梁的反力不等,柱仍接近于轴心受压,这与计算简图相符。当梁端反力较大或腹板较宽时,为提高顶板的抗弯能力,应在柱顶上加设垫板,并应在顶板下设置加劲肋。此加劲肋应正对突缘加劲肋下部,其厚度不应大于柱腹板的厚度,高度按承受梁端反力所需焊缝长度计算,施工时梁端突缘和支承加劲肋下部应刨平顶紧顶板。加劲肋与顶板的水平焊缝连接应按传力需要计算。两相邻梁之间应留约10 mm的安装间隙,梁调整定位后余留间隙应嵌入填板并用构造螺栓固定。

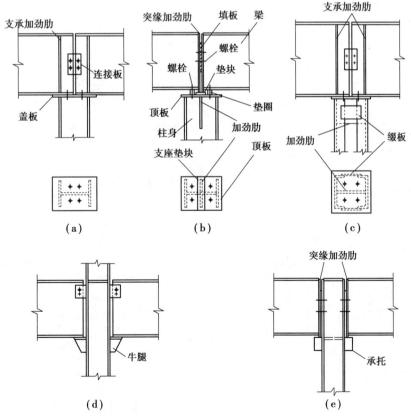

图7.19 梁与柱的铰接连接

• 格构式柱的柱顶铰接连接 图7.19(c)中,梁纵轴穿过格构式柱实轴,为了保证格构式柱两单肢均匀受力,不论是缀条式还是缀板式柱,在柱顶应设置缀板,并应在顶板下设置肢间加劲肋,以加强柱头刚度,并应将梁端支承加劲肋对准柱肢腹板。当两梁端传来的荷载不等而引起柱偏心受压时,也可采用突缘支承加劲肋。当梁穿过格构式柱的虚轴时,梁端应采用突缘支承加劲肋,突缘下方应布置肢间加劲肋以承受梁端反力。

（2）梁支承于柱侧的铰接连接

●实腹式柱的柱侧铰接连接 当梁的反力较小时,可将梁直接搁置于柱侧牛腿上,如图7.19(d)所示,支反力经牛腿直接传给柱。为防止梁的扭转,可在梁腹板上部焊小角钢与柱相连。由于牛腿承受梁端反力,其高度按竖焊缝的抗剪、抗弯强度确定。此种节点构造简单、施工方便。

当梁的反力较大时,可在梁上焊一40~60 mm 的厚钢板作为承托,梁端设突缘支座板与承托刨平顶紧,如图 7.19(e)所示,承托与柱翼缘用三面角焊缝连接,其宽度比梁端板宽 10 mm。梁端与柱应留 5~10 mm的安装间隙,梁调整就位后嵌入填板并用构造螺栓固定。

在计算承托与柱的焊缝时,考虑到梁端反力对焊缝的偏心作用,可将此反力乘以 1.25 再按轴心受剪计算。为防止梁的扭转,常设计安装螺栓将柱与腹板相连。当两侧梁的反力相差较大时,应考虑到偏心弯矩的影响,对柱身按压弯构件进行验算。

●格构式柱的柱侧铰接连接 当梁穿过实轴时,其节点构造与实腹式相同。当梁穿过柱虚轴时,可在肢件间焊接厚钢板或角钢作为支承梁的承托,其有关尺寸需由计算确定。

2）偏心受压柱柱头

由于偏心受压柱所受的荷载与轴心受压柱不同,因而其柱头的构造也有所差异,但构造原则相同。

对于实腹式偏心受压柱,应使偏心力作用于弱轴平面内,柱头可由顶板和一块垂直肋板组成,如图7.20(a)所示。偏心力 N 作用于顶板上,但却位于肋板平面内,因而顶板不需计算,按构造要求取 $t=14$ mm。N 由顶板传给肋板,可设计成端面承压传力,也可以用正面角焊缝①传力。N 传入肋板后,肋板属悬臂梁工作,应验算固定端矩形截面的抗弯和抗剪承载力。侧面角焊缝②是把悬臂肋固定端的内力（N 和 Ne）传给柱身,应按向下剪力 N 验算其强度。设计时应尽可能使 N 力通过焊缝②长度的中点,同时要求肋板宽度与厚度之比不宜超过15,以保证肋板的稳定。

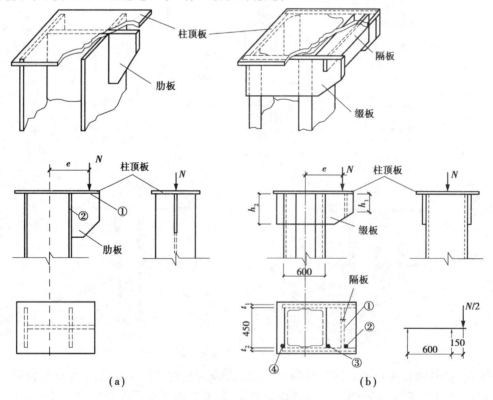

图 7.20 偏压柱柱头

格构式偏心受压柱柱头的构造如图 7.20（b）所示，由顶板、隔板和两块缀板组成。传力过程如下：N 经顶板用端面承压或正面角焊缝①传给隔板，由隔板经侧面角焊缝②传给缀板，隔板按简支梁计算。$N/2$ 经焊缝②传给每块缀板后，缀板属悬伸梁工作，侧面角焊缝③和④是悬臂梁的支座，焊缝③受的力大于焊缝④。通过焊缝③，偏心力 $N/2$ 传给柱身。

7.3.4　柱脚节点

柱脚为钢柱下端与基础相连的部分，其作用是将柱的内力传递给基础，并将柱固定在基础上。在整个柱中柱脚构造较为复杂，用钢量较大，制造比较费工。因此，设计时应力求传力明确，构造简单，便于安装固定，并符合结构的计算简图。

根据柱所传递的荷载及柱与基础的连接方式不同，柱脚分为铰接和刚接两种形式。铰接柱脚只能承受轴心压力和剪力，不能承受弯矩，一般多用于轴心受压柱；刚接柱脚除承受轴心压力和剪力外，同时还能承受弯矩，一般多用于偏心受压柱，如框架柱。

基础一般由混凝土或钢筋混凝土做成。柱脚底端应设置底板，以保证柱与基础有足够的接触面积而不至于将基础混凝土压碎。作用在柱脚的剪力可由底板与基础间的摩擦力来承受，摩擦系数可取 0.4，当水平剪力超过柱底摩擦力时，可在柱脚底板下面设置抗剪键，如图 7.21 所示，或在柱脚外包混凝土来承受剪力。抗剪键可由钢板、方钢、短 T 字钢或 H 型钢做成。一般不宜用柱脚锚栓来承受水平剪力。

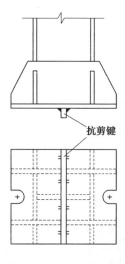

图 7.21　柱脚的抗剪键

1）铰接柱脚节点

（1）形式和构造

铰接柱脚均为外露式，也称支承式，主要有轴承式铰接柱脚、无靴梁的铰接柱脚和有靴梁的铰接柱脚。

●轴承式铰接柱脚　图 7.22（a）是一种轴承式铰接柱脚，柱可以围绕着柱轴自由转动，其构造形式符合铰接连接的力学计算简图。但是，这种柱脚的制造和安装都很困难，又很费钢材，只有在特殊情况下，如少数大跨度结构因要求压力的作用点不允许有较大变动时才采用。

●无靴梁的铰接柱脚　图 7.22（b）是最简单的柱脚构造方式，它将柱身底端切割平齐，直接与柱底板焊接，柱身所受的力通常通过焊缝传给底板，再由底板传给基础。底板厚度一般为 20~40 mm，用两个螺栓固定在基础上，螺栓位置放在柱中轴线上。由于柱身压力经焊缝从底板到达基础，如果压力太大势必焊脚尺寸很大以致超出构造要求的限制，而且传力也很不均匀，直接影响基础的承载能力，所以这种柱脚只适用于压力较小的轻型柱。对于负荷很大的柱，可将柱底端铣平后直接置于底板上，如图 7.22（c）所示。这种构造方式虽然简单，但是柱底端的加工要在大型铣床上完成，加工要求高，而且底板厚度大，故目前采用较少。

●有靴梁的铰接柱脚　较常采用的铰接柱脚是由靴梁和底板组成的柱脚，如图 7.22（d）、（e）、（f）所示。柱身的压力通过竖向焊缝先传给靴梁，再由靴梁与底板连接的水平焊缝通过底板传给基础。当底板的底面尺寸较大时，为了提高底板的抗弯能力，可以在靴梁之间设置隔板。当靴梁外底板悬伸尺寸较大时，可在靴梁外侧设置肋板，如图 7.22（e）所示，此时底板一般做成正方形或接近正方形。当靴梁外伸较长时，可增设隔板，如图 7.22（f）所示，将区格进一步划小，并可提高靴梁的侧向刚度。

柱脚通过埋设在基础里的锚栓来固定。按照构造要求采用 2~4 个直径为 20~25 mm 的锚栓。为便于柱的安装和调整，底板上需设置锚栓直径 1.5~2 倍的锚栓孔或 U 形缺口。最后固定时，采用比锚栓直

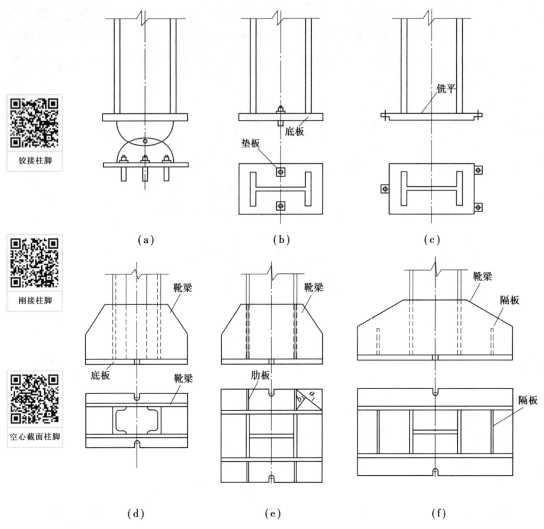

铰接柱脚

刚接柱脚

空心截面柱脚

图 7.22　铰接柱脚形式

径大 2 mm 的垫板套住锚栓并与底板焊牢。

（2）铰接柱脚的计算

柱脚的计算包括确定底板的尺寸,靴梁、隔板和肋板的尺寸以及它们之间的连接焊缝尺寸。

●底板计算　首先计算底板面积,底板的平面尺寸取决于基础材料的抗压强度。铰接柱脚的底板一般采用矩形,底板截面形心与柱截面形心重合。计算时假定底板与基础间的压应力均匀分布,所需要的底板面积为:

$$A = LB \geqslant \frac{N}{f_c} + A_0 \tag{7.6}$$

式中　L, B——底板的长度和宽度;

　　　　N——作用于柱脚的压力设计值;

　　　　f_c——基础混凝土材料的抗压强度设计值,当基础表面面积大于底板面积时,应考虑局部承压引起的提高;

　　　　A_0——底板上锚栓孔的面积,底板上设置锚栓时考虑。

对有靴梁的柱脚,如图 7.23 所示,底板的宽度 B 由柱截面的宽度或高度 b、靴梁板的厚度 t 和底板的悬伸部分 c 组成,即:

$$B = b + 2t + 2c \tag{7.7}$$

式中,c 取 20~100 mm,且要使尺寸 B 取为整数。底板的长度 $L = A/B$。底板应尽量做成正方形或 $L \leqslant 2B$

216

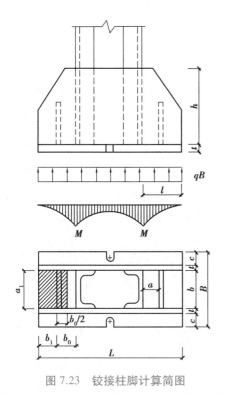

图 7.23 铰接柱脚计算简图

的长方形,不宜做成狭长形,因为过分狭长会使压力分布很不均匀,而且还可能需要设置较多隔板。这样底板所承受的均布压力应满足:

$$q = \frac{N}{LB - A_0} \leq f_c \qquad (7.8)$$

其次计算底板厚度,底板的厚度由板的抗弯强度决定。底板是一块整体板,将柱端、靴梁、隔板和肋板作为其支承,这样,在基础的均匀反力 q 作用下,底板被划分为不同支承条件的矩形区格:四边支承板,如图7.23中的柱身截面范围内的板,或者在柱身与隔板之间的部分;三边支承板,如图 7.23 中在隔板至底板的自由边之间的部分;悬臂板,如图7.23中靴梁至底板自由边部分。分别对各个区格取单位宽度板条作为计算单元,得到各个区格的最大弯矩,然后取这些区格弯矩中的最大值来确定底板厚度。

对于四边支承板,最大弯矩在短边方向的板中央,为:

$$M_4 = \alpha q a^2 \qquad (7.9)$$

式中　a——四边支承板短边的长度;

　　　α——系数,取决于板的长边 b 与短边 a 的比值,如表 7.1 所示。

表 7.1　四边简支板的弯矩系数 α

b/a	1.0	1.1	1.2	1.3	1.4	1.5	1.6	1.7	1.8	1.9	2.0	3.0	≥ 4.0
α	0.048	0.055	0.063	0.069	0.075	0.081	0.086	0.091	0.095	0.099	0.101	0.119	0.125

对于三边支承一边自由板,其最大弯矩位于自由边的中央,为:

$$M_3 = \beta q a_1^2 \qquad (7.10)$$

式中　a_1——自由边的长度;

　　　β——系数,取决于垂直于自由边的宽度 b_1 和自由边 a_1 的比值,如表 7.2 所示。

表 7.2　三边简支,一边自由板的弯矩系数 β

b_1/a_1	0.3	0.4	0.5	0.6	0.7	0.8	0.9	1.0	1.2	≥ 1.4
β	0.026	0.042	0.058	0.072	0.085	0.092	0.104	0.111	0.120	0.125

注:$b_1/a_1 < 0.3$ 时,可按悬臂长度为 b_1 的悬臂板计算。

悬臂板的最大弯矩为:

$$M_1 = \frac{1}{2} q c^2 \qquad (7.11)$$

式中　c——悬臂长度。

取 M_4、M_3 和 M_1 中最大者作为板承受的最大弯矩 M_{max} 来确定底板的厚度 t,要求 $\sigma = \dfrac{M_{max}}{W} = f$,因 $W = t^2/6$,则:

$$t \geq \sqrt{\frac{6M_{max}}{f}} \qquad (7.12)$$

要使底板厚度设计合理,应尽可能使各区格的弯矩值 M_1、M_3 和 M_4 大致接近。底板的厚度一般为 $20 \sim 40$ mm,不得小于 14 mm,以保证底板有足够刚度从而符合基础反力 q 为均匀分布的假设。

如遇到两邻边支承,另两边自由的底板,其最大弯矩也可近似按三边支承一边自由区板的式(7.10)计算,此时 a_1 取对角线长度,b_1 则为支承边交点至对角线的距离,如图 7.22(e)所示。

● 靴梁及焊缝计算 靴梁按支承于柱身两侧的连接焊缝处的单跨双伸臂梁计算。靴梁的厚度宜与被连接的柱的翼缘厚度人致相同。靴梁的高度由与其连接的杜身间的竖向焊缝长度决定,焊缝的焊脚尺寸应满足构造要求。

两块靴梁板承受的最大弯矩 $$M = \frac{qBl^2}{2} \qquad (7.13)$$

两块靴梁板承受的剪力可取 $$V = qBl \qquad (7.14)$$

应根据 M 和 V 之值验算靴梁的抗弯和抗剪强度。式(7.13)与式(7.14)中的 l 为靴梁的悬臂长度。

柱脚传力途径为:柱身轴力→柱身和靴梁竖向连接角焊缝→靴梁→靴梁和底板水平连接角焊缝。其中柱身和靴梁竖向连接角焊缝为侧面焊缝,计算时一般先按构造确定焊脚尺寸,再根据轴力大小计算所需焊缝长度。为安全起见,柱身压力 N 全部传递给靴梁与底板间的连接焊缝,该焊缝为正面焊缝,其焊脚尺寸由靴梁与底板间可焊接有效接触长度确定。对于不便施焊和检验的焊缝,如连接柱身与底板的水平焊缝,由于质量不易保证,计算时一般不考虑其受力。

● 隔板计算 作为底板的支承底边,隔板应具有一定刚度,因此其厚度不应小于隔板长度的 1/50,一般比靴梁略薄。隔板的高度取决于与靴梁连接焊缝要求。隔板按简支梁计算,其所传之力可偏于安全地取图 7.23 中阴影部分所承受的基础反力。计算时先根据隔板的支座反力计算其与靴梁连接的竖向焊缝(通常仅焊隔板外侧),然后按正面焊缝计算隔板与底板间的连接焊缝(通常仅焊隔板外侧)。最后根据竖向焊缝长度 l_w 确定隔板高度 h_d,取 $h_d = l_w +$ 切角高度 $+ 2h_f$,再按求得的最大弯矩和最大剪力分别验算隔板截面抗弯强度和抗剪强度。

【例题 7.2】 试设计轴心受压格构柱的柱脚,柱的截面尺寸如图 7.24 所示。轴线压力设计值 $N = 2\ 300$ kN,基础混凝土的强度等级为 C20,钢材为 Q235 钢。焊条为 E43 系列。

【解】 柱脚的具体构造和尺寸如图 7.24 所示。

(1)底板尺寸确定

对于 C20 混凝土,$f_c = 9.6$ N/mm²,设局部承压提高系数 $\beta = 1.1$,则:
$$\beta f_c = 1.1 \times 9.6 = 10.56\ (\text{N/mm}^2)$$

螺栓孔两个,每个孔径取 40 mm,削弱面积取 40 mm × 40 mm,底板所需面积为:
$$A = \frac{N}{f_c} + A_0 = \frac{2\ 300 \times 10^3}{10.56} + 2 \times 40 \times 40$$
$$= 221\ 003\ (\text{mm}^2) = 2\ 210\ (\text{cm}^2)$$

底板宽度:$B = b + 2t + 2c = 28 + 2 \times 1 + 2 \times 9 = 48$ (cm)

所需底板长度:$L = \dfrac{2\ 210}{48} = 46.04$ (cm),取 $L = 58$ cm。

底板所承受的均布压力:
$$q = \frac{2\ 300 \times 10^3}{(48 \times 58 - 2 \times 4 \times 4) \times 10^2}$$
$$= 8.36\ (\text{N/mm}^2)\ < 10.56\ \text{N/mm}^2$$

按底板的三种区格分别计算其单位宽度上的最大弯矩。

区格①为四边支承板:$\dfrac{b}{a} = \dfrac{30}{28} = 1.07$,查表 7.1,得到 $\alpha = 0.053$。

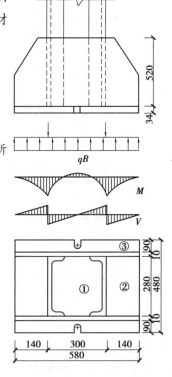

图 7.24 例题 7.2 图

$$M_4 = \alpha q a^2 = 0.053 \times 8.36 \times 280^2$$
$$= 34\,737\,(\text{N·mm}) = 34.74\,(\text{N·m})$$

区格②为三边支承板：$\dfrac{b_1}{a_1} = \dfrac{14}{28} = 0.5$，查表7.2，得到 $\beta = 0.058$。

$$M_3 = \beta q a_1^2 = 0.058 \times 8.36 \times 280^2 = 38\,014\,(\text{N·mm}) = 38.01\,(\text{N·m})$$

区格③悬臂板：$M_1 = \dfrac{1}{2} q c^2 = \dfrac{1}{2} \times 8.36 \times 90^2\,\text{N·mm} = 33.86\,(\text{N·m})$

经过比较，取 $M_{max} = M_3 = 38.01\,\text{N·m}$，取钢材的抗弯强度设计值 $f = 205\,\text{N/mm}^2$（假定板厚在 16~40 mm），得：

$$t = \sqrt{\dfrac{6M_{max}}{f}} = \sqrt{\dfrac{6 \times 38.01 \times 10^3}{205}} = 33.4\,(\text{mm})$$

用 34 mm，厚度未超过 40 mm。

（2）靴梁计算

靴梁与柱身连接的焊脚尺寸用 $h_f = 10\,\text{mm}$。

靴梁高度根据焊缝长度 l_w 确定。

$$l_w = \dfrac{N}{4 \times 0.7 h_f f_f^w} = \dfrac{2\,300 \times 10^3}{4 \times 0.7 \times 10 \times 160} = 513.4\,(\text{mm}) = 51.3\,(\text{cm}) < 60 h_f = 60\,\text{cm}$$

靴梁高度取 52 cm，厚度取 1.0 cm。

两块靴梁板承受的线荷载为 $qB = 8.36 \times 480 = 4\,012.8\,(\text{N/mm}) = 4\,012.8\,(\text{kN/m})$

承受的最大弯矩：$M = \dfrac{1}{2} q B l^2 = \dfrac{1}{2} \times 4\,012.8 \times 0.14^2 = 39.33\,(\text{kN·m})$

$$\sigma = \dfrac{M}{W} = \dfrac{6 \times 39.33 \times 10^6}{2 \times 1 \times 52^2 \times 10^3} = 43.635\,(\text{N/mm}^2) < 215\,\text{N/mm}^2$$

剪力：$V = qBl = 4\,012.8 \times 140 = 561\,792\,(\text{N}) = 561.8\,(\text{kN})$

靴梁板与底板的连接焊缝传递柱的全部压力，忽略柱身与底板的连接焊缝的受力，焊缝总长度应为 $\sum l_w = 2 \times (58 - 2) + 4 \times (14 - 1) = 164\,(\text{cm})$。

所需的焊脚尺寸应为 $h_f = \dfrac{N}{1.22 \times 0.7 \sum l_w f_f^w} = \dfrac{2\,300 \times 10^3}{1.22 \times 0.7 \times 1\,640 \times 160} = 10.26\,(\text{mm})$，用 12 mm，满足构造要求。

柱脚与基础的连接按构造用直径为 20 mm 的锚栓两个。

2）刚接柱脚节点

（1）形式和构造

刚接柱脚与混凝土基础的连接方式有外露式、埋入式（也称插入式）、外包式三种。

● 外露式刚接柱脚　外露式刚接柱脚可做成整体式[见图 7.25（a）]和分离式[见图 7.25（b）]两种类型。实腹式柱或分肢间距小于 1.5 m 的格构柱，通常采用整体式柱脚；分肢间距不小于 1.5 m 的格构柱，通常采用分离式柱脚。

刚接柱脚在弯矩作用下产生的拉力由锚栓承受，锚栓直径常为 30~76 mm，根据其承受的拉力来选择。由于底板抗弯刚度较小，为了有效可靠地将拉力从柱身传到锚栓，锚栓一般不应直接固定在底板上，而应固定在焊于靴梁上的刚度较大的锚栓支承托座上，如图 7.25（a）所示，使柱脚与基础形成刚性连接。

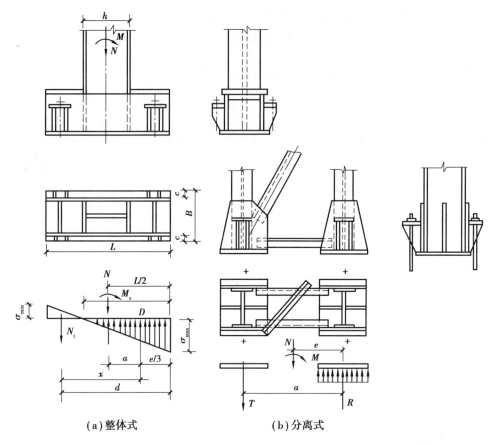

（a）整体式 （b）分离式

图 7.25 外露式刚接柱脚

• 埋入式刚接柱脚 埋入式刚接柱脚是直接将钢柱埋入钢筋混凝土基础或基础梁中的柱脚,如图7.26所示。其埋入方法有:一种是预先将钢柱脚按要求组装固定在设计标高上,然后浇注基础或基础梁的混凝土;另一种是预先浇注基础或基础梁的混凝土,并留出安装钢柱脚的杯口,待安装好钢柱脚后,再用细石混凝土填实。埋入式刚接柱脚通过混凝土对钢柱的承压力传递弯矩。当柱在荷载组合下出现拉力时,可采用预埋锚栓或柱翼缘设置焊钉等办法,焊钉直径≥16 mm,间距≤200 mm。

埋入式刚接柱脚的构造比较简单,易于安装就位,柱脚的嵌固性容易保证,当柱脚的埋入深度超过一定数值后,柱的全塑性弯矩可传递给基础。

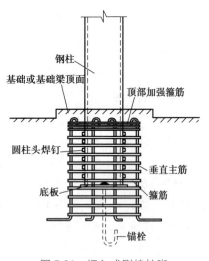

图 7.26 埋入式刚接柱脚

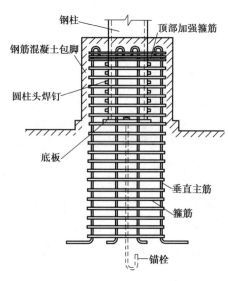

图 7.27 外包式刚接柱脚

● 外包式刚接柱脚　外包式刚接柱脚是指按一定的要求将钢柱脚用钢筋混凝土包裹起来的柱脚,如图 7.27 所示。这类柱脚可设置在地面上,也可设置在楼面上。钢筋混凝土包脚的高度、截面尺寸、保护层厚度和箍筋配置,对柱脚的内力传递和恢复力特性起着重要作用。外包式柱脚的混凝土外包高度与埋入式柱脚的埋入深度要求相同。外包式柱脚的轴力通过钢柱底板传至基础,剪力和弯矩主要由外包钢筋混凝土承担,通过箍筋传给外包混凝土及其中的主筋,再传给基础。与埋入式柱脚栓钉传力机制作用不明显的性能不同,在外包式柱脚中,栓钉起重要的传力作用。栓钉长度宜取 $4d$,排列边距 $\geqslant 35$ mm,列距 $\leqslant 200$ mm。

（2）外露式柱脚计算

● 整体式柱脚　压弯柱整体式柱脚与轴心受压柱柱脚计算上的主要区别在于:底板的基础反力不是均匀分布的;靴梁与底板的连接焊缝以及底板的厚度,近似地按计算区段的最大基础反力值确定;锚栓是用来传递弯矩的,要通过计算确定。

①底板尺寸确定。以图 7.25（a）所示柱脚为例加以说明。首先根据构造要求确定底板宽度 B,悬臂长宜取 20～50 mm;然后假定基础与底板之间为能承受压应力和拉应力的弹性体,基础反力呈直线分布,根据底板边缘最大压应力不超过混凝土抗压强度设计值,采用式（7.15）即可确定底板在弯矩作用平面内的长度 L。

$$\sigma_{\max} = \frac{N}{BL} + \frac{6M}{BL^2} \leqslant f_c \tag{7.15}$$

式中　N,M——柱端承受的轴心压力和弯矩,应取底板一侧边缘产生最大压应力的最不利内力组合。

②底板厚度确定。底板另一边缘的应力可由式（7.16）计算:

$$\sigma_{\min} = \frac{N}{BL} - \frac{6M}{BL^2} \tag{7.16}$$

根据式（7.15）和式（7.16）可得底板下压应力的分布图形。采用与铰接柱脚相同的方法,计算各区格底板单位宽度上的最大弯矩。计算弯矩时,可偏安全地取各区格中的最大压应力 q 均匀作用于底板进行计算。根据底板的最大弯矩来确定底板的厚度,底板的厚度不宜小于20 mm,但不宜超过 40 mm。

③靴梁和隔板的设计。可采用和铰接柱脚类似的方法计算靴梁强度、靴梁与柱身以及隔板等的连接焊缝,并根据焊缝长度确定各自的高度。靴梁和锚栓支座的高度宜大于 400 mm。在计算靴梁与柱身连接的竖向焊缝时,应按可能承受的最大内力 N_1 计算:

$$N_1 = \frac{N}{2} + \frac{M}{h} \tag{7.17}$$

式中　h——柱截面高度。

④锚栓设计。当采用式（7.16）计算出 $\sigma_{\min} \geqslant 0$ 时,表明底板与基础间只有压力,锚栓只起固定柱脚位置的作用,可按构造设置;当 $\sigma_{\min} < 0$ 时,表明底板与基础间存在拉应力,底板与基础之间不能承受拉应力,锚栓的作用除了固定柱脚位置外,还应能承受柱脚底部由压力 N 和弯矩 M 组合作用而引起的拉力 N_t。当组合内力 N、M（通常取 N 偏小、M 偏大的一组）作用下,按前述假定得出如图 7.25（a）所示底板下应力的分布图形时,可假定拉应力的合力由锚栓承受,根据对压应力合力作用点 D 的力矩平衡条件 $\sum M_D = 0$,可得:

$$N_t = \frac{M - Na}{x} \tag{7.18}$$

式中　a——底板压应力合力的作用点至轴心压力 N 的距离,$a = \dfrac{L}{2} - \dfrac{e}{3}$;

x——底板压应力合力的作用点至锚栓的距离,$x = d - \dfrac{e}{3}$;

e——压应力的分布长度，$e = \dfrac{\sigma_{max}}{\sigma_{max} + |\sigma_{min}|} L$;

d——锚栓至底板最大压应力处的距离。

当设计选用的受拉螺栓位置与上述方法计算出的拉应力合力位置不重合时，将不满足力的平衡条件，求得的锚栓拉力略微偏大。当求得的锚栓直径大于 60 mm 时，为了更精确的求解 N_t，一般建议改用钢筋混凝土受弯构件的弹性设计方法求解。

• 分离式柱脚　压弯格构式缀条柱的各分肢承受轴心力，当两肢间距较大时，应采用分离式柱脚，可节省钢材，制造也简便，如图 7.25(b) 所示。分离式柱脚每个肢的柱脚，都根据分肢可能产生的最大压力按轴心受压的铰接柱设计，而锚栓支承托座和锚栓的直径，则根据分肢可能产生的最大拉力确定。为了加强分离式柱脚在运输和安装时的刚度，应设置联系杆把两个柱脚连起来，如图 7.25(b) 所示。

【例题 7.3】　设计由两个 I25a 组成的缀条式格构柱的整体式柱脚。柱分肢中心之间的距离为 220 mm，柱作用于基础的压力设计值为 560 kN，弯矩设计值为 120 kN·m，基础混凝土的强度等级为 C25，锚栓用 Q235 钢，焊条为 E43 型。

【解】　柱脚的构造如图 7.28 所示。设基础混凝土局部受压的提高系数 $\beta = 1.1$，则 $\beta f_c = 1.1 \times 11.9$ N/mm^2 = 13.09 N/mm^2。初选在两分肢的外侧用两根 [20a 的槽钢与分肢和底板用角焊缝连接起来。取底板上锚栓的孔径为 $d = 60$ mm。

(1) 确定底板尺寸

① 确定底板平面尺寸。每个槽钢的翼缘宽度为 73 mm，取每侧底板悬出 22 mm，则底板的宽度 $B = 2 \times (73 + 22) + 250 = 440$（mm）。

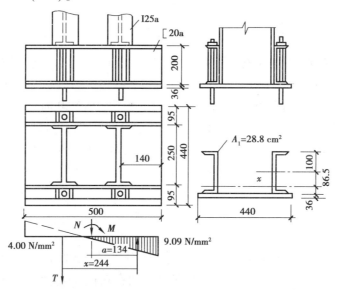

图 7.28　例题 7.3 图

根据基础的最大受压应力确定底板的长度 L：

$$\sigma_{max} = \frac{N}{A} + \frac{6M}{BL^2} = \beta f_c$$

$\dfrac{560 \times 10^3}{440 \times L} + \dfrac{6 \times 120 \times 10^6}{440 L^2} = 13.09$，解得 $L = 406$ mm，采用 $L = 500$ mm。

估算底板下应力：

$$\sigma_{max} = \frac{560 \times 10^3}{440 \times 500} + \frac{6 \times 120 \times 10^6}{440 \times 500^2} = 2.545 + 6.545 = 9.09 \ (\text{N/mm}^2)$$

$$\sigma_{min} = 2.545 - 6.545 = -4.00 \ (\text{N/mm}^2)$$

σ_{min}为负值,说明柱脚需要用锚栓来承担拉力。

②确定底板厚度。在底板的三边支承部分因为基础所受压应力最大,边界条件较不利。因此这部分板所承受的弯矩最大。取$q=9.56$ N/mm^2。由$b=140$ mm、$a_1=250$ mm,查表7.2得弯矩系数$\beta=0.066$。单位板宽的最大弯矩:

$$M_{max} = \beta q a_1^2 = 0.066 \times 9.09 \times 250^2 = 37\,496 \text{ (N·mm)}$$

设底板厚度t在16~40 mm,强度设计值为$f=205$ N/mm^2,底板厚度为:

$$t = \sqrt{\frac{6M_{max}}{f}} = \sqrt{\frac{6 \times 37\,496}{205}} = 33.1 \text{ (mm)},用 } t = 36 \text{ mm}$$

(2)确定锚栓直径

锚栓设置在柱肢腹板中线处。

$$e = \frac{\sigma_{max}L}{\sigma_{max} + |\sigma_{min}|} = \frac{9.09 \times 500}{9.09 + 4.00} = 347 \text{ (mm)}$$

$$a = \frac{L}{2} - \frac{e}{3} = \frac{500}{2} - \frac{347}{3} = 134 \text{ (mm)}$$

$$d = 500 - 140 = 360 \text{ (mm)}$$

$$x = d - \frac{e}{3} = 360 - \frac{347}{3} = 244 \text{ (mm)}$$

$$N_t = \frac{M - Na}{x} = \frac{120 \times 10^3 - 560 \times 140}{244} = 170.5 \text{ (kN)}$$

所需锚栓的净面积:$A_n = \dfrac{N_t}{f_t^a} = \dfrac{170.5 \times 10^3}{140} = 1\,217.8$ (mm^2)

查附表9,选用两个直径$d=36$ mm的锚栓,其有效截面面积为$2 \times 817 = 1\,634$ (mm^2)。

$$R = N + T = 560 + 170.5 = 730.5 \text{ (kN)}$$

压应力由受压区承担,则受压区的最大压应力为:

$$\sigma_{max} = \frac{R}{\frac{1}{2}Be} = \frac{2 \times 730.5 \times 10^3}{440 \times 347} = 9.56 \text{ (N/mm}^2\text{)} < \beta f_c = 13.09 \text{ N/mm}^2$$

满足要求。

(3)验算靴梁强度

靴梁的截面由两个槽钢组成,先确定截面形心轴x轴至槽钢形心轴的距离:

$$c = \frac{440 \times 36 \times 118}{2 \times 2\,880 + 440 \times 36} = 86.5 \text{ (mm)}$$

截面的惯性矩:

$$I_x = 2 \times 1.78 \times 10^7 + 2 \times 2\,880 \times 86.5^2 + 440 \times 36 \times (13.5 + 18)^2$$
$$= 9.442 \times 10^7 (\text{mm}^4)$$

偏于安全地取靴梁承受的剪力:$V = 9.56 \times 440 \times 140 = 588\,896$ (N)

偏于安全地取靴梁承受的弯矩:$M = 588\,896 \times 70 = 4.122\,272 \times 10^7 (\text{N·mm})$

靴梁的最大弯曲应力 $\sigma = \dfrac{4.122\,3 \times 10^7 \times 186.5}{9.442 \times 10^7} = 81.42$ (N/mm^2) $< f = 215$ N/mm^2

满足要求。

(4)焊缝计算

计算肢件与靴梁的连接焊缝,肢件承受的最大压力:

$$N_1 = \frac{N}{2} + \frac{M}{22} = \frac{560}{2} + \frac{12\,000}{22} = 825.5 \text{ (kN)}$$

I25a 翼缘厚度为 13 mm，[20a 腹板厚度为 7 mm，最大焊脚尺寸 $h_f = 1.2 \times 7 = 8.4$（mm），取 $h_f = 8$ mm。

竖向焊缝的总长度 $\sum l_w = 4 \times (200 - 2 \times 8) = 760$（mm）

$$\frac{N_1}{0.7 h_f \sum l_w} = \frac{825.5 \times 10^3}{0.7 \times 8 \times 760} = 193.96 \text{ （N/mm}^2\text{）} > f_f^w = 160 \text{ N/mm}^2$$

不满足要求。[20a 修改为[28a，腹板厚度为 7.5 mm，最大焊脚尺寸 $h_f = 1.2 \times 7.5 = 9$（mm），取 $h_f = 8$ mm。

竖向焊缝的总长度 $\sum l_w = 4 \times (280 - 2 \times 8) = 1\,056$（mm）

$$\frac{N_1}{0.7 h_f \sum l_w} = \frac{840.9 \times 10^3}{0.7 \times 8 \times 1\,056} = 142.2 \text{ （N/mm}^2\text{）} < f_f^w = 160 \text{ N/mm}^2\text{（满足）}$$

[28a 槽钢翼缘厚度 12.5 mm，底板厚度为 36 mm，槽钢翼缘与底板之间的连接焊缝最小焊脚尺寸 $h_{fmin} = 8$ mm，取 $h_f = 10$ mm。

焊缝承受的最大应力位于基础受压最大一边，采用简化算法，取单位底板宽度计算，焊缝把底板单位宽度下的压应力传给靴梁，此处有 4 条焊缝，则焊缝总强度：

$$9.56 \times \frac{440}{4 \times 0.7 \times 10} = 150.1 \text{ （N/mm}^2\text{）} < f_f^w = 160 \text{ N/mm}^2\text{（满足）}$$

7.4　梁柱节点设计

根据梁柱连接处弯矩-转角（M-θ）关系不同，梁柱节点可分为刚性连接、柔性连接和半刚性连接三类。

①柔性连接即铰接。连接节点只能承受梁端的竖向剪力并传给柱身，变形时梁与柱轴线间的夹角可自由改变，不受约束。铰接连接仅腹板或一侧梁翼缘与柱相连。

②刚性连接。这种连接梁与柱轴线间的夹角在节点转动时保持不变，连接除能承受梁的竖向剪力外，还能承受梁端传来的弯矩。刚性连接梁上、下翼缘均与柱相连。

③半刚性连接。这是介于柔性连接和刚性连接之间的一种连接，除能承受梁端传来的竖向剪力外，还能承受一部分弯矩。节点转动时梁与柱轴线间的夹角将有所改变，但受到一定程度的约束。

实际工程中理想的柔性连接和理想的刚性连接是难以实现的。通常，一种连接若其轴线间夹角改变受到一定的约束，而只能传递理想刚接弯矩的 0~20% 时，即可认为是柔性连接；一种连接若能承受理想刚接弯矩的 90% 以上时，即认为是刚性连接；承受理想刚接弯矩的 20%~90% 的连接则认为是半刚性连接。

7.4.1　梁柱柔性连接节点

单层框架中的梁与柱柔性连接，可采用梁支承于柱顶和支承于柱侧的两种连接方式。多层框架中的梁与柱的柔性连接，宜采用柱贯通，梁支承于柱侧的连接方式。对于有支座的梁、柱柔性连接见 7.3.3 节内容，图 7.29 为多层框架工字形柱截面与框架梁的连接，其中图 7.29（a）~（d）为柱强轴方向与框架梁的连接，图 7.29（e）~（g）为柱弱轴方向与框架梁的连接。

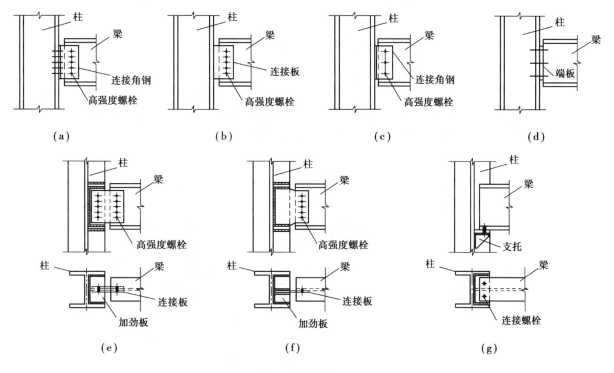

图 7.29 梁与柱的铰接连接

7.4.2 梁柱刚接节点

1) 形式与构造

梁与柱刚性连接的构造形式有三种：

①全焊接节点：梁的上、下翼缘用全熔透坡口焊缝,腹板用角焊缝与柱翼缘连接。

②栓焊混合连接节点：梁的上、下翼缘用全熔透坡口焊缝与柱翼缘连接,腹板用高强螺栓与柱翼缘上的节点板连接,这种节点是目前多高层框架结构梁与柱连接最常用的构造形式。

③全栓接节点：梁翼缘和腹板借助 T 形连接件用高强度螺栓与柱翼缘连接,虽然安装比较方便,但节点刚性不如前两种连接形式好,一般只用于非地震区的多层框架。

一些常用多层刚性连接形式如图 7.30 所示。图 7.30(a)为多层框架工字形梁和工字形柱的全焊接刚性连接。梁翼缘和柱翼缘采用坡口焊缝连接,承受由弯矩产生的拉力或压力。为设置焊缝垫板和施焊方便,梁腹板上下端角处做成弧形缺口($R=35$ mm)。梁腹板和柱翼缘采用角焊缝连接。梁腹板和柱翼缘也可采用高强螺栓连接,如图 7.30(c)所示,这种螺栓与焊缝混合连接的安装比较方便。

图 7.30(b)是对图 7.30(a)的改进,在工厂制造时柱上焊一悬臂短梁段,在高空用高强度螺栓摩擦型连接于梁的中央拼接段,避免了高空施焊和便于梁的对中就位。此外,高强度螺栓拼接所在截面内力(弯矩和剪力)均较梁端小,因而拼接所用螺栓数量较梁端连接时少。

当柱在弱轴方向与主梁连接时,在主梁翼缘的对应位置应设置柱的横向加劲肋,在梁高范围内设置柱的竖向连接板。主梁与柱的现场连接中,梁翼缘与柱的横向加劲肋采用全熔透焊缝连接,并应避免连接处板件宽度的突变,腹板与柱的连接板采用高强度螺栓连接,其计算方法与在强轴方向连接相同。也可在柱与主梁的对应位置焊接悬臂段,主梁在现场拼接,如图7.30(e)所示。

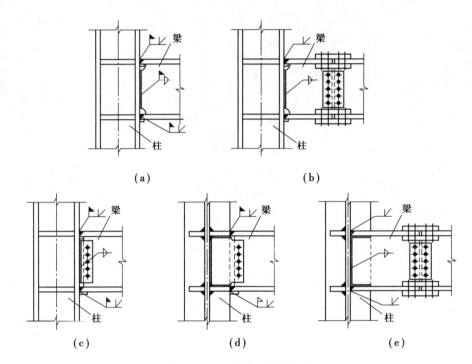

图 7.30　多层梁与柱刚性连接

2）梁柱刚接节点的计算

（1）无加劲肋柱节点的计算

在梁的弯矩 M 作用下，与梁受压翼缘相焊接的柱腹板将受到压力作用，这时，柱腹板计算高度边缘处可能因局部压应力而屈服，同时，柱腹板也有可能在压力作用下失稳。在受拉翼缘处，柱翼缘板有可能被拉坏。

• 柱腹板在计算高度边缘的局部承压强度　若只考虑 C 力作用，不考虑柱腹板所受竖向压力的影响，如图7.31所示，令腹板的强度与梁受压翼缘等强，则有：

$$b_e t_w f_c \geqslant A_{fc} f_b \tag{7.19}$$

于是，要求柱腹板厚度 t_w 应满足式（7.20）要求：

$$t_w \geqslant \frac{A_{fc} f_b}{b_e f_c} \tag{7.20}$$

式中　A_{fc}——梁受压翼缘的截面积；

　　　f_c——柱钢材抗压强度设计值；

　　　f_b——梁钢材抗拉、抗压强度设计值；

　　　b_e——在垂直于柱翼缘的集中压力作用下，柱腹板计算高度边缘处压应力的假定分布长度，如图7.31所示，$b_e = t_b + 5(t_c + r_c)$，其中 r_c 为轧制梁翼缘与腹板交界处圆弧半径。

• 柱腹板的局部稳定　为了保证柱腹板在梁受压翼缘压力作用下的局部稳定，应控制柱腹板的宽厚比。GB 50017 规定：

$$t_w \geqslant \frac{h_c}{30} \sqrt{\frac{f_{yc}}{235}} \tag{7.21}$$

式中　f_{yc}——柱钢材屈服点；

　　　h_c——柱腹板宽度。

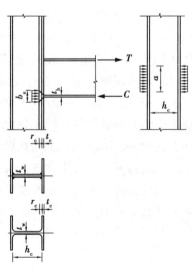

图 7.31　柱腹板受压区计算

所以,在梁的受压翼缘处,柱的腹板厚度应同时满足式(7.20)和式(7.21)。

• 柱翼缘受拉强度 在梁的受拉翼缘处,柱的翼缘板受力比较复杂。GB 50017 规定柱翼缘板的厚度 t_c 应满足:

$$t_c \geqslant 0.4\sqrt{\frac{A_{ft}f_b}{f_c}} \tag{7.22}$$

式中 A_{ft}——梁受拉翼缘的截面积。

(2)设置柱的加劲肋时柱腹板节点域计算

当梁柱刚性连接处不能满足上述式(7.20)—式(7.22)的要求时,应设置柱腹板的横向加劲肋,以防止柱翼缘在梁受拉翼缘的水平拉力作用下变形过大,和柱腹板在梁受压翼缘的水平压力作用下发生承压破坏和局部弯曲。

如图 7.32 所示,由柱的上下横向加劲肋和柱翼缘围成的区域,称为节点域。节点域承受相当大的剪力,且有发生失稳的可能。

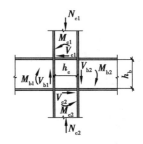

图 7.32 节点腹板域受力状态

• 节点域的抗剪计算 图 7.32 所示为工字形截面柱与梁的刚性连接节点,节点域腹板所受的剪力为:

$$V = \frac{M_{b1} + M_{b2}}{h_b} - V_{c1} \tag{7.23}$$

对应剪应力应满足:

$$\tau = \frac{M_{b1} + M_{b2}}{h_b h_c t_w} - \frac{V_{c1}}{h_c t_w} \leqslant f_v \tag{7.24}$$

节点域的应力比较复杂。标准考虑到,节点域周边有柱翼缘和加劲肋提供约束,使抗剪承载力提高,另外节点域中板材本身会发生应变硬化,故将节点域的抗剪强度提高到 $4f_v/3$,同时略去剪力项。于是,标准将式(7.24)写成:

$$\tau = \frac{M_{b1} + M_{b2}}{V_p} \leqslant \frac{4}{3}f_v \tag{7.25-1}$$

式中 M_{b1}, M_{b2}——分别为节点两侧梁端弯矩设计值;

V_p——节点域腹板的体积,H 形截面柱 $V_p = h_b h_c t_w$,箱形截面柱 $V_p = 1.8h_b h_c t_w$,h_b 为梁腹板高度。

鉴于标准中 $\lambda_s = 0.8$ 是腹板塑性和弹性屈曲的拐点,此时节点域受剪承载力已不适宜提高到 4/3 倍,因此把其节点域受剪正则化宽厚比 λ_s 上限确定为 $\lambda_s = 0.6$;而在 $0.6 < \lambda_s \leqslant 0.8$ 的过渡段,节点域受剪承载力按 λ_s 在 f_v 和 $\frac{4}{3}f_v$ 之间插值计算;$0.8 < \lambda_s \leqslant 1.2$ 时仅用于门式刚架轻型房屋等采用薄柔截面的单层和低层结构;当柱轴力较大时,可将节点域受剪承载力进行修正或在节点域设置斜向加劲肋加强的措施。当横向加劲肋厚度不小于梁的翼缘板厚度时,λ_s 不应大于 0.8;单层和低层结构 λ_s 不应大于 1.2。

节点域的承载力应满足下式要求:

$$\frac{M_{b1} + M_{b2}}{V_p} \leqslant f_{ps} \tag{7.25-2}$$

f_{ps} 为节点域的抗剪强度,当 $\lambda_s \leqslant 0.6$ 时,$f_{ps} = \frac{4}{3}f_v$;当 $0.6 < \lambda_s \leqslant 0.8$ 时,$f_{ps} = \frac{1}{3}(7-\lambda_s)f_v$;当 $0.8 < \lambda_s \leqslant 1.2$ 时,$f_{ps} = [1-0.75(\lambda_s-0.8)]f_v$;当轴压比 $\frac{N}{Af} > 0.4$ 时,f_{ps} 应乘以修正系数,当 $\lambda_s \leqslant 0.8$ 时,修正系数可取为 $\sqrt{1-\left(\frac{N}{Af}\right)^2}$。

当 $h_c/h_b \geqslant 1.0$ 时,$\lambda_s = \dfrac{h_b/t_w}{37\sqrt{5.34+4\,(h_b/h_b)^2}}\dfrac{1}{\varepsilon_k}$;当 $h_c/h_b < 1.0$ 时,$\lambda_s = \dfrac{h_b/t_w}{37\sqrt{4+5.34\,(h_b/h_b)^2}}\dfrac{1}{\varepsilon_k}$。

● 节点域腹板的局部稳定　为保证节点域腹板的局部稳定,腹板厚度 t_w 应满足式(7.26)要求:

$$t_w \geq \frac{h_c + h_b}{90} \qquad (7.26)$$

● 节点域加强措施　当腹板节点域不满足式(7.25)要求时,对 H 形或工字形组合柱,宜将腹板在节点域加厚,如图 7.33(a)所示。腹板加厚的范围应伸出梁上、下翼缘外不小于 150 mm 处。也可贴焊补强板加强,如图 7.33(b)所示,补强板上下边可不伸过柱腹板的水平加劲肋,也可伸过加劲肋之外各 150 mm。当补强板不伸过横向加劲肋时,加劲肋应与柱腹板焊接。补强板与加劲肋连接的角焊缝应能传递补强板所分担的剪力,焊缝计算厚度不宜小于 5 mm。当补强板伸过加劲肋时,加劲肋仅与补强板焊接,此焊缝应能将加劲肋传来的剪力全部传给补强板,补强板的厚度及其连接强度应按所承受的力进行设计。补强板侧边应采用角焊缝与柱翼缘相连,其板面尚应采用塞焊与柱腹板连成整体,塞焊之间的距离不应大于较薄焊件厚度的 $21\sqrt{\dfrac{235}{f_y}}$ 倍。对轻型结构也可采用斜向加劲肋加强,如图 7.33(c)所示。对按 7 度及其以上抗震设防的结构,尚应按抗震要求进行计算。

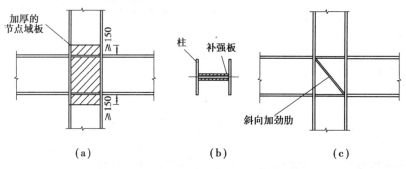

图 7.33　节点域腹板厚度的加强

● 柱腹板横向加劲肋的要求　梁上翼缘的范围内,柱的翼缘可能在水平拉力作用下向外弯曲,致使连接焊缝受力不均;在梁下翼缘附近,柱腹板可能因水平压力的作用而局部失稳。因此,一般需在对应于梁的上、下翼缘处设置柱的水平加劲肋或横隔。

①横向加劲肋应能传递梁翼缘传来的集中力,其厚度应为梁翼缘厚度的 0.5~1.0 倍,其宽度应符合传力、构造和板件宽厚比限值的要求。

②横向加劲肋的中心线应与梁翼缘的中心线对准,并用焊透的对接焊缝与柱翼缘连接。当梁与 H 形或工字形截面柱的腹板垂直相连形成刚接时,横向加劲肋与柱腹板的连接也采用焊透的对接焊缝。

③箱形柱中的横向加劲肋隔板与柱翼缘的连接,宜采用焊透对接焊缝,对无法进行电弧焊的焊缝,可采用融化嘴电渣焊。

④当采用斜向加劲肋来提高节点域的抗剪承载力时,斜向加劲肋及其连接应能传递超出柱腹板所能承受剪力之外的剪力。

7.4.3　梁柱半刚接节点

试验表明:图 7.34 所示连接方式中,梁端的约束常达不到刚性连接的要求,只能作为半刚性连接。图 7.34(a)中,梁的上、下翼缘处各焊一个 T 型钢作为连接件,梁的腹板用两只角钢作为连接件,全部采用高强度螺栓摩擦型连接。图 7.34(b)中,梁端焊接一端板,端板用高强螺栓与柱的翼缘相连接。图 7.34(c)和(d)中,梁上、下翼缘用角钢或角钢和钢板连接。这 4 种连接都比较简单和便于安装。半刚性连接的框架计算需要知道连接节点的弯矩-转角关系曲线,它随连接形式、节点构造细节的不同而变化,计算比较复杂。进行构件设计时,这种连接形式的试验数据或设计资料必须提供较为准确的弯矩-转角关系。

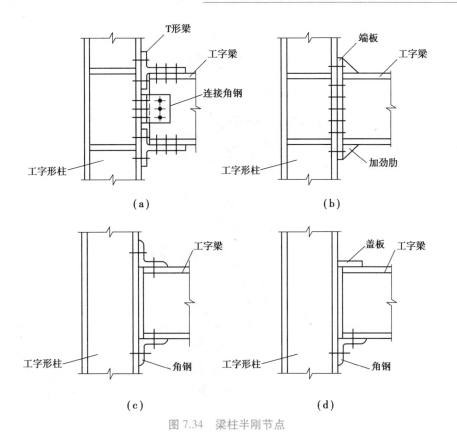

图 7.34 梁柱半刚节点

本章总结框图

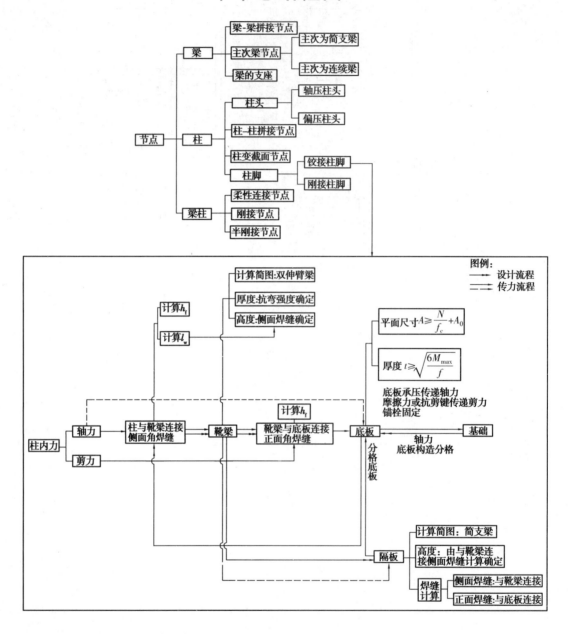

思考题

7.1 钢结构节点有哪些类型?

7.2 节点的设计原则是什么?

7.3 试画出梁工地拼接的构造图。

7.4 试画出梁工地拼接的设计流程图。

7.5 试画出次梁与主梁刚性连接的构造图。

7.6 试画出柱工地拼接的构造图。

7.7 柱头与柱脚的构造有哪些规定?

7.8 试画出刚接柱脚的传力过程及设计流程图。

7.9　试画出梁与柱刚性连接的构造图,并说明其传力过程。

7.10　怎样才能做到节点构造合理? 构造合理有无严格标准?

7.11　在非常规要求情况下,常用的节点形式可能无法很好满足要求,应怎样创新节点形式,应考虑哪些主要因素?

问题导向讨论题

问题 1:节点设计与构件设计有什么不同? 为什么?

问题 2:实现某种特定节点结构功能要求可选的节点有多种,怎样确定最合适的形式?

问题 3:节点是不同部分联系交汇之处,一般受力比较复杂,怎样保证计算模型和方法能反映节点实际结构性能?

问题 4:节点设计计算主要是针对强度要求,什么情况下需要考虑稳定要求、变形要求?

分组讨论要求:每组 6~8 人,设组长 1 名,负责明确分工和协作要求,并指定人员代表小组发言交流。可选择以上四个问题之一。

习　题

7.1　一焊接工字形钢梁截面为:翼缘板 2-200×12,腹板-450×10,钢材为 Q235B,在某一截面处进行拼接,该处内力设计值为 $M_x = 200$ kN·m,剪力 $V = 150$ kN,采用 M20 的 8.8 级高强度螺栓摩擦型连接,接触面采用喷丸后生赤锈处理。试设计此拼接。

7.2　设计图 7.35 所示截面的轴心受压柱柱脚。已知轴心压力设计值 $N = 3\ 900$ kN,钢材为 Q235,焊条用 E43 型,基础混凝土强度等级为 C25。

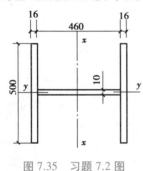

图 7.35　习题 7.2 图　　　　　　　　　　图 7.36　习题 7.4 图

7.3　某偏心受压柱的实腹式柱脚如图 7.25(a)所示。柱截面为焊接工字形,截面尺寸为:翼缘板 2-400×16,腹板-600×8。钢材为 Q235,焊条 E43 型,手工焊。基础混凝土强度等级为 C20。试设计此柱脚。柱脚承受下列两组内力设计值:

第一组(用于确定底板尺寸):$N = 1\ 250$ kN,$M_x = 450$ kN·m;

第二组(用于计算锚栓):$N = 800$ kN,$M_x = 400$ kN·m。

7.4　某厂房单阶柱的下段柱截面如图 7.36 所示,钢材为 Q235A。最大内力设计值(包括柱自重)为轴心压力 $N = 2\ 500$ kN,绕虚轴弯矩 $M_x = 2\ 100$ kN·m,剪力 $V = \pm220$ kN。基础混凝土的强度等级为 C25,设计此厂房柱的柱脚。

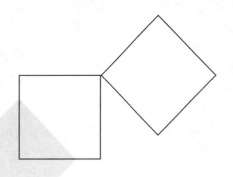

8 整体结构中的钢构件

本章导读：

• **内容及要求** 钢结构的整体设计方法和计算长度概念,钢桁架受压构件的计算长度,钢框架的平面内稳定,钢框架压弯构件的平面内计算长度及平面外计算长度。通过本章的学习,应了解钢结构的设计方法,熟悉钢桁架压杆的计算长度,熟悉钢框架的平面内失稳形式,熟悉钢框架压弯构件的计算长度。

• **重点** 无侧移和有侧移钢框架中压弯构件的平面内计算长度。

• **难点** 整体结构中构件之间的相互约束作用。

典型工程简介:

新疆库尔勒轻钢结构住宅

库尔勒轻钢结构住宅为原建设部轻钢结构住宅试点项目,2001 年建成,8 层轻钢框架结构,建筑面积 5 850 m^2。框架梁采用国产薄壁高频焊接 H 型钢,框架柱采用矩形钢管混凝土。

建筑外观

钢框骨架施工中

8.1 钢结构整体设计原则和思路

8.1.1 钢结构设计方法

钢结构设计方法,由三个层次的设计规定、公式和程序构成:

①第一层次是指对安全度的考虑,包括荷载组合。

②第二层次是指结构整体受力特征分析,通常采用结构力学和弹塑性力学方法进行分析。

③第三层次是指具体钢构件、连接等的设计,是本专业课讲解的内容,主要包括:截面和连接的强度设计计算、构件设计、刚度验算、侧移验算、疲劳验算、构造要求等。

第一层次的设计方法在最新国家规范《建筑结构可靠度设计统一标准》(GB 50068)和《建筑结构荷载规范》(GB 50009)中有详细规定。

第二层次的方法,即内力分析方法,包括:一阶弹性分析法、近似的二阶弹性分析方法、精确的二阶弹性分析、二阶弹塑性分析方法。一阶弹性分析法是目前广泛采用的方法,采用结构力学方法进行分析,其基本假定是:材料理想弹性,不考虑变形对平衡条件的影响。二阶分析的含义是考虑变形对平衡条件的影响。

第三层次的方法,根据是否考虑截面的塑性开展而区分为弹性设计法和塑性设计法。

上述钢结构设计方法的第一层次,由结构的使用功能和重要性决定,第二层次和第三层次方法相配合,构成了某项工程采用的设计方法。各种不同的结构采用不同的内力分析方法和截面设计方法的组合。

E-E 法:线弹性内力分析,构件设计采用弹性极限状态设计。相应的钢结构规范是:《冷弯薄壁型钢结构技术规范》(GB 50018)和《门式刚架轻型房屋钢结构技术标准》(GB 51022)。

E-P 法 a:内力分析采用线弹性分析,构件设计利用了截面材料的塑性开展。

E-P 法 b:内力分析采用二阶弹性分析,构件设计利用了截面材料的塑性开展。

按照最新《钢结构设计标准》(GB 50017)的设计基本采用 E-P 法。

8.1.2 钢结构稳定设计

钢结构设计的第二层次,即结构内力分析,其线性分析方法已经应用了百余年。所谓的线性就是指平衡条件建立在未变形的基础上。而几何非线性或二阶分析是将平衡条件建立在变形后的构件上。采用二阶分析方法的主要原因:真正的平衡是建立在变形后状态的平衡,所有结构建成后处于一种变形后的状态,因此真正的平衡是在变形后的状态达到的。这是设计规范向二阶分析方法发展的重要原因。

在分析结构内力以求解它的强度时,除由柔索组成的结构外,按未变形的结构来分析它的平衡经常可以获得足够精确的结果。分析结构的稳定问题则不同,必然要涉及结构变形后的位形和变形对外力效应(二阶效应)的影响。例如,在分析完善直杆轴心受压屈曲的欧拉临界力时,要按弯曲后的位形建立平衡微分方程来求解。同样,要计算梁弯扭屈曲的临界弯矩,就要分析梁发生侧弯和扭转时的平衡关系。非完善的压杆按第二类稳定问题分析,同样要涉及变形和变形产生的附加弯矩。

因此,稳定问题原则上都应该用二阶分析,结构中单个构件丧失稳定实质上属于结构的整体失稳问题,应由结构整体分析得到,因此只有采用整体分析设计法才能得到精确的结构稳定承载力。但是整体分析设计法内容复杂,计算量庞大,暂时还不能为广大设计人员采用。

目前通行的做法还是长期沿用的逐个构件设计法,即把梁、柱等作为单独构件处理,只是在计算稳定时考虑其相互约束来确定杆件计算长度。

计算长度这一概念来自轴心压杆,反映的是构件失稳形态中反弯点之间的距离。往往是通过结构的线弹性分析,获得构件的计算长度,再根据构件稳定理论按照第三层次进行设计,甚至可以考虑构件截面的塑性开展。

毫无疑问,整体分析设计法是钢结构设计的发展趋势。

8.2 钢桁架中杆件计算长度

8.2.1 桁架压杆的计算长度概念

计算长度的概念源于理想轴心压杆的弹性分析,它将端部有约束的压杆等效成两端铰接的杆。在图 8.1 所示桁架中,杆端约束来自刚性连接的其他杆件。如果把桁架节点看作理想铰接,某一压杆屈曲而发生杆端转动时并不牵扯其他杆件。但实际桁架不论是有节点板的双角钢桁架还是没有节点板的方管或圆管桁架,节点都接近刚性连接。因此,上弦杆屈曲时将带动其他杆件一起变形。同时,这些被迫随同变形的杆件要对发生屈曲的杆件施加反作用,即对它提供约束,使临界状态推迟。

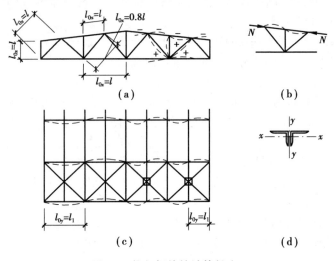

图 8.1 桁架杆件的计算长度

不同的杆件提供的约束程度不同。最突出的差别来自杆件的轴力性质。拉力具有使杆件拉直的特性,而压力则趋向使杆件弯曲。因此,拉杆提供的约束比压杆大得多,并且拉力越大,约束作用也就越大。反之,承受较大压力的杆件提供的约束几乎微不足道。第二个因素是杆件线刚度的大小,起约束作用杆件的线刚度相对比较大。最后一个因素是和所分析的杆直接相连的杆件作用大,较远的杆件作用小,常常忽略不计。

8.2.2 桁架弦杆和单系腹杆的计算长度

根据 8.2.1 节所述原则,桁架弦杆和单系腹杆计算长度 l_0 应按表 8.1 选用。

表 8.1 桁架弦杆和单系腹杆的计算长度 l_0

项 次	弯曲方向	弦 杆	腹 杆	
			支座斜杆和支座竖杆	其他腹杆
1	在桁架平面内	l	l	$0.8l$
2	在桁架平面外	l_1	l	l
3	斜平面	—	l	$0.9l$

注:l 为构件的几何长度(节点中心间距离),l_1 为桁架弦杆侧向支承点之间的距离。

1）桁架平面内的计算长度 l_{0x}

弦杆、支座斜杆及支座竖杆的计算长度取 $l_{0x} = l$，l 为杆件的节间长度。如此取 l_{0x} 的数值是因为支座斜杆、支座竖杆两端所连拉杆甚少，而受压弦杆不仅两端所连拉杆较少且其自身线刚度大，腹杆难于约束它的变形。

桁架的中间腹杆在上弦节点处所连拉杆少，该处可视为铰接。在下弦节点所连拉杆较多且受拉下弦杆的线刚度大，该处嵌固作用比较大，根据一般尺寸分析，偏于安全的取 $l_{0x} = 0.8l$。

2）桁架平面外的计算长度 l_{0y}

弦杆在屋架平面外的计算长度 l_{0y} 应取弦杆侧向支承点的距离 l_1，即 $l_{0y} = l_1$。

上弦杆一般取横向水平支撑的节间长度，如图 8.1（c）所示。在有檩体系屋盖中，如檩条与横向水平支撑的交叉点用连接板焊牢，则可取檩条之间的距离；在无檩体系屋盖中，当考虑大型屋面板能起支撑作用时，一般可取两块屋面板的宽度但不大于 3 m，若不能保证屋面板三个角焊牢，则仍应取支撑节点间距离。

受压弦杆的侧向支承点之间的距离 l_1，通常为节间长度的 2 倍（见图 8.2），而弦杆两节间的轴线压力可能不相等（设 $N_1 > N_2$）。由于杆截面没有变化，受力小的杆段相对比受力大的杆段刚强，用 N_1 验算弦杆平面外稳定时，仍将 l_1 作为计算长度偏于保守，因此可按式（8.1）确定平面外的计算长度：

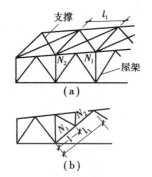

$$l_0 = l_1 \left(0.75 + 0.25 \frac{N_2}{N_1} \right) \tag{8.1}$$

式中　N_1——较大压力，计算时取正值；

N_2—— 较小压力或拉力，计算时压力取正值，拉力取负值。

图 8.2　轴心压力在侧向支承点之间有变化的杆件平面外计算长度

当按式（8.1）算得的 $l_0 < 0.5l_1$，取 $l_0 = 0.5l_1$。

$N_2 < N_1$ 表明弦杆长度方向内力分布不均匀，相应的计算长度应该小于其几何长度。由此可见，计算长度不仅取决于相邻杆件的约束作用，也和自身受力情况有关。

对下弦杆，应取纵向水平支撑节点与系杆或系杆与系杆之间的距离。

腹杆在屋架平面外失稳时，因节点板在此方向的刚度很小，对杆件没有什么嵌固作用，相当于板铰，故所有腹杆均应取 $l_{0y} = l$。

3）斜平面的计算长度

单面连接的单角钢腹杆及双角钢十字形截面腹杆，其截面的两主轴均不在屋架平面内。当杆件绕最小主轴受压失稳时为斜平面失稳，此时杆件两端节点对其均有一定程度的嵌固作用，其程度约介于屋架平面内和平面外之间，因此取一般腹杆斜平面计算长度 $l_0 = 0.9l$，但对支座斜杆、支座竖杆仍应取 $l_0 = l$。

8.2.3　桁架交叉腹杆的计算长度

交叉腹杆如图 8.3 所示。

在桁架平面内，无论另一杆件为拉杆或压杆，认为两杆可互为支承点，但并不提供转动约束。所以在桁架平面内，压杆的计算长度都取节点与交叉点之间的距离，即 $l_{0x} = 0.5l$。

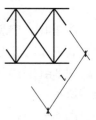

在桁架平面外，相交的拉杆可以作为压杆的平面外支承点，而压杆除非受力较小且不断开，否则不能起支点作用。因此杆件计算长度的确定既与相交杆件受拉或受压有关，也与轴力大小及杆件断开情况有关。具体按表 8.2 取用。

图 8.3　交叉腹杆的计算长度

表 8.2　桁架交叉腹杆在屋架平面外的计算长度

项　次	杆件类别	杆件交叉情况	在桁架平面外的计算长度
1	压　杆	所相交的另一杆受压,且两杆截面相同并在交叉点均不中断	$l_0 = l\sqrt{\dfrac{1}{2}\left(1+\dfrac{N_0}{N}\right)}$
2		所相交的另一杆受压,且该杆在交叉点中断但以节点板搭接	$l_0 = l\sqrt{1+\dfrac{\pi^2}{12}\cdot\dfrac{N_0}{N}}$
3		所相交的另一杆受拉,且两杆截面相同并在交叉点均不中断	$l_0 = l\sqrt{\dfrac{1}{2}\left(1-\dfrac{3}{4}\cdot\dfrac{N_0}{N}\right)} \geqslant 0.5l$
4		所相交的另一杆受拉,且该杆在交叉点中断但以节点板搭接	$l_0 = l\sqrt{1-\dfrac{3}{4}\cdot\dfrac{N_0}{N}} \geqslant 0.5l$
5		所计算的压杆中断但以节点板搭接,而相交的另一杆为连续的拉杆,若 $N_0 \geqslant N$ 或拉杆在平面外的抗弯刚度 $EI_y \geqslant \dfrac{3N_0 l^2}{4\pi^2}\left(\dfrac{N}{N_0}-1\right)$	$l_0 = 0.5l$
6	拉　杆	—	$l_0 = l$

注:①表中 l 为桁架节点中心间距离(交叉点不作节点考虑);N 为所计算杆的内力;N_0 为所相交另一杆的内力,均为绝对值。

②两杆均受压时,$N_0 \leqslant N$,两杆截面相同。

8.3　钢框架稳定及框架柱计算长度

8.3.1　框架的平面内稳定

1)平面内失稳类型

如图 8.4 所示单层单跨刚架,其中图 8.4(a)设置有强劲的交叉支撑,图 8.4(b)则为纯刚架。在两个柱头分别有集中荷载 P 沿柱的形心轴线作用,且柱没有初弯曲。

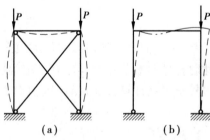

图 8.4　单跨对称框架

图 8.4(a)因为设置有强劲的交叉支撑,所以柱顶侧移完全受到阻止。当荷载 P 不断增加并达到屈曲荷载 P_{cr} 时,刚架将产生如图中虚线所示的弯曲变形,此时,整个刚架将达到稳定承载力的极限状态。

图 8.4(b)因为没有支撑,刚架失稳时柱顶可以移动,将产生有侧向位移的反对称弯曲变形,如图中虚线所示。

图 8.4(a)称之为无侧移失稳,图 8.4(b)称之为有侧移失稳。理论研究表明,在其他条件不变时,一般刚架的有侧移屈曲荷载要远小于无侧移的屈曲荷载。

若图 8.4(a)中的支撑不够强劲,结构稳定特性将介于无侧移和有侧移刚架之间,为弱支撑框架。

2)平面内稳定分析方法

对图8.4所示的结构,要研究它们的稳定性,与研究压杆的稳定性方法一样,给框架一个干扰,在干扰后的位置上建立平衡条件,约去干扰前处于平衡状态的有关项,得到一组齐次的平衡微分方程(按构件建立平衡方程)。要使上述齐次方程有解,其系数行列式必须为零,进而可得到临界方程,求得框架柱的计算长度系数或临界荷载。

框架的整体稳定分析比较复杂,为了简化计算,现在对一般框架结构(包括有无支撑)的稳定仍多采用一阶弹性分析,即不考虑框架结构变形对内力的影响,根据未变形结构建立平衡方程,计算框架由各种荷载产生的内力,然后将框架柱作为单独的压弯构件进行设计,而框架在平面内的稳定计算则用框架柱的计算长度来考虑与柱相连构件的约束影响。采用计算长度代换实际长度,即将不同支承情况的构件长度代换为等效铰接支承的长度,用计算长度系数 μ 来表达。

8.3.2　单层框架柱的平面内计算长度

1)无侧移框架

无侧移框架又称为强支撑框架。如图8.5(a)所示的单层单跨等截面柱对称框架,在框架柱顶设有防止其侧移的强支撑支承,因此框架在失稳时无侧移。横梁两端的转角 θ 大小相等、方向相反,呈对称失稳形式。根据弹性稳定理论,可计算出无侧移框架的计算长度系数 μ,如表8.3所示。其值取决于柱底支承情况以及梁对柱的约束程度。横梁对柱的约束作用取决于横梁的线刚度 $\dfrac{I_1}{l}$ 和柱的线刚度 $\dfrac{I}{H}$ 的比值 K_1,

即 $K_1=\dfrac{I_1 H}{Il}$。柱的计算长度 $H_0=\mu H$。

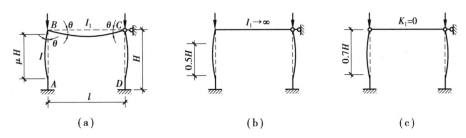

图 8.5　单层单跨框架无侧移失稳

表 8.3　单层等截面框架柱的计算长度系数

框架类型	柱与基础连接方式		线刚度比值 K_1							近似计算公式
			≥20	10	5	1.0	0.5	0.1	0	
无侧移	刚性固接	理论	0.500	0.524	0.546	0.626	0.656	0.689	0.700	$\mu=\dfrac{K_1+2.188}{2K_1+3.125}$
		实用	0.549	0.549	0.570	0.654	0.685	0.721	0.732	$\mu=\dfrac{7.8K_1+17}{14.8K_1+23}$
	铰接		0.700	0.732	0.760	0.875	0.922	0.981	1.000	$\mu=\dfrac{1.4K_1+3}{2K_1+3}$
有侧移	刚性固接	理论	1.000	1.020	1.030	1.160	1.280	1.670	2.000	$\mu=\sqrt{\dfrac{K_1+0.532}{K_1+0.133}}$
		实用	1.030	1.030	1.050	1.170	1.300	1.700	2.030	$\mu=\sqrt{\dfrac{79K_1+44.6}{76K_1+10}}$
	铰接		2.000	2.030	2.070	2.330	2.640	4.440	∞	$\mu=2\sqrt{1+\dfrac{0.38}{K_1}}$

当线刚度的比值 $K_1 > 20$ 时,可认为横梁的惯性矩为无限大。当横梁与柱铰接时,则取线刚度比值 $K_1 = 0$。柱脚刚接的上述两种情况的屈曲变形如图 8.5(b)、(c)所示,其中屈曲变形曲线上反弯点(或铰接节点)之间的距离正是物理意义上的计算长度,可见柱脚刚接框架柱的系数 μ 在 $0.5 \sim 0.7$ 变化。柱脚铰接者,系数 μ 在 $0.7 \sim 1.0$ 变化。

对单层多跨强支撑框架[见图 8.6(a)],在失稳时同样可假定横梁两端转角 θ 大小相等、方向相反,且各柱失稳同时产生,其计算长度系数 μ 亦可按表 8.3 取用,但表中 $K_1 = \dfrac{I_1/l_1 + I_2/l_2}{I/H}$,即采用与柱相邻的两根横梁线刚度之和与柱线刚度的比值。

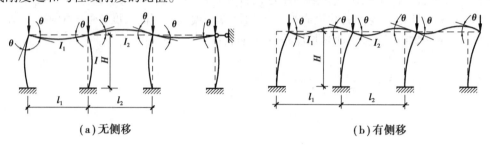

(a)无侧移   (b)有侧移

图 8.6　单层多跨框架失稳形式

2)有侧移框架

无支撑框架应按有侧移框架考虑。对称单层框架有侧移失稳的变形是反对称的,横梁两端的转角 θ 大小相等、方向相同。对称单层单跨框架柱[见图 8.7(a)],按弹性稳定理论分析的计算长度系数如表 8.3 所示。柱脚刚接框架柱的系数 μ 在 $1 \sim 2$ 变化,横梁刚度为无限大($\mu = 1$)和横梁与柱铰接($\mu = 2$)两种情况的失稳变形如图 8.7(b)、(c)所示。柱脚铰接框架柱的 μ 值变化范围很大,从 $2 \sim \infty$。$\mu = \infty$ 说明框架不能保持稳定。

可见,无侧移框架柱其计算长度受两端约束影响较小,而有侧移框架柱的计算长度因两端约束的不同,变化范围很大,也表明了这种框架稳定特性的波动范围。

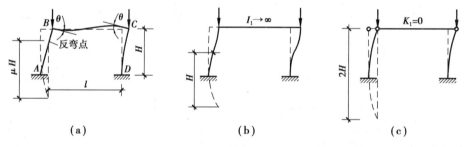

(a)   (b)   (c)

图 8.7　单层单跨框架有侧移失稳

对单层多跨有侧移框架[见图 8.6(b)],其计算长度系数同样可用 $K_1 = \dfrac{I_1/l_1 + I_2/l_2}{I/H}$,查表 8.3。

3)弱支撑框架

有支撑框架按照支撑的侧移刚度(产生单位侧倾角的水平力)S_b 的大小,又可分为强支撑框架和弱支撑框架两种。

强支撑框架

$$S_b \geqslant 4.4 \times \left[\left(1 + \frac{100}{f_y} \right) \sum N_{bi} - \sum N_{0i} \right] \tag{8.2}$$

弱支撑框架

$$S_b < 4.4 \times \left[\left(1 + \frac{100}{f_y} \right) \sum N_{bi} - \sum N_{0i} \right] \tag{8.3}$$

式中　$\sum N_{bi}, \sum N_{0i}$——第 i 层层间所有框架柱用无侧移框架柱和有侧移框架柱计算长度系数 μ 算得的轴心压杆稳定承载力之和。

　　强支撑框架如前所述,临界状态发生无侧移失稳;弱支撑框架的稳定特性则介于无侧移失稳与有侧移失稳之间。标准对于弱支撑框架不再采用计算长度的概念,而是直接给出了其框架柱的稳定系数。

$$\varphi = \varphi_0 + (\varphi_1 - \varphi_0) \frac{S_b}{3(1.2 \sum N_{bi} - \sum N_{0i})} \tag{8.4}$$

式中　φ_1, φ_0——用无侧移框架柱和有侧移框架柱计算长度系数算得的轴心压杆稳定系数。

8.3.3　多层框架柱的平面内计算长度

　　对多层多跨等截面框架亦需按有支撑和无支撑分类。对有支撑框架,还需按判别式(8.2)、式(8.3)判定其为强支撑框架或弱支撑框架。对强支撑框架,可按无侧移失稳形式[见图8.8(a)]按照弹性稳定理论确定其计算长度系数 μ;对弱支撑框架,则按照式(8.4)直接计算框架柱的轴心压杆稳定系数;对无支撑框架,均应按有侧移失稳形式[见图8.8(b)]分析。

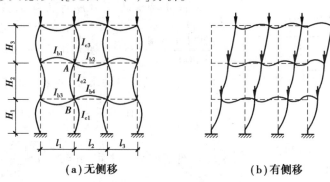

(a)无侧移　　　　　　　　(b)有侧移

图8.8　多层多跨框架失稳形式

　　多层多跨等截面框架采用一阶分析时采用的基本假定同单层多跨框架,但同时还假定在柱失稳时,相交于每一节点的横梁对柱的约束程度,按上、下两柱线刚度之比分配给柱。其计算长度系数亦采用查表法(见附表10)。附表10中 K_1 为相交于柱上端的横梁线刚度之和与柱线刚度之和的比值;K_2 为相交于柱下端的横梁线刚度之和与柱线刚度之和的比值。

　　如图8.8(a)中柱 AB:

$$K_1 = \frac{I_{b1}/l_1 + I_{b2}/l_2}{I_{c2}/H_2 + I_{c3}/H_3} \tag{8.5a}$$

$$K_2 = \frac{I_{b3}/l_1 + I_{b4}/l_2}{I_{c1}/H_1 + I_{c2}/H_2} \tag{8.5b}$$

8.3.4　框架柱的平面外计算长度

　　当框架柱在框架平面外失稳时,可假定侧向支承点(柱顶、柱底、柱间支撑、吊车梁等)是其变形曲线的反弯点。一般情况下,框架柱在柱脚及支承点处的侧向约束均较弱,故均应假定为铰接。因此,框架平面外的计算长度等于侧向支承点之间的距离,如图8.9(a)所示。对图8.9(b)所示无侧向支承框架,柱在平面外的计算长度也应采用与面内有侧移框架相同的方法确定计算长度。

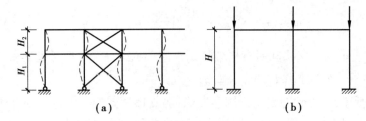

图 8.9 框架柱在框架平面外的计算长度

【例题 8.1】 图 8.10 所示为柱脚铰接的双跨等截面柱框架。要求确定边柱和中柱在框架平面内的计算长度系数。

【解】 计算框架构件的截面惯性矩。

$$横梁:I_0 = \frac{1 \times 80^3}{12} + 2 \times 35 \times 1.6 \times 40.8^2 = 229\ 100\ (\text{cm}^4)$$

$$边柱:I_1 = \frac{1 \times 36^3}{12} + 2 \times 30 \times 1.2 \times 18.6^2 = 28\ 800\ (\text{cm}^4)$$

$$中柱:I_2 = \frac{1 \times 46^3}{12} + 2 \times 30 \times 1.6 \times 23.8^2 = 62\ 500\ (\text{cm}^4)$$

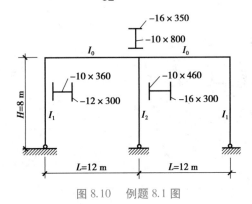

图 8.10 例题 8.1 图

计算横梁的线刚度与边柱的线刚度比值，$K_1 = \dfrac{I_0 H}{I_1 l} = \dfrac{229\ 100 \times 8}{28\ 800 \times 12} = 5.3$。图 8.10 是一个有侧移框架，柱下端与基础铰接，上端与横梁刚接，查表 8.3 得边柱的计算长度系数：

$$\mu = 2.07 - \frac{5.3 - 5}{10 - 5} \times (2.07 - 2.03) = 2.068$$

用近似公式计算：$\mu = 2\sqrt{1 + \dfrac{0.38}{5.3}} = 2.07$

两个横梁的线刚度之和与中柱的线刚度比值：

$$K_1 = \frac{2I_0 H}{I_2 l} = \frac{2 \times 229\ 100 \times 8}{62\ 500 \times 12} = 4.9$$

查表 8.3 得中柱的计算长度系数：$\mu = 2.07 + \dfrac{5 - 4.9}{5 - 1} \times (2.33 - 2.07) = 2.076\ 5$

用近似公式计算：$\mu = 2\sqrt{1 + \dfrac{0.38}{4.9}} = 2.076\ 1$

两种方法的计算结果是一致的，同时边柱和中柱的 μ 系数接近相等。

【例题 8.2】 图 8.11 所示为有侧移的多层框架，图中圆圈内数字为横梁或柱的线刚度值，试确定各柱在框架平面内的计算长度系数。

【解】 先按式(8.5)计算 K_1、K_2，然后按附表 11，查出 μ 值：

柱 C1：$K_1 = \dfrac{4}{2} = 2, K_2 = \dfrac{10}{2+3} = 2, \mu = 1.16$

柱 C2：$K_1 = \dfrac{10}{2+3} = 2, K_2 = \dfrac{10}{3+4} = 1.43, \mu = 1.21$

柱 C3：$K_1 = \dfrac{10}{3+4} = 1.43, K_2 = 10, \mu = 1.14$

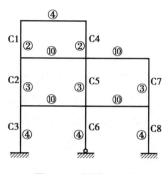

柱 C4:$K_1=\dfrac{4}{2}=2$,$K_2=\dfrac{10+10}{2+3}=4$,$\mu=1.12$

柱 C5:$K_1=\dfrac{10+10}{2+3}=4$,$K_2=\dfrac{10+10}{3+4}=2.86$,$\mu=1.10$

柱 C6:$K_1=\dfrac{10+10}{3+4}=2.86$,$K_2=0$,$\mu=2.12$

柱 C7:$K_1=\dfrac{10}{3}=3.33$,$K_2=\dfrac{10}{3+4}=1.43$,$\mu=1.18$

柱 C8:$K_1=\dfrac{10}{3+4}=1.43$,$K_2=10$,$\mu=1.14$

图 8.11 例题 8.2 图

本章总结框图

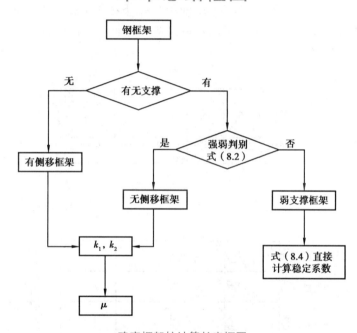

确定框架柱计算长度框图

思考题

8.1 桁架平面内和平面外计算长度的确定原则是什么?

8.2 压弯构件和轴心受压构件计算长度确定方法是否一样?影响因素有哪些?

8.3 框架柱的计算长度为什么要分框架平面内和平面外,而框架平面内又需分为无支撑纯框架和有支撑框架,且有支撑框架又分为强支撑框架和弱支撑框架?怎样确定它们的计算长度?

8.4 采用计算长度系数进行稳定计算,从基本概念思路层面看是什么方法?能否很好解决结构体系整体稳定问题?

8.5 现有计算长度确定成果中主要考虑的影响因素是构件端部的约束,还有哪些因素也有影响?有何影响规律?

创新性设计
考核工作方案

问题导向讨论题

问题 1:确定桁架杆件的计算长度和确定框架柱平面、平面外计算长度有什么不同? 为什么?

问题 2:将构件放到整体结构中考虑,和单个构件考虑有何本质不同? 目前结构设计主要采用的内力位移分析整体考虑,构件设计单个考虑的方法有何利弊?

分组讨论要求:每组 6~8 人,设组长 1 名,负责明确分工和协作要求,并指定人员代表小组发言交流。

习 题

8.1 某重级工作制吊车厂房,屋架跨度 30 m,间距 6 m,下弦平面横向水平支撑布置如图 8.12 所示,交叉斜杆 1、2 采用单角钢制作,支撑横杆 3 采用双角钢做成的十字形截面,求杆 1、杆 2 在支撑平面内、外的计算长度及杆 3 的计算长度。

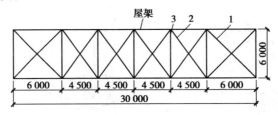

图 8.12　习题 8.1 图

8.2 求图 8.13 所示对称多层刚架各柱平面内的计算长度系数。图中圆圈内数字为相对线刚度值。

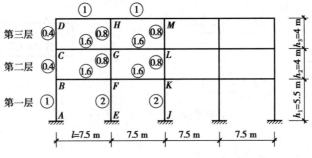

图 8.13　习题 8.2 图

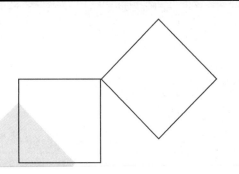

钢结构的脆性断裂与疲劳破坏

本章导读：

● **内容及要求**　钢结构的脆性断裂，钢结构的疲劳破坏。通过本章的学习，应熟悉脆性断裂的概念，熟悉影响脆性断裂的因素及防止脆性断裂的措施，掌握疲劳破坏的概念，熟悉影响疲劳破坏的因素，掌握常幅疲劳及吊车梁疲劳的计算方法。

● **重点**　钢结构疲劳计算。

● **难点**　影响脆性断裂的因素，疲劳计算。

典型工程简介：

钢结构脆性断裂与疲劳破坏

韩国圣水大桥

圣水大桥位于韩国首都首尔东南，跨越汉江，建成于 1979 年，是一座悬臂式钢桁架梁桥，宽 19.4 m，全长 1 160 m，有 6 个主孔，跨度为 120 m。1994 年 10 月 21 日早上 7 时 40 分，11 号桥墩与 12 号桥墩之间约 50 m 的桥段，因金属疲劳破坏而突然塌落，包括正在桥面上行驶的一辆公共汽车在内的至少 6 辆汽车，掉入距桥面 20 m 的江水中，导致 32 人死亡，17 人受重伤。该桥发生意外后不久进行了修复，于 1997 年 8 月 15 日重新开放。

美国Hoan桥引
脆性断裂事故

9.1 钢结构的脆性断裂

9.1.1 脆性断裂的概念

钢结构尤其是焊接结构,在钢材加工、制造、焊接过程中通常产生类似于裂纹的缺陷,在荷载作用或侵蚀环境下,当裂纹缓慢扩展到一定程度后,尽管钢材应力低于其抗拉强度甚至低于屈服强度,但仍发生突然迅速断裂破坏,这种破坏称为钢材的脆断。

钢结构的脆性破坏是各种破坏形式中最危险的一种破坏形式。其破坏有以下特征:脆性断裂破坏前没有明显异样和变形,突然发生,来不及补救,因而危险性很大;断口平直,呈有光泽的晶粒状。

脆性断裂破坏大致可分为如下几类:

①过载断裂:由于过载,强度不足而导致的断裂。这种断裂破坏发生的速度通常极高(可高达2 100 m/s),后果极其严重。在钢结构中,过载断裂只出现在高强钢丝束、钢绞线和钢丝绳等脆性材料做成的构件。

②非过载断裂:塑性很好的钢构件在缺陷、低温等因素影响下突然呈脆性断裂。

③应力腐蚀断裂:在腐蚀性环境中承受静力或准静力荷载作用的结构,在远低于屈服极限的应力状态下发生的断裂破坏,称为应力腐蚀断裂。它是腐蚀和非过载断裂的综合结果,强度越高则对应力腐蚀断裂越敏感。含碳量高的钢材对应力腐蚀断裂也比较敏感。

④疲劳断裂与腐蚀疲劳断裂:在交变或重复荷载作用下,裂纹的失稳扩展导致的断裂破坏称为疲劳断裂。疲劳断裂有高周和低周之分。循环周数在 5×10^4 以上者称为高周疲劳,属于钢结构中常见的情况。低周疲劳断裂前的周数只有几百或几十次,每次都有较大的非弹性应变。典型的低周疲劳破坏产生于强烈地震作用下。环境介质导致或加速疲劳裂纹的萌生和扩展称为腐蚀疲劳。

⑤氢脆断裂:氢可以在冶炼和焊接过程中侵入金属,造成材料韧性降低而可能导致断裂。焊条在使用前需要烘干,就是为了防止氢脆断裂。

一般情况下,将交变或重复荷载作用引起的结构断裂称为疲劳破坏,其他常规荷载作用下的突然断裂破坏称为脆性断裂破坏。

钢结构脆性破坏在铆接结构时期就已经偶有发生,因数量不多,因而没有引起人们的足够重视。在焊接逐渐取代铆接的时期,脆性破坏事故明显增多。从1938年发生在比利时哈塞尔特的全焊空腹桁架桥破坏到1960年止,除船舶外,世界各地至少发生过40起引人注目的大型焊接结构破坏事故。焊接结构出现脆性破坏事故比铆接结构频繁,有以下原因:

①焊缝经常会或多或少存在一些缺陷,如裂纹、欠焊、夹渣和气孔等,这些缺陷通常成为断裂的源头。

②焊接后结构内部存在数值可观的残余应力。残余应力未必是破坏的主因,但作为初应力场,与荷载的应力场叠加,就可能导致开裂。

③焊接结构的连接往往有较大刚性,结构塑性变形的发展受到很大限制,尤其是三条焊缝在空间相互垂直时。

④焊接使结构形成连续的整体,没有止裂的构造措施,一旦裂缝开展,就有可能一裂到底,不像在铆接结构中裂缝常在接缝处终止。

⑤在防止脆性破坏中,对选材的重要性认识不足。

钢结构脆性破坏事故的发生,除了采用焊接外,还有以下原因:对于越来越复杂的结构,有的工作条件恶劣(如海洋工程),有的荷载很大,钢材强度和钢板厚度都趋于提高和增大,设计时往往采用更精细的计算方法,并利用材料非弹性性能以尽量降低造价,使得结构的实际安全储备比过去有所降低。这些因素综合在一起,发生脆断的概率就会提高。

结构的脆性破坏经常在气温较低的情况下发生。处在低温的结构要选择高韧性的材质来避免脆性破坏发生。但是,如果处理不当,即便选用了高韧性材质,结构也可能发生脆性破坏。

9.1.2 脆性断裂的断裂力学分析

钢材的脆断可用断裂力学观点解释,该观点认为脆性断裂是由于裂纹引起的,是在荷载和侵蚀性环境作用下,裂纹扩展到临界尺寸时发生的。由此可知,影响脆断的主要因素是裂纹尺寸、作用应力的大小和方式、材料的韧性。

1)裂纹

对脆性断裂,必须从结构内部存在微小裂纹的情况出发进行分析。用断裂力学理论可以计算裂纹在荷载和侵蚀性介质作用下的扩展情况,当裂纹扩展到临界尺寸,脆性断裂就会发生。

线弹性断裂力学指出,当一块板处于平面应变条件下(见图 9.1),如果应力强度因子:

$$K_I = \alpha \sqrt{\pi a}\, \sigma \geq K_{IC} \tag{9.1}$$

则裂纹将迅速扩展而造成断裂。

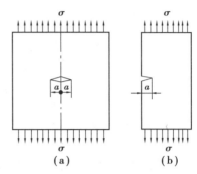

图 9.1 裂纹尺寸

式中 σ——板所受的拉应力;

　　　a——裂纹尺寸,如图 9.1 所示,中心裂纹取宽度的一半,边缘裂纹取全宽度;

　　　α——系数,与裂纹形状、板的宽度以及应力集中等有关,当中心线上有贯穿裂纹、板宽很大并承受均匀拉应力时,$\alpha = 1$;

　　　K_{IC}——断裂韧性,是材料的固有特性,代表材料抵抗断裂的能力,可由试验得到。

实际上材料并非无限弹性,对于强度高而断裂韧性较低的材料,裂纹旁塑性区的范围不大,只要对 α 系数作一些修正,式(9.1)就可以应用。但是,建筑结构所用的钢材属于强度不高而韧性较好的钢材,带裂纹受拉时除截面很大的情况外,屈服范围比较大,需要用弹塑性断裂力学理论加以解释。根据裂缝张开位移理论(即 COD 理论),薄板开裂的条件是:

$$\frac{8f_y a}{\pi E} \ln \sec \left(\frac{\pi \sigma}{2f_y} \right) \geq \delta_c \tag{9.2}$$

式中 f_y——材料的屈服点;

　　　δ_c——位移临界值,是材料的固有特性,由试验确定。

结构内部总会存在不同类型和不同程度的缺陷,这些缺陷的存在通常可看成是结构内部的微小裂纹,因此,应尽可能通过控制施工工艺、改善细部设计、加强质量检查等方法减小结构内部的缺陷,也就是减小结构内部的微小裂纹。

2)应力

分析脆性断裂时,应力 σ 应是构件的实际应力,即应把应力集中和残余应力等因素考虑进去。如果构件中有较严重的应力集中和较大的残余拉应力则容易引起构件的脆性断裂。构件中的应力集中和残余应力与构件的构造细节和焊缝位置、施工工艺等有关。在设计时应避免焊缝过于集中、构件截面的突然变化以及在施焊时会产生严重约束应力的构造等。

3)材料韧性

从式(9.1)和式(9.2)可以看出,与脆性断裂有关的因素除裂纹尺寸 a 和应力分布 σ 外,还有材料的固有特征如断裂韧性 K_{IC} 或位移临界值 δ_c 等。K_{IC} 和 δ_c 实际上都是材料韧性的一种表示形式。由于确定

K_{IC} 和 δ_c 的试验方法有一定难度,不易实施,目前大多采用冲击韧性来衡量。

影响材料韧性的因素除了化学成分、冶炼方法、浇铸方式、轧钢工艺、焊接工艺等之外,钢板厚度、应力状态、工作温度和加荷速率等也有明显的影响。

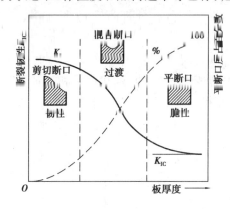

图 9.2 断裂韧性随厚度变化

（1）钢板厚度

厚钢板的韧性低于薄钢板,一个原因是轧制过程造成内部组织的差别,另一个原因是在应力集中条件下,厚板接近于平面应变受力状态,相比于薄板的平面应力状态更为不利。图 9.2 所示为材料断裂韧性 K_{IC} 随厚度变化的情况,可以看出,钢板厚度越大,韧性越低,破坏的断面越平整,表明是脆性破坏。

（2）应力状态

采用冲击韧性衡量材料的韧性时,冲击试件的开口形状有很大影响,因为开口形状决定了断口处的应力状态。由于夏比 V 形缺口处的应力状态和应力集中程度都比较不利,并能覆盖实际结构的应力状态,目前都采用这种形式的缺口。

（3）工作温度

材料的冲击韧性与温度有密切关系。图 2.11 给出了冲击韧性和温度关系的示意图。从图中可以看出,随着温度的下降,冲击韧性也不断下降。当温度处于 $T_1 \sim T_2$ 时,冲击韧性下降特别快,也就是从塑性破坏向脆性破坏的过渡区。当温度下降到 T_1 及其以下时,材料出现脆性破坏,冲击韧性很低,且基本为一常量。因此,当工作温度很低时,所采用材料的冲击韧性不应处于脆性破坏范围,而应接近于塑性破坏时的数值。

（4）加荷速率

图 9.3 给出了三种不同加荷速率时断裂吸收能量随温度的变化曲线。从图中可以看出,随着加荷速率的减小,曲线向温度较低的方向移动。对于同一冲击韧性的材料,承受动力荷载时允许的最低使用温度要比承受静力荷载的高得多。图中弹性区为完全脆性断裂,显然采用的材料的韧性应不低于 I 线,宜在 I 、II 线之间而偏于 II 线。

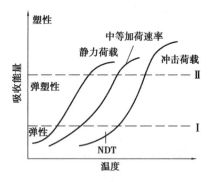

图 9.3 断裂吸收能量随温度的变化

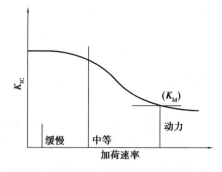

图 9.4 加荷速率对断裂韧性的影响

图 9.4 给出加荷速率对断裂韧性的影响曲线。由图可见,中速加荷时断裂韧性比缓慢加荷下降不多,而比动力加荷提高很多。欧洲标准委员会的钢结构设计规范把加荷速率分为二级,其中 R1 级为静力及缓慢加荷,适合于承受自重、楼面荷载、车辆荷载、风及波浪荷载以及提升荷载的结构;R2 级为冲击荷载,适用于高应变速率如爆炸和冲撞荷载。除遭强烈地震作用袭击外,建筑结构通常列为准静态的结构,即在考虑荷载的动力系数后按静态结构对待,不过承受多次循环荷载时需要进行疲劳验算。

（5）腐蚀介质

在腐蚀介质中,构件原来存在的裂纹随着时间的增长而逐渐扩展,待达到临界尺寸时就会突然脆断,这种现象称为应力腐蚀开裂。工程上受应力腐蚀的构件很多,比如海洋结构中的各类构件等。一般在腐蚀介质中材料的断裂韧性比空气中的 K_{IC} 要低,而且不同的金属材料—介质系统,在不同的试验条件下,裂纹扩展规律也不相同。应力腐蚀开裂主要发生在高强度材料,比如高强度螺栓在使用过程中就有可能出现应力腐蚀。

9.1.3　防止脆性断裂的措施

影响钢材脆断的直接因素是裂纹尺寸、作用应力和材料的韧性。目前断裂力学理论已经成功地用于球罐和氧气罐等高压容器的断裂安全设计,由于该理论设计较为复杂,建筑及桥梁结构中尚未直接应用,主要从构造上采取相关措施以提高钢材的抗脆断性能。其主要措施有:

①尽量减小初始裂纹的尺寸,避免在构造处理中形成类似于裂纹的间隙。对于焊接结构来说,减小初始裂纹尺寸主要是保证焊缝质量,限制和避免焊接缺陷,即加强施焊工艺管理,避免施焊过程中产生裂纹、夹渣和气泡等。

②注意正确选择和制订焊接工艺以减少不利残余应力。焊缝不宜过分集中,尤其避免三条焊缝在空间互相垂直相交,施焊时不宜过强约束,避免产生过大残余应力。正确选择焊接工艺,遵守设计对制造提出的技术要求,以防止造成缺口高峰应力,减小焊接残余应力,防止热影响区钢材晶粒组织变粗等。

③进行合理细部构造设计,选择合适的结构方案和杆件截面、连接及构造形式,避免截面的急剧改变及出现凹角,尽量避免构造应力集中。如在梁、柱等构件的端部经常要处理图 9.5 所示的角形连接,端竖板如果存在分层缺陷,构造不当会引起层间撕裂,宜采用图 9.5(a)的角形连接构造,而避免采用图 9.5(b)的构造方式。

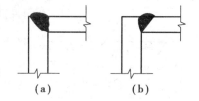

(a)　　　　(b)

图 9.5　角形连接构造

④选择合理的钢材,使其具有足够的韧性。根据结构的荷载情况(包括静力或动力性质)、所处环境温度和所用钢材厚度,选用合适的钢种并提出需要的技术要求(包括必要时的冲击韧性要求)等,详见第 2 章钢材质量等级的要求。钢材化学成分与钢材脆断性有关,含碳多的钢材,抗脆断性能有所下降。对于在低温下工作的钢结构,应选择抗低温冲击韧性好的材料,保证负温冲击韧性。尽量避免采用厚钢板,厚钢板比薄钢板较易脆断。

⑤设计合理的结构形式。优良的结构形式可以减小断裂的不良后果。脆性断裂最严重的后果是造成结构倒塌,为了防止出现这种情况,在设计时应注意使荷载能多途径传递。例如采用超静定结构,一旦个别构件断裂,结构仍维持几何稳定,荷载能通过其他途径传递,结构不致倒塌,可以赢得时间及时补救。又如单跨简支梁结构,宜设计成几根梁,上面用板连成整体,当一根梁发生脆性断裂也不致引起整个结构的垮塌,以便采取措施补救。

⑥制造和安装钢材的冷热加工易使钢材硬化和变脆,应采取措施尽量减少其不利影响,例如螺栓孔采用钻孔或冲孔后扩钻、对剪切边刨除其毛刺和硬化区等。焊接尤其是手工焊接容易产生裂纹或类裂纹性缺陷,应选择合适的焊接工艺和参数,力求减少上述缺陷。防止焊接部位钢材局部过热,减小焊接残余应力。对厚钢板采用焊前预热、焊后保温或热处理等措施。保证由合格焊工施焊和必要的质量检验等,以保证合格优良的焊接质量。对结构和构件的拼装应采用合理的工艺顺序,提高精度,减小焊接和装配残余应力。

⑦建立必要的使用维修规定和措施。应保证结构按设计规定的用途、荷载和环境条件使用,不得超越。建立必要的维修措施,经常检查结构尤其是承受动力荷载结构发生裂纹或类裂纹等缺陷或损坏的情况,避免隐患及其发展。

9.2 钢结构的疲劳破坏

9.2.1 疲劳破坏的概念

钢材在持续反复荷载作用下,虽然其应力低于强度极限,甚至低于屈服极限,仍突然发生脆性断裂破坏,称为钢材的疲劳。能够导致钢结构疲劳的荷载是动力的或循环性的活荷载,如桥式吊车对吊车梁的作用,车辆对桥梁的作用等。早期土建钢结构考虑疲劳计算主要是对铁路桥梁,随着焊接结构的发展,疲劳破坏有增无减,焊接吊车梁的疲劳破坏时有发生,焊接公路钢桥的疲劳破坏也屡见不鲜。金属结构的疲劳按其断裂前的应力大小和应力循环次数,可分为高周疲劳和低周疲劳两种,一般钢结构只考虑高周疲劳计算。

疲劳试验

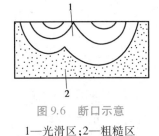

图 9.6 断口示意
1—光滑区;2—粗糙区

钢材的疲劳破坏过程通常要经历三个阶段:裂纹的形成→裂纹的缓慢扩展→裂纹的迅速断裂。钢材在疲劳破坏之前,塑性变形极小,所以疲劳破坏属于没有明显变形的脆性破坏,危险性较大。疲劳破坏的断口平直,断口可能贯穿母材,可能贯穿于连接焊缝,也可能贯穿母材及焊缝。疲劳破坏的断口一般可分为两部分,一部分呈现半椭圆形光滑区,其余部分则为粗糙区。如图 9.6 所示,微观裂纹随着应力的连续重复作用而扩展,裂纹两边的材料时而相互挤压时而分离,形成光滑区;裂纹的扩展使截面愈加被削弱,当截面残余部分不足以抵抗破坏时,构件突然断裂,因有撕裂作用而形成粗糙区。当构件应力较大时,光滑区范围较小;反之,则其范围较大。

9.2.2 影响疲劳破坏的因素

钢结构的疲劳破坏是微观裂纹在连续重复荷载作用下不断扩展直至达到断裂,故其先决条件是微观裂纹的形成和裂纹部位的应力集中,然后取决于作用的连续重复荷载产生的应力因素——应力比或应力幅,以及应力循环次数等。

1)微观裂纹和应力集中

对钢结构而言,疲劳断裂过程的第一阶段,即微观裂纹的形成阶段一般来说是不存在的。由于钢材生产和制造等过程中,不可避免地会在结构的某些部位存在着局部微小缺陷,它们本身就起着类似于微裂纹的作用,故也可称其为"类裂纹"。如钢材化学成分的偏析,非金属夹杂,轧制时形成的裂纹,非焊接构件表面上的刻痕,轧钢的凹凸、分层以及制造时的冲孔、剪边,火焰切割带来的毛边和裂纹,焊接时存在于焊缝内的气孔、夹渣、欠焊,以及不易焊好的焊缝趾部和端部,都是可能产生裂源的主要部位。这是因为当重复连续荷载作用时,在这些部位的截面上应力分布不均,引起应力集中现象,从而形成双向或三向同号拉应力场,材料的塑性变形受到限制,因此在高峰应力处将首先出现微观裂纹。然后,随着裂纹的逐渐开展,有效截面面积也相应逐渐减小,应力集中现象越来越严重,进而促使裂纹继续开展。当重复荷载达到一定循环次数时,裂纹的发展将使截面削弱更多,导致承受不了外力作用,最终发生脆性断裂,形成疲劳破坏。同时有应力集中的部位,如截面几何形状突然改变处,由于存在高峰应力,又经受多次重复作用的影响,故即使在该处不存在缺陷,也会产生微观裂纹,并进而引起疲劳破坏。

钢结构中一般的应力集中,在静力荷载作用下,其高峰应力常因钢材的塑性发展而相对减少,而较低应力部位的应力增大,故使截面的不均匀应力趋于均匀,因而不影响截面的极限承载力,设计时可不考虑其影响。但较严重的应力集中,在高峰应力区域内总是存在着较大的应力场,使钢材的塑性变形困难而出现脆性断裂,特别是在动力荷载作用下,结构更是容易发生疲劳破坏。

2)应力比和应力幅

连续重复荷载作用下应力往复变化一周称为一个循环。经过一定的应力循环次数,钢材发生疲劳破坏,应力循环中的最大应力称为疲劳强度。疲劳强度主要与构件的构造细节、应力循环的形式及循环次数等有关。应力循环特性常用应力比 ρ 来表示,它是绝对值最小的峰值应力 σ_{min} 与绝对值最大的峰值应力 σ_{max} 之比,即 $\rho = \sigma_{min}/\sigma_{max}$,拉应力取正号,压应力取负号。如图9.7所示,当 $\rho = -1$ 时称为完全对称循环,疲劳强度最小;$\rho = 0$ 时称为脉冲循环;$\rho = 1$ 时为静荷载作用;$-1 < \rho < 0$ 时为异号应力循环,疲劳强度较小;$0 < \rho < 1$ 时为同号应力循环,疲劳强度较大。

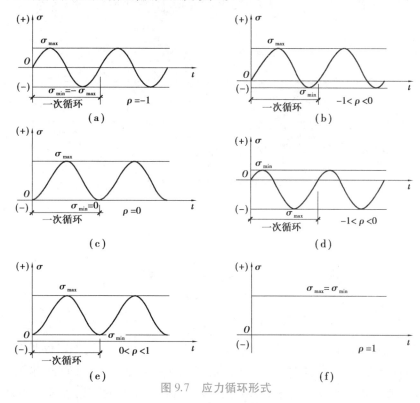

图 9.7　应力循环形式

对焊接结构而言,由于焊缝附近存在着很大的焊接残余应力峰值,其数值甚至达到钢材屈服点 f_y,名义上的应力循环特征应力比 ρ 并不代表疲劳裂缝处的应力状态。实际上的应力循环是从受拉屈服强度 f_y 开始,变动一个应力幅 $\Delta\sigma = \sigma_{max} - \sigma_{min}$(与前面不同,此处 σ_{max} 为最大拉应力,取正值;σ_{min} 为最小拉应力或压应力,拉应力取正值,压应力取负值)。应力幅总是正值。对于焊接结构,不管循环荷载下的名义应力比为何值,只要应力幅相同,其疲劳强度均相同。因而焊接连接或焊接构件的疲劳性能直接与应力幅 $\Delta\sigma$ 有关,而与名义上的应力比 ρ 关系不是非常密切,与名义最大应力 σ_{max} 无关。图9.8表示不同应力循环形式下的应力幅。

图9.7、图9.8所示的应力幅均为常幅(所有应力循环内的应力幅保持为常量,不随时间变化),除此之外还有变幅(应力循环内的应力幅随机变化),如图9.9所示。

3)循环次数

疲劳设计时应考虑以下两种情况:应力循环次数及应力幅大小。连续反复荷载作用下的循环次数称为疲劳寿命。在不同次数的应力循环作用下,各类构件和连接产生疲劳破坏的应力幅不同。应力循环次

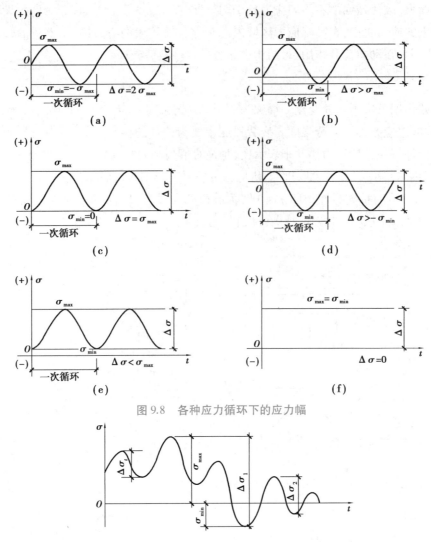

图9.8　各种应力循环下的应力幅

图9.9　变幅应力谱

数越少,产生疲劳破坏的应力幅越大,疲劳强度越高。当应力循环次数少到一定程度,就不会产生疲劳破坏。因此,钢结构设计标准规定,直接承受动力重复荷载的钢结构构件(如吊车梁、吊车桁架、工作平台梁等)及其连接,当应力循环次数大于或等于 5×10^4 时,才应进行疲劳计算;反之,应力循环次数越多,产生疲劳破坏的应力幅越小,疲劳强度越低。但当应力幅小到一定程度,不管循环多少次都不会产生疲劳破坏,这个应力幅称为疲劳强度极限,简称疲劳极限。对于飞机、车辆的疲劳断裂因其应变小,应力循环次数多,一般主要考虑循环次数;对于一般建筑钢结构设计,主要考虑应力幅大小;而对于鉴定、加固的结构时,则要同时考虑应力循环次数及应力幅大小。

4）尺寸效应

　　大量的疲劳试验采用的试件钢板厚度一般都较小,实际工程中构件和连接的板厚远大于疲劳试验采用的试件板厚。试验和理论分析表明,由于板厚引起的焊趾位置的应力集中或应力梯度变化,出现焊接缺陷的概率增大,疲劳强度随着板厚的增加有一定程度的降低,因此需要对疲劳强度进行板厚修正。

　　除此之外,还有结构和构件中的残余应力以及结构和构件所处的环境等,都会对其疲劳强度造成影响。在腐蚀性介质环境中,疲劳裂纹扩展的速率更会加快。

9.2.3 钢结构的疲劳计算

1) 疲劳曲线($\Delta\sigma$—N曲线)

对不同构件和连接,在疲劳试验机上用不同的应力幅进行常幅循环应力试验,可得到试件破坏时不同的应力循环次数,从而可将数值相近的归类,并绘出 $\Delta\sigma$-N 关系曲线,即疲劳曲线。图 9.10(a)是按算术坐标绘制的一条曲线,图 9.10(b)是按双对数坐标轴绘制的该条曲线,后者接近直线,便于应用,其方程可表达为:

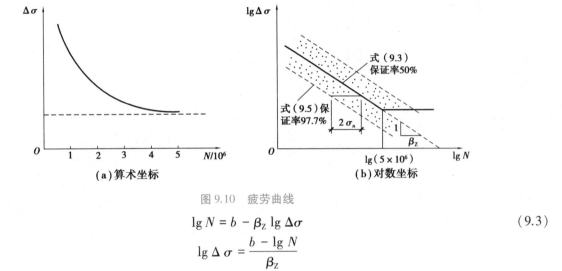

图 9.10　疲劳曲线

$$\lg N = b - \beta_Z \lg \Delta\sigma \tag{9.3}$$

或

$$\lg \Delta\sigma = \frac{b - \lg N}{\beta_Z}$$

式中　b——直线在横坐标轴上的截距;

　　　　β_Z——直线对纵坐标轴的斜率(绝对值)。

由式(9.3)可得对应于某一应力循环次数的致损应力幅:

$$\Delta\sigma = \left(\frac{10^b}{N}\right)^{\frac{1}{\beta_Z}} \tag{9.4}$$

式(9.4)是根据均值线性求得,故其不致损的保证率仅有 50%,这显然是不够的。考虑到试验的离散性,现取减 $2\sigma_n$(σ_n 为标准差)作为疲劳强度的下限,如图 9.10(b)中实线下的虚线,若 $\lg N$ 为正态分布,其不致损保证率为 97.7%。虚线方程可写为:

$$\lg N = b - \beta_Z \lg \Delta\sigma - 2\sigma_n \tag{9.5}$$

同样可得:

$$\Delta\sigma = \left(\frac{10^{b-2\sigma_n}}{N}\right)^{\frac{1}{\beta_Z}} \tag{9.6}$$

此 $\Delta\sigma$ 具有足够的不致损保证率,故可将其取作容许应力幅$[\Delta\sigma]$。令 $10^{b-2\sigma_n}=C_Z$,则式(9.6)可写为:

$$[\Delta\sigma] = \left(\frac{C_Z}{N}\right)^{\frac{1}{\beta_Z}} \tag{9.7}$$

式中:C_Z 和 β_Z 为根据构件和连接类别所确定的参数,见表 9.1 和表 9.2。14 类不同构件和连接由试验得出的 14 条$[\Delta\sigma]$-N曲线(图 9.11)和 3 条$[\Delta\tau]$-N曲线,各有其不同的 C_Z 值(在 $\lg N$ 轴上的截距),但其对纵轴的斜率却较接近,因此标准对 Z1、Z2 类的 β_Z 取为 4,Z3—Z14 类的 β_Z 取为 3。用 C_J、β_J 替换式(9.7)中 C_Z、β_Z 可得到$[\Delta\tau]$的计算公式,C_J、β_J 详见表 9.2。

结合预期的疲劳寿命 N,利用式(9.7)即可求出相应的$[\Delta\sigma]$,应力循环 2×10^6 次的容许正应力幅$[\Delta\sigma]_{2\times10^6}$和剪应力幅$[\Delta\tau]_{2\times10^6}$见表 9.1 和表 9.2。

表 9.1　正应力幅的疲劳计算参数

构件与连接类别	构件与连接相关系数		应力循环 2×10^6 次的容许正应力幅 $[\Delta\sigma]_{2\times10^6}(\text{N}/\text{mm}^2)$	应力循环 5×10^6 次的正应力幅的常幅疲劳极限 $[\Delta\sigma_c]_{5\times10^6}$（N/mm²）	应力循环 1×10^8 次的正应力幅的疲劳截止限 $[\Delta\sigma_L]_{1\times10^8}(\text{N}/\text{mm}^2)$
	C_Z	β_Z			
Z1	$1\,920\times10^{12}$	4	176	140	85
Z2	861×10^{12}	4	144	115	70
Z3	3.91×10^{12}	3	125	92	51
Z4	2.81×10^{12}	3	112	83	46
Z5	2.00×10^{12}	3	100	74	41
Z6	1.46×10^{12}	3	90	66	36
Z7	1.02×10^{12}	3	80	59	32
Z8	0.72×10^{12}	3	71	52	29
Z9	0.50×10^{12}	3	63	46	25
Z10	0.35×10^{12}	3	56	41	23
Z11	0.25×10^{12}	3	50	37	20
Z12	0.18×10^{12}	3	45	33	18
Z13	0.13×10^{12}	3	40	29	16
Z14	0.09×10^{12}	3	36	26	14

注:构件与连接分类应符合附表 11 的规定。

表 9.2　剪应力的疲劳计算参数

构建与连接类别	构件与连接的相关系数		应力循环 2×10^6 次的容许剪应力幅 $[\Delta\tau]_{2\times10^6}(\text{N}/\text{mm}^2)$	应力循环 1×10^8 次的剪力幅的疲劳截止限 $[\Delta\tau_L]_{1\times10^8}(\text{N}/\text{mm}^2)$
	C_J	β_J		
J1	4.10×10^{11}	3	59	16
J2	2.00×10^{16}	5	100	46
J3	8.61×10^{21}	8	90	55

注:构件与连接分类应符合附表 11 的规定。

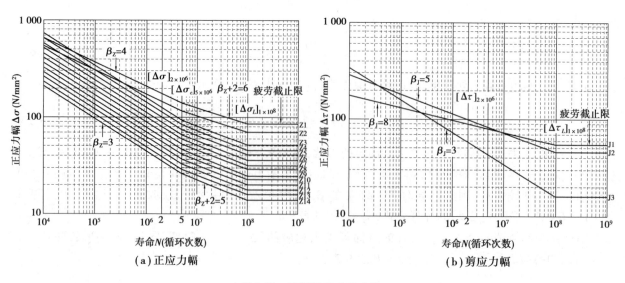

（a）正应力幅　　　　　　　　　　　　　　（b）剪应力幅

图 9.11　疲劳强度 S-N 曲线

2）疲劳计算

本章所述的疲劳计算,只适用于常温下无强烈腐蚀环境中的钢结构的高周疲劳计算,计算范围只限于直接承受反复作用的动力荷载的钢结构构件及连接。由于按概率极限状态法计算疲劳强度尚不成熟,因此,疲劳强度计算目前仍沿用容许应力幅法,计算时荷载应采用标准值,不考虑荷载分项系数和动力系数,而且应力按弹性状态计算。由于疲劳破坏源于裂纹的生成和扩展,在完全压应力循环作用下,裂纹不会继续发展,故标准规定,在应力循环中不出现拉应力的部位可不进行疲劳计算。计算时区分正应力幅和剪应力幅。

（1）常幅疲劳计算

在结构使用寿命期间,当常幅疲劳的应力幅符合下列公式时,则疲劳强度满足要求。

①正应力幅的疲劳计算

$$\Delta\sigma \leqslant \gamma_t[\Delta\sigma] \tag{9.8}$$

对焊接部位
$$\Delta\sigma = \sigma_{\max} - \sigma_{\min} \tag{9.9}$$

对非焊接部位
$$\Delta\sigma = \sigma_{\max} - 0.7\sigma_{\min} \tag{9.10}$$

当 $N < 5 \times 10^6$ 时
$$[\Delta\sigma] = \left(\frac{C_Z}{N}\right)^{\frac{1}{\beta_Z}} \tag{9.11}$$

当 $N \geqslant 5 \times 10^6$ 时
$$[\Delta\sigma] = [\Delta\sigma_c]_{5\times10^6} \tag{9.12}$$

对常幅疲劳,$N \geqslant 5\times10^6$ 后正应力疲劳强度等于正应力幅的常幅疲劳极限。

②剪应力幅的疲劳计算

$$\Delta\tau \leqslant [\Delta\tau] \tag{9.13}$$

对焊接部位
$$\Delta\tau = \tau_{\max} - \tau_{\min} \tag{9.14}$$

对非焊接部位
$$\Delta\tau = \tau_{\max} - 0.7\tau_{\min} \tag{9.15}$$

当 $N < 1 \times 10^8$ 时
$$[\Delta\tau] = \left(\frac{C_J}{N}\right)^{\frac{1}{\beta_J}} \tag{9.16}$$

当 $N \geqslant 1 \times 10^8$ 时
$$[\Delta\tau] = [\Delta\tau_L]_{1\times10^8} \tag{9.17}$$

对常幅疲劳,$N \geqslant 1\times10^8$ 后剪应力疲劳强度等于剪应力幅的疲劳截止限。

③板厚或直径修正系数 γ_t 按下列公式计算

a.对于横向角焊缝连接和对接焊缝连接,当连接板厚 t 超过 25 mm 时:

$$\gamma_t = \left(\frac{25}{t}\right)^{0.25} \tag{9.18}$$

b.对于螺栓轴向受拉连接,当螺栓的公称直径 d 超过 30 mm 时:

$$\gamma_t = \left(\frac{30}{d}\right)^{0.25} \tag{9.19}$$

c.其余情况 $\gamma_t = 1.0$。

式中　$\Delta\sigma$——构件与连接计算部位的正应力幅,N/mm^2;

　　　$\sigma_{\max}$——计算部位应力循环中的最大拉应力,N/mm^2;

　　　$\sigma_{\min}$——计算部位应力循环中的最小应力,N/mm^2,拉应力取正,压应力取负;

　　　$\Delta\tau$——构件与连接计算部位的剪应力幅,N/mm^2;

　　　$\tau_{\max}$——计算部位应力循环中的最大剪应力,N/mm^2;

　　　$\tau_{\min}$——计算部位应力循环中的最小剪应力,N/mm^2;

　　　$[\Delta\sigma_c]_{5\times10^6}$——以疲劳寿命达到 5×10^6 为基准的正应力幅的常幅疲劳极限,按照附表 11 规定的构件和连接类别,按照表 9.1 采用,N/mm^2;

　　　$[\Delta\tau_L]_{1\times10^8}$——以疲劳寿命达到 1×10^8 为基准的剪应力幅的疲劳截止限,按照附表 11 规定的构件和连接类别,按照表 9.2 采用,N/mm^2。

（2）变幅疲劳计算

不少结构承受的荷载为随机荷载。用荷载谱中最大的应力幅 $\Delta\sigma_{max}$ 作为式（9.8）的 $\Delta\sigma$ 进行计算，必然偏于保守。实用的方法是从构件随机应力谱中按照雨流法或泄水法等计数方法进行应力幅的频次统计，得到各个应力幅 $\Delta\sigma_i$（或 $\Delta\tau_i$）和对应的荷载循环频次 n_i，然后按照 Miner 线性累计损伤定律，求出等效应力幅 $\Delta\sigma_e$（或 $\Delta\tau_e$），然后判断是否满足要求。具体确定累计损伤时，采用最简单的损伤处理方式，即保持 S-N 曲线的斜率不变，认为高应力幅与低应力幅具有相同的损伤效应，且无论多么小的应力幅始终存在损伤作用，是过于保守的做法，并不切合实际。为此，采用国际上认可的欧洲钢结构设计规范 EC3 做法，即在计算等效应力幅时，对正应力幅疲劳强度的 S-N 曲线，在 $N=5\times10^6$ 次之前的斜率为 β_Z，在 $N=5\times10^6\sim1\times10^8$ 次之间的斜率为 β_Z+2；但是，对剪应力幅疲劳强度的 S-N 曲线，斜率保持不变，为 β_Z。

①按最大应力幅计算

在结构使用寿命期间，当变幅疲劳的应力幅谱中最大应力幅符合下列公式时，则疲劳强度满足要求。

a.正应力幅的疲劳计算

$$\Delta\sigma \leqslant \gamma_t [\Delta\sigma_L]_{1\times10^8} \tag{9.20}$$

b.剪应力幅的疲劳计算

$$\Delta\tau \leqslant [\Delta\tau_L]_{1\times10^8} \tag{9.21}$$

式中　$[\Delta\sigma_L]_{1\times10^8}$——以疲劳寿命达到 $N=1\times10^8$ 次为基准的正应力幅的疲劳截止限，N/mm^2，应根据附表 11 规定的构件和连接类别，按表 9.1 采用。

②按等效应力幅计算

当变幅疲劳的计算不能满足式（9.20）、式（9.21）要求时，可按下列公式计算：

a.正应力幅的疲劳计算

$$\Delta\sigma_e \leqslant \gamma_t [\Delta\sigma]_{2\times10^6} \tag{9.22}$$

$$\Delta\sigma_e = \left(\frac{\sum n_i(\Delta\sigma_i)^{\beta_Z} + ([\Delta\sigma_c]_{5\times10^6})^{-2} \sum n_j(\Delta\sigma_j)^{\beta_Z+2}}{2\times10^6} \right)^{\frac{1}{\beta_Z}} \tag{9.23}$$

b.剪应力幅的疲劳计算

$$\Delta\tau_e \leqslant [\Delta\tau]_{2\times10^6} \tag{9.24}$$

$$\Delta\tau_e = \left(\frac{\sum n_i(\Delta\tau_i)^{\beta_J}}{2\times10^6} \right)^{\frac{1}{\beta_J}} \tag{9.25}$$

式中　$\Delta\sigma_e$——由预期使用期内应力循环总次数（$=\sum n_i + \sum n_j$）的变幅疲劳损伤与应力循环 2×10^6 次常幅疲劳损伤相等而换算得到的等效正应力幅，N/mm^2；

$\Delta\sigma_i, n_i$——正应力幅谱中在 $\Delta\sigma_i \geqslant [\Delta\sigma_c]_{5\times10^6}$ 范围内的各个正应力幅（N/mm^2）及其频次；

$\Delta\sigma_j, n_j$——正应力幅谱中在 $[\Delta\sigma_L]_{1\times10^8} \leqslant \Delta\sigma_j < [\Delta\sigma_c]_{5\times10^6}$ 范围内的各个正应力幅（N/mm^2）及其频次；

$\Delta\tau_e$——由预期使用期内应力循环总次数（$=\sum n_i$）的变幅疲劳损伤与应力循环 2×10^6 次常幅疲劳损伤相等而换算得到的等效剪应力幅，N/mm^2；

$\Delta\tau_i, n_i$——剪应力幅谱中在 $\Delta\tau_i \geqslant [\Delta\tau_L]_{1\times10^8}$ 范围内的各个剪应力幅（N/mm^2）及其频次。

③吊车梁及吊车桁架计算

重级工作制吊车梁和重级、中级工作制吊车桁架的变幅疲劳可取应力幅谱中最大的应力幅按下列公式计算：

a.正应力幅的疲劳计算

$$\alpha_f\Delta\sigma \leqslant \gamma_t [\Delta\sigma]_{2\times10^6} \tag{9.26}$$

b.剪应力幅的疲劳计算

$$\alpha_f\Delta\tau \leqslant [\Delta\tau]_{2\times10^6} \tag{9.27}$$

式中　α_f——欠载效应的等效系数，按表 9.3 采用。

表 9.3　吊车梁和吊车桁架欠载效应的等效系数 α_f

吊车类别	α_f
A6、A7 工作级别(重级)的硬钩吊车(如均热炉车间夹钳吊车)	1.0
A6、A7 工作级别(重级)的软钩吊车	0.8
A4、A5 工作级别(中级)的吊车	0.5

【例题 9.1】　图 9.12 所示为双角钢与钢板的连接节点,钢材为 Q235,预期寿命为 $n = 2 \times 10^6$ 次,轴心受拉构件的最大拉力和最小拉力的标准值为 $F_{max} = 500$ kN 和 $F_{min} = 350$ kN,试对该节点进行疲劳校核。

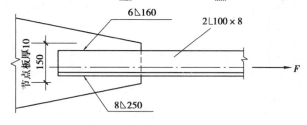

图 9.12　承受疲劳荷载的节点

【解】　疲劳校核包括主体金属和焊缝两部分。

(1)主体金属的疲劳校核

①节点板疲劳校核。由附表 11,类别为 Z8;查表 9.1,得 $[\Delta\sigma]_{2\times10^6} = 71$ N/mm²。

疲劳校核截面位于距节点板边缘 160 mm 处(偏于安全地假定角钢中的拉力在该处已完全传到节点板上),计及应力在节点板内的扩散(扩散角 30°),则:

$$\Delta\sigma = \frac{(500 - 350) \times 10^3}{(150 + 2 \times 160 \tan 30°) \times 10} \text{ N/mm}^2 = 44.81 \text{ N/mm}^2 < [\Delta\sigma]_{2\times10^6}$$

满足要求。

②构件疲劳校核。由附表 11,类别为 Z10;查表 9.1,得 $[\Delta\sigma]_{2\times10^6} = 56$ N/mm²。

两角钢的截面积为 2×1 564 mm²,故:

$$\Delta\sigma = \frac{(500 - 350) \times 10^3}{2 \times 1\ 564} \text{ N/mm}^2 = 47.96 \text{ N/mm}^2 < [\Delta\sigma]_{2\times10^6}$$

满足要求。

(2)焊缝的疲劳破坏

由附表 11,焊缝的疲劳校核类别为 J1,查表 9.2,得 $[\Delta\tau]_{2\times10^6} = 59$ N/mm²,要针对角钢的肢尖焊缝和肢背焊缝分别进行:

①肢背焊缝疲劳校核:

$$\Delta\tau = \frac{0.7 \times (500 - 350) \times 10^3}{2 \times 0.7 \times 8 \times (250 - 16)} \text{ N/mm}^2 = 40.06 \text{ N/mm}^2 < [\Delta\tau]_{2\times10^6}$$

满足要求。

②肢尖焊缝疲劳校核:

$$\Delta\tau = \frac{0.3 \times (500 - 350) \times 10^3}{2 \times 0.7 \times 6 \times (160 - 12)} \text{ N/mm}^2 = 36.20 \text{ N/mm}^2 < [\Delta\tau]_{2\times10^6}$$

满足要求。

9.2.4　改善结构疲劳性能的措施

改善结构疲劳性能应当从影响疲劳寿命的主要因素入手,除了正确选用钢材外,最重要的是在设计中采用合理的构造细节,减小应力集中程度,从而使结构的尺寸由静力(强度、稳定)计算而不是由疲劳计算来控制。除此之外,在施工过程中,要严格控制质量,并采用一些有效的工艺措施,减少初始裂纹的数量和尺寸。当然,无论是为降低应力幅而增大截面尺寸,还是采用高韧性材料或加强施工质量控制,都会提高造价,应综合考虑,采用最佳方案。

1)抗疲劳的构造设计

①无论是从抗脆断或抗疲劳的角度出发,都要求设计者选择应力集中程度低的构造方案。应力集中通常出现于结构表面的凹凸处或截面的突变处。因此在板的拼接中,能采用对接焊缝时就应避免采用拼接板加角焊缝的方式。焊于构件的节点板宜有连续光滑的圆弧过渡段。

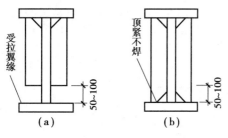

图 9.13　横向加劲肋端部处理

②要尽量避免多条焊缝相互交汇而导致过高残余拉应力的出现。尤其是三条在空间相互垂直的焊缝交于一点时,将造成三轴拉应力的不利状况。为此,如图 9.13(a)所示,在设计承受疲劳荷载的受弯构件时,常不将横向加劲肋与构件的受拉翼缘连接而是保持一段距离,一般取 50～100 mm。如果是重级工作制吊车梁,则要求通过对加劲肋端部进行疲劳校核来确定这段距离。对于连接横向支撑处的横向加劲肋,可以把横向加劲肋和受拉翼缘顶紧不焊,且将加劲肋切角,保持腹板与加劲肋 50～100 mm 不焊,如图 9.13(b)所示。

③当应力集中不可避免时,应尽可能将其设置在低应力区。如设计多层翼缘的变截面焊接吊车梁时,外层翼缘切断处的应力集中必然存在,切断点的位置应选在应力幅满足疲劳的校核条件处,翼缘长度虽比理论切断时长,但比增大翼缘截面积经济。设计多层翼缘的变截面吊车梁时,翼缘的连接也可采用应力集中较小的高强度螺栓加侧面角焊缝。

2)改善结构疲劳性能的工艺措施

①除了冷热加工环节外,承受疲劳荷载的构件在运输、安装甚至于临时堆放的每一个施工环节,都可能由于操作不当而造成构件疲劳性能的损伤。例如,构件在长途运输中如果没有正确的支垫和固定,则由于振动可以诱发裂纹;安装现场,在构件的受拉区临时焊接小零件,也会增加构件的裂纹萌发源等。因此,在整个施工过程中,对承受疲劳荷载的构件做好严格的质量管理是很有意义的。另外,在承受疲劳荷载的构件加工完毕后,可以采取一些工艺措施来改善疲劳性能。这些措施包括缓和应力集中程度、消除切口以及在表层形成压缩残余应力。

②焊缝表面的光滑处理经常能有效地缓和应力集中,表面光滑处理最普通的方法是打磨。打磨掉对接焊缝的余高,在焊缝内部没有显著缺陷时,可将疲劳强度由表 9.1 的 3 级提高到 2 级。打磨角焊缝焊趾,可以改善它的疲劳性能。要得到较好的效果,必须如图 9.14 所示 B 缝那样把板磨去一层,不仅磨去切口,还要磨去 0.5 mm 以除去侵入的焊渣。这样做虽然使钢板截面稍有削弱,但影响并不大。如果只是像图中 A 缝那样磨去部分焊缝,就得不到改善效果。图 9.14 所示是

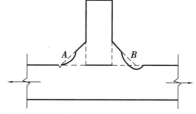

图 9.14　角焊缝打磨

横向角焊缝,对于纵向受力角焊缝,则可打磨它的端部,使截面变化比较缓和。打磨后的表面不应存在明显的刻痕。消除切口、焊渣等焊接缺陷,还可运用气体保护钨弧使角焊缝趾部重新熔化的方法。由于钨极弧焊不会在趾部产生焊渣侵入,只要使重新熔化的深度足够,原有切口、裂缝以及侵入的焊渣都可以消除,从而使疲劳性能得到改善。这种方法在不同应力幅情况下疲劳寿命都能同样提高。

③残余压应力是抑止减缓裂纹扩展的有利因素。通过工艺措施,有意识地在焊缝和近旁金属的表层形成压缩残余应力,是改善疲劳性能的一个有效手段。常用方法是锤击敲打和喷射金属丸粒。其机理是:被处理的金属表层在冲击性的敲打作用下趋于侧向扩张,但被周围的材料所约束,从而产生残余压应力。同时,敲击造成的冷作硬化也使疲劳强度提高,冲击性的敲打还使尖锐的切口得到缓减。梁的疲劳试验已经表明,这种工艺措施宜在构件安装就位后承受恒载工况下进行。否则,恒载产生的拉应力会抵消残余压应力,削弱敲打效果。

本章总结框图

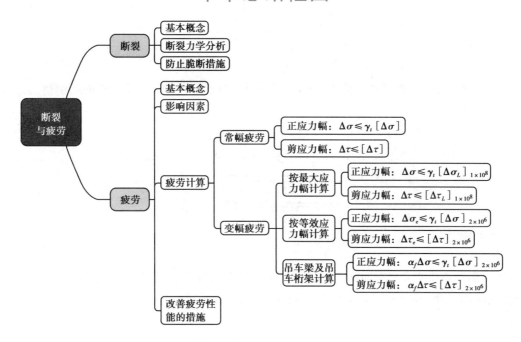

思考题

9.1 什么是脆性断裂?

9.2 导致结构脆性破坏的主要因素有哪些?

9.3 塑性材料组成的结构或构件是否会发生脆性破坏? 为什么?

9.4 减轻脆断风险的措施有哪些?

9.5 疲劳断裂和脆性断裂有何异同?

9.6 影响疲劳强度的主要因素有哪些?

9.7 常幅疲劳和变幅疲劳有何异同? 计算有何差别?

9.8 提高疲劳强度的措施有哪些?

问题导向讨论题

问题 1:脆性断裂和疲劳破坏是突然破坏,危险性大。钢结构中还有哪些形式的破坏具有同样的基本特证?

问题 2:断裂疲劳破坏是突然破坏,是危害较大的事故类型。避免出现工程事故是土木工程师的重要职责,你认为应着力培养哪些职业素质,有利于避免断裂疲劳事故发生?

分组讨论要求:每组 6~8 人,设组长 1 名,负责明确分工和协作要求,并指定人员代表小组发言交流。

习 题

9.1 指出图 9.15 角形连接构造中哪种情况有利于避免脆性断裂破坏?

9.2 如图 9.16 所示焊接连接承受静力荷载标准值 $N = 500$ kN(拉力),动力荷载标准值 $P_1 = 40$ kN

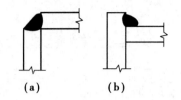

(a)　　　　　　(b)

图 9.15　习题 9.1 图

（拉力），$P_2 = 30$ kN（压力），设循环次数为 $n = 4 \times 10^5$，采用三面围焊，焊脚尺寸为6 mm，钢材为 Q235 钢，试验算此连接是否安全。

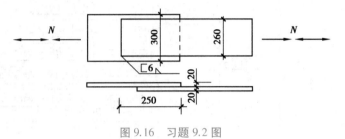

图 9.16　习题 9.2 图

9.3　某吊车梁在预期寿命期间活荷载达到其标准值时的频率是30%，达到标准值的3/4,1/2 和 1/4 的频率分别为 45%,20%和 5%，试计算此梁等效应力幅和欠载系数。

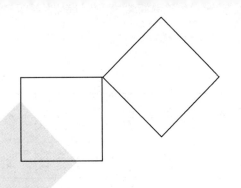

附　表

附表 1　常用结构钢材的强度设计值

钢材牌号		钢材厚度或直径 /mm	强度设计值			屈服强度 /f_y	抗拉强度 /f_u
			抗拉、抗压和抗弯 f	抗剪 f_v	端面承压（刨平顶紧）f_{ce}		
碳素结构钢	Q235	≤16	215	125	320	235	370
		>16, ≤40	205	120		225	
		>40, ≤100	200	115		215	
低合金高强度结构钢	Q355	≤16	305	175	400	355	470
		>16, ≤40	295	170		345	
		>40, ≤63	290	165		335	
		>63, ≤80	280	160		325	
		>80, ≤100	270	155		315	
	Q390	≤16	345	200	415	390	490
		>16, ≤40	330	190		370	
		>40, ≤63	310	180		350	
		>63, ≤100	295	170		330	
	Q420	≤16	375	215	440	420	520
		>16, ≤40	355	205		400	
		>40, ≤63	320	185		380	
		>63, ≤100	305	175		360	
	Q460	≤16	410	235	470	460	550
		>16, ≤40	390	225		440	
		>40, ≤63	355	205		420	
		>63, ≤100	340	195		400	

注：①表中直径指实芯棒材直径，厚度系指计算点的钢材或钢管壁厚度，对轴心受拉和轴心受压构件系指截面中较厚板件的厚度。
　　②冷弯型材和冷弯钢管，其强度设计值应按国家现行有关标准的规定采用。

附表 2　钢材的物理性能指标

弹性模量 E /(N·mm^{-2})	剪变模量 G /(N·mm^{-2})	线膨胀系数 α （以每℃计）	质量密度 ρ /(kg·m^{-3})
206×10^3	79×10^3	12×10^3	7 850

附表 3　常用型钢规格和截面特性

附表 3.1　热轧等边角钢的规格及截面特性

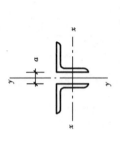

1. 表中双线的左侧为一个角钢的截面特性；
2. 趾尖圆弧半径 $r_1 \approx t/3$；
3. $I_u = Ai_u^2,\ I_v = Ai_v^2$。

规格	尺寸/mm			截面积 A/cm²	质量 /(kg·m⁻¹)	重心距 y_0/cm	惯性矩 I_x/cm⁴	截面模量/cm³			回转半径/cm			双角钢回转半径 i_y/cm 间距 a/mm					
	b	t	r					W_{xmax}	W_{xmin}	W_u	i_x	i_u	i_v	6	8	10	12	14	16
L45×	45	3	5	2.659	2.088	1.22	5.17	4.23	1.58	2.58	1.40	1.76	0.89	2.07	2.14	2.22	2.30	2.38	2.46
		4		3.486	2.736	1.26	6.65	5.28	2.05	3.32	1.38	1.74	0.89	2.08	2.16	2.24	2.32	2.40	2.48
		5		4.292	3.369	1.30	8.04	6.18	2.51	4.00	1.37	1.72	0.88	2.11	2.18	2.26	2.34	2.42	2.51
		6		5.076	3.985	1.33	9.33	7.02	2.95	4.64	1.36	1.70	0.88	2.12	2.20	2.28	2.36	2.44	2.53
L50×	50	3	5.5	2.971	2.332	1.34	7.18	5.36	1.96	3.22	1.55	1.96	1.00	2.26	2.33	2.41	2.48	2.56	2.64
		4		3.897	3.059	1.38	9.26	6.71	2.56	4.16	1.54	1.94	0.99	2.28	2.35	2.43	2.51	2.59	2.67
		5		4.803	3.770	1.42	11.21	7.89	3.13	5.03	1.53	1.92	0.98	2.30	2.38	2.46	2.53	2.61	2.70
		6		5.688	4.465	1.46	13.05	8.94	3.68	5.85	1.52	1.91	0.98	2.33	2.40	2.48	2.56	2.64	2.72
L56×	56	4	6	3.343	2.624	1.48	10.19	6.89	2.48	4.08	1.75	2.20	1.13	2.50	2.57	2.64	2.72	2.80	2.87
		5		4.390	3.446	1.53	13.18	8.61	3.24	5.28	1.73	2.18	1.11	2.52	2.59	2.67	2.74	2.82	2.90
		6		5.415	4.251	1.57	16.02	10.20	3.97	6.42	1.72	2.17	1.10	2.54	2.62	2.69	2.77	2.85	2.93
		8		8.367	6.568	1.68	23.63	14.07	6.03	9.44	1.68	2.11	1.09	2.60	2.67	2.75	2.83	2.91	3.00
L63×	63	4	7	4.978	3.907	1.70	19.03	11.19	4.13	6.78	1.96	2.46	1.26	2.80	2.87	2.95	3.02	3.10	3.18
		5		6.143	4.822	1.74	23.17	13.32	5.08	8.25	1.94	2.45	1.25	2.82	2.89	2.96	3.04	3.12	3.20
		6		7.288	5.721	1.78	27.12	15.24	6.00	9.66	1.93	2.43	1.24	2.84	2.91	2.99	3.06	3.14	3.22
		8		9.515	7.469	1.85	34.46	18.63	7.75	12.25	1.90	2.40	1.23	2.87	2.94	3.02	3.10	3.18	3.26
		10		11.657	9.151	1.93	41.09	21.29	9.39	14.56	1.88	2.36	1.22	2.92	2.99	3.07	3.15	3.23	3.31
L70×	70	4	8	5.570	4.372	1.86	26.39	14.19	5.14	8.44	2.18	2.74	1.40	3.07	3.14	3.21	3.29	3.36	3.44
		5		6.875	5.397	1.91	32.21	16.88	6.32	10.32	2.16	2.73	1.39	3.09	3.16	3.24	3.31	3.39	3.47
		6		8.160	6.406	1.95	37.77	19.37	7.48	12.11	2.15	2.71	1.38	3.11	3.19	3.26	3.34	3.41	3.49
		7		9.424	7.398	1.99	43.09	21.65	8.59	13.81	2.14	2.69	1.38	3.13	3.21	3.28	3.36	3.44	3.52
		8		10.667	8.373	2.03	48.17	23.73	9.68	15.43	2.12	2.68	1.37	3.15	3.22	3.30	3.38	3.46	3.54

型号	d	r	A	理论重量	(1)	(2)	(3)	(4)	(5)	(6)	(7)	(8)	(9)	(10)	(11)	(12)	(13)
L75×	5	9	7.412	5.818	2.04	39.97	19.59	7.32	11.94	2.92	2.33	1.50	3.30	3.37	3.45	3.52	3.60	3.67
	6		8.797	6.905	2.07	46.95	22.68	8.64	14.02	2.90	2.31	1.49	3.31	3.38	3.46	3.53	3.61	3.68
	7		10.160	7.976	2.11	53.57	25.39	9.93	16.02	2.89	2.30	1.48	3.33	3.40	3.48	3.55	3.63	3.71
	8		11.503	9.030	2.15	59.96	27.89	11.20	17.93	2.88	2.28	1.47	3.35	3.42	3.50	3.57	3.65	3.73
	10		14.126	11.089	2.22	71.98	32.42	13.64	21.48	2.84	2.26	1.46	3.38	3.46	3.54	3.61	3.69	3.77
L80×	5	9	7.912	6.211	2.15	48.79	22.69	8.34	13.67	3.13	2.48	1.60	3.49	3.56	3.63	3.70	3.78	3.85
	6		9.397	7.376	2.19	57.35	26.19	9.87	16.08	3.11	2.47	1.59	3.51	3.58	3.65	3.73	3.80	3.88
	7		10.860	8.525	2.23	65.58	29.41	11.37	18.40	3.10	2.46	1.58	3.53	3.60	3.67	3.75	3.83	3.90
	8		12.303	9.658	2.27	73.49	32.37	12.83	20.61	3.08	2.44	1.57	3.54	3.62	3.69	3.77	3.84	3.92
	10		15.126	11.874	2.35	88.43	37.63	15.64	24.76	3.04	2.42	1.56	3.59	3.66	3.74	3.82	3.89	3.97
L90×	6	10	10.637	8.350	2.44	82.77	33.92	12.61	20.63	3.51	2.79	1.80	3.91	3.98	4.05	4.13	4.20	4.28
	7		12.301	9.656	2.48	94.83	38.24	14.54	23.64	3.50	2.78	1.78	3.93	4.00	4.08	4.15	4.22	4.30
	8		13.944	10.946	2.52	106.47	42.25	16.42	26.55	3.48	2.76	1.78	3.95	4.02	4.09	4.17	4.24	4.32
	10		17.167	13.476	2.59	128.58	49.64	20.07	32.04	3.45	2.74	1.76	3.98	4.06	4.13	4.21	4.28	4.36
	12		20.306	15.940	2.67	149.22	55.89	23.57	37.12	3.41	2.71	1.75	4.02	4.09	4.17	4.25	4.32	4.40
L100×	6	12	11.932	9.366	2.67	114.95	43.05	15.68	25.74	3.90	3.10	2.00	4.29	4.36	4.43	4.51	4.58	4.65
	7		13.796	10.830	2.71	131.86	48.66	18.10	29.55	3.89	3.09	1.99	4.31	4.38	4.46	4.53	4.60	4.68
	8		15.638	12.276	2.76	148.24	53.71	20.47	33.24	3.88	3.08	1.98	4.34	4.41	4.48	4.56	4.63	4.71
	10		19.261	15.120	2.84	179.51	63.21	25.06	40.26	3.84	3.05	1.96	4.38	4.45	4.52	4.60	4.67	4.75
	12		22.800	17.898	2.91	208.90	71.79	29.48	46.80	3.81	3.03	1.95	4.41	4.49	4.56	4.64	4.71	4.79
	14		26.256	20.611	2.99	236.53	79.11	33.73	52.90	3.77	3.00	1.94	4.45	4.53	4.60	4.68	4.76	4.83
	16		29.627	23.257	3.06	262.53	85.79	37.82	58.57	3.74	2.98	1.94	4.49	4.57	4.64	4.72	4.80	4.88
L110×	7	12	15.196	11.928	2.96	177.16	59.85	22.05	36.12	4.30	3.41	2.20	4.72	4.79	4.86	4.93	5.00	5.08
	8		17.238	13.532	3.01	199.46	66.27	24.95	40.69	4.28	3.40	2.19	4.75	4.82	4.89	4.96	5.03	5.11
	10		21.261	16.690	3.09	242.19	78.38	30.60	49.42	4.25	3.38	2.17	4.79	4.86	4.93	5.00	5.08	5.15
	12		25.200	19.782	3.16	282.55	89.41	36.05	57.62	4.22	3.35	2.15	4.82	4.89	4.96	5.04	5.11	5.19
	14		29.056	22.809	3.24	320.71	98.98	41.31	65.31	4.18	3.32	2.14	4.85	4.93	5.00	5.08	5.15	5.23
L125×	8	14	19.750	15.504	3.37	297.03	88.14	32.52	53.28	4.88	3.88	2.50	5.34	5.41	5.48	5.55	5.62	5.70
	10		24.373	19.133	3.45	361.67	104.83	39.97	64.93	4.85	3.85	2.48	5.37	5.44	5.52	5.59	5.66	5.73
	12		28.912	22.696	3.53	423.16	119.88	47.10	75.96	4.82	3.83	2.46	5.42	5.49	5.56	5.63	5.71	5.78
	14		33.367	26.193	3.61	481.65	133.42	54.16	86.41	4.78	3.80	2.45	5.45	5.52	5.60	5.67	5.75	5.82

续表

规格	b	t	r	截面积 A/cm²	质量 /(kg·m⁻¹)	重心矩 /cm y_0	惯性矩 /cm⁴ I_x	W_{xmax}	W_{xmin}	W_u	i_x	i_u	i_v	6	8	10	12	14	16
								截面模量/cm³			回转半径/cm			双角钢回转半径 i_y/cm 间距 a/mm					
L140×	140	10	14	27.373	21.488	3.82	514.65	134.73	50.58	82.56	4.34	5.46	2.78	5.98	6.05	6.12	6.19	6.27	6.34
		12		32.512	25.522	3.90	603.68	154.79	59.80	96.85	4.31	5.43	2.77	6.02	6.09	6.16	6.23	6.30	6.38
		14		37.567	29.490	3.98	688.81	173.07	68.75	110.47	4.28	5.40	2.75	6.05	6.12	6.20	6.27	6.34	6.42
		16		42.539	33.393	4.06	770.24	189.71	77.46	123.42	4.26	5.36	2.74	6.10	6.17	6.24	6.31	6.39	6.46
L160×	160	10	16	31.502	24.729	4.31	779.53	180.87	66.70	109.36	4.98	6.27	3.20	6.79	6.85	6.92	6.99	7.06	7.14
		12		37.441	29.391	4.39	916.58	208.79	78.98	128.67	4.95	6.24	3.18	6.82	6.89	6.96	7.03	7.10	7.17
		14		43.296	33.987	4.47	1 048.36	234.53	90.95	147.17	4.92	6.20	3.16	6.85	6.92	6.99	7.06	7.14	7.21
		16		49.067	38.518	4.55	1 175.08	258.26	102.63	164.89	4.89	6.17	3.14	6.89	6.96	7.03	7.10	7.17	7.25
L180×	180	12	16	42.241	33.159	4.89	1 321.35	270.21	100.82	165.00	5.59	7.05	3.58	7.63	7.70	7.77	7.84	7.91	7.98
		14		48.895	38.383	4.97	1 514.48	304.72	116.25	189.14	5.56	7.02	3.56	7.66	7.73	7.80	7.87	7.94	8.01
		16		55.467	43.542	5.05	1 700.99	336.83	131.35	212.40	5.54	6.98	3.55	7.70	7.77	7.84	7.91	7.98	8.06
		18		61.955	48.635	5.13	1 875.12	365.52	145.64	234.78	5.50	6.94	3.51	7.73	7.80	7.87	7.94	8.01	8.09
L200×	200	14	18	54.642	42.894	5.46	2 103.55	385.27	144.70	236.40	6.20	7.82	3.98	8.46	8.53	8.60	8.67	8.74	8.81
		16		62.013	48.680	5.54	2 366.15	427.10	163.65	265.93	6.18	7.79	3.96	8.50	8.57	8.64	8.71	8.78	8.85
		18		69.301	54.401	5.62	2 620.64	466.31	182.22	294.48	6.15	7.75	3.94	8.54	8.61	8.68	8.75	8.82	8.89
		20		76.505	60.056	5.69	2 867.30	503.92	200.42	322.06	6.12	7.72	3.93	8.56	8.63	8.70	8.78	8.85	8.92
		24		90.661	71.168	5.87	3 338.25	568.70	236.17	374.41	6.07	7.64	3.90	8.66	8.73	8.80	8.87	8.94	9.02

附表 3.2　热轧不等边角钢的规格及截面特性

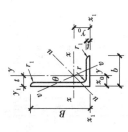

1.趾尖圆弧半径 $r_1 \approx t/3$;

2.$I_u = I_x + I_y - I_v$。

规格	尺寸/mm B	b	t	r	截面积 A/cm²	质量 /(kg·m⁻¹)	重心矩/cm x_0	y_0	惯性矩/cm⁴ I_x	I_y	I_v	截面模量/cm³ $W_{x\max}$	$W_{x\min}$	$W_{y\max}$	$W_{y\min}$	回转半径/cm i_x	i_y	i_v	$\tan\theta$ (θ为y轴与v轴的夹角)
∟56×36×4 3	56	36	3	6	2.743	2.153	0.80	1.78	8.88	2.92	1.73	4.99	2.32	3.65	1.05	1.80	1.03	0.79	0.408
4			4		3.590	2.818	0.85	1.82	11.45	3.76	2.23	6.29	3.03	4.42	1.37	1.79	1.02	0.79	0.408
5			5		4.415	3.466	0.88	1.87	13.86	4.49	3.67	7.41	3.71	5.10	1.65	1.77	1.01	0.78	0.404
∟63×40×5 4	63	40	4	7	4.058	3.185	0.92	2.04	16.49	5.23	3.12	8.08	3.87	5.68	1.70	2.02	1.14	0.88	0.398
5			5		4.993	3.920	0.95	2.08	20.02	6.31	3.76	9.62	4.74	6.64	2.07	2.00	1.12	0.87	0.396
6			6		5.908	4.638	0.99	2.12	23.36	7.29	4.34	11.02	5.59	7.36	2.43	1.99	1.11	0.86	0.393
7			7		6.802	5.339	1.03	2.15	26.53	8.24	4.97	12.34	6.40	8.00	2.78	1.98	1.10	0.86	0.389
∟70×45×5 4	70	45	4	7.5	4.547	3.570	1.02	2.24	23.17	7.55	4.40	10.34	4.86	7.40	2.17	2.26	1.29	0.98	0.410
5			5		5.609	4.403	1.06	2.28	27.95	9.13	5.40	12.26	5.92	8.61	2.65	2.23	1.28	0.98	0.407
6			6		6.647	5.218	1.09	2.32	32.54	10.62	6.35	14.03	6.95	9.74	3.12	2.21	1.26	0.98	0.404
7			7		7.657	6.011	1.13	2.36	37.22	12.01	7.16	15.77	8.03	10.63	3.57	2.20	1.25	0.97	0.402
∟75×50×6 5	75	50	5	8	6.125	4.808	1.17	2.40	34.86	12.61	7.41	14.53	6.83	10.78	3.30	2.39	1.44	1.10	0.435
6			6		7.260	5.699	1.21	2.44	41.12	14.70	8.54	16.85	8.12	12.15	3.88	2.38	1.42	1.08	0.435
7			7		9.467	7.431	1.29	2.52	52.39	18.53	10.87	20.79	10.52	14.36	4.99	2.35	1.40	1.07	0.429
8			8		11.590	9.098	1.36	2.60	62.71	21.96	13.10	24.12	12.79	16.15	6.04	2.33	1.38	1.06	0.423

续表

规格	B	b	t	r	A/cm²	质量/(kg·m⁻¹)	x_0	y_0	I_x	I_y	I_v	W_{xmax}	W_{xmin}	W_{ymax}	W_{ymin}	i_x	i_y	i_v	$\tan\theta$
					截面积		重心距/cm		惯性矩/cm⁴			截面模量/cm³				回转半径/cm			(θ为y轴与v轴的夹角)
L 80×50×5	80	50	5	8	6.375	5.005	1.14	2.60	41.96	12.82	7.66	16.14	7.78	11.25	3.32	2.56	1.42	1.10	0.388
6			6		7.560	5.935	1.18	2.65	49.49	14.95	8.85	18.68	9.25	12.67	3.91	2.56	1.41	1.08	0.387
7			7		8.724	6.848	1.21	2.69	56.16	16.96	10.18	20.88	10.58	14.02	4.48	2.54	1.39	1.08	0.384
8			8		9.867	7.745	1.25	2.73	62.83	18.85	11.38	23.01	11.92	15.08	5.03	2.52	1.38	1.07	0.381
L 90×56×5	90	56	5	9	7.212	5.661	1.25	2.91	60.45	18.33	10.98	20.77	9.92	14.66	4.21	2.90	1.59	1.23	0.385
6			6		8.557	6.717	1.29	2.95	71.03	21.42	12.90	24.08	11.74	16.60	4.96	2.88	1.58	1.23	0.384
7			7		9.880	7.756	1.33	3.00	81.01	24.36	14.67	27.00	13.49	18.32	5.70	2.86	1.57	1.22	0.382
8			8		11.183	8.779	1.36	3.04	91.03	27.15	16.34	29.94	15.27	19.96	6.41	2.85	1.56	1.21	0.380
L 100×63×6	100	63	6	10	9.617	7.550	1.43	3.24	99.06	30.94	18.42	30.57	14.64	21.64	6.35	3.21	1.79	1.38	0.394
7			7		11.111	8.722	1.47	3.28	113.45	35.26	21.00	34.59	16.88	23.99	7.29	3.20	1.78	1.38	0.394
8			8		12.584	9.878	1.50	3.32	127.37	39.39	23.50	38.36	19.08	26.26	8.21	3.18	1.77	1.37	0.391
10			10		15.467	12.142	1.58	3.40	153.81	47.12	28.33	45.24	23.32	29.82	9.98	3.15	1.74	1.35	0.387
L 100×80×6	100	80	6	10	10.637	8.350	1.97	2.95	107.04	61.24	31.65	36.28	15.19	31.09	10.16	3.17	2.40	1.72	0.627
7			7		12.301	9.656	2.01	3.00	122.73	70.08	36.17	40.91	17.52	34.87	11.71	3.16	2.39	1.72	0.626
8			8		13.944	10.946	2.05	3.04	137.92	78.58	40.58	45.37	19.81	38.33	13.21	3.14	2.37	1.71	0.625
10			10		17.167	13.476	2.13	3.12	166.87	94.65	49.10	53.48	24.24	44.44	16.12	3.12	2.35	1.69	0.622
L 110×70×6	110	70	6	10	10.637	8.350	1.57	3.53	133.37	42.92	25.36	37.78	17.85	27.34	7.90	3.54	2.01	1.54	0.403
7			7		12.301	9.656	1.61	3.57	153.00	49.01	28.95	42.86	20.60	30.44	9.09	3.53	2.00	1.53	0.402
8			8		13.944	10.946	1.65	3.62	172.04	54.87	32.45	47.52	23.30	33.25	10.25	3.51	1.98	1.53	0.401
10			10		17.167	13.476	1.72	3.70	208.39	65.88	39.20	56.32	28.54	38.30	12.48	3.48	1.96	1.51	0.397
L 125×80×7	125	80	7	11	14.096	11.066	1.80	4.01	227.98	74.42	43.81	56.85	26.86	41.34	12.01	4.02	2.30	1.76	0.408
8			8		15.989	12.551	1.84	4.06	256.77	83.49	49.15	63.24	30.41	45.38	13.56	4.01	2.28	1.75	0.407
10			10		19.712	15.474	1.92	4.14	312.04	100.67	59.45	75.37	37.33	52.43	16.56	3.98	2.26	1.74	0.404
12			12		23.351	18.330	2.00	4.22	364.41	116.67	69.35	86.35	44.01	58.34	19.43	3.95	2.24	1.72	0.400

型号	B	b	d	r																
∟140×90×	140	90	8	12	18.038	14.160	2.04	4.50	365.64	120.69	70.83	81.25	38.48	59.16	17.34	4.50	2.59	1.98	0.411
			10		22.261	17.475	2.12	4.58	445.50	146.03	85.82	97.27	47.31	68.88	21.22	4.47	2.56	1.96	0.409
			12		26.400	20.724	2.19	4.66	521.59	169.79	100.21	111.93	55.87	77.53	24.95	4.44	2.54	1.95	0.406
			14		30.456	23.908	2.27	4.74	594.10	192.10	114.13	125.34	64.18	84.63	28.54	4.42	2.51	1.94	0.403
∟160×100×	160	100	10	13	25.315	19.872	2.28	5.24	668.69	205.03	121.74	127.61	62.13	89.93	26.56	5.14	2.85	2.19	0.390
			12		30.054	23.592	2.36	5.32	784.91	239.06	142.33	147.54	73.49	101.30	31.28	5.11	2.82	2.17	0.388
			14		34.709	27.247	2.43	5.40	896.30	271.20	162.23	165.98	84.56	111.60	35.83	5.08	2.80	2.16	0.385
			16		39.281	30.835	2.51	5.48	1 003.04	301.60	182.57	183.04	95.33	120.16	40.24	5.05	2.77	2.16	0.382
∟180×110×	180	110	10	14	28.373	22.273	2.44	5.89	956.25	278.11	166.50	162.35	78.96	113.98	32.49	5.80	3.13	2.42	0.376
			12		33.712	26.464	2.52	5.98	1 124.72	325.03	194.87	188.08	93.53	128.98	38.32	5.78	3.10	2.40	0.374
			14		38.967	30.589	2.59	6.06	1 286.91	369.55	222.30	212.36	107.76	142.68	43.97	5.75	3.08	2.39	0.372
			16		44.139	34.649	2.67	6.14	1 443.06	411.85	248.94	235.03	121.64	154.25	49.44	5.72	3.06	2.38	0.369
∟200×125×	200	125	12	14	37.912	29.761	2.83	6.54	1 570.90	483.16	285.79	240.20	116.73	170.73	49.99	6.44	3.57	2.74	0.392
			14		43.867	34.436	2.91	6.62	1 800.97	550.83	326.58	272.05	134.65	189.29	57.44	6.41	3.54	2.73	0.390
			16		49.739	39.045	2.99	6.70	2 023.35	615.44	366.21	301.99	152.18	205.83	64.69	6.38	3.52	2.71	0.388
			18		55.526	43.588	3.06	6.78	2 238.30	677.19	404.83	330.13	169.33	221.30	71.74	6.35	3.49	2.70	0.385

附表 3.3　两个热轧不等边角钢的组合截面特性

y_0—重心矩；I—惯性矩；W—截面模量；i—回转半径；a—两角钢背间距离

规格	截面面积 A/cm^2	每米质量 $/(kg \cdot m^{-1})$	长边相连 y_0/cm	I_x/cm⁴	W_{xmax}/cm³	W_{xmin}/cm³	i_x/cm	i_y/cm a/mm 6	8	10	12	14	16	短边相连 y_0/cm	I_x/cm⁴	W_{xmax}/cm³	W_{xmin}/cm³	i_x/cm	i_y/cm a/mm 6	8	10	12	14	16
2∟56×36×3	5.486	4.306	1.78	17.76	9.98	4.64	1.80	1.51	1.58	1.66	1.74	1.82	1.90	0.80	5.84	7.30	2.10	1.03	2.75	2.83	2.90	2.98	3.06	3.15
4	7.180	5.636	1.82	22.90	12.58	6.06	1.79	1.54	1.61	1.69	1.77	1.86	1.94	0.85	7.52	8.84	2.74	1.02	2.77	2.85	2.93	3.01	3.09	3.17
5	8.830	6.932	1.87	27.72	14.82	7.42	1.77	1.55	1.63	1.71	1.79	1.88	1.96	0.88	8.98	10.20	3.30	1.01	2.80	2.88	2.96	3.04	3.12	3.20
2∟63×40×4	8.116	6.370	2.04	32.98	16.16	7.74	2.02	1.67	1.74	1.82	1.90	1.98	2.06	0.92	10.46	11.36	3.40	1.14	3.09	3.17	3.25	3.32	3.40	3.49
5	9.986	7.840	2.08	40.04	19.24	9.48	2.00	1.68	1.75	1.83	1.91	1.99	2.08	0.95	12.62	13.28	4.14	1.12	3.11	3.19	3.26	3.34	3.42	3.51
6	11.816	9.276	2.12	46.72	22.04	11.18	1.99	1.70	1.78	1.86	1.94	2.02	2.11	0.99	14.58	14.72	4.86	1.11	3.13	3.21	3.29	3.37	3.45	3.53
7	13.604	10.678	2.15	53.06	24.68	12.80	1.98	1.73	1.80	1.88	1.97	2.05	2.14	1.03	16.48	16.00	5.56	1.10	3.15	3.23	3.31	3.39	3.47	3.55
2∟70×45×4	9.094	7.140	2.24	46.34	20.68	9.72	2.26	1.85	1.92	1.99	2.07	2.15	2.23	1.02	15.10	14.80	4.34	1.29	3.40	3.48	3.55	3.63	3.71	3.79
5	11.218	8.806	2.28	55.90	24.52	11.84	2.23	1.87	1.94	2.02	2.10	2.18	2.26	1.06	18.26	17.22	5.30	1.28	3.41	3.49	3.56	3.64	3.72	3.80
6	13.294	10.436	2.32	65.08	28.06	13.90	2.21	1.88	1.95	2.03	2.11	2.19	2.27	1.09	21.24	19.48	6.24	1.26	3.43	3.50	3.58	3.66	3.74	3.82
7	15.314	12.022	2.36	74.44	31.54	16.06	2.20	1.90	1.98	2.05	2.13	2.22	2.30	1.13	24.02	21.26	7.14	1.25	3.45	3.53	3.61	3.69	3.77	3.85
2∟75×50×5	12.250	9.616	2.40	69.72	29.06	13.66	2.39	2.06	2.13	2.21	2.28	2.36	2.44	1.17	25.22	21.56	6.60	1.44	3.61	3.68	3.76	3.84	3.91	3.99
6	14.520	11.398	2.44	82.24	33.70	16.24	2.38	2.07	2.15	2.22	2.30	2.38	2.46	1.21	29.40	24.30	7.76	1.42	3.63	3.71	3.78	3.86	3.94	4.02
8	18.934	14.862	2.52	104.78	41.58	21.04	2.35	2.12	2.19	2.27	2.35	2.43	2.52	1.29	37.06	28.72	9.98	1.40	3.67	3.75	3.83	3.91	3.99	4.07
10	23.180	18.196	2.60	125.42	48.24	25.58	2.33	2.16	2.24	2.32	2.40	2.48	2.56	1.36	43.92	32.30	12.08	1.38	3.72	3.80	3.88	3.96	4.04	4.12
2∟80×50×5	12.750	10.010	2.60	83.92	32.28	15.56	2.56	2.02	2.09	2.17	2.25	2.32	2.40	1.14	25.64	22.50	6.64	1.42	3.87	3.94	4.02	4.10	4.18	4.26
6	15.120	11.870	2.65	98.98	37.36	18.50	2.56	2.04	2.12	2.19	2.27	2.35	2.43	1.18	29.90	25.34	7.82	1.41	3.91	3.98	4.06	4.14	4.22	4.30
7	17.448	13.696	2.69	112.32	41.76	21.16	2.54	2.05	2.13	2.20	2.28	2.36	2.44	1.21	33.92	28.04	8.96	1.39	3.92	4.00	4.08	4.16	4.24	4.32
8	19.734	15.490	2.73	125.66	46.02	23.84	2.52	2.08	2.15	2.23	2.31	2.39	2.47	1.25	37.70	30.16	10.06	1.38	3.94	4.02	4.10	4.18	4.26	4.34

型号	C1	C2	C3	C4	C5	C6	C7	C8	C9	C10	C11	C12	C13	C14	C15	C16	C17	C18	C19	C20	C21	C22	C23
2∟90×56×5	4.71	4.63	4.55	4.48	4.40	4.33	1.59	8.42	29.32	36.66	1.25	2.59	2.52	2.44	2.36	2.22	2.90	19.84	41.54	120.90	2.91	11.322	14.424
×6	4.73	4.65	4.57	4.49	4.42	4.34	1.58	9.92	33.20	42.84	1.29	2.62	2.54	2.46	2.39	2.24	2.88	23.48	48.16	142.06	2.95	13.434	17.114
×7	4.76	4.68	4.60	4.52	4.44	4.37	1.57	11.40	36.64	48.72	1.33	2.65	2.57	2.49	2.41	2.26	2.86	26.98	54.00	162.02	3.00	15.512	19.760
×8	4.78	4.70	4.62	4.54	4.47	4.39	1.56	12.82	39.92	54.30	1.36	2.66	2.58	2.51	2.43	2.28	2.85	30.54	59.88	182.06	3.04	17.558	22.366
2∟100×63×6	5.16	5.08	5.00	4.93	4.85	4.78	1.79	12.70	43.28	61.88	1.43	2.86	2.78	2.71	2.63	2.56	3.21	29.28	61.14	198.12	3.24	15.100	19.234
×7	5.19	5.11	5.03	4.95	4.88	4.80	1.78	14.58	47.98	70.52	1.47	2.88	2.81	2.73	2.66	2.58	3.20	33.76	69.18	226.90	3.28	17.444	22.222
×8	5.20	5.13	5.05	4.97	4.89	4.82	1.77	16.42	52.52	78.78	1.50	2.90	2.82	2.75	2.67	2.60	3.18	38.16	76.72	254.74	3.32	19.756	25.168
×10	5.25	5.17	5.09	5.01	4.94	4.86	1.74	19.96	59.64	94.24	1.58	2.95	2.87	2.79	2.71	2.64	3.15	46.64	90.48	307.62	3.40	24.284	30.934
2∟100×80×6	4.91	4.83	4.76	4.69	4.61	4.54	2.40	20.32	62.18	122.48	1.97	3.67	3.59	3.52	3.44	3.37	3.17	30.38	72.56	214.08	2.95	16.700	21.274
×7	4.94	4.87	4.79	4.72	4.64	4.57	2.39	23.42	69.74	140.16	2.01	3.69	3.61	3.54	3.47	3.39	3.16	35.04	81.82	245.46	3.00	19.312	24.602
×8	4.96	4.88	4.81	4.73	4.66	4.58	2.37	26.42	76.66	157.16	2.05	3.71	3.63	3.56	3.48	3.41	3.14	39.62	90.74	275.84	3.04	21.892	27.888
×10	5.01	4.93	4.86	4.78	4.70	4.63	2.35	32.24	88.88	189.30	2.13	3.76	3.68	3.60	3.53	3.45	3.12	48.48	106.96	333.74	3.12	26.952	34.334
2∟110×70×6	5.59	5.52	5.44	5.36	5.29	5.22	2.01	15.80	54.68	85.84	1.57	3.11	3.03	2.96	2.89	2.81	3.54	35.70	75.56	266.74	3.53	16.700	21.274
×7	5.62	5.54	5.46	5.39	5.31	5.24	2.00	18.18	60.88	98.02	1.61	3.13	3.06	2.98	2.91	2.84	3.53	41.20	85.72	306.00	3.57	19.312	24.602
×8	5.64	5.57	5.49	5.41	5.34	5.26	1.98	20.50	66.50	109.74	1.65	3.15	3.07	3.00	2.92	2.85	3.51	46.60	95.04	344.08	3.62	21.892	27.888
×10	5.69	5.61	5.53	5.45	5.38	5.30	1.96	24.96	76.60	131.76	1.72	3.19	3.11	3.04	2.96	2.89	3.48	57.08	112.64	416.78	3.70	26.952	34.334
2∟125×80×7	6.27	6.19	6.12	6.04	5.97	5.89	2.30	24.02	82.68	148.84	1.80	3.47	3.40	3.32	3.25	3.18	4.02	53.72	113.70	455.96	4.01	22.132	28.192
×8	6.30	6.22	6.15	6.07	6.00	5.92	2.28	27.12	90.76	166.98	1.84	3.49	3.41	3.34	3.27	3.20	4.01	60.82	126.48	513.54	4.06	25.102	31.978
×10	6.34	6.27	6.19	6.11	6.04	5.96	2.26	33.12	104.86	201.34	1.92	3.54	3.46	3.38	3.31	3.24	3.98	74.66	150.74	624.08	4.14	30.948	39.424
×12	6.39	6.31	6.23	6.15	6.08	6.00	2.24	38.86	116.68	233.34	2.00	3.59	3.51	3.43	3.36	3.28	3.95	88.02	172.70	728.82	4.22	36.660	46.702
2∟140×90×8	6.95	6.88	6.80	6.73	6.65	6.58	2.59	34.68	118.32	241.38	2.04	3.84	3.77	3.70	3.63	3.56	4.50	76.96	162.50	731.28	4.50	28.320	36.076
×10	6.99	6.92	6.84	6.77	6.69	6.62	2.56	42.44	137.76	292.06	2.12	3.88	3.81	3.74	3.66	3.59	4.47	94.62	194.54	891.00	4.58	34.950	44.522
×12	7.04	6.96	6.88	6.81	6.73	6.66	2.54	49.90	155.06	339.58	2.19	3.92	3.85	3.77	3.70	3.63	4.44	111.74	223.86	1 043.18	4.66	41.448	52.800
×14	7.09	7.01	6.93	6.86	6.78	6.70	2.51	57.08	169.26	384.20	2.27	3.97	3.89	3.81	3.74	3.66	4.42	128.36	250.68	1 188.20	4.74	47.816	60.912
2∟160×100×10	7.93	7.86	7.78	7.71	7.63	7.56	2.85	53.12	179.86	410.06	2.28	4.20	4.12	4.05	3.98	3.84	5.14	124.26	255.22	1 337.38	5.24	39.744	50.630
×12	7.97	7.90	7.82	7.74	7.67	7.60	2.82	62.56	202.60	478.12	2.36	4.24	4.16	4.09	4.02	3.88	5.11	146.98	295.08	1 569.82	5.32	47.184	60.108
×14	8.02	7.94	7.86	7.79	7.71	7.64	2.80	71.66	223.20	542.40	2.43	4.27	4.20	4.13	4.05	3.91	5.08	169.12	331.96	1 792.60	5.40	54.494	69.418
×16	8.06	7.98	7.90	7.83	7.75	7.68	2.77	80.48	240.32	603.20	2.51	4.32	4.24	4.16	4.09	3.95	5.05	190.66	366.08	2 006.08	5.48	61.670	78.562
2∟180×110×10	8.85	8.78	8.70	8.63	8.56	8.48	3.13	64.98	227.96	556.22	2.44	4.50	4.43	4.36	4.29	4.16	5.80	157.92	324.70	1 912.50	5.89	44.546	56.746
×12	8.91	8.83	8.76	8.68	8.61	8.54	3.10	76.64	257.96	650.06	2.52	4.54	4.47	4.40	4.33	4.19	5.78	187.06	376.16	2 249.44	5.98	52.928	67.424
×14	8.95	8.87	8.80	8.72	8.65	8.57	3.08	87.94	285.36	739.10	2.59	4.58	4.51	4.43	4.36	4.22	5.75	215.52	424.72	2 573.82	6.06	61.178	77.934
×16	8.99	8.92	8.84	8.76	8.69	8.61	3.06	98.88	308.50	823.70	2.67	4.63	4.55	4.48	4.41	4.26	5.72	243.28	470.06	2 886.12	6.14	69.298	88.278

续表

规格	截面面积 A/cm²	每米质量 /(kg·m⁻¹)	长边相连 y₀/cm	I_x/cm⁴	$W_{x\max}$/cm³	$W_{x\min}$/cm³	i_x/cm	i_y/cm a/mm 6	8	10	12	14	16	短边相连 y₀/cm	I_x/cm⁴	$W_{x\max}$/cm³	$W_{x\min}$/cm³	i_x/cm	i_y/cm a/mm 6	8	10	12	14	16
2L 200×125× 12	75.824	59.522	6.54	3 141.80	480.40	233.46	6.44	4.75	4.81	4.88	4.95	5.02	5.09	2.83	966.32	341.46	99.98	3.57	9.39	9.47	9.54	9.62	9.69	9.76
14	87.734	68.872	6.62	3 601.94	544.10	269.30	6.41	4.78	4.85	4.92	4.99	5.06	5.13	2.91	1 101.66	378.58	114.88	3.54	9.43	9.51	9.58	9.65	9.73	9.81
16	99.478	78.090	6.70	4 046.70	603.98	304.36	6.38	4.82	4.89	4.96	5.03	5.10	5.17	2.99	1 230.88	411.66	129.38	3.52	9.47	9.55	9.62	9.70	9.77	9.85
18	111.052	87.176	6.78	4 476.60	660.26	338.66	6.35	4.84	4.91	4.99	5.06	5.13	5.20	3.06	1 354.38	442.60	143.48	3.49	9.51	9.59	9.66	9.74	9.81	9.89

附表 3.4 热轧普通工字钢的规格及截面特性

I —— 截面惯性矩;
W —— 截面模量;
S —— 半截面面积矩;
i —— 截面回转半径。

通常长度:
型号 10～18,为 5～19 m;
型号 20～63,为 6～19 m。

型号	尺寸/mm h	b	t_w	t	r	r_1	截面面积 A/cm²	质量/(kg·m⁻¹)	x—x轴 I_x/cm⁴	W_x/cm³	S_x/cm³	i_x/cm	y—y轴 I_y/cm⁴	W_y/cm³	i_y/cm
10	100	68	4.5	7.6	6.5	3.3	14.345	11.261	245	49.0	28.5	4.14	33.0	9.72	1.52
12.6	126	74	5.0	8.4	7.0	3.5	18.118	14.223	488	77.5	45.2	5.20	46.9	12.7	1.61
14	140	80	5.5	9.1	7.5	3.8	21.510	16.890	712	102	59.3	5.76	64.4	16.1	1.73
16	160	88	6.0	9.9	8.0	4.0	26.131	20.513	1 130	141	81.9	6.58	93.1	21.2	1.89
18	180	94	6.5	10.7	8.5	4.3	30.756	24.113	1 660	185	108	7.36	122	26.0	2.00
20 a	200	100	7.0	11.4	9.0	4.5	35.578	27.929	2 370	237	138	8.15	158	31.5	2.12
20 b	200	102	9.0	11.4	9.0	4.5	39.578	31.069	2 500	250	148	7.96	169	33.1	2.06
22 a	220	110	7.5	12.3	9.5	4.8	42.128	33.070	3 400	309	180	8.99	225	40.9	2.31
22 b	220	112	9.5	12.3	9.5	4.8	46.528	36.524	3 570	325	191	8.78	239	42.7	2.27
25 a	250	116	8.0	13.0	10.0	5.0	48.541	38.105	5 020	402	232	10.2	280	48.3	2.40
25 b	250	118	10.0	13.0	10.0	5.0	53.541	42.030	5 280	423	248	9.94	309	52.4	2.40
28 a	280	122	8.5	13.7	10.5	5.3	55.404	43.492	7 110	508	289	11.3	345	56.6	2.50
28 b	280	124	10.5	13.7	10.5	5.3	61.004	47.888	7 480	534	309	11.1	379	61.2	2.49
32 a	320	130	9.5	15.0	11.5	5.8	67.156	52.717	11 100	692	404	12.8	460	70.8	2.62
32 b	320	132	11.5	15.0	11.5	5.8	73.556	57.741	11 600	726	428	12.6	502	76.0	2.61
32 c	320	134	13.5	15.0	11.5	5.8	79.956	62.765	12 200	760	455	12.3	544	81.2	2.61

续表

型号		尺寸/mm						截面面积 A/cm²	质量/(kg·m⁻¹)	x—x 轴				y—y 轴		
		h	b	t_w	t	r	r_1			I_x/cm⁴	W_x/cm³	S_x/cm³	i_x/cm	I_y/cm⁴	W_y/cm³	i_y/cm
36	a	360	136	10.0	15.8	12.0	6.0	76.480	60.037	15 800	875	515	14.4	552	81.2	2.69
	b		138	12.0				83.680	65.689	16 500	919	545	14.1	582	84.3	2.64
	c		140	14.0				90.880	71.341	17 300	962	579	13.8	612	87.4	2.60
40	a	400	142	10.5	16.5	12.5	6.3	86.112	67.598	21 700	1 090	636	15.9	660	93.2	2.77
	b		144	12.5				94.112	73.878	22 800	1 140	679	15.6	692	96.2	2.71
	c		146	14.5				102.112	80.158	23 900	1 190	720	15.2	727	99.6	2.65
45	a	450	150	11.5	18.0	13.5	6.8	102.446	80.420	32 200	1 430	834	17.7	855	114	2.89
	b		152	13.5				111.446	87.485	33 800	1 500	889	17.4	894	118	2.84
	c		154	15.5				120.446	94.550	35 300	1 570	939	17.1	938	122	2.79
50	a	500	158	12.0	20.0	14.0	7.0	119.304	93.654	46 500	1 860	1 086	19.7	1 120	142	3.07
	b		160	14.0				129.304	101.504	48 600	1 940	1 146	19.4	1 170	146	3.01
	c		162	16.0				139.304	109.354	50 600	2 020	1 211	19.0	1 220	151	2.96
56	a	560	166	12.5	21.0	14.5	7.3	135.435	106.316	65 600	2 340	1 375	22.0	1 370	165	3.18
	b		168	14.5				146.635	115.108	68 500	2 450	1 451	21.6	1 490	174	3.16
	c		170	16.5				157.835	123.900	71 400	2 550	1 529	21.3	1 560	183	3.16
63	a	630	176	13.0	22.0	15.0	7.5	154.658	121.407	93 900	2 980	1 732	24.6	1 700	193	3.31
	b		178	15.0				167.258	131.298	98 100	3 110	1 834	24.2	1 810	204	3.29
	c		180	17.0				179.858	141.189	102 000	3 240	1 928	23.8	1 920	214	3.27

附表 3.5　热轧普通槽钢的规格及截面特性

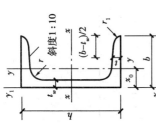

I——截面惯性矩；
W——截面模量；
S——半截面面积矩；
i——截面回转半径。

通常长度：
型号 5~8，为 5~12 m；
型号 10~18，为 5~19 m；
型号 20~40，为 6~19 m。

型号	尺寸/mm						截面面积 A/cm²	质量 /(kg·m⁻¹)	x—x 轴				y—y 轴				y_1—y_1	重心距
	h	b	t_w	t	r	r_1			I_x /cm⁴	W_z /cm³	S_x /cm³	i_x /cm	I_y /cm⁴	$W_{y\min}$ /cm³	$W_{y\max}$ /cm³	i_y /cm	I_{y1} /cm⁴	x_0 /cm
5	50	37	4.5	7.0	7.0	3.5	6.928	5.438	26.0	10.4	6.4	1.94	8.3	3.55	6.15	1.10	20.9	1.35
6.3	63	40	4.8	7.5	7.5	3.8	8.451	6.634	50.8	16.1	9.8	2.45	11.9	4.50	8.75	1.19	28.4	1.36
8	80	43	5.0	8.0	8.0	4.0	10.248	8.045	101	25.3	15.1	3.15	16.6	5.79	11.6	1.27	37.4	1.43
10	100	48	5.3	8.5	8.5	4.2	12.748	10.007	198	39.7	23.5	3.95	25.6	7.80	16.8	1.41	54.9	1.52
12.6	126	53	5.5	9.0	9.0	4.5	15.692	12.318	391	62.1	36.4	4.95	38.0	10.2	23.9	1.57	77.1	1.59
14 a	140	58	6.0	9.5	9.5	4.8	18.516	14.535	564	80.5	47.5	5.52	53.2	13.0	31.1	1.70	107	1.71
14 b		60	8.0				21.316	16.733	609	87.1	52.4	5.35	61.1	14.1	36.6	1.69	121	1.67
16 a	160	63	6.5	10.0	10.0	5.0	21.962	17.240	866	108	63.9	6.28	73.3	16.3	40.7	1.83	144	1.80
16 b		65	8.5				25.162	19.752	935	117	70.3	6.10	83.4	17.6	47.7	1.82	161	1.75
18 a	180	68	7.0	10.5	10.5	5.2	25.699	20.174	1 270	141	83.5	7.04	98.6	20.0	52.4	1.96	190	1.88
18 b		70	9.0				29.299	23.000	1 370	152	91.6	6.84	111	21.5	60.3	1.95	210	1.84
20 a	200	73	7.0	11.0	11.0	5.5	28.837	22.637	1 780	178	104.7	7.86	128	24.2	63.7	2.11	244	2.01
20 b		75	9.0				32.837	25.777	1 910	191	114.7	7.64	144	25.9	73.8	2.09	268	1.95

续表

| 型号 | 尺寸/mm | | | | | | 截面面积 A/cm² | 质量 /(kg·m⁻¹) | x—x轴 | | | | y—y轴 | | | | y_1—y_1 | 重心距 |
	h	b	t_w	t	r	r_1			I_x /cm⁴	W_z /cm³	S_x /cm³	i_x /cm	I_y /cm⁴	$W_{y\min}$ /cm³	$W_{y\max}$ /cm³	i_y /cm	I_{y1} /cm⁴	x_0 /cm
22 a	220	77	7.0	11.5	11.5	5.8	31.846	24.999	2 390	218	127.6	8.67	158	28.2	75.2	2.23	298	2.10
22 b		79	9.0	11.5	11.5	5.8	36.246	28.453	2 570	234	139.7	8.42	176	30.1	86.7	2.21	326	2.03
25 a	250	78	7.0	12.0	12.0	6.0	34.917	27.410	3 370	270	157.8	9.82	176	30.6	85.0	2.24	322	2.07
25 b		80	9.0	12.0	12.0	6.0	39.917	31.335	3 530	282	173.5	9.41	196	32.7	99.0	2.22	353	1.98
25 c		82	11.0	12.0	12.0	6.0	44.917	35.260	3 690	295	189.1	9.07	218	34.7	113	2.21	384	1.92
28 a	280	82	7.5	12.5	12.5	6.2	40.034	31.427	4 760	340	200.2	10.9	218	35.7	104	2.33	388	2.10
28 b		84	9.5	12.5	12.5	6.2	45.634	35.823	5 130	366	219.8	10.6	242	37.9	120	2.30	428	2.02
28 c		86	11.5	12.5	12.5	6.2	51.234	40.219	5 500	393	239.4	10.4	268	40.3	137	2.29	463	1.95
32 a	320	88	8.0	14.0	14.0	7.0	48.513	38.083	7 600	475	276.9	12.5	305	46.5	136	2.50	552	2.24
32 b		90	10.0	14.0	14.0	7.0	54.913	43.107	8 140	509	302.5	12.2	336	49.2	156	2.47	593	2.16
32 c		92	12.0	14.0	14.0	7.0	61.313	48.131	8 690	543	328.1	11.9	374	52.6	179	2.47	643	2.09
36 a	360	96	9.0	16.0	16.0	8.0	60.910	47.814	11 900	660	389.9	14.0	455	63.5	186	2.73	818	2.44
36 b		98	11.0	16.0	16.0	8.0	68.110	53.466	12 700	703	422.3	13.6	497	66.9	210	2.70	880	2.37
36 c		100	13.0	16.0	16.0	8.0	75.310	59.118	13 400	746	454.7	13.4	536	70.0	229	2.67	948	2.34
40 a	400	100	10.5	18.0	18.0	9.0	75.068	58.928	17 600	879	524.4	15.3	592	78.8	238	2.81	1 070	2.49
40 b		102	12.5	18.0	18.0	9.0	83.068	65.208	18 600	932	564.4	15.0	640	82.5	262	2.78	1 140	2.44
40 c		104	14.5	18.0	18.0	9.0	91.068	71.488	19 700	986	604.4	14.7	688	86.2	284	2.75	1 220	2.42

附表 3.6　宽、中、窄翼缘 H 型钢截面尺寸和截面特性

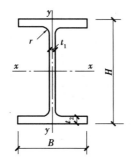

H——高度；
B——宽度；
t_1——腹板厚度；
t_2——翼缘厚度；
r——圆角半径。

类别	型号（高度×宽度）	截面尺寸/mm				截面面积/cm²	理论质量/(kg·m⁻¹)	截面特性					
								惯性矩/cm⁴		回转半径/cm		截面模量/cm³	
		$H \times B$	t_1	t_2	r			I_x	I_y	i_x	i_y	W_x	W_y
HW	100×100	100×100	6	8	10	21.90	17.2	383	134	4.18	2.47	76.5	26.7
	125×125	125×125	6.5	9	10	30.31	23.8	847	294	5.29	3.11	136	47.0
	150×150	150×150	7	10	13	40.55	31.9	1 660	564	6.39	3.73	221	75.1
	175×175	175×175	7.5	11	13	51.43	40.3	2 900	984	7.50	4.37	331	112
	200×200	200×200	8	12	16	64.28	50.5	4 770	1 600	8.61	4.99	477	160
		#200×204	12	12	16	72.28	56.7	5 030	1 700	8.35	4.85	503	167
	250×250	250×250	9	14	16	92.18	72.4	10 800	3 650	10.8	6.29	867	292
		#250×255	14	14	16	104.7	82.2	11 500	3 880	10.5	6.09	919	304
	300×300	#294×302	12	12	20	108.3	85.0	17 000	5 520	12.5	7.14	1 160	365
		300×300	10	15	20	120.4	94.5	20 500	6 760	13.1	7.49	1 370	450
		300×305	15	15	20	135.4	106	21 600	7 100	12.6	7.24	1 440	466
	350×350	#344×348	10	16	20	146.0	115	33 300	11 200	15.1	8.78	1 940	646
		350×350	12	19	20	173.9	137	40 300	13 600	15.2	8.84	2 300	776
	400×400	#388×402	15	15	24	179.2	141	49 200	16 300	16.6	9.52	2 540	809
		#394×398	11	18	24	187.6	147	56 400	18 900	17.3	10.0	2 860	951
		400×400	13	21	24	219.5	172	66 900	22 400	17.5	10.1	3 340	1 120
		#400×408	21	21	24	251.5	197	71 100	23 800	16.8	9.73	3 560	1 170
		#414×405	18	28	24	296.2	233	93 000	31 000	17.7	10.2	4 490	1 530
		#428×407	20	35	24	361.4	284	11 900	39 400	18.2	10.4	5 580	1 930
		*458×417	30	50	24	529.3	415	187 000	60 500	18.8	10.7	8 180	2 900
		*498×432	45	70	24	770.8	605	298 000	94 400	19.7	11.1	12 000	4 370

续表

类别	型号（高度×宽度）	截面尺寸/mm				截面面积/cm²	理论质量/(kg·m⁻¹)	截面特性					
								惯性矩/cm⁴		回转半径/cm		截面模量/cm³	
		$H{\times}B$	t_1	t_2	t			I_x	I_y	i_x	i_y	W_x	W_y
HM	150×100	148×100	6	9	13	27.25	21.4	1 040	151	6.17	2.35	140	30.2
	200×150	194×150	6	9	16	39.76	31.2	2 740	508	8.30	3.57	283	67.7
	250×175	244×175	7	11	16	56.24	44.1	6 120	985	10.4	4.18	502	113
	300×200	294×200	8	12	20	73.03	57.3	11 400	1 600	12.5	4.69	779	160
	350×250	340×250	9	14	20	101.5	79.7	21 700	3 650	14.6	6.00	1 280	292
	400×300	390×300	10	16	24	136.7	107	38 900	7 210	16.9	7.26	2 000	481
	450×300	440×300	11	18	24	157.4	124	56 100	8 110	18.9	7.18	2 550	541
	500×300	482×300	11	15	28	146.4	115	60 800	6 770	20.4	6.80	2 520	451
		488×300	11	18	28	164.4	129	71 400	8 120	20.8	7.03	2 930	541
	600×300	582×300	12	17	28	174.5	137	103 000	7 670	24.3	6.63	3 530	511
		588×300	12	20	28	192.5	151	118 000	9 020	24.8	6.85	4 020	601
		#594×302	14	23	28	222.4	175	137 000	10 600	24.9	6.90	4 620	701
HN	100×50	100×50	5	7	10	12.16	9.54	192	14.9	3.98	1.11	38.5	5.96
	125×60	125×60	6	8	10	17.01	13.3	417	29.3	4.95	1.31	66.8	9.75
	150×75	150×75	5	7	10	18.16	14.3	679	49.6	6.12	1.65	90.6	13.2
	175×90	175×90	5	8	10	23.21	18.2	1 220	97.6	7.26	2.05	140	21.7
	200×100	198×99	4.5	7	13	23.59	18.5	1 610	114	8.27	2.20	163	23.0
		200×100	5.5	8	13	27.57	21.7	1 880	134	8.25	2.21	188	26.8
	250×125	248×124	5	8	13	32.89	25.8	3 560	255	10.4	2.78	287	41.1
		250×125	6	9	13	37.87	29.7	4 080	294	10.4	2.79	326	47.0
	300×150	298×149	5.5	8	16	41.55	32.6	6 460	443	12.4	3.26	433	59.4
		300×150	6.5	9	16	47.53	37.3	7 350	508	12.4	3.27	490	67.7
	350×175	346×174	6	9	16	53.19	41.8	11 200	792	14.5	3.86	649	91.0
		350×175	7	11	16	63.66	50.0	13 700	985	14.7	3.93	782	113
	#400×150	#400×150	8	13	16	71.12	55.8	18 800	734	16.3	3.21	942	97.9
	400×200	396×199	7	11	16	72.16	56.7	20 000	1 450	16.7	4.48	1 010	145
		400×200	8	13	16	84.12	66.0	23 700	1 740	16.8	4.54	1 190	174
	#450×150	#450×150	9	14	20	83.41	65.5	27 100	793	18.0	3.08	1 200	106

类别	型号 (高度× 宽度)	截面尺寸/mm				截面 面积/ cm²	理论 质量/ (kg·m⁻¹)	截面特性					
								惯性矩/cm⁴		回转半径/cm		截面模量/cm³	
		$H×B$	t_1	t_2	r			I_x	I_y	i_x	i_y	W_x	W_y
HN	450×200	446×199	8	12	20	84.95	66.7	29 000	1 580	18.5	4.31	1 300	159
		450×200	9	14	20	97.41	76.5	33 700	1 870	18.6	4.38	1 500	187
	#500×150	#500×150	10	16	20	98.23	77.1	38 500	907	19.8	3.04	1 540	121
	500×200	496×199	9	14	20	101.3	79.5	41 900	1 840	20.3	4.27	1 690	185
		500×200	10	16	20	114.2	89.6	47 800	2 140	20.5	4.33	1 910	214
		#506×201	11	19	20	131.3	103	56 500	2 580	20.8	4.43	2 230	257
	600×200	596×199	10	15	24	121.2	95.1	69 300	1 980	23.9	4.04	2 330	199
		600×200	11	17	24	135.2	106	78 200	2 280	24.1	4.11	2 610	228
		#606×201	12	20	24	153.3	120	91 000	2 720	24.4	4.21	3 000	271
	700×300	#692×300	13	20	28	211.5	166	172 000	9 020	28.6	6.53	4 980	602
		700×300	13	24	28	235.5	185	201 000	10 800	29.3	6.78	5 760	722
	*800×300	*792×300	14	22	28	243.4	191	254 000	9 930	32.3	6.39	6 400	662
		*800×300	14	26	28	267.4	210	292 000	11 700	33.0	6.62	7 290	782
	*900×300	*890×299	15	23	28	270.9	213	345 000	10 300	35.7	6.16	7 760	688
		*900×300	16	28	28	309.8	243	411 000	12 600	36.4	6.39	9 140	843
		*912×302	18	34	28	364.0	286	498 000	15 700	37.0	6.56	10 900	1 040

注:①"#"表示的规格为非常用规格;

②"＊"表示的规格,目前国内尚未生产;

③型号属同一范围的产品,其内侧尺寸高度是一致的;

④标记采用:高度 H×宽度 B×腹板厚度 t_1×翼缘厚度 t_2;

⑤HW 为宽翼缘,HM 为中翼缘,HN 为窄翼缘。

附表 3.7　剖分 T 型钢截面尺寸和截面特性

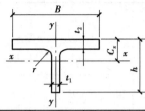

类别	型号（高度×宽度）	截面尺寸/mm					截面面积/cm²	理论质量/(kg·m⁻¹)	截面特性							对应 H 型钢系列
		h	B	t_1	t_2	r			惯性矩/cm⁴		回转半径/cm		截面模量/cm³		重心/cm	型号
									I_x	I_y	i_x	i_y	W_x	W_y	C_x	
TW	50×100	50	100	6	8	10	10.95	8.56	16.1	66.9	1.21	2.47	4.03	13.4	1.00	100×100
	62.5×125	62.5	125	6.5	9	10	15.16	11.9	35.0	147	1.52	3.11	6.91	23.5	1.19	125×125
	75×150	75	150	7	10	13	20.28	15.9	66.4	282	1.81	3.73	10.8	37.6	1.37	150×150
	87.5×175	87.5	175	7.5	11	13	25.71	20.2	115	492	2.11	4.37	15.9	56.2	1.55	175×175
	100×200	100	200	8	12	16	32.14	25.2	185	801	2.40	4.99	22.3	80.1	1.73	200×200
		#100	204	12	12	16	36.14	28.3	256	851	2.66	4.85	32.4	83.5	2.09	
	125×250	125	250	9	14	16	46.09	36.2	412	1 820	2.99	6.29	39.5	146	2.08	250×250
		#125	255	14	14	16	52.34	41.1	589	1 940	3.36	6.09	59.4	152	2.58	
	150×300	#147	302	12	12	20	54.16	42.5	858	2 760	3.98	7.14	72.3	183	2.83	300×300
		150	300	10	15	20	60.22	47.3	798	3 380	3.64	7.49	63.7	225	2.47	
		150	305	15	15	20	67.72	53.1	1 110	3 550	4.05	7.24	92.5	233	3.02	
	175×350	#172	348	10	16	20	73.00	57.3	1 230	5 620	4.11	8.78	84.7	323	2.67	350×350
		175	350	12	19	20	86.94	68.2	1 520	6 790	4.18	8.84	104	388	2.86	
	200×400	#194	402	15	15	24	89.62	70.3	2 480	8 130	5.26	9.52	158	405	3.69	400×400
		#197	398	11	18	24	93.80	73.6	2 050	9 460	4.67	10.0	123	476	3.01	
		200	400	13	21	24	109.7	86.1	2 480	11 200	4.75	10.1	147	560	3.21	
		#200	408	21	21	24	125.7	98.7	3 650	11 900	5.39	9.73	229	584	4.07	
		#207	405	18	28	24	148.1	116	3 620	15 500	4.95	10.2	213	766	3.68	
		#214	407	20	35	24	180.7	142	4 380	19 700	4.92	10.4	250	967	3.90	
TM	74×100	74	100	6	9	13	13.63	10.7	51.7	75.4	1.95	2.35	8.80	15.1	1.55	150×100
	97×150	97	150	6	9	16	19.88	15.6	125	254	2.50	3.57	15.8	33.9	1.78	200×150
	122×175	122	175	7	11	16	28.12	22.1	289	492	3.20	4.18	29.1	56.3	2.27	250×175
	147×200	147	200	8	12	20	36.52	28.7	572	802	3.96	4.69	48.2	80.2	2.82	300×200
	170×250	170	250	9	14	20	50.76	39.9	1 020	1 830	4.48	6.00	73.1	146	3.09	350×250
	200×300	195	300	10	16	24	68.37	53.7	1 730	3 600	5.03	7.26	108	240	3.40	400×300

类别	型号（高度×宽度）	截面尺寸/mm					截面面积/cm²	理论质量/(kg·m⁻¹)	截面特性							对应H型钢系列
									惯性矩/cm⁴		回转半径/cm		截面模量/cm³		重心/cm	
		h	B	t_1	t_2	r			I_x	I_y	i_x	i_y	W_x	W_y	C_x	型号
TM	220×300	220	300	11	18	24	78.69	61.8	2 680	4 060	5.84	7.18	150	270	4.05	450×300
	250×300	241	300	11	15	28	73.23	57.5	3 420	3 380	6.83	6.80	178	226	4.90	500×300
		244	300	11	18	28	82.23	64.5	3 620	4 060	6.64	7.03	184	271	4.65	
	300×300	291	300	12	17	28	87.25	68.5	6 360	3 830	8.54	6.63	280	256	6.39	600×300
		294	300	12	20	28	96.25	75.5	6 710	4 510	8.35	6.85	288	301	3.08	
		#297	302	14	23	28	111.2	87.3	7 920	5 290	8.44	6.90	339	351	6.33	
TN	50×50	50	50	5	7	10	6.079	4.79	11.9	7.45	1.40	1.11	3.18	2.98	1.27	100×50
	62.5×60	62.5	60	6	8	10	8.499	6.67	27.5	14.6	1.80	1.31	5.96	4.88	1.63	125×60
	75×75	75	75	5	7	10	9.079	7.11	42.7	24.8	2.17	1.65	7.46	6.61	1.78	150×75
	87.5×90	87.5	90	5	8	10	11.60	9.11	70.7	48.8	2.47	2.05	10.4	10.8	1.92	175×90
	100×100	99	99	4.5	7	13	11.80	9.26	94.0	56.9	2.82	2.20	12.1	11.5	2.13	200×100
		100	100	5.5	8	13	13.79	10.8	115	67.1	2.88	2.21	14.8	13.4	2.27	
	125×125	124	124	5	8	13	16.45	12.9	208	128	3.56	2.78	21.3	20.6	2.62	250×125
		125	125	6	9	13	18.94	14.8	249	147	3.62	2.79	25.6	23.5	2.78	
	150×150	149	149	5.5	8	16	20.77	16.3	395	221	4.36	3.26	33.8	29.7	3.22	300×150
		150	150	6.5	9	16	23.76	18.7	465	254	4.42	3.27	40.0	33.9	3.38	
	175×175	173	174	6	9	16	26.60	20.9	681	396	5.06	3.86	50.0	45.5	3.68	350×175
		175	175	7	11	16	31.83	25.0	816	492	5.06	3.93	59.3	56.3	3.74	
	200×200	198	199	7	11	16	36.08	28.3	1 190	724	5.76	4.48	76.4	72.7	4.17	400×200
		200	200	8	13	16	42.06	33.0	1 400	868	5.76	4.54	88.6	86.8	4.23	
	225×200	223	199	8	12	20	42.54	33.4	1 880	790	6.65	4.31	109	79.4	5.07	450×200
		225	200	9	14	20	48.71	38.2	2 160	936	6.66	4.38	124	93.6	5.13	
	250×200	248	199	9	14	20	50.64	39.7	2 840	922	7.49	4.27	150	92.7	5.90	500×200
		250	200	10	16	20	57.12	44.8	3 210	1 070	7.50	4.33	169	107	5.96	
		#253	201	11	19	20	65.65	51.5	3 670	1 290	7.48	4.43	190	128	5.95	
	300×200	298	199	10	15	24	60.62	47.6	5 200	991	9.27	4.04	236	100	7.76	300×200
		300	200	11	17	24	67.60	53.1	5 820	1 140	9.28	4.11	262	114	7.81	
		#303	201	12	20	24	76.63	60.1	6 580	1 360	9.26	4.21	292	135	7.76	

注:①"#"表示的规格为非常用规格;
　　②剖分T型钢的规格标记采用:高度 h×宽度 B×腹板厚度 t_1×翼缘厚度 t_2。

附表 3.8　卷边 Z 型钢（摘自 GB 50018—2002）

h	b	a	t	截面面积 /cm²	每米质量 /(kg·m⁻¹)	θ	x_1—x_1 I_{x1}/cm⁴	i_{x1}/cm	W_{x1}/cm³	y_1—y_1 I_{y1}/cm⁴	i_{y1}/cm	W_{y1}/cm³	x—x I_x/cm⁴	i_x/cm	W_{x1}/cm³	W_{x2}/cm³	y—y I_y/cm⁴	i_y/cm	W_{y1}/cm³	W_{y2}/cm³	$I_{x_1y_1}$/cm⁴	I_t/cm⁴	I_ω/cm⁴	k/cm⁻¹	$W_{\omega1}$/cm⁴	$W_{\omega2}$/cm⁴
100	40	20	2.0	4.07	3.19	24°1′	60.04	3.84	12.01	17.02	2.05	4.36	70.70	4.17	15.93	11.94	6.36	1.25	3.36	4.42	23.93	0.054 2	325.0	0.008 1	49.97	29.16
100	40	20	2.5	4.98	3.91	23°46′	72.10	3.80	14.42	20.02	2.00	5.17	84.63	4.12	19.18	14.47	7.49	1.23	4.07	5.28	28.45	0.103 8	381.9	0.010 2	62.25	35.03
120	50	20	2.0	4.87	3.82	24°3′	106.97	4.69	17.83	30.23	2.49	6.17	126.06	5.09	23.55	17.40	11.14	1.51	4.83	5.74	42.77	0.064 9	785.2	0.005 7	84.05	43.96
120	50	20	2.5	5.98	4.70	23°50′	129.39	4.65	21.57	35.91	2.45	7.37	152.05	5.04	28.55	21.21	13.25	1.49	5.89	6.89	51.30	0.124 6	930.9	0.007 2	104.68	52.94
120	50	20	3.0	7.05	5.54	23°36′	150.14	4.61	25.02	40.88	2.41	8.43	175.92	4.99	33.18	24.80	15.11	1.46	6.89	7.92	58.99	0.211 6	1 058.9	0.008 7	125.37	61.22
140	50	20	2.5	6.48	5.09	19°25′	186.77	5.37	26.68	35.91	2.35	7.37	209.19	5.67	32.55	26.34	14.48	1.49	6.69	6.78	60.75	0.135 0	1 289.0	0.006 4	137.04	60.03
140	50	20	3.0	7.65	6.01	19°12′	217.26	5.33	31.04	40.83	2.31	8.43	241.62	5.62	37.76	30.70	16.52	1.47	7.84	7.81	69.93	0.229 6	1 468.2	0.007 7	164.94	69.51
160	60	20	2.5	7.48	5.87	19°59′	288.12	6.21	36.01	58.15	2.79	9.90	323.13	6.57	44.00	34.95	23.14	1.76	9.00	8.71	96.32	0.155 9	2 634.3	0.004 8	205.98	86.28
160	60	20	3.0	8.85	6.95	19°47′	336.66	6.17	42.08	66.66	2.74	11.39	376.76	6.52	51.48	41.08	26.56	1.73	10.58	10.07	111.51	0.265 6	3 019.4	0.005 8	247.41	100.15
160	70	20	2.5	7.98	6.27	23°46′	319.13	6.32	39.89	87.74	3.32	12.76	374.76	6.85	52.35	38.23	32.11	2.01	10.53	10.86	126.37	0.166 3	3 793.3	0.004 1	238.87	106.91
160	70	20	3.0	9.45	7.42	23°34′	373.64	6.29	46.71	101.10	3.27	14.76	437.72	6.80	61.33	45.01	37.03	1.98	12.39	12.58	146.86	0.283 6	4 365.0	0.005 0	285.78	124.26
180	70	20	2.5	8.48	6.66	20°22′	420.18	7.04	46.69	87.74	3.22	12.76	473.34	7.47	57.27	44.88	34.58	2.02	11.66	10.86	143.18	0.176 7	4 907.9	0.003 7	294.53	119.41
180	70	20	3.0	10.05	7.89	20°11′	492.61	7.00	54.73	101.11	3.17	14.76	553.83	7.42	67.22	52.89	39.89	1.99	13.72	12.59	166.47	0.301 6	5 652.2	0.004 5	353.32	138.92

附表 4　焊缝的强度指标　　　　　　　　　　单位:N/mm²

焊接方法和焊条型号	构件钢材		对接焊缝强度设计值				角焊缝强度设计值	对接焊缝抗拉强度 f_u^w	角焊缝抗拉、抗压和抗剪强度 f_u^f
	牌号	厚度或直径/mm	抗压 f_c^w	焊缝质量为下列等级时,抗拉 f_t^w		抗剪 f_v^w	抗拉、抗压和抗剪 f_f^w		
				一级、二级	三级				
自动焊、半自动焊和 E43 型焊条手工焊	Q235	≤16	215	215	185	125	160	415	240
		>16,≤40	205	205	175	120			
		≤16	200	200	170	115			
自动焊、半自动焊和 E50、E55 型焊条手工焊	Q355	≤16	305	305	260	175	200	480(E50) 540(E55)	280(E50) 315(E55)
		>16,≤40	295	295	250	170			
		>40,≤63	290	290	245	165			
		>63,≤80	280	280	240	160			
		>80,≤100	270	270	230	155			
	Q390	≤16	345	345	295	200	200(E50) 220(E55)		
		>16,≤40	330	330	280	190			
		>40,≤63	310	310	265	180			
		>63,≤100	295	295	250	170			
自动焊、半自动焊和 E55、E60 型焊条手工焊	Q420	≤16	375	375	320	215	220(E55) 240(E60)	540(E55) 590(E60)	315(E55) 340(E60)
		>16,≤40	355	355	300	205			
		>40,≤63	320	320	270	185			
		>63,≤100	305	305	260	175			
自动焊、半自动焊和 E55、E60 型焊条手工焊	Q460	≤16	410	410	350	235	220(E55) 240(E60)	540(E55) 590(E60)	315(E55) 340(E60)
		>16,≤40	390	390	330	225			
		>40,≤63	355	355	300	205			
		>63,≤100	340	340	290	195			
自动焊、半自动焊和 E50、E55 型焊条手工焊	Q345GJ	>16,≤35	310	310	265	180	200	480(E50) 540(E55)	280(E50) 315(E55)
		>35,≤50	290	290	245	170			
		>50,≤100	285	285	240	165			

注:表中厚度系指计算点的钢材厚度,对轴心受拉和轴心受压构件系指截面中较厚板件的厚度。

附表 5　螺栓连接的强度指标　　　　　　　　　　　　　　　　　　　　　　单位:N/mm²

螺栓的性能等级、锚栓和构件钢材的牌号		强度设计值										高强度螺栓的抗拉强度 f_u^b
		普通螺栓						锚栓	承压型连接或网架用高强度螺栓			
		C 级螺栓			A 级、B 级螺栓							
		抗拉 f_t^b	抗剪 f_v^b	承压 f_c^b	抗拉 f_t^b	抗剪 f_v^b	承压 f_c^b	抗拉 f_t^a	抗拉 f_t^b	抗剪 f_v^b	承压 f_c^b	
普通螺栓	4.6 级、4.8 级	170	140	—	—	—	—	—	—	—	—	—
	5.6 级	—	—	—	210	190	—	—	—	—	—	—
	8.8 级	—	—	—	400	320	—	—	—	—	—	—
锚栓	Q235	—	—	—	—	—	—	140	—	—	—	—
	Q355	—	—	—	—	—	—	180	—	—	—	—
	Q390	—	—	—	—	—	—	185	—	—	—	—
承压型连接高强度螺栓	8.8 级	—	—	—	—	—	—	—	400	250	—	830
	10.9 级	—	—	—	—	—	—	—	500	310	—	1 040
螺栓球节点用高强度螺栓	9.8 级	—	—	—	—	—	—	—	385	—	—	—
	10.9 级	—	—	—	—	—	—	—	430	—	—	—
构件钢材牌号	Q235	—	—	305	—	—	405	—	—	—	470	—
	Q355	—	—	385	—	—	510	—	—	—	590	—
	Q390	—	—	400	—	—	530	—	—	—	615	—
	Q420	—	—	425	—	—	560	—	—	—	655	—
	Q460	—	—	450	—	—	595	—	—	—	695	—
	Q345GJ	—	—	400	—	—	530	—	—	—	615	—

注:①A 级螺栓用于 $d \leqslant 24$ mm 和 $L \leqslant 10d$ 或 $L \leqslant 150$ mm(按较小值)的螺栓;B 级螺栓用于 $d > 24$ mm 和 $L > 10d$ 或 $L > 150$ mm(按较小值)的螺栓;d 为公称直径,L 为螺栓公称长度。

②A、B 级螺栓孔的精度和孔壁表面粗糙度,C 级螺栓孔的允许偏差和孔壁表面粗糙度,均应符合现行国家标准《钢结构工程施工质量验收标准》GB 50205 的要求。

③用于螺栓球节点网架的高强度螺栓,M12~M36 为 10.9 级,M39~M64 为 9.8 级。

附表 6　螺栓的有效面积

螺栓直径 d/mm	16	18	20	22	24	27	30
螺距 p/mm	2	2.5	2.5	2.5	3	3	3.5
螺栓有效直径 d_e/mm	14.123 6	15.654 5	17.654 5	19.654 5	21.185 4	24.185 4	26.716 3
螺栓有效截面面积 A_e/mm²	156.7	192.5	244.8	303.4	352.5	459.4	560.6

注:表中的螺栓有效截面面积 A_e 值系按下式算得:$A_e = \dfrac{\pi}{4}\left(d - \dfrac{13}{24}\sqrt{3}p\right)^2$。

附表 7　轴心受压构件的稳定系数

附表 7.1　a 类截面轴心受压构件的稳定系数 φ

$\lambda\sqrt{\dfrac{f_y}{235}}$	0	1	2	3	4	5	6	7	8	9
0	1.000	1.000	1.000	1.000	0.999	0.999	0.998	0.998	0.997	0.996
10	0.995	0.994	0.993	0.992	0.991	0.989	0.988	0.986	0.985	0.983
20	0.981	0.979	0.977	0.976	0.974	0.972	0.970	0.968	0.966	0.964
30	0.963	0.961	0.959	0.957	0.955	0.952	0.950	0.948	0.946	0.944
40	0.941	0.939	0.937	0.934	0.932	0.929	0.927	0.924	0.921	0.919
50	0.916	0.913	0.910	0.907	0.904	0.900	0.897	0.894	0.890	0.886
60	0.883	0.879	0.875	0.871	0.867	0.863	0.858	0.854	0.849	0.844
70	0.839	0.834	0.829	0.824	0.818	0.813	0.807	0.801	0.795	0.789
80	0.783	0.776	0.770	0.763	0.757	0.750	0.743	0.736	0.728	0.721
90	0.714	0.706	0.699	0.691	0.684	0.676	0.668	0.661	0.653	0.645
100	0.638	0.630	0.622	0.615	0.607	0.600	0.592	0.585	0.577	0.570
110	0.563	0.555	0.548	0.541	0.534	0.527	0.520	0.514	0.507	0.500
120	0.494	0.488	0.481	0.475	0.469	0.463	0.457	0.451	0.445	0.440
130	0.434	0.429	0.423	0.418	0.412	0.407	0.402	0.397	0.392	0.387
140	0.383	0.378	0.373	0.369	0.364	0.360	0.356	0.351	0.347	0.343
150	0.339	0.335	0.331	0.327	0.323	0.320	0.316	0.312	0.309	0.305
160	0.302	0.298	0.295	0.292	0.289	0.285	0.282	0.279	0.276	0.273
170	0.270	0.267	0.264	0.262	0.259	0.256	0.253	0.251	0.248	0.246
180	0.243	0.241	0.238	0.236	0.233	0.231	0.229	0.226	0.224	0.222
190	0.220	0.218	0.215	0.213	0.211	0.209	0.207	0.205	0.203	0.201
200	0.199	0.198	0.196	0.194	0.192	0.190	0.189	0.187	0.185	0.183
210	0.182	0.180	0.179	0.177	0.175	0.174	0.172	0.171	0.169	0.168
220	0.166	0.165	0.164	0.162	0.161	0.159	0.158	0.157	0.155	0.154
230	0.153	0.152	0.150	0.149	0.148	0.147	0.146	0.144	0.143	0.142
240	0.141	0.140	0.139	0.138	0.136	0.135	0.134	0.133	0.132	0.131
250	0.130									

附表 7.2 b 类截心受压构件的稳定系数 φ

$\lambda\sqrt{\dfrac{f_y}{235}}$	0	1	2	3	4	5	6	7	8	9
0	1.000	1.000	1.000	0.999	0.999	0.998	0.997	0.996	0.995	0.994
10	0.992	0.991	0.989	0.987	0.985	0.983	0.981	0.978	0.976	0.973
20	0.970	0.967	0.963	0.960	0.957	0.953	0.950	0.946	0.943	0.939
30	0.936	0.932	0.929	0.925	0.922	0.918	0.914	0.910	0.906	0.903
40	0.899	0.895	0.891	0.887	0.882	0.878	0.874	0.870	0.865	0.861
50	0.856	0.852	0.847	0.842	0.838	0.833	0.828	0.823	0.818	0.813
60	0.807	0.802	0.797	0.791	0.786	0.780	0.774	0.769	0.763	0.757
70	0.751	0.745	0.739	0.732	0.726	0.720	0.714	0.707	0.701	0.694
80	0.688	0.681	0.675	0.668	0.661	0.655	0.648	0.641	0.635	0.628
90	0.621	0.614	0.608	0.601	0.594	0.588	0.581	0.575	0.568	0.561
100	0.555	0.549	0.542	0.536	0.529	0.523	0.517	0.511	0.505	0.499
110	0.493	0.487	0.481	0.475	0.470	0.464	0.458	0.453	0.447	0.442
120	0.437	0.432	0.486	0.421	0.416	0.411	0.406	0.402	0.397	0.392
130	0.387	0.383	0.378	0.374	0.370	0.365	0.361	0.357	0.353	0.349
140	0.345	0.341	0.337	0.333	0.329	0.326	0.322	0.318	0.315	0.311
150	0.308	0.304	0.301	0.298	0.295	0.291	0.288	0.285	0.282	0.279
160	0.276	0.273	0.270	0.267	0.265	0.262	0.259	0.256	0.254	0.251
170	0.249	0.246	0.244	0.241	0.239	0.236	0.234	0.232	0.229	0.227
180	0.225	0.223	0.220	0.218	0.216	0.214	0.212	0.210	0.208	0.206
190	0.204	0.202	0.200	0.198	0.197	0.195	0.193	0.191	0.190	0.188
200	0.186	0.184	0.183	0.181	0.180	0.178	0.176	0.175	0.173	0.172
210	0.170	0.169	0.167	0.166	0.165	0.163	0.162	0.160	0.159	0.158
220	0.156	0.155	0.154	0.153	0.151	0.150	0.149	0.148	0.146	0.145
230	0.144	0.143	0.142	0.141	0.140	0.138	0.137	0.136	0.135	0.134
240	0.133	0.132	0.131	0.130	0.129	0.128	0.127	0.126	0.125	0.124
250	0.123									

附表 7.3 c 类截面轴心受压构件的稳定系数 φ

$\lambda\sqrt{\dfrac{f_y}{235}}$	0	1	2	3	4	5	6	7	8	9
0	1.000	1.000	1.000	0.999	0.999	0.998	0.997	0.996	0.995	0.993
10	0.992	0.990	0.988	0.986	0.983	0.981	0.978	0.976	0.973	0.970
20	0.966	0.959	0.953	0.947	0.940	0.934	0.928	0.921	0.915	0.909
30	0.902	0.896	0.890	0.884	0.877	0.871	0.865	0.858	0.852	0.846
40	0.839	0.833	0.826	0.820	0.814	0.807	0.801	0.794	0.788	0.781
50	0.775	0.768	0.762	0.755	0.748	0.742	0.735	0.729	0.722	0.715
60	0.709	0.702	0.695	0.689	0.682	0.676	0.669	0.662	0.656	0.649
70	0.643	0.636	0.629	0.623	0.616	0.610	0.604	0.597	0.591	0.584
80	0.578	0.572	0.566	0.559	0.553	0.547	0.541	0.535	0.529	0.523
90	0.517	0.511	0.505	0.500	0.494	0.488	0.483	0.477	0.472	0.467
100	0.463	0.458	0.454	0.449	0.445	0.441	0.436	0.432	0.428	0.423
110	0.419	0.415	0.411	0.407	0.403	0.399	0.395	0.391	0.387	0.383
120	0.379	0.375	0.371	0.367	0.364	0.360	0.356	0.353	0.349	0.346
130	0.342	0.339	0.335	0.332	0.328	0.325	0.322	0.319	0.315	0.312
140	0.309	0.306	0.303	0.300	0.297	0.294	0.291	0.288	0.285	0.282
150	0.280	0.277	0.274	0.271	0.269	0.266	0.264	0.261	0.258	0.256
160	0.254	0.251	0.249	0.246	0.244	0.242	0.239	0.237	0.235	0.233
170	0.230	0.228	0.226	0.224	0.222	0.220	0.218	0.216	0.214	0.212
180	0.210	0.208	0.206	0.205	0.203	0.201	0.199	0.197	0.196	0.194
190	0.192	0.190	0.189	0.187	0.186	0.184	0.182	0.181	0.179	0.178
200	0.176	0.175	0.173	0.172	0.170	0.169	0.168	0.166	0.165	0.163
210	0.162	0.161	0.159	0.158	0.157	0.156	0.154	0.153	0.152	0.151
220	0.150	0.148	0.147	0.146	0.145	0.144	0.143	0.142	0.140	0.139
230	0.138	0.137	0.136	0.135	0.134	0.133	0.132	0.131	0.130	0.129
240	0.128	0.127	0.126	0.125	0.124	0.124	0.123	0.122	0.121	0.120
250	0.119									

附表 7.4　d 类截面轴心受压构件的稳定系数 φ

$\lambda\sqrt{\dfrac{f_y}{235}}$	0	1	2	3	4	5	6	7	8	9
0	1.000	1.000	0.999	0.999	0.998	0.996	0.994	0.992	0.990	0.987
10	0.984	0.981	0.978	0.974	0.969	0.965	0.960	0.955	0.949	0.944
20	0.937	0.927	0.918	0.909	0.900	0.891	0.883	0.874	0.865	0.857
30	0.848	0.840	0.831	0.823	0.815	0.807	0.799	0.790	0.782	0.774
40	0.766	0.759	0.751	0.743	0.735	0.728	0.720	0.712	0.705	0.697
50	0.690	0.683	0.675	0.668	0.661	0.654	0.646	0.639	0.632	0.625
60	0.618	0.612	0.605	0.598	0.591	0.585	0.578	0.572	0.565	0.559
70	0.552	0.546	0.540	0.534	0.528	0.522	0.516	0.510	0.504	0.498
80	0.493	0.487	0.481	0.476	0.470	0.465	0.460	0.454	0.449	0.444
90	0.439	0.434	0.429	0.424	0.419	0.414	0.410	0.405	0.401	0.397
100	0.394	0.390	0.387	0.383	0.380	0.376	0.373	0.370	0.366	0.363
110	0.359	0.356	0.353	0.350	0.346	0.343	0.340	0.337	0.334	0.331
120	0.328	0.325	0.322	0.319	0.316	0.313	0.310	0.307	0.304	0.301
130	0.299	0.296	0.293	0.290	0.288	0.285	0.282	0.280	0.277	0.275
140	0.272	0.270	0.267	0.265	0.262	0.260	0.258	0.255	0.253	0.251
150	0.248	0.246	0.244	0.242	0.240	0.237	0.235	0.233	0.231	0.229
160	0.227	0.225	0.223	0.221	0.219	0.217	0.215	0.213	0.212	0.210
170	0.208	0.206	0.204	0.203	0.201	0.199	0.191	0.196	0.194	0.192
180	0.191	0.189	0.188	0.186	0.184	0.183	0.181	0.180	0.178	0.177
190	0.176	0.174	0.173	0.171	0.170	0.168	0.167	0.166	0.164	0.163
200	0.162									

附表 8　轧制普通工字钢简支梁的整体稳定系数 φ_b

项　次	荷载情况		工字钢型号	自由长度 l_1/m								
				2	3	4	5	6	7	8	9	10
1	跨中无侧向支承点的梁	集中荷载作用在	上翼缘	10~20	2.00	1.30	0.99	0.80	0.68	0.58	0.53	0.48	0.43
				22~32	2.40	1.48	1.09	0.86	0.72	0.62	0.54	0.49	0.45
				36~63	2.80	1.60	1.07	0.83	0.68	0.56	0.50	0.45	0.40
2			下翼缘	10~20	3.10	1.95	1.34	1.01	0.82	0.69	0.63	0.57	0.52
				22~40	5.50	2.80	1.84	1.37	1.07	0.86	0.73	0.64	0.56
				45~63	7.30	3.60	2.30	1.62	1.20	0.96	0.80	0.69	0.60
3		均布荷载作用在	上翼缘	10~20	1.70	1.12	0.84	0.68	0.57	0.45	0.41	0.41	0.37
				22~40	2.10	1.30	0.93	0.73	0.60	0.45	0.40	0.40	0.36
				45~63	2.60	1.45	0.97	0.73	0.59	0.44	0.38	0.38	0.35
4			下翼缘	10~20	2.50	1.55	1.08	0.83	0.68	0.52	0.47	0.47	0.42
				22~40	4.00	2.20	1.45	1.10	0.85	0.60	0.52	0.52	0.46
				45~63	5.60	2.80	1.80	1.25	0.95	0.65	0.55	0.55	0.49
5	跨中有侧向支承点的梁（不论荷载作用点在截面高度的位置）		10~20		2.20	1.39	1.01	0.79	0.66	0.52	0.47	0.47	0.42
			22~40		3.00	1.80	1.24	0.96	0.76	0.56	0.49	0.49	0.43
			45~63		4.00	2.20	1.38	1.01	0.80	0.56	0.49	0.49	0.43

注：表中的 φ_b 适用于 Q235 钢。对其他钢号，表中数值应乘以 $235/f_y$。

附表 9　锚栓规格

形　式	I				II				III		
锚栓直径 d/mm	20	24	30	36	42	48	56	64	72	88	90
锚栓有效截面面积/cm²	2.45	3.53	5.61	8.17	11.20	14.70	20.30	26.80	34.60	43.44	55.91
锚栓拉力设计值(Q235 钢)/kN	34.3	49.4	78.5	114.4	156.9	206.2	284.2	375.2	484.4	608.2	782.7
III 型锚栓 锚板宽度 c/mm	—	—	—	—	140	200	200	240	280	350	400
III 型锚栓 锚板厚度 t/mm	—	—	—	—	20	20	20	25	30	40	40

附表 10　框架柱的计算长度

附表 10.1　有侧移框架柱的计算长度系数

K_1 / K_2	0.0	0.05	0.1	0.2	0.3	0.4	0.5	1	2	3	4	5	≥10
0.0	∞	6.02	4.46	3.42	3.01	2.78	2.64	2.33	2.17	2.11	2.08	2.07	2.03
0.05	6.02	4.16	3.47	2.86	2.58	2.42	2.31	2.07	1.94	1.90	1.87	1.86	1.83
0.1	4.46	3.47	3.01	2.56	2.33	2.20	2.11	1.90	1.79	1.75	1.73	1.72	1.70
0.2	3.42	2.86	2.56	2.23	2.05	1.94	1.87	1.70	1.60	1.57	1.55	1.54	1.52
0.3	3.01	2.58	2.33	2.05	1.90	1.80	1.74	1.58	1.49	1.46	1.45	1.44	1.42
0.4	2.78	2.42	2.20	1.94	1.80	1.71	1.65	1.50	1.42	1.39	1.37	1.37	1.35
0.5	2.64	2.31	2.11	1.87	1.74	1.65	1.59	1.45	1.37	1.34	1.32	1.32	1.30
1	2.33	2.07	1.90	1.70	1.58	1.50	1.45	1.32	1.24	1.21	1.20	1.19	1.17
2	2.17	1.94	1.79	1.60	1.49	1.42	1.37	1.24	1.16	1.14	1.12	1.12	1.10
3	2.11	1.90	1.75	1.57	1.46	1.39	1.34	1.21	1.14	1.11	1.10	1.09	1.07
4	2.08	1.87	1.73	1.55	1.45	1.37	1.32	1.20	1.12	1.10	1.08	1.07	1.06
5	2.07	1.86	1.72	1.54	1.44	1.37	1.32	1.19	1.12	1.09	1.07	1.07	1.05
≥10	2.03	1.83	1.70	1.52	1.42	1.35	1.30	1.17	1.10	1.07	1.06	1.05	1.03

注:①表中的计算长度系数 μ 值系按下式算得:

$$\left[36K_1K_2 - \left(\frac{\pi}{\mu} \right)^2 \right] \tan \frac{\pi}{\mu} + 6(K_1 + K_2) \frac{\pi}{\mu} \cos \frac{\pi}{\mu} = 0$$

式中,K_1、K_2 分别为相交于柱上端、柱下端的横梁线刚度之和与柱线刚度之和的比值。当横梁远端为铰接时,应将横梁线刚度乘以 0.5;当横梁远端为嵌固时,则将横梁线刚度乘以 2/3。

②当横梁与柱铰接时,取横梁线刚度为零。

③对底层框架柱:当柱与基础铰接时,取 $K_2 = 0$(对平板支座可取 $K_2 = 0.1$);当柱与基础刚接时,取 $K_2 = 10$。

④当与柱刚性连接的横梁所受轴心压力 N_b 较大时,横梁线刚度应乘以折减系数 α_N:

横梁远端与柱刚接时:　$\alpha_N = 1 - \dfrac{N_b}{4N_{Eb}}$

横梁远端铰接时:　$\alpha_N = 1 - \dfrac{N_b}{N_{Eb}}$

横梁远端嵌固时:　$\alpha_N = 1 - \dfrac{N_b}{2N_{Eb}}$

N_{Eb} 的计算式与附表 7.1 注④相同。

附表 10.2　无侧移框架柱的计算长度系数

K_2 \ K_1	0.0	0.05	0.1	0.2	0.3	0.4	0.5	1	2	3	4	5	≥10
0.0	1.000	0.990	0.981	0.964	0.949	0.935	0.922	0.875	0.820	0.791	0.773	0.760	0.732
0.05	0.990	0.981	0.971	0.955	0.940	0.926	0.914	0.867	0.814	0.784	0.766	0.754	0.726
0.1	0.981	0.971	0.962	0.946	0.931	0.918	0.906	0.860	0.807	0.778	0.760	0.748	0.721
0.2	0.964	0.955	0.946	0.930	0.916	0.903	0.891	0.846	0.795	0.767	0.749	0.737	0.711
0.3	0.949	0.940	0.931	0.916	0.902	0.889	0.878	0.834	0.784	0.756	0.739	0.728	0.701
0.4	0.935	0.926	0.918	0.903	0.889	0.877	0.866	0.823	0.774	0.747	0.730	0.719	0.693
0.5	0.922	0.914	0.906	0.891	0.878	0.866	0.855	0.813	0.765	0.738	0.721	0.710	0.685
1	0.875	0.867	0.860	0.846	0.834	0.823	0.813	0.774	0.729	0.704	0.688	0.677	0.654
2	0.820	0.814	0.807	0.795	0.784	0.774	0.765	0.729	0.686	0.663	0.648	0.638	0.615
3	0.791	0.784	0.778	0.767	0.756	0.747	0.738	0.704	0.663	0.640	0.625	0.616	0.593
4	0.773	0.766	0.760	0.749	0.739	0.730	0.721	0.688	0.648	0.625	0.611	0.601	0.580
5	0.760	0.754	0.748	0.737	0.728	0.719	0.710	0.677	0.638	0.616	0.601	0.592	0.570
≥10	0.732	0.726	0.721	0.711	0.701	0.693	0.685	0.654	0.615	0.593	0.580	0.570	0.549

注:①表中的计算长度系数 μ 值系按下式算得:

$$\left[\left(\frac{\pi}{\mu}\right)^2 + 2(K_1 + K_2) - 4K_1K_2\right]\frac{\pi}{\mu} \cdot \sin\frac{\pi}{\mu} - 2\left[(K_1 + K_2)\left(\frac{\pi}{\mu}\right)^2 + 4K_1K_2\right]\cos\frac{\pi}{\mu} + 8K_1K_2 = 0$$

式中, K_1, K_2 分别为相交于柱上端、柱下端的横梁线刚度之和与柱线刚度之和的比值。当梁远端为铰接时,应将横梁线刚度乘以1.5;当横梁远端为嵌固时,则将横梁线刚度乘以2。

②当横梁与柱铰接时,取横梁线刚度为零。

③对底层框架柱:当柱与基础铰接时,取 $K_2 = 0$(对平板支座可取 $K_2 = 0.1$);当柱与基础刚接时,取 $K_2 = 10$。

④当与柱刚性连接的横梁所受轴心压力 N_b 较大时,横梁线刚度应乘以折减系数 α_N:

横梁远端与柱刚接和横梁远端铰支时:　　　$\alpha_N = 1 - \dfrac{N_b}{N_{Eb}}$

横梁远端嵌固时:　　　　　　　　　　　$\alpha_N = 1 - \dfrac{N_b}{2N_{Eb}}$

式中, $N_{Eb} = \dfrac{\pi^2 EI_b}{l^2}$, I_b 为横梁截面惯性矩, l 为横梁长度。

附表 11　疲劳计算的构件和连接分类
附表 11.1　非焊接的构件和连接分类

项次	构造细节	说明	类别
1		• 无连接处的母材轧制型钢	Z1
2		• 无连接处的母材钢板 (1)两边为轧制边或刨边; (2)两侧为自动、半自动切割边(切割质量标准应符合现行国家标准《钢结构工程施工质量验收标准》GB 50205)	Z1 Z2
3		• 连系螺栓和虚孔处的母材应力以净截面面积计算	Z4
4		• 螺栓连接处的母材 高强度螺栓摩擦型连接应力以毛截面面积计算;其他螺栓连接应力以净截面面积计算 • 铆钉连接处的母材 连接应力以净截面面积计算	Z2 Z4
5		• 受拉螺栓的螺纹处母材 连接板件应有足够的刚度,保证不产生撬力。否则受拉正应力应考虑撬力及其他因素产生的全部附加应力 对于直径大于 30 mm 螺栓,需要考虑尺寸效应对容许应力幅进行修正,修正系数 γ_t: $$\gamma_t = \left(\frac{30}{d}\right)^{0.25}$$ d—螺栓直径,单位为 mm	Z11

注:箭头表示计算应力幅的位置和方向。

附表 11.2　纵向传力焊缝的构件和连接分类

项次	构造细节	说明	类别
6		• 无垫板的纵向对接焊缝附近的母材焊缝符合二级焊缝标准	Z2
7		• 有连续垫板的纵向自动对接焊缝附近的母材 （1）无起弧、灭弧； （2）有起弧、灭弧	Z4 Z5
8		• 翼缘连接焊缝附近的母材 翼缘板与腹板的连接焊缝： 自动焊,二级 T 形对接与角接组合焊缝； 自动焊,角焊缝,外观质量标准符合二级； 手工焊,角焊缝,外观质量标准符合二级。 双层翼缘板之间的连接焊缝： 自动焊,角焊缝,外观质量标准符合二级； 手工焊,角焊缝,外观质量标准符合二级	Z2 Z4 Z5 Z4 Z5
9		• 仅单侧施焊的手工或自动对接焊缝附近的母材,焊缝符合二级焊缝标准,翼缘与腹板很好贴合	Z5
10		• 开工艺孔处焊缝符合二级焊缝标准的对接焊缝、焊缝外观质量符合二级焊缝标准的角焊缝等附近的母材	Z8
11		• 节点板搭接的两侧面角焊缝端部的母材 • 节点板搭接的三面围焊时两侧角焊缝端部的母材 • 三面围焊或两侧面角焊缝的节点板母材(节点板计算宽度按应力扩散角 θ 等于 30° 考虑)	Z10 Z8 Z8

注:箭头表示计算应力幅的位置和方向。

附表 11.3　横向传力焊缝的构件和连接分类

项次	构造细节	说明	类别
12	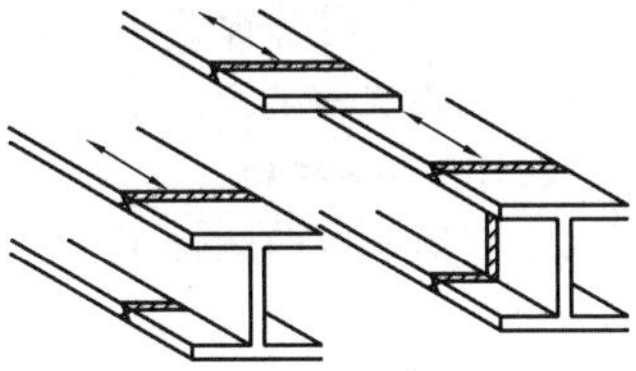	• 横向对接焊缝附近的母材,轧制梁对接焊缝附近的母材 符合现行国家标准《钢结构工程施工质量验收标准》GB 50205的一级焊缝,且经加工、磨平 符合现行国家标准《钢结构工程施工质量验收标准》GB 50205的一级焊缝	Z2 Z4
13	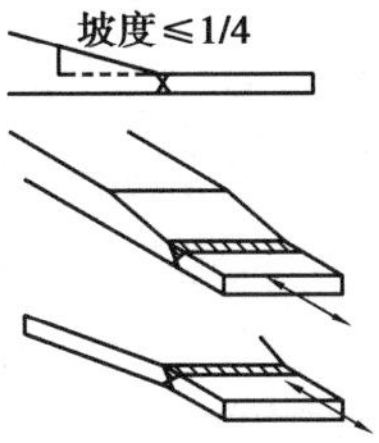 坡度≤1/4	• 不同厚度(或宽度)横向对接焊缝附近的母材 符合现行国家标准《钢结构工程施工质量验收标准》GB 50205的一级焊缝,且经加工、磨平 符合现行国家标准《钢结构工程施工质量验收标准》GB 50205的一级焊缝	Z2 Z4
14	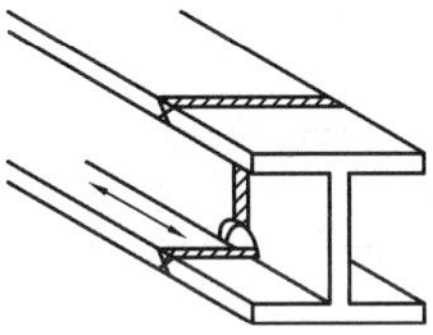	• 有工艺孔的轧制梁对接焊缝附近的母材,焊缝加工成平滑过渡并符合一级焊缝标准	Z6
15	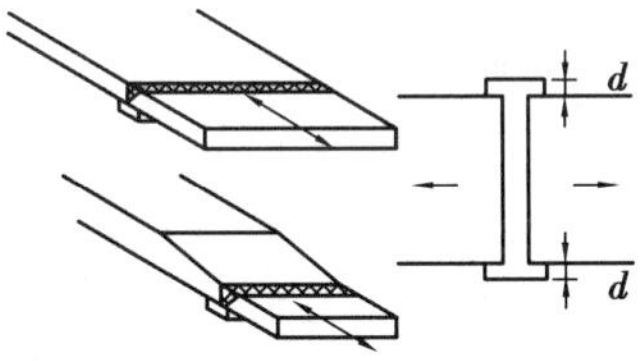 d	• 带垫板的横向对接焊缝附近的母材垫板端部超出母板距离 d: $d \geqslant 10$ mm; $d < 10$ mm	Z8 Z11
16	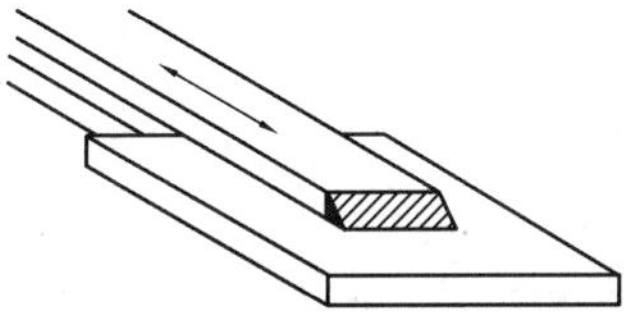	• 节点板搭接的端面角焊缝的母材	Z7
17	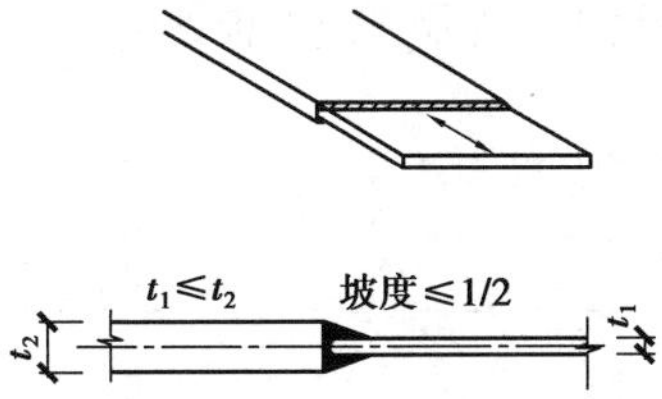 $t_1 \leqslant t_2$　坡度≤1/2	• 不同厚度直接横向对接焊缝附近的母材,焊缝等级为一级,无偏心	Z8
18	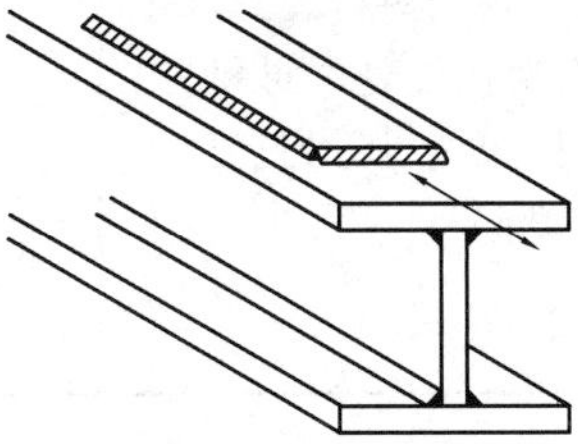	• 翼缘盖板中断处的母材(板端有横向端焊缝)	Z8

289

续表

项次	构造细节	说明	类别
19	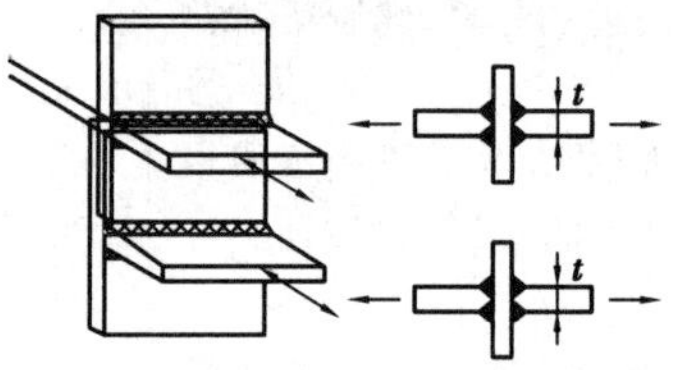	• 十字形连接、T形连接 (1)K形坡口、T形对接与角接组合焊缝处的母材，十字形连接两侧轴线偏离距离小于 $0.15t$，焊缝为二级，焊趾角 $\alpha \leqslant 45°$； (2)角焊缝处的母材，十字形连接两侧轴线偏离距离小于 $0.15t$	Z6 Z8
20	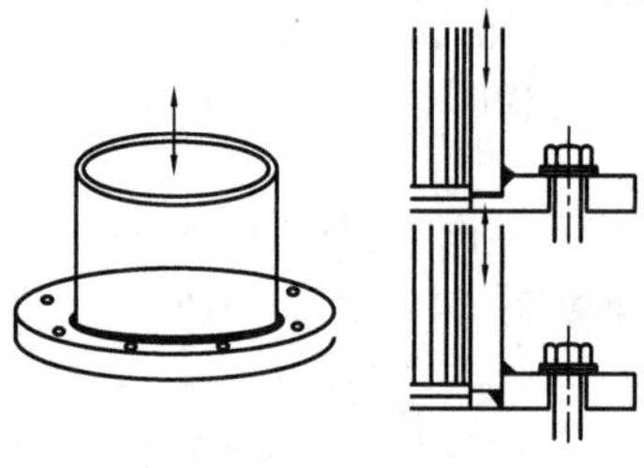	• 法兰焊缝连接附近的母材 (1)采用对接焊缝，焊缝为一级； (2)采用角焊缝	Z8 Z13

注：箭头表示计算应力幅的位置和方向。

附表 11.4 非传力焊缝的构件和连接分类

项次	构造细节	说明	类别
21	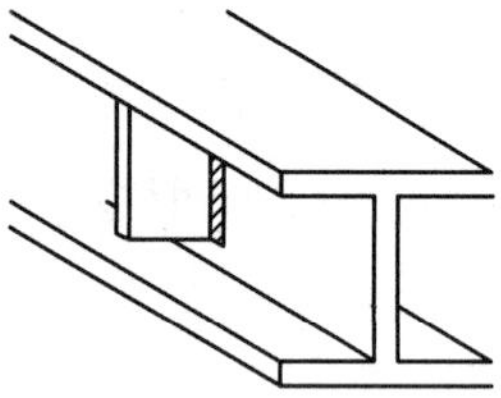	• 横向加劲肋端部附近的母材肋 (1)端焊缝不断弧(采用回焊)； (2)肋端焊缝断弧	Z5 Z6
22	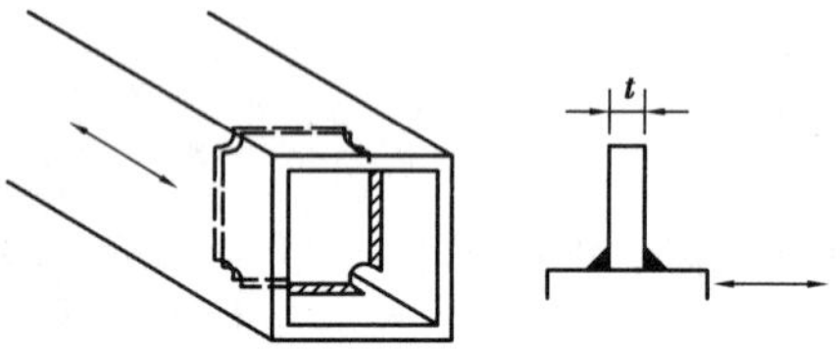	• 横向焊接附件附近的母材 (1) $t \leqslant 50$ mm； (2) 50 mm $< t \leqslant 80$ mm t 为焊接附件的板厚	Z7 Z8
23	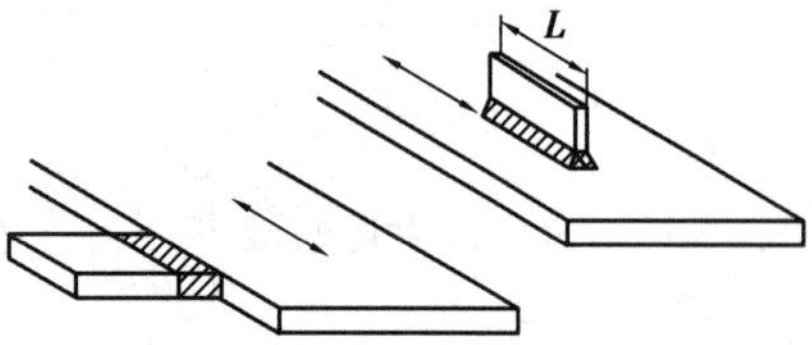	• 矩形节点板焊接于构件翼缘或腹板处的母材 (节点板焊接方向的长度 $L>150$ mm)	Z8
24	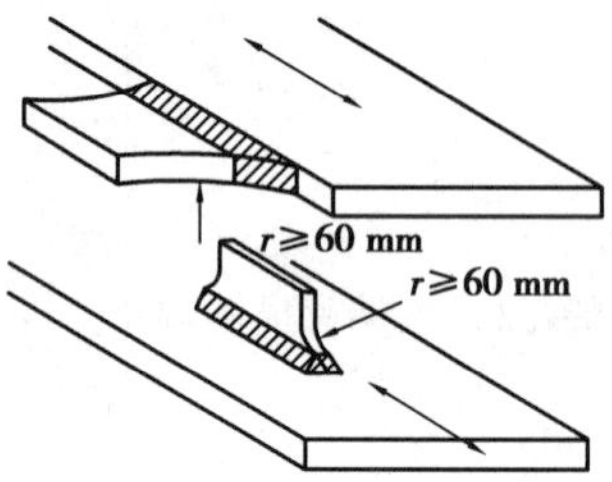	• 带圆弧的梯形节点板用对接焊缝焊于梁翼缘、腹板以及桁架构件处的母材，圆弧过渡处在焊后铲平、磨光、圆滑过渡，不得有焊接起弧、灭弧缺陷	Z6

项次	构造细节	说明	类别
25		● 焊接剪力栓钉附近的钢板母材	Z7

注:箭头表示计算应力幅的位置和方向。

附表 11.5　钢管截面的构件和连接分类

项次	构造细节	说明	类别
26		● 钢管纵向自动焊缝的母材 (1)无焊接起弧、灭弧点; (2)有焊接起弧、灭弧点	Z3 Z6
27		● 圆管端部对接焊缝附近的母材,焊缝平滑过渡并符合现行国家标准《钢结构工程施工质量验收标准》GB 50205 的一级焊缝标准,余高不大于焊缝宽度的 10% (1)圆管壁厚 8 mm<t≤12.5 mm; (2)圆管壁厚 t≤8 mm	Z6 Z8
28		● 矩形管端部对接焊缝附近的母材,焊缝平滑过渡并符合一级焊缝标准,余高不大于焊缝宽度的 10% (1)方管壁厚 8 mm<t≤12.5 mm; (2)方管壁厚 t≤8 mm	Z8 Z10
29		● 焊有矩形管或圆管的构件,连接角焊缝附近的母材,角焊缝为非承载焊缝,其外观质量标准符合二级,矩形管宽度或圆管直径不大于 100 mm	Z8
30		● 通过端板采用对接焊缝拼接的圆管母材,焊缝符合一级质量标准 (1)圆管壁厚 8 mm<t≤12.5 mm; (2)圆管壁厚 t≤8 mm	Z10 Z11

续表

项次	构造细节	说明	类别
31	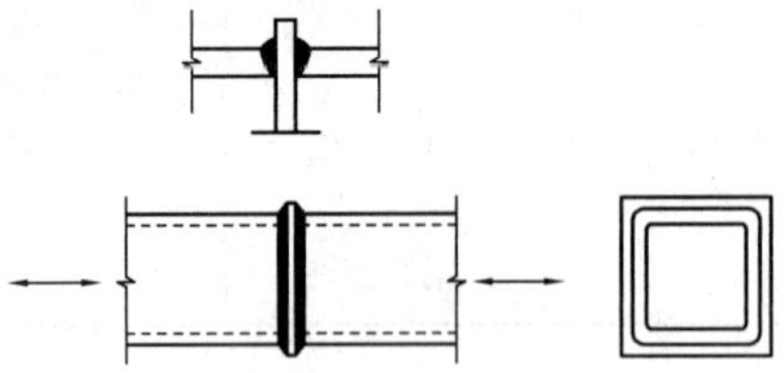	•通过端板采用对接焊缝拼接的矩形管母材,焊缝符合一级质量标准 (1)方管壁厚 8 mm<t≤12.5 mm; (2)方管壁厚 t≤8 mm	Z11 Z12
32	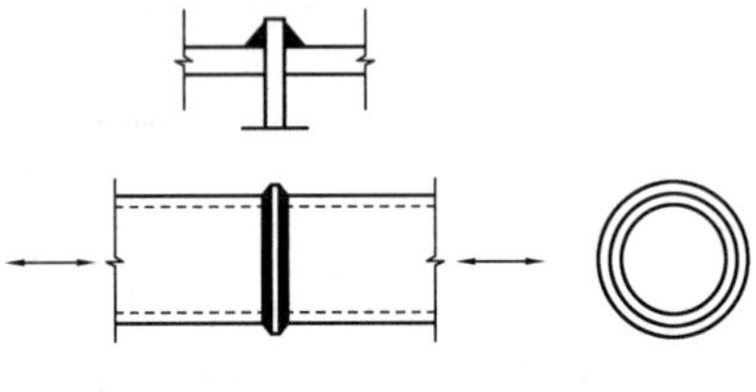	•通过端板采用角焊缝拼接的圆管母材,焊缝外观质量标准符合二级,管壁厚度 t≤8 mm	Z13
33	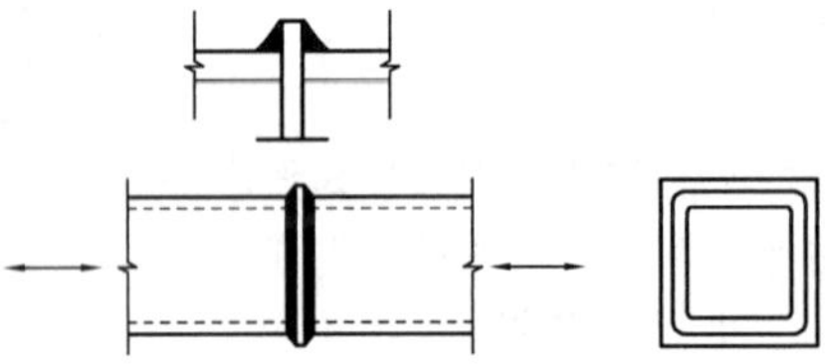	•通过端板采用角焊缝拼接的矩形管母材,焊缝外观质量标准符合二级,管壁厚度 t≤8 mm	Z14
34	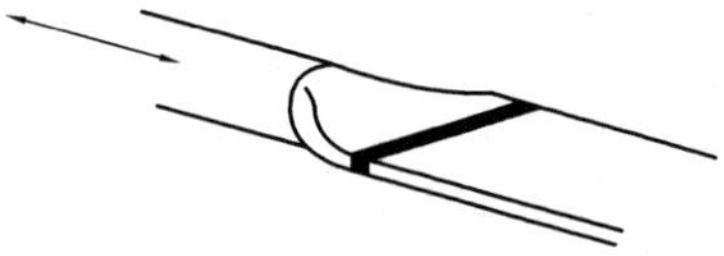	•钢管端部压扁与钢板对接焊缝连接(仅适用于直径小于 200 mm 的钢管),计算时采用钢管的应力幅	Z8
35	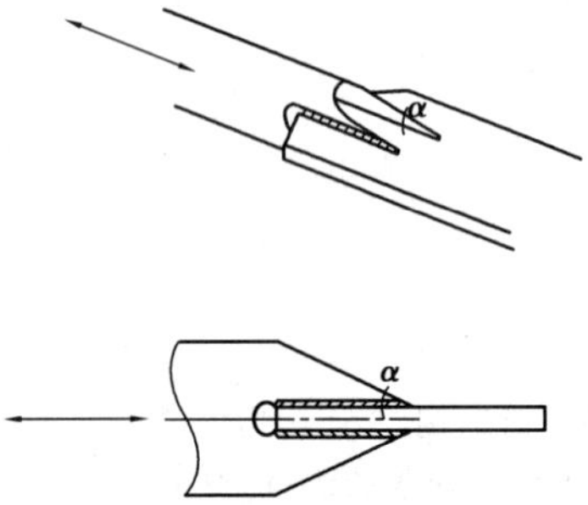	•钢管端部开设槽口与钢板角焊缝连接,槽口端部为圆弧,计算时采用钢管的应力幅 (1)倾斜角 α≤45°; (2)倾斜角 α>45°	Z8 Z9

注:箭头表示计算应力幅的位置和方向。

附表 11.6　剪应力作用下的构件和连接分类

项次	构造细节	说明	类别
36	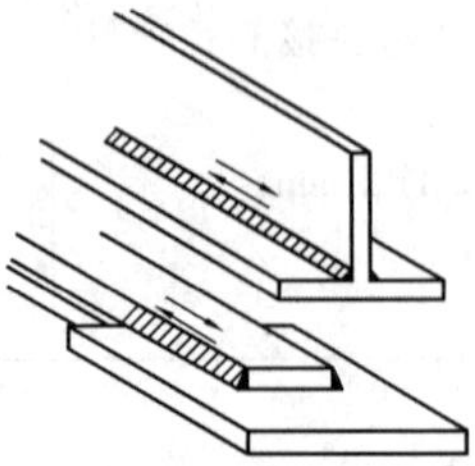	•各类受剪角焊缝 剪应力按有效截面计算	J1

项次	构造细节	说明	类别
37		●受剪力的普通螺栓 采用螺杆截面的剪应力	J2
38		●焊接剪力栓钉 采用栓钉名义截面的剪应力	J3

注:箭头表示计算应力幅的位置和方向。

参考文献

[1] 沈祖炎,陈以一,陈扬骥,等. 钢结构基本原理[M].3 版.北京:中国建筑工业出版社,2018.

[2] 刘声扬. 钢结构——原理与设计(精编本)[M].3 版.武汉:武汉理工大学出版社,2019.

[3] 姚谏,夏志斌. 钢结构原理[M].北京:中国建筑工业出版社,2020.

[4] 董军,唐柏鉴,邵建华.钢结构课程实践与创新能力训练[M].武汉:武汉大学出版社,2015.

[5] 住房和城乡建设部标准定额研究所.工程结构通用规范 GB 55001—2021[S].北京:中国建筑工业出版社,2021.

[6] 住房和城乡建设部标准定额研究所.钢结构通用规范 GB 55006—2021[S].北京:中国建筑工业出版社,2021.

[7] 中华人民共和国住房和城乡建设部.建筑结构可靠性设计统一标准 GB 50068—2018[S].北京:中国建筑工业出版社,2019.

[8] 中华人民共和国住房和城乡建设部.钢结构设计标准 GB 50017—2017[S].北京:中国建筑工业出版社,2018.

[9] 王立军. 17 钢标疑难解析[M].北京:中国建筑工业出版社,2020.

[10] 朱炳寅.钢结构设计标准理解与应用[M].北京:中国建筑工业出版社,2020.

[11] 中国建筑标准设计研究院.《钢结构设计标准》图示 20G108—3[S].北京:中国计划出版社,2021.

[12] C. Salmon,J. Johnson,F. Malhas. Steel Structures:Design and Behavior[M]. 5th Edition.New Jersey:Pearson Prentice Hill,2009.

[13] Fisher,J,W. 钢桥的疲劳和断裂:实例研究[M]. 项海帆,等,译. 北京:人民铁道出版社,1989.

[14] Nussbaumer, L. Borges, L. Davaine. Fatigue design of steel and composite structures[M]. Berlin:Wiley-Blackwell, 2011.